REFA-Fachbuchreihe Unternehmensentwicklung

Theodor Nebl und Andreas Dikow

Produktivitätsmanagement

2. Auflage

REFA-Fachbuchreihe Unternehmensentwicklung

Theodor Nebl und Andreas Dikow

Produktivitätsmanagement

theoretische Grundlagen,
methodische Instrumentarien,
Analyseergebnisse und Praxiserfahrungen
zur Produktivitätssteigerung
in produzierenden Unternehmen

2. Auflage

HANSER

Die Deutsche Bibliothek – CIP-Einheitsaufnahme

Ein Titelsatz für diese Publikation
ist bei der Deutschen Bibliothek erhältlich

ISBN 3-446-22922-1

1. Auflage 2002
2. Auflage 2004

Printed in Germany.
Druck: Druckhaus Diesbach GmbH, Weinheim

Inhaltsverzeichnis

Vorwort zur ersten Auflage

Das vorliegende Buch entstand als ein Ergebnis der Bearbeitung des Projektes „Erschließung und Umsetzung von Produktivitätspotenzialen in Unternehmen der Metall- und Elektroindustrie in Mecklenburg-Vorpommern".
Dieses Projekt wurde vom Wirtschaftsministerium des Landes Mecklenburg-Vorpommern initiiert und mit EU-Mitteln gefördert.

Für dieses Projekt wurden theoretische Grundlagen und methodische Instrumentarien entwickelt, die

- eine Analyse der Produktivität und der wirkenden Einflüsse auf die Produktivität in den beteiligten Unternehmen ermöglichen,
- Einflussfaktoren und Problemlösungsansätze je Wirkungskomplex auf die Produktivität als Arbeitspakete systematisieren und
- eine einheitliche konzeptionelle Bearbeitung von identischen Arbeitspaketen in verschiedenen Unternehmen anstreben.

Die Analyse der beteiligten Unternehmen identifizierte aus Sicht jedes Einzelunternehmens aber auch der Branche

- positive Produktivitätswirkungen,
- perspektivische Entwicklungschancen sowie
- aktuell vorhandene Problemfelder.

Gemeinsam mit den Unternehmen wurden Maßnahmen zur Erschließung von Produktivitätspotenzialen entwickelt und konzeptionell vorbereitet. Ihre praktische Umsetzung wurde begleitet.

Dieses Buch ist sowohl an die Unternehmenspraxis als auch an Wissenschaftler und Studenten gerichtet. Es vermittelt theoretische Erkenntnisse sowie praktische Erfahrungen und Ergebnisse.

Für den Praktiker verstehe ich es als Hilfe zur Selbsthilfe. Für den Wissenschaftler dürfte insbesondere von Interesse sein, dass eine die Funktionalbereiche übergreifende Sicht auf die Produktivität, ihre Einflussfaktoren, Gestaltungsmöglichkeiten und wirkenden Wechselbeziehungen gewählt wurde.

Für die Studenten wird dieses Buch zu einem Lehrbuch, das die in der wirtschaftswissenschaftlichen Ausbildung behandelten Einzelfächer, die funktional strukturiert sind, in ihrer komplexen Wirkung auf die Produktivität darstellt und ihre Wechselbeziehungen, die für praktische Lösungen besonders wichtig sind, herausarbeitet.

Einen besonderen Anteil an der Entstehung dieses Buches hat das REFA-Institut für Produktivitätsmanagement des REFA-Landesverbandes Mecklenburg-Vorpommern im Rahmen der Projektträgerschaft für das Entwicklungsprojekt. Insbesondere das Projektmanagement, die Auswahl und Gewinnung der am Projekt beteiligten Unternehmen, die Realisierung von Unternehmensanalysen und die praktische Umsetzung von Entwicklungskonzeptionen zur Steigerung der Produktivität in den Unternehmen wurden durch die Mitarbeiter dieses Institutes wesentlich getragen. Dafür und für die stete Diskussionsbereitschaft und Mitarbeit an den Forschungsberichten gilt mein ganz besonderer Dank Herrn Dipl.-Ing. REFA-Ing. Andreas Dikow, dem Projektleiter und Geschäftsführer des REFA-Institutes.

An der Bearbeitung des Projektes und damit an der Schaffung der Grundlagen dieses Buches waren auch die Mitarbeiter, Studenten und studentischen Hilfskräfte meines Institutes für Produktionswirtschaft an der Universität Rostock beteiligt. Auch ihnen gilt mein Dank. Besonders hervorzuheben sind dabei die Leistungen von Frau Dipl.-Kffr. Anne-Katrin Schröder (Computertechnische Umsetzung graphischer Darstellungen, Redaktionsarbeiten), Herrn Dipl.-Wirt.-Ing. Raik Drews (Datenerfassung und Dateigestaltung) und Herrn Dipl. Kfm., Dipl.-Wirt.-Ing. Henning Prüß (Mitarbeit bei der Systematisierung von Einflussfaktoren und Entscheidungsabläufen).

Theodor Nebl

Rostock, Oktober 2001

Vorwort zur zweiten Auflage

Die besondere Beachtung und Bewertung, die das Fachbuch „Produktivitätsmanagement" durch Fachkollegen, Praktiker und Studenten wirtschaftswissenschaftlich und technisch orientierter Studiengänge erfahren hat, führte dazu, dass bereits kurze Zeit nach der Erstauflage die zweite Auflage erscheinen kann.

Die inhaltlichen Veränderungen der vorliegenden Neufassung betreffen insbesondere:

- Weiterentwicklungen zur Systematisierung der betriebswirtschaftlichen Erfolgsrelation Produktivität,
- Verbesserungen des methodischen Instrumentariums der Produktivitätsanalyse in produzierenden Unternehmen durch ein abgestimmtes Zusammenwirken von Unternehmensbefragung und Benchmarking auf Branchenebene,
- die Steigerung der Repräsentanz des erhobenen und ausgewerteten Datenmaterials (während die Erstausgabe Ergebnisse von 20 Unternehmen präsentiert, liegen nunmehr Daten aus 60 Unternehmen vor),
- die Verallgemeinerung von Erfahrungen in der praktischen Umsetzung von Maßnahmen zur Produktivitätsentwicklung und in der arbeitsplatznahen Weiterbildung,
- die zielgerichtete Orientierung des Best Practice Prinzips auf die Realisierung von Unterstützungsleistungen besonders produktiver Unternehmen für weniger erfolgreiche Projektunternehmen.

Die vorliegenden Ergebnisse wurden nur möglich durch eine aktive und engagierte Mitwirkung der am Forschungsprojekt beteiligten Unternehmen sowie der Akteure aus Politik und Wirtschaft. Unser besonderer Dank gilt allen Initiatoren, Mitwirkenden, Förderern und Unterstützern für die erfolgreiche Zusammenarbeit.

Einen besonderen Anteil an der Entstehung dieses Fachbuches haben die Mitarbeiter des REFA – Institutes für Produktivitätsmanagements des REFA – Landesverbandes Mecklenburg-Vorpommern und die Mitarbeiter des Institutes für Produktionswirtschaft an der Universität Rostock. Auch Ihnen gilt unser Dank.

Rostock, März 2004

Theodor Nebl

Andreas Dikow

Verzeichnis der Bilder

Teil 1

Teil 2

Teil 3

Teil 4

Teil 5

Teil 6

Verzeichnis der Tabellen

Teil 3

Teil 4

Verzeichnis der Abkürzungen

A

ABC-	Analyse – bestimmt das Wert-Mengen-Verhältnis eingesetzter Materialien
AF	Auftragsfolge
AG	Arbeitsgegenstand
AK	Arbeitskräfte
AK_A	Arbeitskräfteaufwand
AOB	Anordnungsbeziehung von Aktivitäten im Netzplan
AP	Arbeitspaket
AQ	Abschreibungsquote
AS_Q	Aussonderungsquote

B

bzw.	beziehungsweise
BAZ	Bearbeitungszentrum
BDE	Betriebsdatenerfassung
BG	Baugruppe
BM	Betriebsmittel
BM_A	Betriebsmittelaufwand
BOA	Belastungsorientierte Auftragsfreigabe
BSM	Baustellenmontage

C

ca.	circa
CAD	Computer Aided Design
CAM	Computer Aided Manufacturing
CAP	Computer Aided Planning
CAQ	Computer Aided Quality Assurance
CIM	Computer Integrated Manufacturing

D

d.h.	das heißt
DATEV	Buchführungsprogramm
DLZ	Durchlaufzeit

E

etc.	et cetera
EDV	Elektronische Datenverarbeitung
EF	Endfolge
EFQM	European Foundation for Quality Management
EP	Erzeugnisprinzip
EPF	Einzelplatzfertigung
ET	Einzelteil

F

ff.	fortfolgende
fifo	first in, first out
FE	Fertigerzeugnis
FF	Fließfertigung
FFF	Flexible Fließfertigung
FFS	Flexibles Fertigungssystem
FM	Fließmontage
FMEA	Fehler- Möglichkeits- und Einflussanalyse
F+E	Forschung und Entwicklung
FZS	Fortschrittskennzahlensystem

G

ggf.	gegebenenfalls
ggs.	gegenseitig
G	Gewinn
GFA	Gegenstandsspezialisierter Fertigungsabschnitt
GFR	Gegenstandsspezialisierte Fertigungsreihe
GMA	Gegenstandsspezialisierter Montageabschnitt
GMR	Gegenstandsspezialisierte Montagereihe
GP	Gruppenprinzip
GuV	Gewinn- und Verlustrechnung

H

h	Stunde
HF	Handlungsfeld

I

i.d.R.	in der Regel
I	Investition
I_D	Investitionsdeckung
I_{ERS}	Ersatzinvestition
I_{ERS_Q}	Ersatzinvestitionsquote
I_{ERW}	Erweiterungsinvestition
I_{ERW_Q}	Erweiterungsinvestitionsquote
I_{GES_Q}	Gesamtinvestitionsquote
I_{NEU}	Neuinvestition
I_{RAT}	Rationalisierungsinvestition
IfaA	Institut für angewandte Arbeitswissenschaft
IH	Instandhaltung
IH_Q	Instandhaltungsquote
IKS	Informations- und Kommunikationssysteme
IT	Informationstechnologie

J

JIT Just-in-Time

K

K Kapital
KANBAN Produktion auf Abruf
KAVP Kontinuierlicher Anlagenverbesserungsprozess
KFZ Kraftfahrzeug
KKV Komparativer Konkurrenzvorteil
KMU Klein- und mittelständische Unternehmen
KV Kombinierter Verlauf
KVP Kontinuierlicher Verbesserungsprozess (=KAIZEN)

L

lifo last in, first out

M

m^2 Quadratmeter
m^3 Kubikmeter
max Maximum
Mill. Million
Min Minimum
MRP Material Requirements Planning
MRPII Manufacturing Resource Planning
MRPS Management Resource Planning
MV Mecklenburg-Vorpommern

N

NF Normalfolge

O

o.a. oder andere
o.g. oben genannte
OF Organisationsform
OP Organisationsprinzip
OPT Optimized Production Technology
oW ohne Weitergabe

P

P_{AK} Arbeitsproduktivität
P_{BM} Betriebsmittelproduktivität
P_G Gesamtproduktivität

PPS Produktionsplanung und –steuerung
PR Public relations
PV Parallelverlauf
P_{WS} Werkstoffproduktivität

Q

QM Qualitätsmanagement

R

REFA Verband für Arbeitsgestaltung, Betriebsorganisation und Unternehmensentwicklung e.V.
R_{EK} Eigenkapitalrentabilität
R_{FK} Fremdkapitalrentabilität
R_{GK} Gesamtkapitalrentabilität
ROP Räumliches Organisationsprinzip
RP Reihenprinzip
R_V Vermögensrentabilität
R_{VA} Rentabilität des Anlagevermögens
R_{VU} Rentabilität des Umlaufvermögens
RV Reihenverlauf
RT Retrograde Terminierung
R_W Wertschöpfungsrentabilität

S

SFF Starre Fließfertigung
SFM Starre Fließmontage
StaLa Statistisches Landesamt
SWOT- Analyse; Stärken-/Schwächen-; Chancen-/Risiken- Analyse

T

TOP Technisches Organisationsprinzip
TPM Total Productive Maintenance
TQM Total Quality Management
TUL Transport-Umschlag-Lagerung

U

u.a. unter anderem
usw. und so weiter
u.U. unter Umständen
UFE Unfertige Erzeugnisse
UM Umweltmanagement

V

vgl.	vergleiche
vs.	versus
V	Vermögen
VGRdL	Volkswirtschaftliche Gesamtrechnung der Länder

W

W	Wertschöpfung
WF	Werkstattfertigung
WM	Werkstattmontage
WP	Werkstattprinzip
WS	Werkstoffe
WS_A	Werkstoffaufwand
WTS	Webasto Thermosysteme GmbH
WZ 93	Klassifikation der Wirtschaftszweige 1993

X

XYZ-	Analyse – bestimmt die Bedarfshäufigkeit eingesetzter Materialarten

Z

z.B.	zum Beispiel
z.T.	zum Teil
ZOP	Zeitliches Organisationsprinzip

1 Theoretische Konzeption

1.1 Einführung

Der Produktivitätsbegriff spielt für die Betriebswirtschaft seit ihrer Gründung als Wissenschaftsdisziplin eine besondere Rolle. Bis Anfang des 20. Jahrhunderts war die wissenschaftliche Diskussion um Ziel, Inhalt und Wirkung der Produktivität eine Angelegenheit der Nationalökonomie.

Mit der fortschreitenden Industrialisierung und den zunehmenden Schwierigkeiten, auf Basis klassischer Produktivitätstheorien (Mengen- und Güterorientierung) die Entwicklung des Volkswohlstandes zu bewerten, kamen führende Nationalökonomen um Max Weber auf der Wiener Tagung des Vereins für Socialpolitik 1909 zu dem Entschluss, „das Problem der volkswirtschaftlichen Produktivität als wissenschaftlich unlösbar anzusehen und den Produktivitätsbegriff aus den Hörsälen und Lehrbüchern zu verdammen“ (Fricke [Produktivitätstheorien, S. 107 ff.]).
Damit blieb es bis Mitte des 20. Jahrhunderts weitgehend der betriebswirtschaftlichen Wissenschaftsdisziplin vorbehalten, geeignete Produktivitätstheorien zur Bewertung und Gestaltung von Unternehmensprozessen mit dem Ziel der Steigerung der Leistungsfähigkeit zu entwickeln. Namen wie E. Gutenberg, M.R. Lehmann u. a. stehen für die Entwicklung der Grundlagen der betriebswirtschaftlichen Produktivitätstheorie.
Mit dem zunehmendem Aspekt der Internationalisierung und den damit verbundenen Interessen an der Gestaltung vergleichbarer Konzepte zur Bewertung der Produktivität von Volkswirtschaften erlangte die volkswirtschaftliche Produktivitätsanalyse in der zweiten Hälfte des 20. Jahrhunderts eine wachsende Aufmerksamkeit

Auch in der aktuellen betriebswirtschaftlichen Literatur finden sich vielfältige Ansätze zur Produktivitätsbewertung. Dennoch ist es bisher nicht gelungen, einen einheitlichen Ansatz zur Begriffserklärung der Produktivität und ein umfassendes methodisches Konzept zum Produktivitätsmanagement zu entwickeln. Dazu leistet das praxiserprobte methodische Konzept des „Produktivitätsmanagements“, wie es in diesem Buch beschrieben ist, einen Beitrag.
Erfolgreiche Unternehmen werden durch unterschiedliche Faktoren wie z.B. Innovationsfähigkeit, Marktanteil, Wachstum, Liquidität und Rentabilität charakterisiert. In industriellen Unternehmen wird die Leistungsfähigkeit und damit die Wettbewerbsfähigkeit eines Unternehmens insbesondere durch die Produktivität beschrieben.
Maßnahmen zur Produktivitätssteigerung haben dabei eine vielfältige Wirkung auf andere Erfolgsfaktoren wie z.B. Schnelligkeit (Lieferzeit, Service, Verfügbarkeit), Marktdurchdringung (Lieferfähigkeit, Liefermenge, Kosten und Preis), Liquidität (Kostenreduzierung, Wertschöpfungsanteilerhöhung) und letztlich auf alle Erfolgsfaktoren eines Unternehmens.
Nicht zuletzt deswegen steht in Industriebetrieben das Ziel der Produktivitätssteigerung nach wie vor im Vordergrund.

Unabhängig von der konkreten Unternehmenssituation sind die Anstrengungen des Managements auf **strategische, taktische und operative Maßnahmen** zu richten, um die **Produktivität** der Unternehmen zu steigern. Die Basis für diesen Kurs sind immer die **Programmplanung**, die **Faktorplanung** und die **Prozessplanung**. Dabei geht es um:

- eine bestmögliche Marktorientierung mit abgestimmten Absatz- und Produktionsprogrammentwicklungen, die den Forschungs- und Entwicklungsprozess zur Gestaltung wettbewerbsfähiger Produkte einschließen;
- die kapazitive Absicherung der zu produzierenden Programme durch Arbeitskräfte und Betriebsmittel, die durch ihre Qualifikation und ihre technischen Möglichkeiten in der

Lage sind, die Anforderungen, die von den Produkten an die Produktionsprozesse, in denen sie erzeugt wurden, gestellt werden, zu befriedigen und flexibel auf Programmänderungen zu reagieren;
- die kostengünstige Beschaffung der notwendigen Werkstoffe, die mit optimierten Materialflüssen durch den Produktionsprozess zu steuern sind, wobei Vorräte und Kapitalbindung möglichst gering und Durchlaufzeiten möglichst kurz sind;
- die Gestaltung von Produktionsprozessen, in denen optimale Kombinationen aus Arbeitskräften, Betriebsmitteln und Werkstoffen für die Herstellung von Produkten mit hoher Qualität und niedrigen Kosten realisiert werden, was dann möglich ist, wenn Planung, Leitung, Organisation und Kontrolle darauf bestmöglich abgestimmt sind.

Viele Unternehmen sind durch Organisationsmerkmale gekennzeichnet, die eine flexible Reaktion auf sich verändernde Marktsituationen erschweren. Während die Kunden guten Service, innovative Produkte mit ausgezeichneter Qualität und niedrigen Kosten und Preisen fordern, sind ineffiziente Geschäftsprozesse maßgeblich daran beteiligt, die Senkung der Durchlaufzeiten, eine Kostenreduzierung und letztlich eine höhere Produktivität zu verhindern.

Die Neuausrichtung eines Unternehmens erfolgt heute auf der Basis betrieblicher Prozesse mit hohem **Wertschöpfungsanteil**. Im Mittelpunkt steht dabei eine an den strategischen Unternehmenszielen ausgerichtete und nutzenorientierte **Geschäftsprozessoptimierung**.

Dabei werden u. a. folgende Ziele verfolgt:
- Schaffung logisch zusammenhängender Prozesse mit wenigen Schnittstellen
- Reduktion der Komplexität bestehender Abläufe
- Ausrichtung aller Prozesse an den Bedürfnissen der Kunden
- Orientierung auf die Wertschöpfung
- Stärkung der Eigenverantwortung der Mitarbeiter.

Die Erfüllung dieser Ziele mündet in eine Verbesserung der Produktivität der Unternehmen. Dieser Aufgabe widmet sich das Produktivitätsmanagement.

Das **Produktivitätsmanagement** verfolgt das Ziel, die Produktivität eines Unternehmens zu steigern. Zur Erreichung dieses Zieles gestaltet es ein übergreifendes Informationssystem als Grundlage für die
- Analyse der Produktivität
- Entscheidungsfindung zur Gestaltung der Produktivität
- Planung, Leitung und Organisation durchzuführender Maßnahmen
- Realisierung durchzuführender Maßnahmen und
- Evaluation durchzuführender Maßnahmen.

Zur Zielerreichung entwickelt das Produktivitätsmanagement ein umfassendes **methodisches Instrumentarium** und wendet dieses an. Seine Bestandteile sind:
1. Ein theoretisches Konzept zur **Definition der Gesamtproduktivität** und der Teilproduktivitäten auf der Grundlage
   - der Makrostruktur von Produktionsprozessen
   - des allgemeinen Ergiebigkeitssatzes und
   - des Rational- bzw. Wirtschaftlichkeitsprinzips.

Dabei geht es um die Festlegung der Zähler- und Nennergrößen des Quotienten Produktivität sowie die anzuwendenden Maßstäbe.

2. **Festlegung**, **Erfassung**, **Auswertung** und **Fortschreibung** der benötigten **Daten**.
3. Identifikation der auf die Produktivität wirkenden **Einflussgrößen** und deren Wirkungsart.
4. Ermittlung der je Einflussfaktor realisierbaren **Gestaltungsmöglichkeiten**.
5. Feststellung eigener **Stärken** und **Schwächen** durch **Vergleiche** mit internen Unternehmensbereichen und externen **Wettbewerbern**.
6. **Begründung von Produktivitätsdifferenzen** zu Vergleichspartnern durch die Systematisierung von Wirkungsketten und Ableitung von Handlungsfeldern
7. Systematische und tiefgründige **Darstellung** funktional übergreifender **Einflussfaktoren** je Arbeitspaket, der damit verbundenen möglichen **Fehlerquellen** und ihrer **Produktivitätsauswirkungen** sowie der darauf abgestimmten **Gestaltungsansätze**.
8. Strukturierung des **Entscheidungsfindungsprozesses** unter Berücksichtigung von **Interdependenzen**, die zwischen den Arbeitspaketen/Handlungsfeldern bestehen.
9. **Konzeptionelle Entwicklung** der Gestaltungslösung und **Durchführung** der vorgesehenen **Maßnahmen**.
10. **Evaluierung** des **Gestaltungsprozesses** zur Steigerung der Produktivität und seiner **Ergebnisse**.

1.2 Produktivitätsanalysen und wirtschaftsstatistische Produktivitätsmessungen

Seit etwa 1950 liegen in Deutschland umfangreiche statistische Datensammlungen zur Produktivitätsmessung vor. Diese sind zum einen auf Aggregate volkswirtschaftlicher Gesamtrechnungen abgestellt, zum anderen beruhen sie auf sogenannten „Basisstatistiken“, die Angaben aus einzelnen Unternehmen enthalten. Zielstellung für die Erhebung dieses statistischen Zahlenmaterials ist die kontinuierliche Beurteilung der volkswirtschaftlichen Entwicklung im Bereich der Produktivität bezogen auf einzelne Branchen, Regionen, Länder z.B. zur Abschätzung zukünftiger Entwicklungen, zum internationalen Leistungsvergleich und auch zur Ableitung konkreter politischer Handlungsoptionen.
Fast alle Datenerfassungen dieser Art beschränken sich auf Teilaspekte der Produktivität. Die amtlichen Produktivitätsmessungen in den Basisstatistiken sind wenig differenziert. So wird das Produktionsergebnis, das aus dem Zusammenwirken aller Produktionsfaktoren entsteht, im allgemeinen nur zu einem Faktor in Beziehung gesetzt, nämlich der Arbeit. Zusätzlich wird häufig wegen mangelnder statistischer Daten als Outputgröße der Umsatz eingesetzt, der sowohl Materialeinsatz als auch Vorleistungen enthält.

Die **Produktivität ist eine faktorbezogene Verhältniszahl**. Das Produktionsergebnis einer Periode entsteht aus dem Zusammenwirken aller Produktionsfaktoren. In der amtlichen Statistik wird die Produktivität einschränkend als Verhältnis zwischen dem Produktionsergebnis und dem bei der Produktion eingesetzten Faktor Arbeit dargestellt. Dabei hat es sich in inakzeptabler Weise durchgesetzt, selbst dann von Produktivität zu sprechen, wenn es sich um die Arbeitsproduktivität handelt.
Die Gleichsetzung der Begriffe „Arbeitsproduktivität“ und „Produktivität“ vermittelt ein völlig falsches Bild dieser Kennzahl, die durch das Zusammenwirken der Elementarfaktoren Arbeitskraft, Betriebsmittel und Werkstoff entsteht.

Schon 1953 hat vor allem G. Fürst wiederholt auf dieses Problem und die Gefahr der Missdeutung des Begriffes „Arbeitsproduktivität“ hingewiesen (Fürst [Produktivitätsmessung, S.239 ff.]). Diese Gefahr besteht auch heute noch. Die Öffentlichkeit und vor allem unser Analyseschwerpunkt, die Industrie, werden auf Basis derartiger Zahlen über Produktivität, Produktivitätsentwicklung und ggf. Produktivitätsrückstände informiert. Zum einen schaffen diese Produktivitätskennzahlen einen erheblichen, je nach Interessenlage unterschiedlichen, Interpretationsspielraum, zum anderen signalisieren sie u.a. zweifelhafte oder falsche Entscheidungsoptionen bei der geplanten Steigerung von Produktivität, nämlich der Outputsteigerung und/oder der Reduzierung des Inputfaktors Arbeit als einzige Handlungsalternative. Nicht zuletzt führen sie zu einer Ablehnung und Nichtbeachtung im Management der Industrie, begründet in der fehlenden Aussagekraft als Kennzahl und in fehlenden Detaillierungen im Sinne von Ursache-Wirkungs-Mechanismen.

Die wirtschaftsstatistischen Produktivitätsmessungen werden deshalb von den Unternehmen eher nicht zur Bewertung des eigenen Produktivitätsniveaus herangezogen, wodurch eine hilfreiche Vergleichsmöglichkeit ungenutzt bleibt.

Um diese **Akzeptanzschwelle** zu überspringen, ist es unumgänglich
- zu **definieren, was** unter **Produktivität** zu verstehen **ist**,
- zu **systematisieren**, welche **Einflüsse** auf die **Produktivität** wirken und
- darzustellen, mittels welcher faktorbezogenen **Maßnahmekomplexe** eine **positive Produktivitätsentwicklung** bewirkt werden kann.

1.3 Systematisierung der betriebswirtschaftlichen Erfolgsrelation Produktivität

Unter Berücksichtigung der **Makrostruktur** eines Wirtschaftsprozesses (Input-Throughput-Output-Beziehung) und des **Wirtschaftlichkeitsprinzips** kennzeichnet die Beziehung des Outputs (Produkte, Leistungen) zum Input (Arbeitskräfte, Betriebsmittel, Werkstoffe) durch Bildung der sogenannten **Erfolgsrelation** die **Ergiebigkeit** eines Unternehmens *(Bild 1)*.

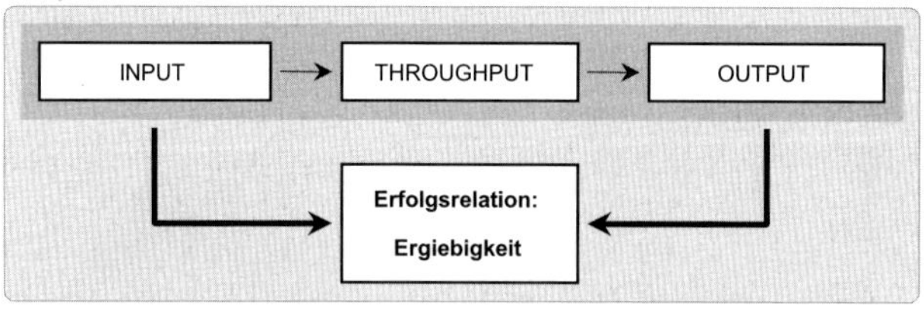

Bild 1: Ergiebigkeit des Produktionsprozesses

Daraus leitet sich der allgemeine Ansatz für die Bestimmung der Ergiebigkeit ab *(vgl. Bild 2)*.

$$\text{Ergiebigkeit} = \frac{\text{Output}}{\text{Input}}$$

Bild 2: Allgemeiner Ansatz der Ergiebigkeit

Es werden hier zwei grundsätzliche Arten der Bestimmung von Erfolgsrelationen unterschieden:

- **Produktivität und**
- **Rentabilität.**

Zur Bestimmung der **Produktivität** geht in den **Zähler** des Quotienten als Output die Leistung ein. Diese kann eine Mengengröße sein.
Bei einem **homogenen Erzeugnisprogramm** wären das z.B. die Stückzahl der produzierten Erzeugnisse, die Masse bzw. das Volumen des Outputs gemessen in Tonnen, Kubikmetern o.a..
Bei **heterogenen Programmen** könnte der Output in solchen Naturalgrößen gemessen werden, die sich auf Leistungsparameter des produzierten Erzeugnisprogramms stützen. Solche Größen sind z.B. Bruttoregistertonnen zur Outputbewertung einer Werft oder Kilowatt zur Outputbewertung eines Motorenproduzenten.
Es ist jedoch immer möglich, den **Output als Wertgröße** zu quantifizieren. Für die Ermittlung der Produktivität können dafür z.B. der **Umsatz** oder die **Wertschöpfung dienen** *(vgl. Bild 3).*

Outputgröße	Berechnungsgrundlage
Gesamtumsatz	Verkaufsmenge × Verkaufspreis
Gesamtleistung	Umsatz ± Bestandsveränderungen an FE & UFE + aktivierte Eigenleistung
Bruttoproduktionswert	Gesamtleistung - Erlös aus Verkauf von • Handelswaren • Material • Sachanlagen
Nettoproduktionswert (Bruttowertschöpfung)	Bruttoproduktionswert - Vorleistung *(Vorleistungen sind: Aufwendungen für Roh-, Hilfs- und Betriebstoffe; Zukaufteile, -komponenten; Fremdleistungen)*

Bild 3: Berechnungsgrundlagen von Outputgrößen

Die in der Theorie übliche Outputkenngröße **Umsatz** beinhaltet für die Produktivitätsanalyse zahlreiche Schwierigkeiten. Sie berücksichtigt nicht die Veränderungen des Bestandes an fertigen oder unfertigen Erzeugnissen und kann insbesondere bei Unternehmen mit marktanonymer Fertigung (Lagerfertigung) zu erheblichen Verzerrungen führen.
Berücksichtigt man diese Bestandsveränderungen und ggf. aktivierte Eigenleistungen, erhält man in der Gewinn- und Verlustrechnung die **Gesamtleistung** eines Unternehmens, die ebenfalls als Outputgröße genutzt werden könnte.
Diese Gesamtleistung entspricht jedoch nur dann dem Produktionswert, wenn keine zusätzlichen Erlöse, z.B. aus dem Verkauf von Handelsware, Materialbeständen oder Sachanlagen,

erzielt wurden. Die um die o.g. zusätzlichen Erlöse bereinigte Gesamtleistung entspricht dem **Bruttoproduktionswert**. Diese Kenngröße ist insbesondere für die innerbetriebliche Produktivitätsanalyse bei gleichbleibenden Produktionsanteilen des Betriebes eine relevante Größe.

Für einen überbetrieblichen Produktivitätsvergleich oder in einem Mehrproduktbetrieb mit unterschiedlichen Fertigungstiefen ist die Anwendung des **Nettoproduktionswertes** zu empfehlen. Um den Nettoproduktionswert zu erhalten, müssen vom Bruttoproduktionswert die sogenannten **Vorleistungen** abgezogen werden. Darunter sind die verbrauchten Roh-, Betriebs- und Hilfsstoffe, die verbrauchten Zukaufteile und -komponenten sowie die genutzten Fremdleistungen zu verstehen. Dieser Nettoproduktionswert wird auch als **Bruttowertschöpfung** bezeichnet.

Die betriebliche **Wertschöpfung** ist der von einem Unternehmen in einer Periode geschaffene Wertzuwachs. Sie ist damit ein wichtiger Maßstab für die Bedeutung und Leistungsfähigkeit eines Unternehmens. Diese Wertschöpfung kann nicht nur für ein Unternehmen, sondern auch für eine Branche oder eine gesamte Volkswirtschaft errechnet werden.

Die Wertschöpfung sollte u.a. aus Gründen der Vergleichbarkeit der Leistungen der Unternehmen, sinnvoller weise den Zähler der Produktivität bilden.

Zur Bestimmung der Produktivitäten gehen in den Nenner des Quotienten als Input die eingesetzten Elementarfaktoren ein. Für die Ermittlung der spezifischen Teilproduktivitäten sind die Elementarfaktoren alternativ einsetzbar:

- **Arbeitskräfte** (AK)

  Maßstäbe:
  - Anzahl der AK [Stück]
  - Arbeitszeitfonds [Stunden]
    (Bewertung der AK-Anzahl mit ihrer Einsatzzeit)
  - Lohn [€]
    (Bewertung der AK-Anzahl bzw. des Arbeitszeitfonds mit dem Lohn pro AK oder dem Lohn pro Arbeitsstunde)
  - Personalaufwand [€]
- **Betriebsmittel** (BM)

  Maßstäbe:
  - Anzahl der BM [Stück]
  - Betriebsmittelzeitfonds [Stunden]
    (Bewertung der Anzahl der BM mit ihrer Einsatzzeit)
  - Wert [€]
    (Bewertung der BM mit ihren Anschaffungspreisen bzw. ihren Wiederbeschaffungspreisen)
  - Betriebsmittelaufwand [€]
- **Werkstoffe** (WS)

  Maßstäbe:
  - Mengen [m^2], [m^3], [Liter], [kg]
  - Wert [€]
    (Bewertung der WS mit dem Einstandspreis)
  - Werkstoffaufwand [€]

In Abhängigkeit davon, welcher Elementarfaktor den Nenner bildet, sind die in *Bild 4* genannten **Produktivitätsarten (Teilproduktivitäten)** zu unterscheiden.

$$\text{(1) Arbeitskräfteproduktivität} = \frac{\text{Wertschöpfung}}{\text{Arbeitskräfte}}$$

$$\text{(2) Betriebsmittelproduktivität} = \frac{\text{Wertschöpfung}}{\text{Betriebsmittel}}$$

$$\text{(3) Werkstoffproduktivität} = \frac{\text{Wertschöpfung}}{\text{Werkstoffe}}$$

Bild 4: Übersicht der Teilproduktivitäten (Elementarfaktorstruktur)

In der Betriebswirtschaftslehre kaum verwendet, aber trotzdem als Produktivitätsgröße akzeptabel sind die in *Bild 5 und 6* aufgeführten Größen **Kapitalproduktivität** und **Vermögensproduktivität.**

$$\text{Kapitalproduktivität} = \frac{\text{Wertschöpfung}}{\text{Kapital}}$$

Bild 5: Darstellung der Kapitalproduktivität

Eine aus **Sicht der Kapitalzusammensetzung mögliche Differenzierung** unterteilt diesen Produktivitätsausdruck in:

- Eigenkapitalproduktivität und
- Fremdkapitalproduktivität.

Das Kapital ist die inputseitige Voraussetzung zur Beschaffung der Elementarfaktoren.

$$\text{Vermögensproduktivität} = \frac{\text{Wertschöpfung}}{\text{Vermögen}}$$

Bild 6: Darstellung der Vermögensproduktivität

Eine aus **Sicht der Vermögenszusammensetzung mögliche Differenzierung** unterteilt diesen Produktivitätsausdruck in:

- Produktivität des Anlagevermögens und
- Produktivität des Umlaufvermögens.

Beschaffte Inputfaktoren (Betriebsmittel, Werkstoffe) werden zu Vermögensbestandteilen.

Gesamtbetriebliche Betrachtungen zwingen zur Zusammenführung der Teilproduktivitäten. Das geschieht dadurch, dass der in Geld bewertete Eigenleistungsanteil (Wertschöpfung) den in Geld bewerteten Inputfaktormengen (Summe der Aufwendungen für Arbeitskräfte, Betriebsmittel und Werkstoffe) gegenübergestellt wird. Die gebildete Kennzahl entspricht der **Gesamtproduktivität** (Weber [Rentabilität, S. 90]).

Der berechnete Quotient der **Gesamtproduktivität** wird formelmäßig in *Bild 7* dargestellt.

$$\text{Gesamtproduktivität} = \frac{\text{Wertschöpfung}}{\text{Summe der Inputfaktoraufwendungen}}$$

Bild 7: Darstellung der Gesamtproduktivität

Der Zusammenhang zwischen Teilproduktivitäten und Gesamtproduktivität ist in *Bild 8* dargestellt. Dabei wurden die Produktivitätsgrößen, die im Nenner die Elementarfaktoren abbilden als elementarfaktorbezogene Teilproduktivitäten bezeichnet. Die Produktivitätsgrößen, die im Nenner das Vermögen bzw. das Kapital abbilden, werden als bilanzielle Teilproduktivitäten bezeichnet.

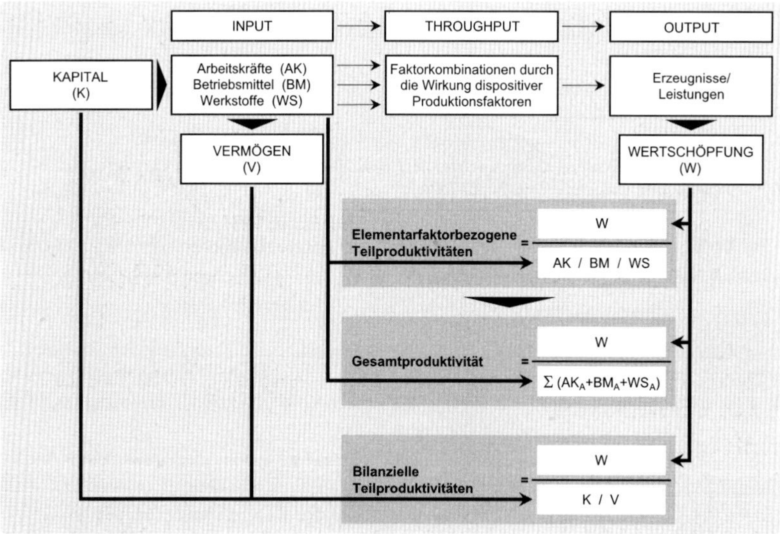

Bild 8: Zusammenhang zwischen elementarfaktorbezogenen und bilanziellen Teilproduktivitäten und der Gesamtproduktivität

Die Produktivität ist der Schlüssel des wirtschaftlichen Erfolgs eines Unternehmens. Die stetige Verbesserung der Produktivität ist das entscheidende Unternehmensziel.

Diese Sichtweise wird zunehmend auch von Banken und Kreditinstituten vertreten, die in den Kriterien des Baseler Akkords II neben Finanzstrukturen und Bonitätskriterien in starkem Maße auf Produktivitätskriterien zurückgreifen.
Im Umkehrschluss ist es unerlässlich neben der Produktivitätsbeurteilung die Rentabilität in die Unternehmensbewertung einzubeziehen. Die Messung der Rentabilität erfolgt auf der

Grundlage des erzielten Gewinnes und damit einer echten Unternehmenserfolgsgröße. Sie verhindert die häufig anzutreffende einseitige Umsatzorientierung der Unternehmen, die zur Bedrohung der Existenz des Unternehmens führen kann.

Zur Bestimmung der **Rentabilität** geht in den **Zähler** des Quotienten der Ergiebigkeitsrelation der **Gewinn** ein. Den **Nenner** bildet das **Kapital** (alternativ: Gesamtkapital, Eigenkapital, Fremdkapital) oder das **Vermögen** (Küpper [Controlling, S. 920]) des Unternehmens (alternativ: Gesamtvermögen, Anlagevermögen, Umlaufvermögen). Beide Werte sind als Inputgrößen und damit als Nenner akzeptabel. Das Kapital, weil es die finanzielle Voraussetzung für die Beschaffung der Inputfaktoren ist, das Vermögen, weil es bereits im Unternehmen befindliche Inputgrößen darstellt.

In Abhängigkeit davon, wie der Nenner gebildet wird, sind verschiedene **Rentabilitätsbegriffe** zu unterscheiden *(vgl. Bilder 9, 10 und 11).*

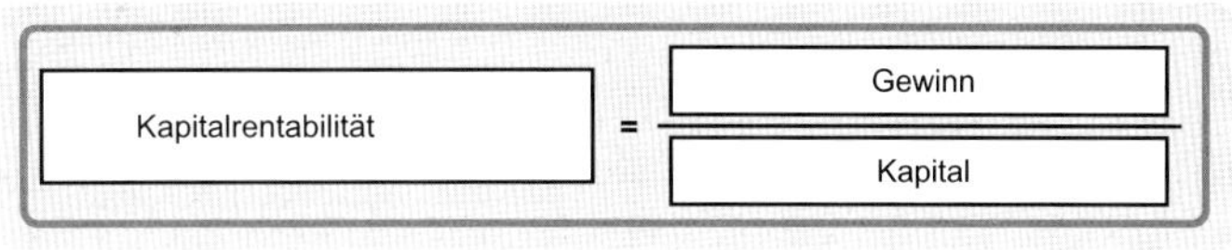

Bild 9: Darstellung der Kapitalrentabilität

Eine aus **Sicht der Kapitalzusammensetzung mögliche Differenzierung** unterteilt diesen Rentabilitätsausdruck in:

- Eigenkapitalrentabilität und
- Fremdkapitalrentabilität.

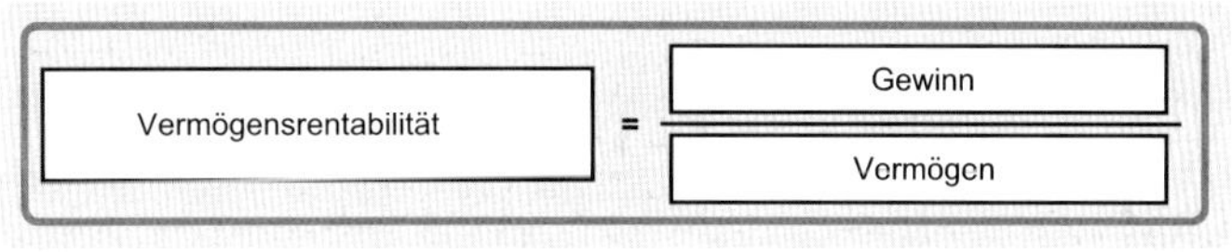

Bild 10: Darstellung der Vermögensrentabilität

Eine aus **Sicht der Vermögenszusammensetzung mögliche Differenzierung** unterteilt diesen Rentabilitätsausdruck in:

- Rentabilität des Anlagevermögens und
- Rentabilität des Umlaufvermögens.

Ein dritter, in der wirtschaftswissenschaftlichen Literatur häufig genannter Rentabilitätsbegriff ist die Umsatzrentabilität.

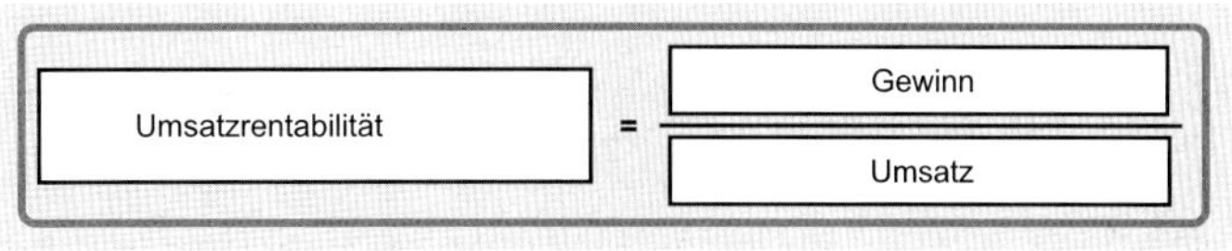

Bild 11: Darstellung der Umsatzrentabilität

Die **Umsatzrentabilität** ist unabhängig von ihrer Bedeutung und Aussagekraft **nicht mehr** als **Erfolgsrelation aus der Sicht der Output-Input-Beziehung** zu bezeichnen. Der Umsatz als Produkt aus Erzeugnis und Preis bildet keine reine Inputgröße. Die abgesetzte Erzeugnismenge ist eine Outputgröße. Der Preis setzt sich im wesentlichen aus den auf die Produktionsfaktoren bezogenen Aufwendungen und dem Gewinn zusammen. Der Gewinn ist eine Outputgröße. Die Aufwendungen der eingesetzten Faktoren sind Inputgrößen. Eliminiert man in der Kennzahl Umsatzrentabilität den als Nenner eingesetzten Umsatz um seine Outputbestandteile Menge und Gewinn, so bleiben im wesentlichen Faktoraufwendungen übrig. Setzt man sie alternativ als Inputgrößen in den Nenner der Rentabilitätsformel ein, so erhält man – in Analogie zu den Teilproduktivitäten – die Teilrentabilitäten.

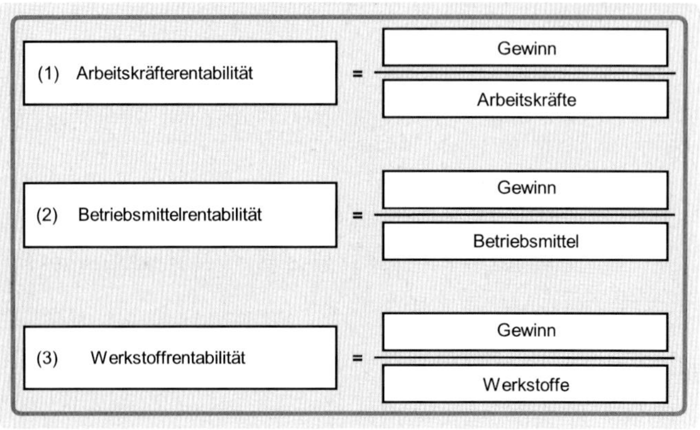

Bild 12: Übersicht der Teilrentabilitäten (Elementarfaktorstruktur)

Davon abgeleitet ist ähnlich wie die Gesamtproduktivität auch eine Gesamtrentabilität *(vgl. Bild 13)* vorstellbar.

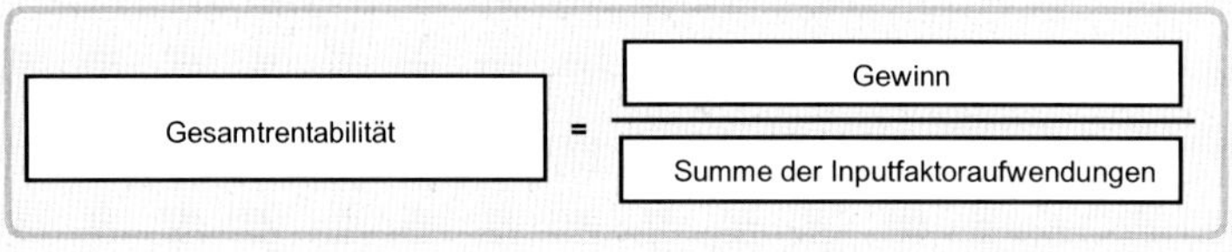

Bild 13: Darstellung der Gesamtrentabilität

Der Zusammenhang zwischen den Teilrentabilitäten und der Gesamtrentabilität ist in *Bild 14* dargestellt. Dabei wurden die Rentabilitätsgrößen, die im Nenner die Elementarfaktoren abbilden, als elementarfaktorbezogenen Teilrentabilitäten bezeichnet.
Die Rentabilitätsgrößen, die im Nenner das Kapital oder das Vermögen abbilden, werden als bilanzielle Teilrentabilitäten bezeichnet.

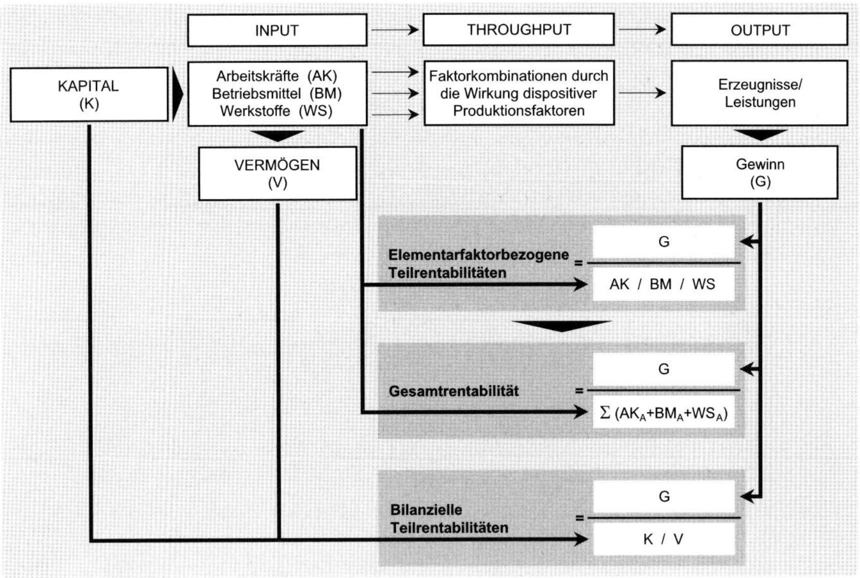

Bild 14: Zusammenhang zwischen elementarfaktorbezogenen und bilanziellen Teilrentabilitäten und der Gesamtrentabilität

Bild 15 zeigt eine Gesamtübersicht über die Kennzahlen der Produktivität und Rentabilität. Auf diese Weise erfolgt eine Vereinheitlichung der Ansätze zur Produktivitäts- und Rentabilitätsmessung und -bewertung.

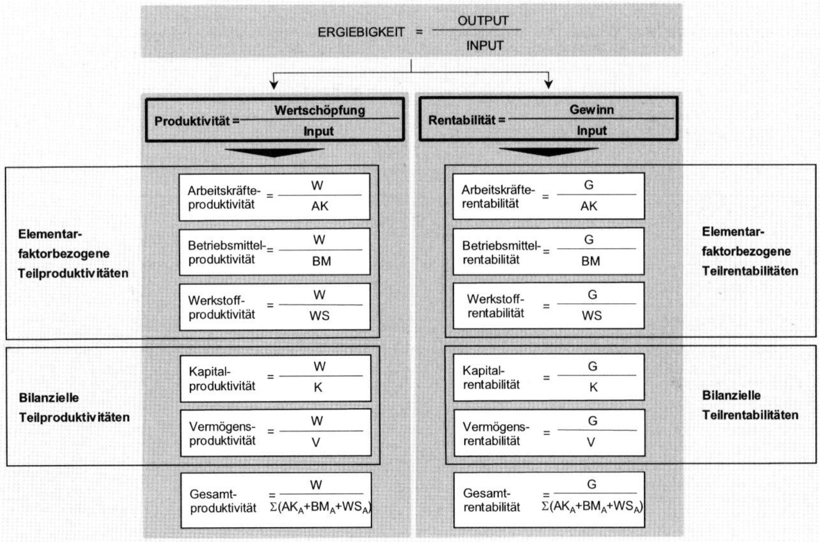

Bild 15: Übersicht über die Kennzahlen der Produktivität und Rentabilität zur Messung der Ergiebigkeit

Mit dem Konzept der Produktivitäts- und Rentabilitätskennzahlen wurde eine entscheidende Grundlage für ein Unternehmensrating geschaffen.

In der Kennzahl Produktivität sind Sach- und Formalziele miteinander verknüpft. Daraus leitet sich ihre **besondere Bedeutung** ab: Es gibt wohl kaum eine betriebswirtschaftliche Entscheidung, die nicht mittel- bzw. unmittelbar die Entwicklung der Produktivität beeinflusst. Die positive Entwicklung der Gesamtproduktivität ist die entscheidende Zielstellung des Produktivitätsmanagements. Aus diesem Grunde soll die Produktivität an dieser Stelle weiterführend betrachtet werden.
Dabei kommt es auf eine differenzierte Analyse an, die verdeutlicht, dass eine positive Entwicklung der Gesamtproduktivität durchaus über sehr verschiedene Entwicklungstendenzen der Teilproduktivitäten realisiert werden kann.

1.4 Einflussfaktoren und Gestaltungsansätze zur Produktivitätssteigerung

Eine zielorientierte Produktivitätsentwicklung erfordert ein systematisches Vorgehen. Der Ansatz für die Systematik ist mit der Formel zur Berechnung der Produktivität bereits vorgegeben. Die Formel stellt einen Quotienten mit Zähler und Nenner dar.
Die Einflussfaktoren, die auf die Produktivität wirken, lassen sich folgendermaßen strukturieren (Nebl, Poenicke [Produktivitätspotenziale]):

(1) **Einflussfaktoren mit Wirkung auf den Output.**
Diese Einflussfaktoren sind wertschöpfungsorientiert. Sie wirken auf den Zähler.

(2) **Einflussfaktoren mit Wirkung auf den Input.**
Diese Einflussfaktoren orientieren auf die Arbeitskräfte, die Betriebsmittel und die Werkstoffe sowie deren Einfluss auf die Produktivitätsentwicklung. Sie wirken auf den Nenner.

(3) **Einflussfaktoren mit Wirkung auf den Throughput**
und damit auf den eigentlichen Produktionsprozess. Sie beziehen sich auf die Wirkung der dispositiven Produktionsfaktoren:

- Planung
- Organisation
- Steuerung.

Diese Einflussfaktoren besitzen die Besonderheit, dass sie sowohl auf den Zähler als auch auf den Nenner der Produktivitätsformel wirken.

Jeder Einflussfaktor, der auf den Zähler bzw. den Nenner wirkt und eine negative, nicht gewünschte Tendenz verfolgt, verschlechtert die Produktivität und ihre Entwicklung. Aus diesem Grunde ist es nicht nur nötig, die Einflussfaktoren zu systematisieren, sondern es geht auch darum, aufzuzeigen, mittels welcher Schwerpunktmaßnahmen positiv wirkende Tendenzen verstärkt und negative Entwicklungstendenzen beseitigt werden können. Diese werden als **methodische Gestaltungsansätze** bezeichnet.

Die Einflussfaktoren bestimmen die für sie einsetzbaren methodischen Gestaltungsansätze zur Produktivitätssteigerung. *Bild 16* verdeutlicht die dargestellten Zusammenhänge.

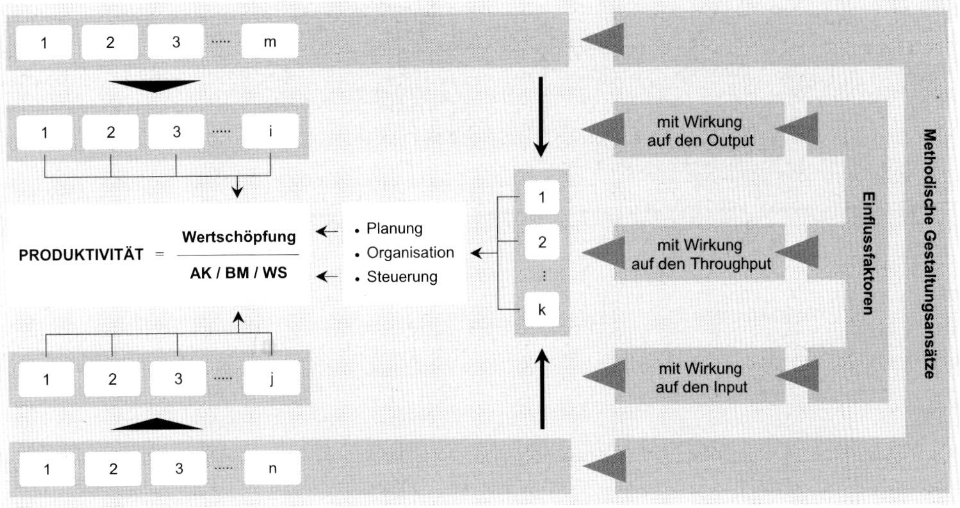

Bild 16: Einflussfaktoren und methodische Gestaltungsansätze

1.4.1 Einflussfaktoren mit Wirkung auf den Output

Diese Faktoren wirken auf die Entwicklung der Wertschöpfung. Es sind vier Einflussfaktorengruppen und Gestaltungsansätze systematisierbar.
Einflussfaktoren sind:

- Unternehmensziele
- Marketingstrategie
- Marktposition und
- Innovationsfähigkeit.

Als **methodische Gestaltungsansätze** sind:

- Unternehmensphilosophie
- Ertragsgestaltung
- Kooperative Zusammenarbeit und
- Gestaltung des Innovationsprozesses

zu nennen.

Bild 17 untersetzt die Einflussfaktoren und die Gestaltungsansätze durch Beispiele.

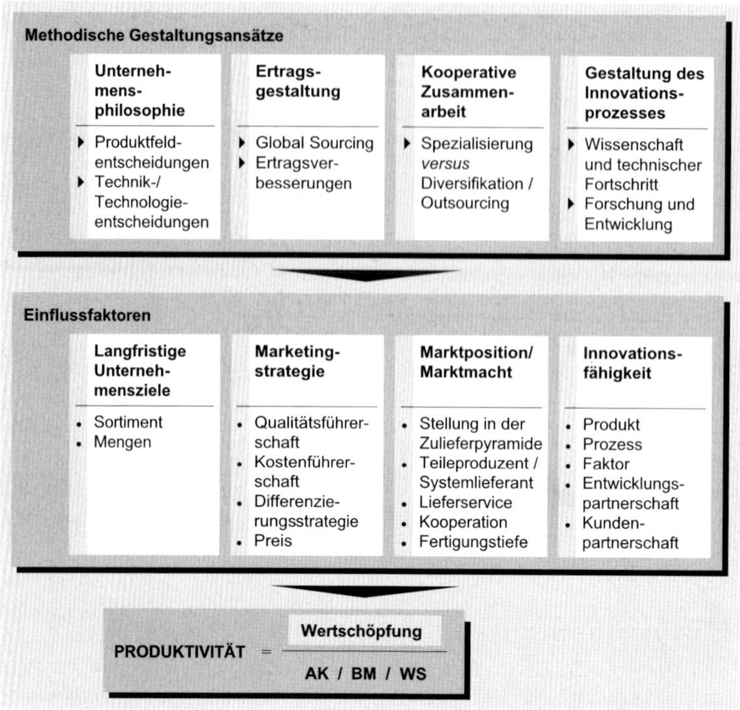

Bild 17: Einflussfaktoren und methodische Gestaltungsansätze mit Wirkung auf die Wertschöpfung

1.4.2 Einflussfaktoren mit Wirkung auf den Input

Diese Einflussfaktoren wirken auf die in den Nenner der Berechnungsformel der Produktivität alternativ einsetzbaren Elementarfaktoren.

1.4.2.1 Einflussfaktoren mit Wirkung auf die Arbeitskräfte

Es sind fünf Einflussfaktorengruppen und vier methodische Gestaltungsansätze systematisierbar.

Einflussfaktoren sind:

- Leistungsfähigkeit der Arbeitskräfte
- Leistungsbereitschaft der Arbeitskräfte
- Kapazitätsangebot
- Ausnutzung des Kapazitätsangebotes und
- Arbeitsorganisation.

Als **methodische Gestaltungsansätze** sind:

- Personalentwicklung
- Bedarfs- und Einsatzplanung der Arbeitskräfte
- Zeitmanagement und
- Arbeitsgestaltung

zu nennen. *Bild 18* untersetzt die Einflussfaktoren und die Gestaltungsansätze durch Beispiele.

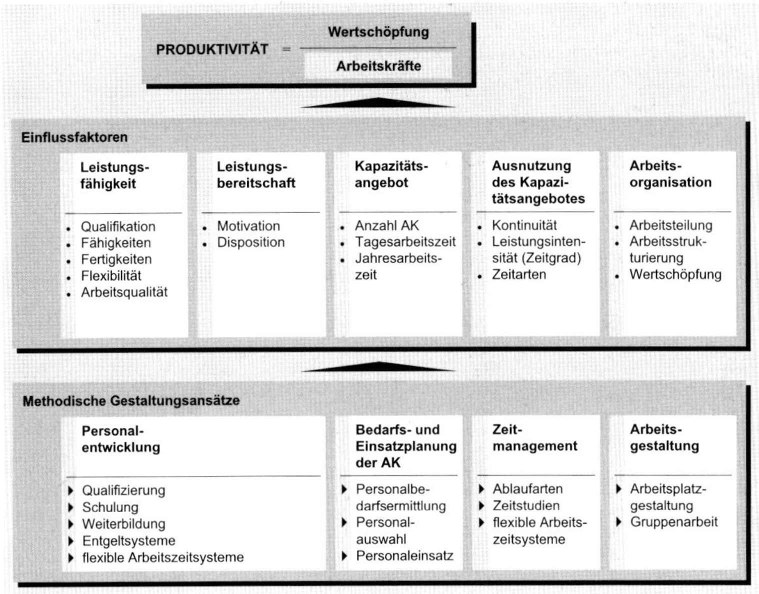

Bild 18: Einflussfaktoren und methodische Gestaltungsansätze mit Wirkung auf die Arbeitskräfte

1.4.2.2 Einflussfaktoren mit Wirkung auf die Betriebsmittel

Hier sind vier Einflussfaktorengruppen und drei methodische Gestaltungsansätze systematisierbar.

Einflussfaktoren sind:

- Leistungsfähigkeit der Betriebsmittel
- Erhalt der Leistungsfähigkeit der Betriebsmittel
- Kapazitätsangebot und
- Ausnutzung des Kapazitätsangebotes.

Als **methodische Gestaltungsansätze** sind:

- Komplexe, integrierte Anlagenwirtschaft
- Planung des Kapazitätsbedarfs und
- Zeitmanagement

zu nennen.

Bild 19 verdeutlicht Beispiele für beide Gruppen.

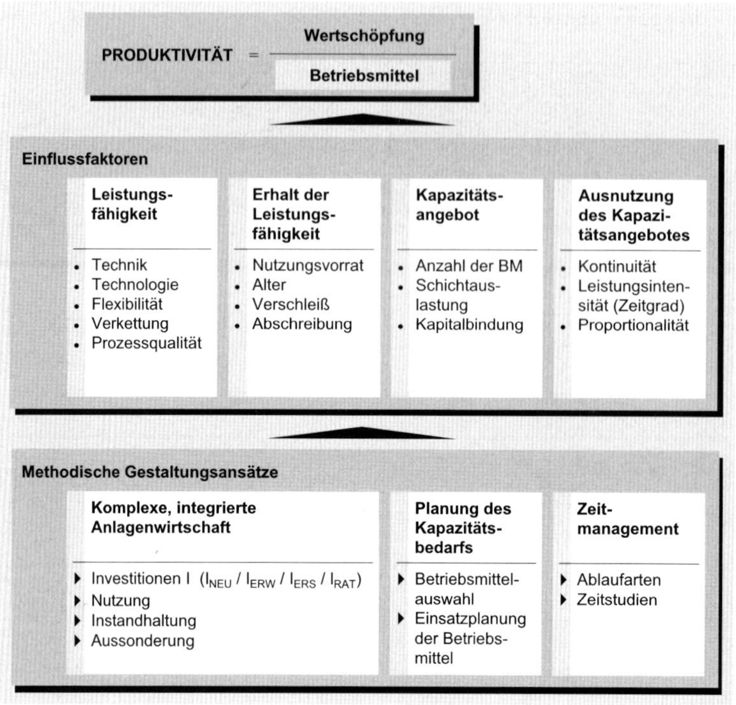

Bild 19: Einflussfaktoren und methodische Gestaltungsansätze mit Wirkung auf die Betriebsmittel

1.4.2.3 Einflussfaktoren mit Wirkung auf die Werkstoffe

Im Zusammenhang mit den Werkstoffen sind jeweils sechs Einflussfaktorengruppen und methodische Gestaltungsansätze zu identifizieren.

Einflussfaktoren sind:

- Werkstoffeigenschaften
- Materialfluss
- Materialbedarf
- Durchlaufzeit
- Materialwert und
- Marktstellung.

Als **methodische Gestaltungsansätze** sind:

- Methoden der Werkstoffbeschaffung
- Methoden der Materialflussgestaltung
- Methoden der Materialbedarfsplanung
- Ablaufanalysen
- Wertanalysen und
- Methoden zur Änderung der Marktstellung

zu nennen.

Bild 20 untersetzt beide Gruppen mit Beispielen.

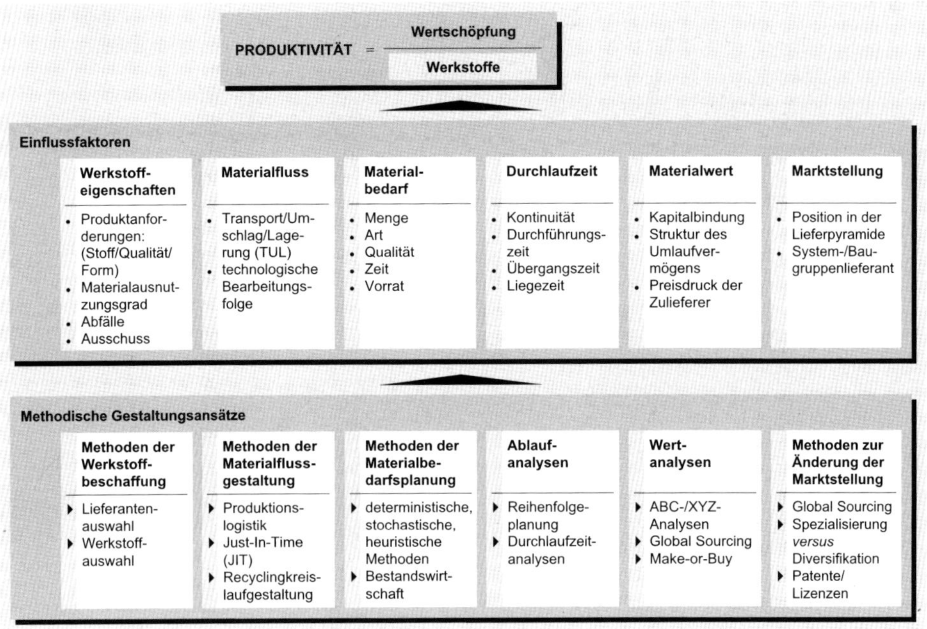

Bild 20: Einflussfaktoren und methodische Gestaltungsansätze mit Wirkung auf die Werkstoffe

1.4.3 Einflussfaktoren mit Wirkung auf den Throughput

Die Ergiebigkeit des Produktionsprozesses hängt von der Qualität des Wirkens der dispositiven Faktoren ab.

Dieser **Wirkungskomplex** besitzt die **Besonderheit**, dass er nicht isoliert –wie die bisher diskutierten Faktoren– entweder auf den Zähler oder auf den Nenner des Quotienten Produktivität Einfluss nimmt, sondern **beide Größen beeinflusst.**

Es lassen sich folgende **Einflussfaktoren** systematisieren:

- Produktionsvorbereitung und -durchführung
- Prozessorganisation
- Qualitätsfähigkeit und
- logistische Kette.

Folgende **methodische Gestaltungsansätze** sind denkbar:

- Zeitmanagement
- Arbeitsgestaltung
- Qualitäts- und Umweltmanagement und
- Logistikmanagement.

Bild 21 stellt Beispiele für beide Gruppen dar.

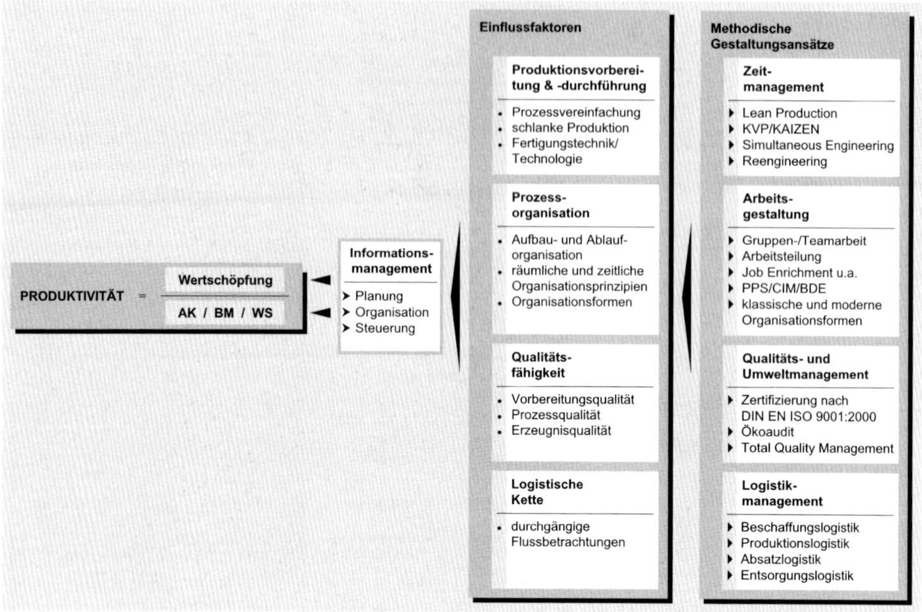

Bild 21: Einflussfaktoren und methodische Gestaltungsansätze mit Wirkung auf die Wertschöpfung sowie auf die Arbeitskräfte, die Betriebsmittel und die Werkstoffe

1.4.4 Ebenenmodell und produktivitätsfördernder Bildungsansatz

Als Zusammenfassung werden die behandelten Aspekte im **„Haus der Produktivität"** dargestellt (Nebl [Produktionswirtschaft, S. 45]). Es wird deutlich, dass ein Vier-Ebenen-Modell die Sicherung einer positiven Produktivitätsentwicklung realisieren kann *(vgl. Bild 22).*

Die erste Ebene ist die **Zielebene**. Ihr liegt eine Zielentscheidung zur Produktivitätsentwicklung zugrunde. In der zweiten Ebene werden die Einflussfaktoren, die auf die Produktivität wirken, dargestellt. Sie wird als **Einflussfaktorebene** bezeichnet. Die dritte Ebene strukturiert die Gestaltungsansätze. Sie wird **Gestaltungsebene** oder **Mittelebene** genannt, denn sie verdeutlicht die einzusetzenden Mittel, durch die das definierte Produktivitätsziel erreicht werden soll. Die vierte Ebene ist die **dispositive Ebene**. Hier muss eine materielle, finanzielle, personelle und informatorische Planung, Leitung, Organisation und Kontrolle der Gestaltungsmaßnahmen erfolgen. So wird eine Wirkung auf die Einflussfaktoren ausgeübt, die eine Zielerreichung ermöglicht.

Das Konzept verdeutlicht, dass zunächst die wirkenden Einflussfaktoren zu identifizieren sind. Ihnen sind entsprechende Gestaltungsansätze zuzuordnen. Deren Umsetzung erfordert eine auf die Potenzialerschließung orientierte dispositive Tätigkeit (Planen, Organisieren usw.).

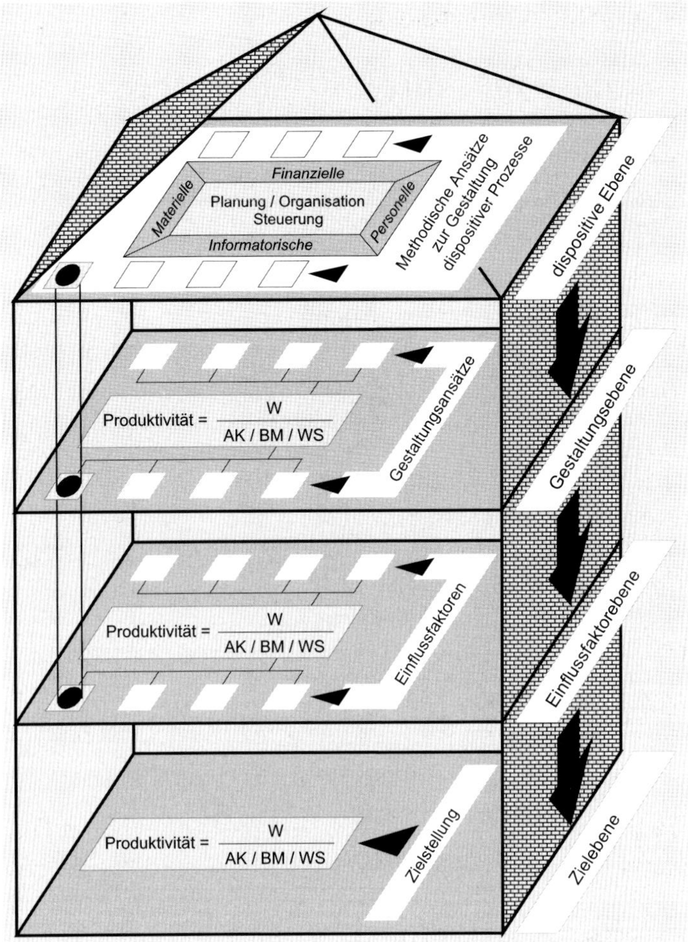

Bild 22: „Haus der Produktivität" (Ebenenmodell zur Sicherung einer positiven Produktivitätsentwicklung)

Die Umsetzung methodischer Produktivitätssteigerungsansätze und die Sicherung ihrer beabsichtigten Wirkung auf die Einflussfaktoren bedarf einer ausgesprochenen fachlichen Kompetenz. Die benötigte Kompetenz kann:

- im Unternehmen vorhanden sein
- außerhalb des Unternehmens beschafft werden
- innerhalb des Unternehmens entwickelt werden.

An dieser Stelle ist eine **innovative Fortbildung zur Entwicklung der fachlichen Kompetenz** im Unternehmen gefragt. Sie garantiert auf lange Sicht, dass im Unternehmen:

- ein umfassendes Produktivitätsbewusstsein entwickelt wird
- entstehende Produktivitätspotenziale erkannt werden und
- die breite Palette methodischer Gestaltungsansätze bekannt ist und diese auf die wirkenden Einflussfaktoren angewandt werden können.

Es wird deutlich, dass
- wirkende **Einflussfaktoren**
- methodische **Gestaltungsansätze** und
- inhaltliche **Fortbildungsgegenstände**

eine **fachliche Einheit** bilden.

Unter **Einbeziehung des Fortbildungsansatzes** erweitert sich das theoretische Konzept *(vgl. Bilder 23 bis 28)*. Dabei geht es um potenzialbezogene Ansatzpunkte für die Gestaltung von Weiterbildungsschwerpunkten. Für die dargestellten Einflussfaktoren und Gestaltungsansätze ergeben sich folgende Weiterbildungsschwerpunkte:

1 **outputorientierte Fortbildungsgegenstände** (mit Wirkung auf die Wertschöpfung)
- Unternehmensphilosophie und Herausarbeitung von Unternehmenszielen
- Marketingaufgaben und Ertragsentwicklung
- Kooperation im Rahmen der Wertbildungskette
- Forschungs- und Entwicklungsprozesse

2 **inputorientierte Fortbildungsgegenstände**

2.1 *mit Wirkung auf die Arbeitskräfte*
- Personalentwicklung
- Kapazitätsplanung, Kapazitätsbilanzierung und bedarfsgerechte Gestaltung der Kapazität
- Arbeitsorganisation und Arbeitsgestaltung

2.2 *mit Wirkung auf die Betriebsmittel*
- komplexe, integrierte Gestaltung der Anlagenwirtschaft (Betriebsmittelwirtschaft)
- Kapazitätsplanung, Kapazitätsbilanzierung und bedarfsgerechte Gestaltung der Kapazität

2.3 *mit Wirkung auf die Werkstoffe*
- Materialwirtschaft
- Produktionslogistik

3 **Fortbildungsgegenstände**, die **aus der Sicht dispositiver Produktionsfaktoren** sowohl auf den Zähler als auch auf den Nenner des Quotienten Produktivität wirken
- Forschung und Entwicklung sowie Produktionsvorbereitung (Stückliste, Arbeitsplan)
- Produktionsorganisation und Prozessgestaltung
- TQM und Umweltmanagement
- Logistikmanagement

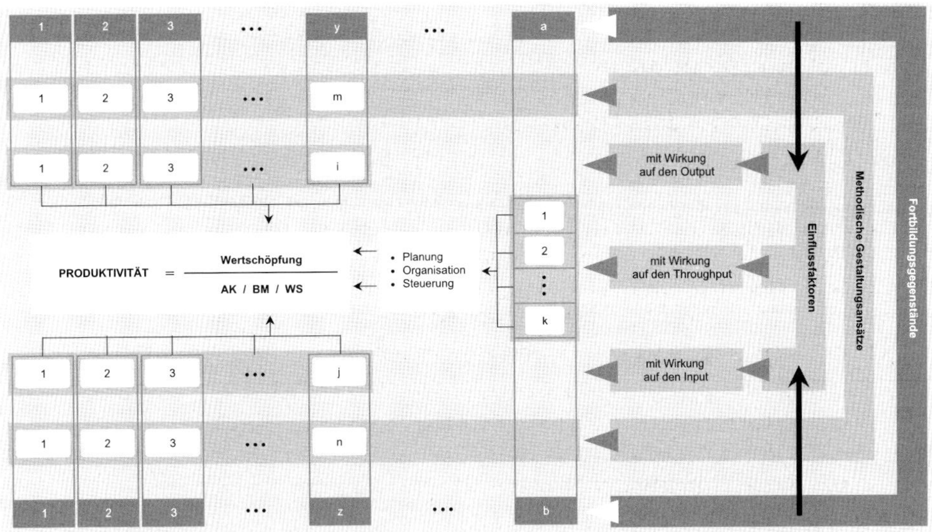

Bild 23: Einflussfaktoren, Gestaltungsansätze und Fortbildungsgegenstände unter Berücksichtigung dispositiver Produktionsfaktoren

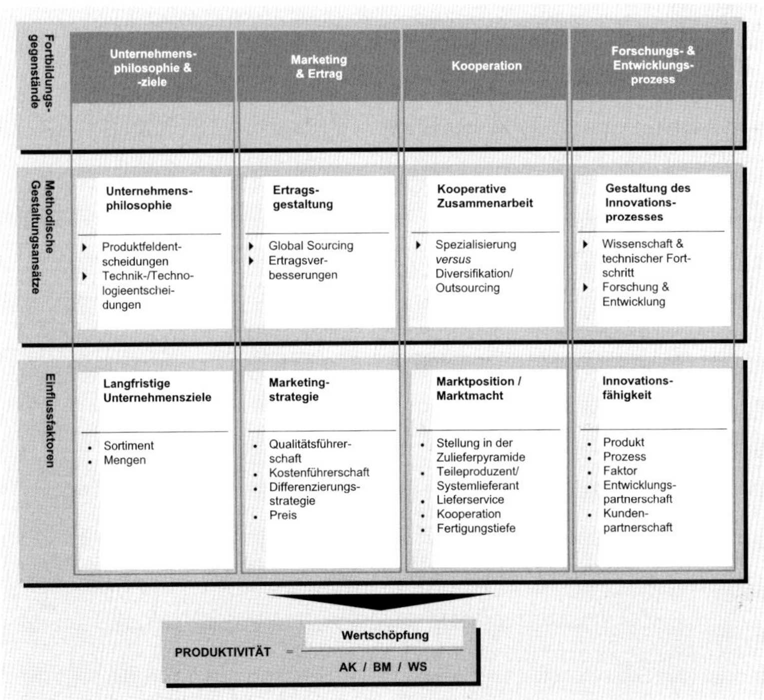

Bild 24: Einflussfaktoren, methodische Gestaltungsansätze und Fortbildungsgegenstände mit Wirkung auf die Wertschöpfung (outputorientierte Wirkung auf den Zähler des Quotienten)

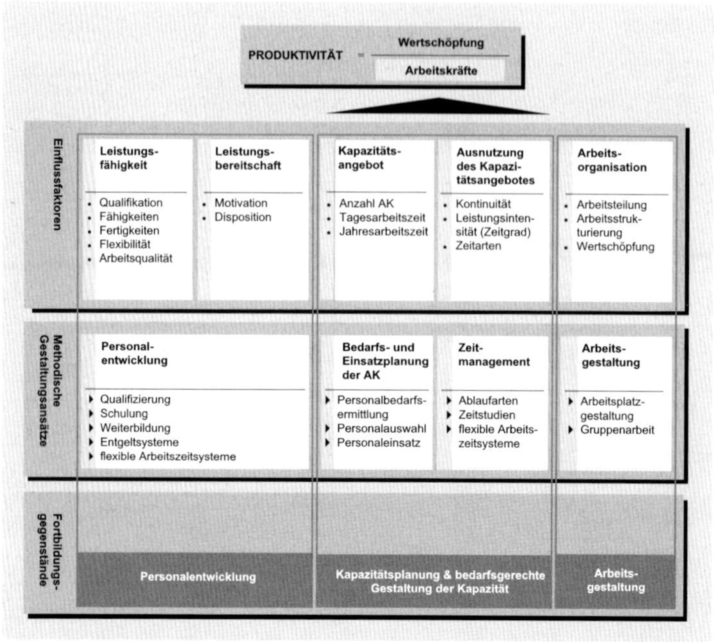

Bild 25: Einflussfaktoren, methodische Gestaltungsansätze und Fortbildungsgegenstände mit Wirkung auf die Arbeitskräfte (inputorientierte Wirkung auf den Nenner des Quotienten)

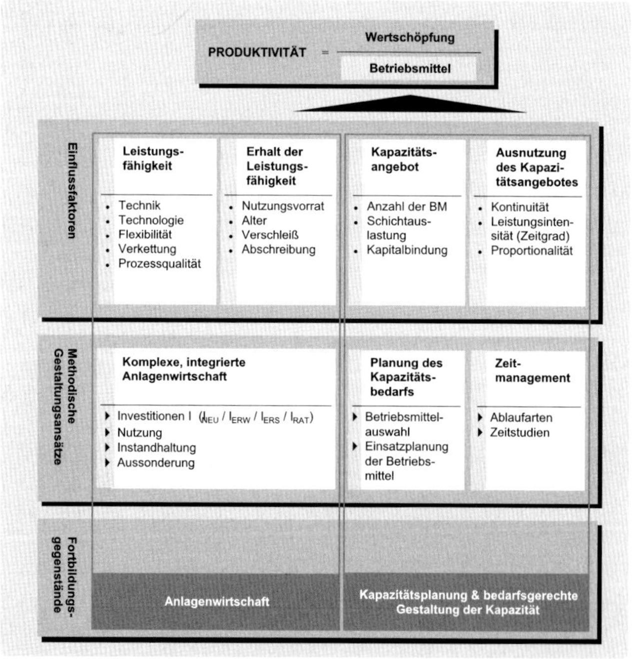

Bild 26: Einflussfaktoren, methodische Gestaltungsansätze und Fortbildungsgegenstände mit Wirkung auf die Betriebsmittel (inputorientierte Wirkung auf den Nenner des Quotienten)

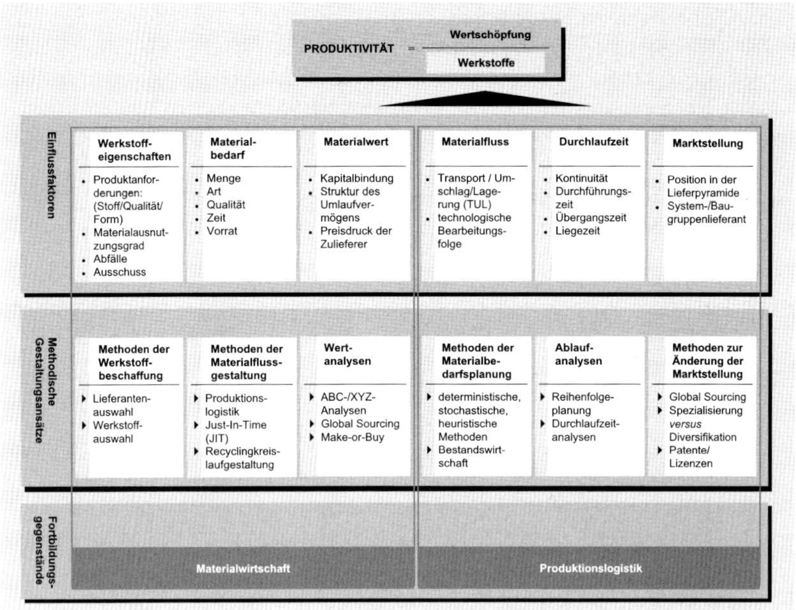

Bild 27: Einflussfaktoren, methodische Gestaltungsansätze und Fortbildungsgegenstände mit Wirkung auf die Werkstoffe (inputorientierte Wirkung auf den Nenner des Quotienten)

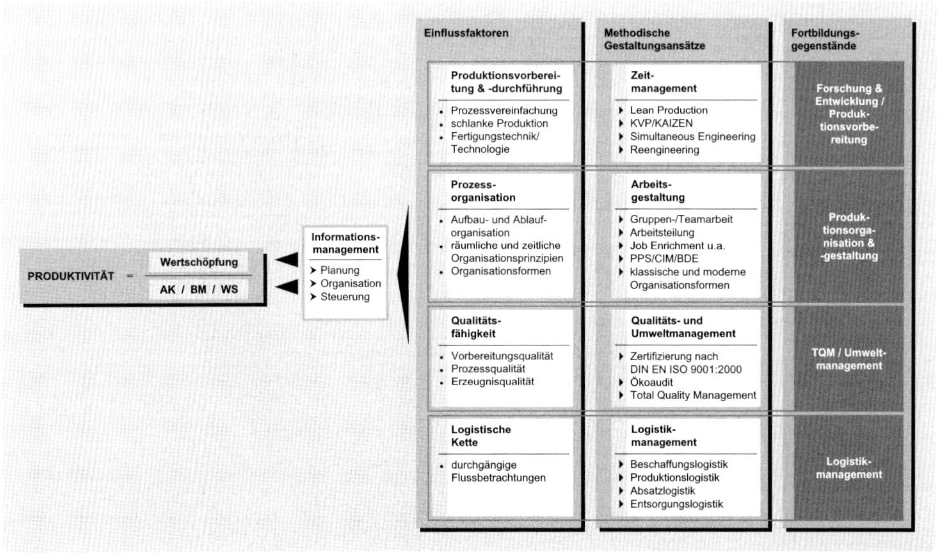

Bild 28: Einflussfaktoren, methodische Gestaltungsansätze und Fortbildungsgegenstände mit Wirkung auf die Wertschöpfung und die AK/BM/WS (throughputorientierte Wirkung dispositiver Produktionsfaktoren auf Zähler und Nenner des Quotienten)

Unter Einbeziehung der Weiterbildungsprozesse ist die Erweiterung des Hauses der Produktivität um eine externe Bildungsebene geboten *(Bild 29)*.

Die potenzialfeldbezogen aufgesetzte senkrechte Projektion („Schornstein“ des „Hauses der Produktivität“) bedeutet, dass je Potenzialfeld (mindestens) eine Gestaltungsvariante zu finden ist, die spezifisch durch die dispositiven Faktoren vorbereitet, geplant und realisiert wird. Dafür ist in der Vorbereitung der Realisierung potenzialfeldbezogene Weiterbildung durchzuführen bzw. in der Realisierung begleitend ein Coaching anzustreben und zu realisieren.

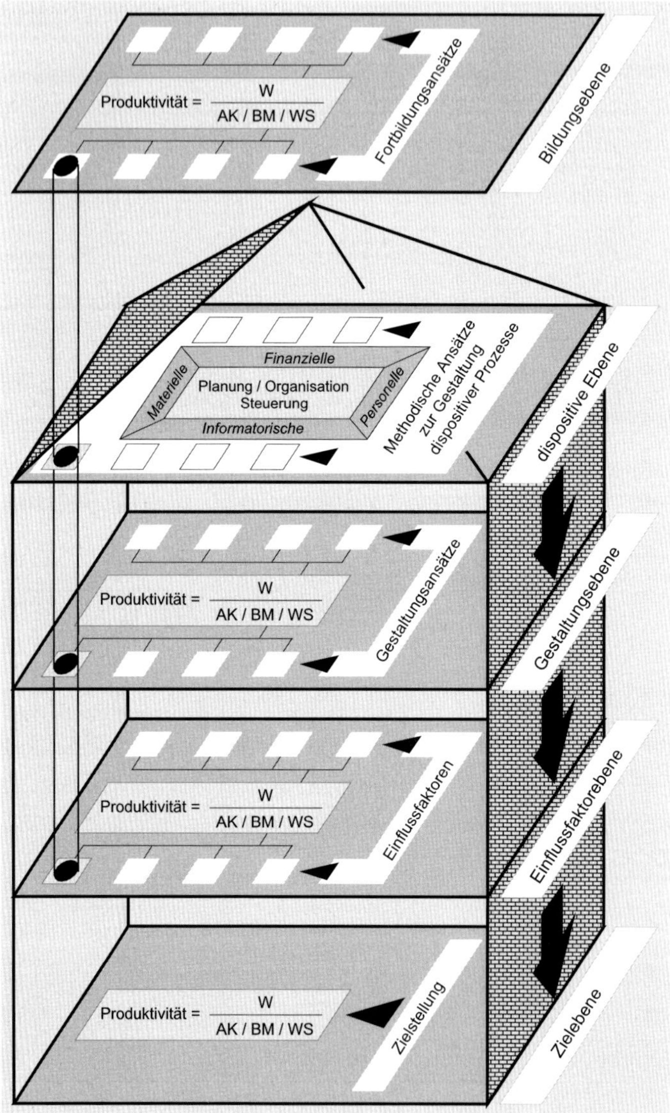

Bild 29: Erweitertes Ebenenmodell zur systematischen Erschließung und Umsetzung von Produktivitätspotenzialen mit Bildungsebene

1.4.5 Ablaufplanung für die praktische Umsetzung des Projektes zur Produktivitätssteigerung

Nachfolgend werden die Vorgangsliste, der Vorgangs-Knoten-Netzplan, der Balkenplan und der Meilensteinplan des Projektes zur Produktivitätssteigerung dargestellt *(Bilder 30 bis 32)*. Die Daten wurden dem realisierten Projekt entnommen. Zur Vereinfachung wurden jeweils nur zwei Unternehmen in die Darstellung einbezogen.

Vorgang		Vorgänger	Nachfolger	AOB	Dauer [Monate]
Nr.	Bezeichnung				
01	Projektkonzeption	–	02, 03		3
02	Projektdefinition	01	04.1, 04.2		1
03	Auswahl der Unternehmen	01	04.1, 04.2		3
04.1	Befragung Unternehmen 1	02, 03	05, 06		2
04.2	Befragung Unternehmen 2	02, 03	05, 06		2
05	Benchmarking	04.1, 04.2	07.1, 07.2	NF – 1	2
06	Entwicklung Analysemethoden	04.1, 04.2	07.1, 07.2		1
07.1	Analyse Unternehmen 1	05, 06	08.1		5
07.2	Analyse Unternehmen 2	05, 06	08.2		5
08.1	Konzeption Unternehmen 1	07.1	10.1		3
08.2	Konzeption Unternehmen 2	07.2	10.2		3
09.1	Umsetzung Unternehmen 1	10.1	11	EF	4
09.2	Umsetzung Unternehmen 2	10.2	11	EF	4
10.1	Projektbegleitung Unternehmen 1	08.1	09.1		4
10.2	Projektbegleitung Unternehmen 2	08.2	09.2		4
11	Verallgemeinerung	09.1, 09.2	12		3
12	Workshops	11	13	EF	1
13	Abschlussbericht	12	14		4
14	Wissenstransfer	13	15	NF – 1	6
15	Evaluierung	14	–	NF + 6	24
16	wissenschaftliche Projektbegleitung	–	–	AF / EF	63

Bild 30: Vorgangsliste Projekt „Produktivitätssteigerung“

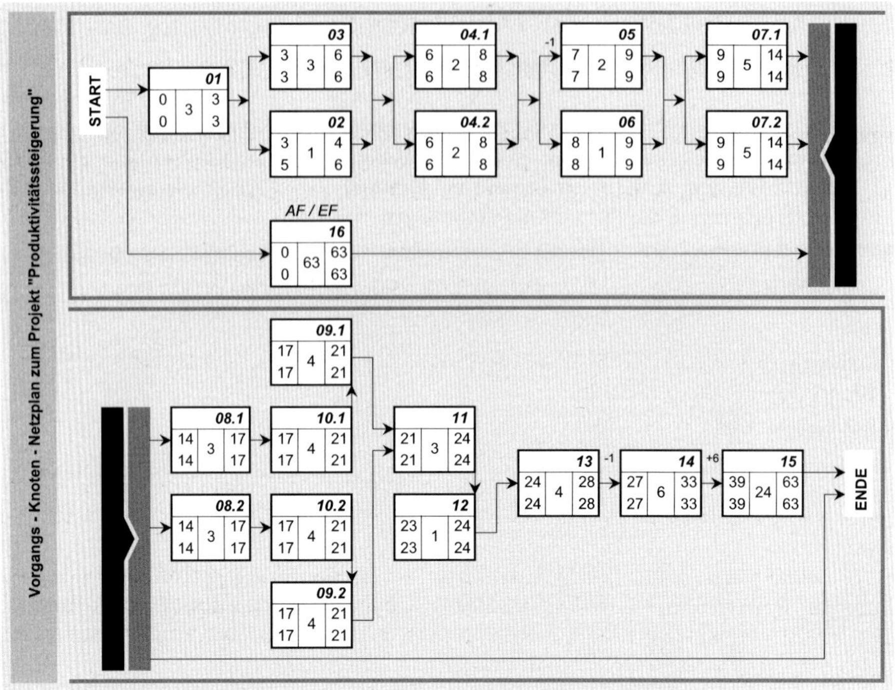

Bild 31: *Vorgangs-Knoten-Netzplan Projekt „Produktivitätssteigerung"*

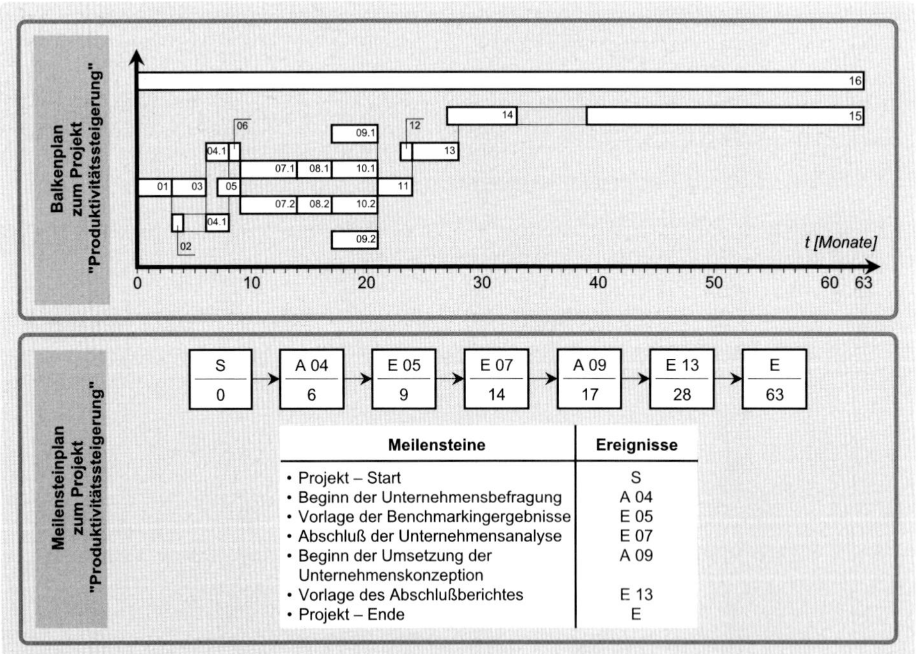

Bild 32: *Balkenplan und Meilensteinplan des Projektes „Produktivitätssteigerung"*

2 Methode der Unternehmensanalyse

2.1 Methodischer Ansatz der Best Productivity Practice

Ausgangspunkt für die Entwicklung und den Einsatz relevanter Analysemethoden ist das im 1. Abschnitt dargestellte **theoretische Konzept** des Projektes. Zur Umsetzung dieses Konzeptes wurden eine **Unternehmensbefragung** und ein **Benchmarking** konzipiert.

Beide methodischen Ansätze gestatten eine komplexe Auswertung in der sowohl

- allgemeine Aussagen zu den beteiligten Unternehmen der Branche (Gruppenauswertung)

als auch

- unternehmensbezogene Aussagen im Vergleich zu anderen Unternehmen der gleichen Branche (Individualauswertung)

möglich sind.

Die Einbeziehung von externen Benchmarks ermöglicht ggf. einen überregionalen Vergleich der analysierten Unternehmen mit Bestwerten der gesamten Branche in Deutschland oder weltweit.
Die Auswertung der definierten Kennziffern des Benchmarking gestattet die Gegenüberstellung der Bestwerte mit den Werten jedes beteiligten Unternehmens. Die so darstellbare **Lücke** zwischen einem Bestwert und dem konkreten Unternehmenswert wird durch die Einbeziehung der Befragungsergebnisse begründbar.
Jede der ausgewählten Benchmark-Kennzahlen besitzt eine Zähler- und eine Nennergröße, deren Beurteilung durch die entsprechend gestaltete Befragung möglich wird.

Der Vergleich der Beantwortung der Fragen (die dem Zähler und dem Nenner zugeordnet werden können) zwischen dem Unternehmen, welches den Bestwert erzielt und dem konkret zu analysierenden Unternehmen, gibt Hinweise auf aktuelle Gestaltungskomplexe im analysierten Unternehmen. So wird eine **Begründung der „Lücke“** durch das Zusammenführen von Befragung und Benchmarking je Unternehmen möglich *(vgl. Bild 33)*.

Die Darstellung von Wirkungsketten, die die Ursachen für die jeweilige „Lücke“ im Benchmark-Vergleich verdeutlichen und gleichsam Gestaltungsansätze dokumentieren, führt zur Ableitung von zu realisierenden Arbeitspaketen.
Damit wird deutlich, welche Schwerpunktaufgaben unternehmensbezogen zu realisieren sind, um eine positive Produktivitätsentwicklung auszulösen.

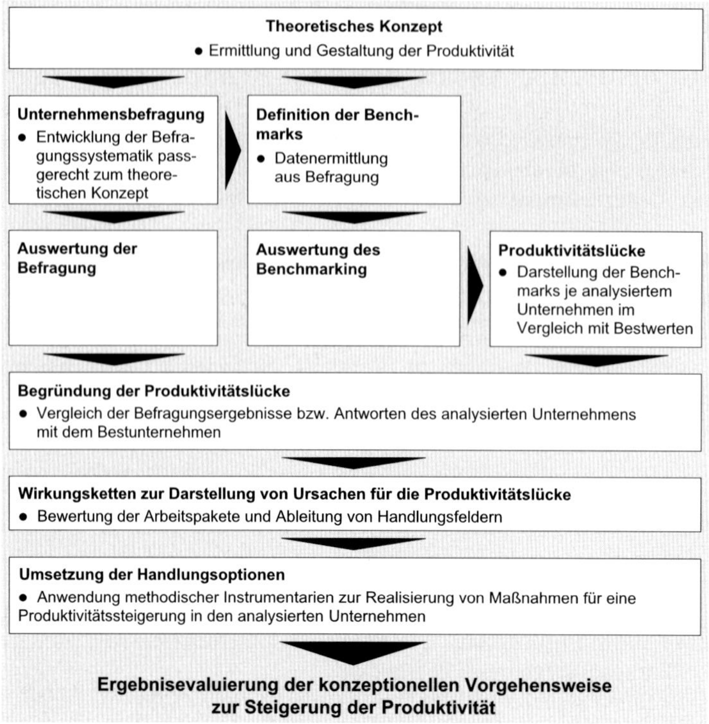

Bild 33: Algorithmus der Best Productivity Practice

Dafür sind je Arbeitspaket methodische Instrumentarien zu schaffen, die alle Einflussgrößen und deren Wirkung ebenso beinhalten, wie die Abbildung von Entscheidungsabläufen unter Einbeziehung alternativer Optionen *(vgl. Bild 34).*
Nachfolgende Fragestellungen und ihre Beantwortung bilden den Ansatz für die Entwicklung der Analysemethoden.

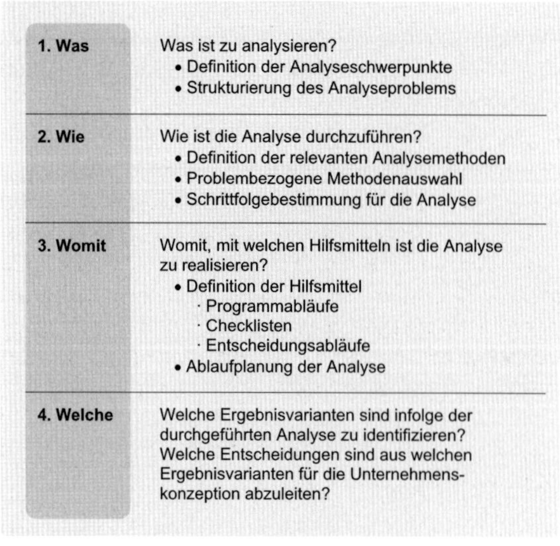

Bild 34: Fragestellungen zur Ableitung von Analysemethoden

Damit werden den Unternehmen Instrumente in die Hand gegeben, die es gestatten, Produktivitätspotenziale zu erschließen.

Der **Einsatz einheitlicher Instrumentarien** zur Erschließung identischer Produktivitätspotenziale in unterschiedlichen Unternehmen ist die Grundlage für eine verallgemeinerbare wissenschaftliche Auswertung der Ergebnisse.

Ein alle beteiligte Unternehmen übergreifendes Benchmarking war nur dadurch möglich, dass das Projektbearbeitungsteam außerhalb und neutral zur Gruppe der zu analysierenden Unternehmen stand. Nur so konnte eine Mitarbeit der Unternehmen erzielt und eine sichere Geheimhaltung erhobener Daten ermöglicht werden.

2.2 Konzept zur Unternehmensbefragung

Für die Erhebung der Daten in den am Projekt beteiligten Unternehmen wurde ein **Fragebogen** entwickelt. Seine inhaltliche Strukturierung basiert auf der im theoretischen Konzept dargestellten Systematik der auf die Produktivität wirkenden Einflussfaktoren.

Davon ausgehend wurde die im *Bild 35* dargestellte Struktur der Befragung realisiert.

A	Allgemeine Fragen zum Unternehmen
B	Fragen zum Output (Produkte, Leistungen)
C	Fragen zum Input (Elementare Produktionsfaktoren: Arbeitskräfte, Betriebsmittel, Werkstoffe)
C.1	Arbeitskräfte
C.2	Betriebsmittel
C.3	Werkstoffe
D	Fragen zum Throughput (Wirkung dispositiver Produktionsfaktoren: Planung, Organisation, Steuerung im Produktionsprozess)
D.1	Planung
D.2	Unternehmens- und Produktionsorganisation
D.3	Steuerung (PPS)
E	Selbsteinschätzung des Unternehmens

Bild 35: Fragebogenstruktur

Abschnitt A beinhaltet allgemeine Angaben zur ökonomischen Bewertung des jeweiligen Unternehmens (Daten der Bilanzen und der GuV), die im Rahmen des Benchmarking ausgewertet wurden. Die Abschnitte B, C und D untersuchen die Faktoren, die auf den Zähler bzw. Nenner der Produktivitätsformel wirken. Mit der Selbsteinschätzung der Unternehmen in Teil E wird eine zweite Befragungsebene gestaltet, die eine Bewertung der unter B bis D gegebenen Antworten ermöglicht. Dadurch wird eine hohe Sicherheit bezüglich der Richtigkeit der erzielten Befragungsergebnisse erreicht.

Nachfolgend werden zu den Fragekomplexen B bis E ausgewählte Fragen und Antworten beispielhaft dargestellt *(vgl. Bilder 36 bis 39).*

B **Fragen zum Output (Produkte, Leistungen)**

B.(9) Auf welchen Märkten setzen Sie in welchem prozentualen Umfang Ihre Produkte ab (Umsatzanteil)?

Märkte	Geschäftsjahr				
Mecklenburg-Vorpommern					
Deutschland (ohne Mecklenburg-Vorpommern)					
International					

Bild 36: Beispiel für Frage und Antwortmöglichkeiten Komplex B

C **Fragen zum Input**
(Elementare Produktionsfaktoren: Arbeitskraft, Betriebsmittel, Werkstoff)

C.1 ARBEITSKRAFT

C.1.(2) Treffen Sie eine Aussage über die Qualifikation Ihrer Arbeitskräfte sowie deren prozentualen Anteil an der Gesamtzahl der eingesetzten Mitarbeiter!

Arbeiter	Angestellte
❒ gelernt Anteil: ___%	❒ Meister/Techniker Anteil: ___%
❒ angelernt Anteil: ___%	❒ Fach-/Hochschule Anteil: ___%
❒ ungelernt Anteil: ___%	❒ Sonstige Qualifikationen Anteil: ___%

Bild 37: Beispiel für Frage und Antwortmöglichkeiten Komplex C

D **Fragen zum Throughput**
(Wirkung dispositiver Produktionsfaktoren: Planung, Organisation, Steuerung im Produktionsprozess)

D.2 UNTERNEHMENS- UND PRODUKTIONSORGANISATION

D.2.(4) Welches räumliche Organisationsprinzip (Prinzip der räumlichen Anordnung der Bearbeitungsstationen/Maschinen) liegt in Ihrem Unternehmen vor?
Wie hoch ist der geschätzteAnteil an der Gesamtkapazität?

- ❒ Werkstattprinzip/Verfahrensprinzip
  (Anordnung aller Maschinen, die zum selben Fertigungsverfahren gehören, in einer Werkstatt)
  Anteil: ___%
- ❒ Erzeugnisprinzip/Gegenstandsprinzip
  (Maschinenanordnung nach der Folge durchzuführender Arbeitsoperationen)
  - ❒ Gruppenprinzip
    (Räumliche Konzentration der Maschinen, die für eine Teileklasse benötigt werden, deren Teile in variierender technologischer Folge hergestellt werden)
    Anteil: ___%
  - ❒ Reihenprinzip
    (Räumliche Konzentration der Maschinen, die für eine Teileklasse benötigt werden, deren Teile in gleicher technologischer Folge hergestellt werden)
    Anteil: ___%
  - ❒ Einzelplatzprinzip
    (Integration verschiedener Fertigungsverfahren in einer Maschine lässt weitestgehende Komplettbearbeitung der Teile an dieser Maschinen ohne Ortsveränderung zu
    Anteil: ___%
- ❒ andere als oben genannte: ________________
  Anteil: ___%

Bild 38: Beispiel für Frage und Antwortmöglichkeiten Komplex D

E Selbsteinschätzung des Unternehmens

E.(1) Einschätzung der Stärken und Schwächen des Unternehmens

	sehr stark				sehr schwach
Produkte	❑	❑	❑	❑	❑
Marktposition	❑	❑	❑	❑	❑
Unternehmensorganisation	❑	❑	❑	❑	❑
Fertigung	❑	❑	❑	❑	❑
Personal	❑	❑	❑	❑	❑
externe Logistik	❑	❑	❑	❑	❑
interne Logistik	❑	❑	❑	❑	❑
Qualität	❑	❑	❑	❑	❑

Bild 39: Beispiel für Frage und Antwortmöglichkeiten Komplex E

Die Unternehmensbefragung bildet einen wichtigen Schwerpunkt zur Identifikation von positiv wirkenden Einflussfaktoren, aber auch von Gestaltungsfeldern.

Als **Befragungsmethode** wurde die **schriftliche Befragung** mit dem **Interviewverfahren** gekoppelt. Jedem beteiligten Unternehmen wurde ein Interviewer zugeordnet, der den Praxispartner bei der Beantwortung der Fragen mit der Erklärung theoretischer Hintergründe unterstützte. Um eine einheitliche Auslegung der Fragestellungen zu gewährleisten und damit vergleichbare und inhaltlich richtige Ergebnisse zu sichern, wurde das Befragungsteam intensiv auf die Interviews vorbereitet. Für die Befragungen wurde ein Handmaterial erarbeitet, welches Definitionen zu eventuell nicht bekannten Begriffen in Einzelfragestellungen enthält.

Auf dieser Basis wurden ca. 300 Merkmale (produktivitätsrelevante Kenndaten, Einflussgrößen, Rahmenbedingungen) in den Unternehmen erfasst und für die Auswertung aufbereitet.

2.3 Konzept zum Produktivitätsbenchmarking

Gemeinsam mit der Befragung der Unternehmen wurde ein die beteiligten Unternehmen übergreifendes Benchmarking realisiert.

Das Ziel bestand in der Erfassung und Analyse von Kennzahlen, die das Produktivitätsniveau abbilden bzw. beeinflussen. Jedem Unternehmen konnte so seine Position im Rahmen der analysierten Unternehmensgruppe verdeutlicht werden. Die Möglichkeit auch über die Analysegruppe hinausgehende Kennwerte einzubeziehen, die die Analyseunternehmen in einem größeren Rahmen positionieren, ist aufgrund der Spezifik des Datenmaterials und der national und international begrenzten Datenverfügbarkeit nur für ausgewählte Kennziffern sehr eingeschränkt gegeben.

Mit dem **Benchmarking** konnte für jedes beteiligte Unternehmen die konkrete Produktivitätssituation dargestellt werden. Es konnte gezeigt werden, welche Unterschiede es zu den anderen analysierten Unternehmen gibt und es wurde angestrebt, mit der Kennzeichnung der aktuellen Produktivitätssituation den Ausgangspunkt für Produktivitätsverbesserungen vorzugeben sowie Maßnahmen zu initiieren, die die Produktivitätsentwicklung jedes Unternehmens positiv beeinflussen.

Im Rahmen des Benchmarking-Konzeptes wurden zunächst 22 Kennzahlen ausgewählt, mit denen die Produktivität beschrieben wird. Sie orientieren auf die Darstellung der Produktivität mit unterschiedlichen Outputgrößen (Umsatz, Wertschöpfung) und Inputgrößen (Arbeitskräfte, Betriebsmittel, Werkstoffe). Vor allem für die Nennergrößen wurde auch mit unterschiedlichen Maßstäben gearbeitet *(vgl. Bild 40)*.

1. Arbeitskräfteproduktivität	P_{AK} =	Zähler: **Umsatz** *[€]*	**Wertschöpfung** *[€]*	
		Nenner: **Arbeiter** *[Anzahl]* *[Arbeiterstunden]*	**Beschäftigte** *[Anzahl]* *[Beschäftigtenstunden]*	**Personalaufwand** *[€]*
2. Betriebsmittelproduktivität	P_{BM} =	Zähler: **Umsatz** *[€]*	**Wertschöpfung** *[€]*	
		Nenner: **Betriebsmittelwert** *(Anschaffungswert [€])* *(Anlagevermögen [€])*	**Abschreibungen auf Sachanlagen** *[€]*	**Betriebsmittelaufwand** *[€]*
3. Werkstoffproduktivität	P_{WS} =	Zähler: **Umsatz** *[€]*	**Wertschöpfung** *[€]*	
		Nenner: **Materialaufwand** *[€]*		
4. Gesamtproduktivität	P_G =	Zähler: **Umsatz** *[€]*	**Wertschöpfung** *[€]*	
		Nenner: **Σ (Personal-, Betriebsmittel-, Materialaufwand)** *[€]*		

Bild 40: Benchmarking-Schwerpunkt Produktivitätskennzahlen

Neben den Produktivitätskennzahlen wurden in den Unternehmen auch Rentabilitätskennzahlen und unternehmensindividuell ermittelte und ausgewertete Kennziffern, wie Lohnkennziffern, Fremdleistungsquote, Investitonsquote u.a., erfaßt.

Dabei wurde davon ausgegangen, dass aus diesen Kenndaten spezifische Informationen für die Ableitung von Maßnahmen zur Produktivitätssteigerung zu generieren sind.

Im Ergebnis wurde der Produktivitätsvergleich auf der Basis der wesentlichen Kennzahlen realisiert, die eine übersichtliche Auswertung gestatten und von denen für die Produktivitätsentwicklung eine klare Zielorientierung ableitbar ist.

Für die systematische Ableitung von produktivitätsfördernden Maßnahmen und die Eingrenzung auf relevante Hauptansatzpunkte in den beteiligten Unternehmen wurde die Vielzahl der im Konzept dargestellten Produktivitätsbenchmarks zunächst auf drei zentrale Kennzahlen, die elementarfaktorbezogenen Teilproduktivitäten reduziert, mit denen die **Wirkung der Elementarfaktoren auf die Produktivität** zu bewerten ist. Zur **Bewertung des Gesamtprozesses, d.h. des Zusammenwirkens der eingesetzten Elementarfaktoren** und der Darstellung ihrer Produktivitätswirkung wurde eine vierte Kennzahl, die Gesamtproduktivität gebildet *(vgl. Bild 41)*.

Arbeitskräfte-produktivität	$P_{AK} = \frac{\text{Wertschöpfung}}{\text{Personalaufwand}}$
Betriebsmittel-produktivität	$P_{BM} = \frac{\text{Wertschöpfung}}{\text{Betriebsmittelaufwand}}$
Werkstoff-produktivität	$P_{WS} = \frac{\text{Wertschöpfung}}{\text{Materialaufwand}}$
Gesamtpro-duktivität	$P_{G} = \frac{\text{Wertschöpfung}}{\Sigma\ (\text{Personalaufwand} + \text{Betriebsmittelaufwand} + \text{Materialaufwand})}$

Bild 41: Zentrale Kennzahlen des Produktivitätsbenchmarking

3 Ergebnisse der Unternehmensanalyse

3.1 Auswertungsprinzipien

Die Unternehmensanalyse setzte sich, wie bereits dargestellt, aus den Bestandteilen Unternehmensbefragung und Benchmarking zusammen. Für beide wurden jeweils zwei Auswertungsvarianten gewählt. Es handelte sich um die

- **Branchenanalyse** über alle beteiligten Unternehmen und
- **Analyse der Einzelunternehmen** zur Definition der Position jedes Unternehmens in der analysierten Branche (Nebl, Dikow, Schulze [Produktivitätspotenziale]).

Aus der **Branchenanalyse,** in die alle analysierten Unternehmen einbezogen wurden, waren verallgemeinerbare Stärken und Schwächen der Branche ableitbar.
Die **Analyse der Einzelunternehmen** führte zur Darstellung von Stärken und Schwächen jedes Unternehmens *(Bild 42).*

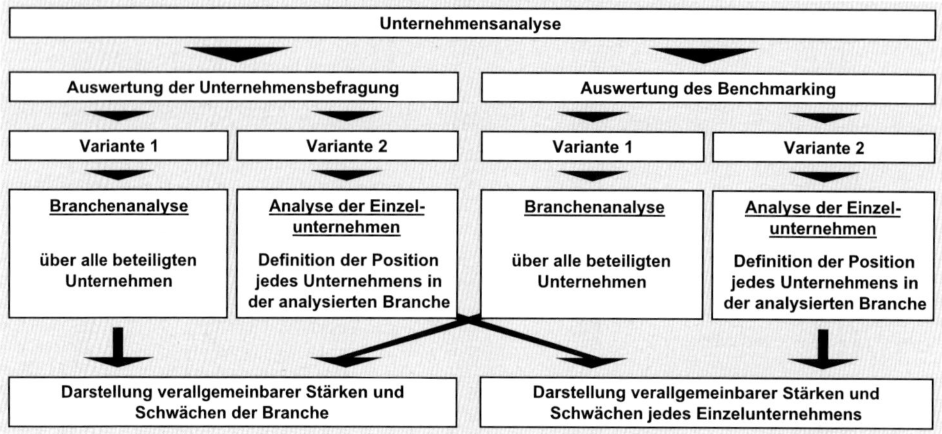

Bild 42: Bestandteile der Unternehmensanalyse

Zur **Branchenanalyse** der Unternehmensbefragung wurden **zwei Auswertungsformen** gewählt. In der **ersten Auswertungsform** wurden alle Antworten aller Unternehmen, die für eine bestimmte Fragestellung gegeben wurden, den möglichen Antwortvarianten zugeordnet. Die Prozentverteilung der Antworten auf die Antwortvarianten wurde graphisch dargestellt. Diese Form war für die Mehrzahl der Fragestellungen anwendbar.

Bei ausgewählten Fragen wurde eine **zweite Auswertungsform** gewählt. Dabei wurden je Antwortvariante der Minimalwert, der Maximalwert und der Mittelwert dargestellt. Ein Beispiel dafür ist die Frage nach der Qualitätskostenstruktur. Hier wurden Anteile einzelner Qualitätskostenarten an den gesamten Qualitätskosten abgefragt. Für die Anteile ist es sinnvoll entsprechende Extremwerte darzustellen.

Die **Auswertungsformen der Branchenanalyse** bildeten die Grundlage für die Auswertungsformen der Analyse der Einzelunternehmen. Dabei wurden die Befragungsergebnisse des jeweils zu analysierenden Einzelunternehmens in die Auswertungsformen der Branchenanalyse übertragen.

Es wurde die jeweilige Antwortvariante des Unternehmens gekennzeichnet bzw. es wurde der konkrete Unternehmenswert in die Darstellung der Extremwerte einbezogen *(vgl. Bild 43)*. Für die **Benchmarking-Analyse** wurde eine **ähnliche Auswertungsform** gewählt.

Für jede **Benchmarking-Kennzahl** erfolgte in der Branchenanalyse eine grafische Darstellung der erzielten Minimal- und Maximalwerte, des Medians, des Mittelwertes und gegebenenfalls eines externen Vergleichswertes *(vgl. Bild 44)*.

Für die vier zentralen Produktivitätskennzahlen erfolgte für jedes Einzelunternehmen die Zuordnung seiner Werte (gekennzeichnet in der Grafik durch den „Stift") zu den Maximalwerten der Benchmarkinggruppe und die darauf basierende **Identifikation der „Lücke"**. Diese Auswertungsgrundsätze sollen nachfolgend an einigen Beispielen verdeutlicht werden.

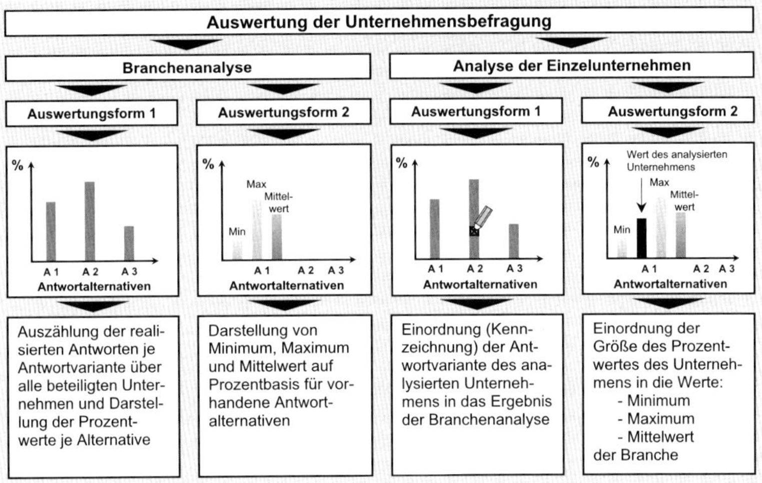

Bild 43: Auswertungsformen der Unternehmensbefragung

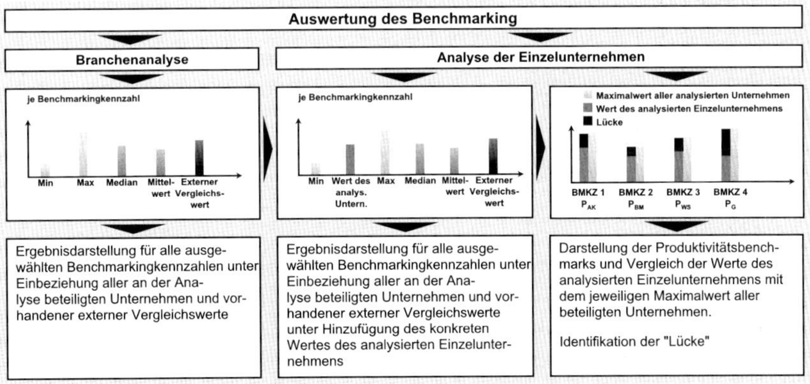

Bild 44: Auswertungsformen des Unternehmensbenchmarking

Folgende Beispiele verdeutlichen die gewählten Auswertungsvarianten. Aus den vorliegenden Daten wurden anonymisierte Extremwerte (Minimum, Maximum) oder Zwischenwerte

(Mittelwert, Median) dargestellt. *Bild 45* präsentiert ein Beispiel für die Benchmarking-Auswertung.

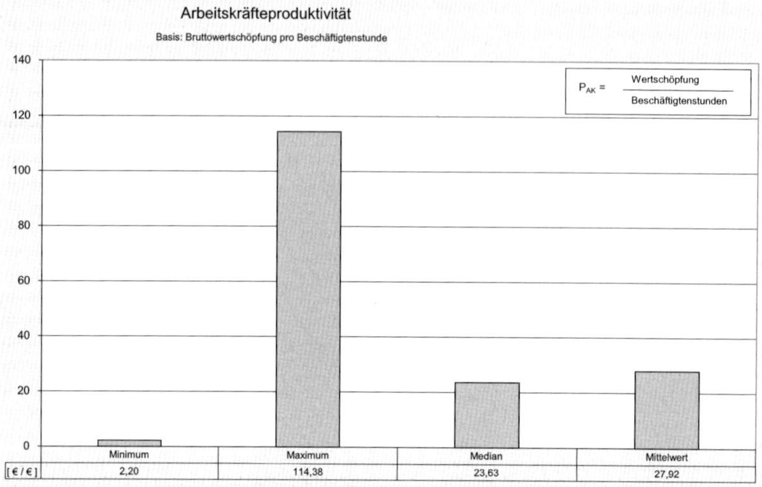

Bild 45: Prinzip der Benchmarking-Auswertung dargestellt an der Kennzahl Arbeitskräfteproduktivität

Der Minimumwert kennzeichnet den Kleinstwert aus den teilnehmenden Unternehmen, der Maximumwert den jeweiligen Größtwert. Der Mittelwert charakterisiert das mathematische Mittel aller genannten Einzelwerte aus den teilnehmenden Unternehmen.
Der Median kennzeichnet den Zentralwert der Zahlenreihe aus den teilnehmenden Unternehmen. Es handelt sich dabei um den Wert, der im Zentrum einer nach der Größe der Einzelwerte geordneten Zahlenreihe liegt. Abweichungen zwischen Mittelwert und Median deuten auf eine ungleichmäßige Verteilung von kleinen und großen Merkmalswerten in der Stichprobe hin.
Jede dieser dargestellten Kennzahlen kann als „Benchmark“ angesehen werden, also als **Bezugspunkt** zum Vergleich dienen. Minimum, Maximum, Mittelwert oder Median sind daher Benchmarks aus der Gruppe der teilnehmenden Unternehmen (interne Benchmarks).

Bei verschiedenen Aspekten wurden als Vergleichsmaßstab sogenannte externe Benchmarks herangezogen, um die Situation der beteiligten Unternehmen an anderen Leistungsdaten zu spiegeln und einzuordnen.
Bild 46 präsentiert ein Beispiel für die Auswertung der Befragung.
Für die Auswertung von Beurteilungsdaten z.B. zur Einschätzung der „Leistungsbereitschaft (Motivation) der Arbeiter“ wurden entsprechende Beantwortungsklassen gebildet:

- sehr gute Leistungsbereitschaft
- gute Leistungsbereitschaft
- befriedigende Leistungsbereitschaft
- schlechte Leistungsbereitschaft
- sehr schlechte Leistungsbereitschaft.

Die Häufigkeit der Nennung einzelner Beantwortungsklassen diente als Basis zur Ermittlung der Anteilswerte (prozentuale Anteile). Die ausgewiesenen Anteilswerte bezogen sich auf die beteiligten Unternehmen und konnten zum Vergleich herangezogen werden.

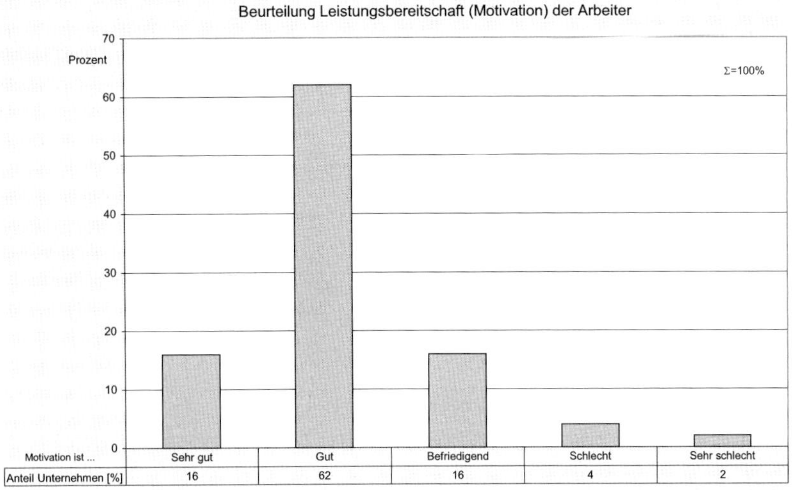

Bild 46: Prinzip der Befragungsauswertung auf der Basis der Anteilswerte am Beispiel Motivation der Arbeiter

Diese „globale Auswertung“ lieferte Erkenntnisse über die Produktivitätssituation der beteiligten Unternehmen insgesamt. Daraus waren allgemeine Gestaltungsschwerpunkte aus den Stärken- und Schwächenprofilen der Branche abzuleiten. Dies waren insbesondere wertvolle Ansatzpunkte für die nicht direkt beteiligten Unternehmen oder für Unternehmen anderer Branchen, um verallgemeinerbare Tendenzen zu erkennen und Gestaltungsansätze für das eigene Unternehmen abzuleiten.

Für die an dem Projekt direkt beteiligten Unternehmen ergab sich ein zusätzlicher, äußerst wertvoller Realisierungsansatz nach dem „Best-Practice-Prinzip“. Jede im Rahmen der Befragung erfasste Einzelgröße war für jedes Unternehmen darstellbar. Wertvoll wurde diese Größe aber erst durch den Vergleich mit dem Minimal- bzw. Maximalwert der insgesamt beteiligten Unternehmen. Dafür präsentiert Bild 47 ein Beispiel.

Der Vergleich des Wertes eines beteiligten Einzelunternehmens mit dem jeweiligen Bestwert führte zur Darstellung der **individuellen „Lücke“**, die die Differenz des Wertes des betrachteten Unternehmens und des Bestwertes darstellt.

Auch ein Vergleich zu ggf. vorhandenen externen Benchmarks war möglich.

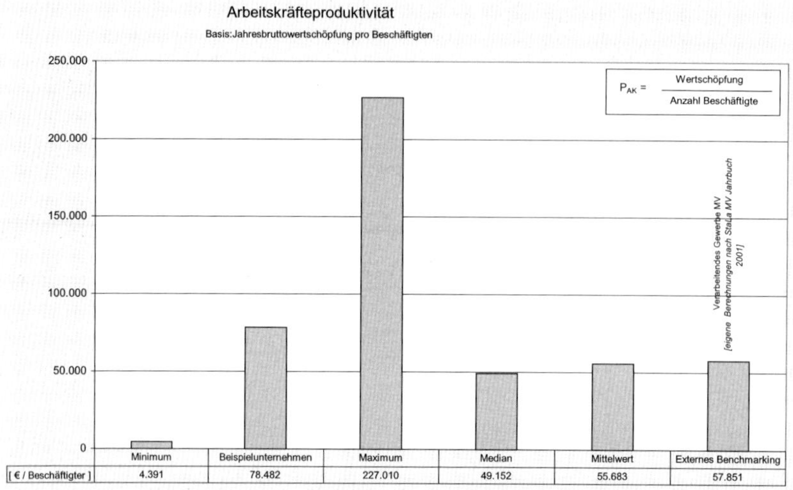

Bild 47: Prinzip der Benchmarking-Auswertung auf der Basis des Vergleichs eines Unternehmenswertes mit den Bezugswerten am Beispiel Arbeitskräfteproduktivität

Der besondere Vorteil beim hier gegebenen internen Benchmarking der beteiligten Unternehmen bestand darin, dass neben der Kennzahl auch **Ursache-Wirkungs-Beziehungen des anonymen „Bestunternehmens“** in die Analyse einbezogen werden konnten.

Aus diesem Betrachtungshintergrund ergaben sich unmittelbare individuelle Handlungsfelder für eine systematische Produktivitätsverbesserung in den beteiligten Unternehmen.
Diese Auswertung nach dem „Best-Practice-Prinzip“ durfte nur individuell für jedes beteiligte Unternehmen erfolgen, um berechtigte Interessen zur Anonymität der Daten zu gewährleisten.

3.2 Auswertung der Unternehmensbefragung

Die Unternehmensbefragung erfolgte in drei Projektgruppen mit jeweils 20 mittelständischen Industrieunternehmen aus Mecklenburg-Vorpommern im Zeitraum von 2000 bis 2003.
Die Auswertung der Unternehmensbefragung erfolgte nach der Grundstruktur der Gliederung des vorgegebenen Fragebogens.

Abschnitt A beinhaltete allgemeine Angaben zur ökonomischen Bewertung des jeweiligen Unternehmens. Diese Angaben wurden im Rahmen des Benchmarking ausgewertet.

3.2.1 Auswertung der Unternehmensbefragung zum Schwerpunkt Output (Produkte und Leistungen)

Das durch die befragten Unternehmen produzierte Güterspektrum wurde durch die Begriffe

- Konsumtionsgüter (20 %)
- Investitionsgüter (88 %)

charakterisiert (Mehrfachnennungen möglich).
Die Unternehmen wurden mit dem Schwerpunkt ihrer Tätigkeitsfelder überwiegend in die Branche Metall- und Maschinenbau eingeordnet. Das relativ breite Tätigkeitsfeld der Unternehmen spiegelte sich auch in der zusätzlichen Einordnung in „andere Branchen“ wider *(vgl. Bild 48).*

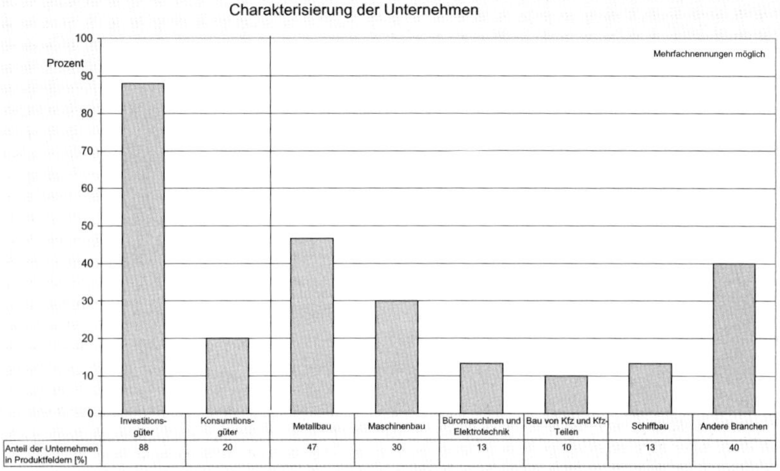

Bild 48: Güterspektrum und Tätigkeitsfelder der befragten Unternehmen

60 % der Unternehmen waren lediglich auf einem **Produktfeld** tätig. 30 % wirkten auf zwei Produktfeldern. 10 % der Unternehmen gaben an, auf drei Produktfeldern tätig zu sein. Mehr als drei Produktfelder besaß keines der befragten Unternehmen.

98 % der befragten Unternehmen realisierten Auftragsproduktion. Zusätzlich waren 24 % der Unternehmen mit **Vorratsproduktion** befasst. 76 % der Unternehmen realisierten ausschließlich **Auftragsproduktion**. Nur auf die Vorratsproduktion hatten sich 2 % der Unternehmen orientiert.

Bei 22 % der Unternehmen existierte eine unterschiedliche Mischung von Auftrags- und Vorratsproduktion *(Bild 49).*

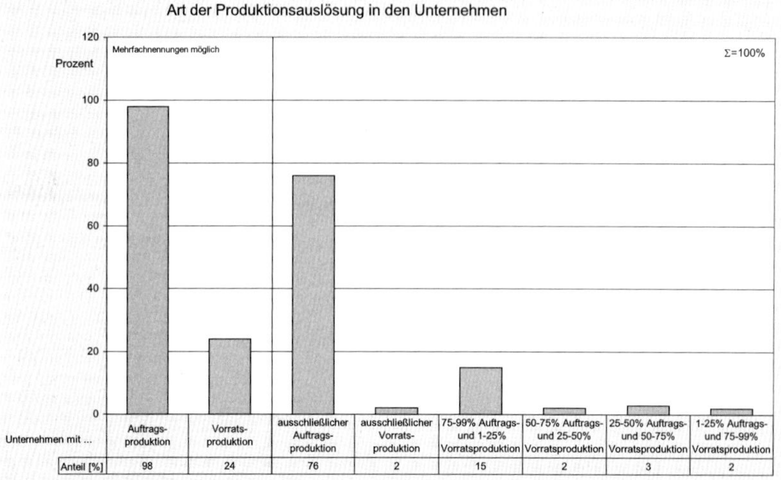

Bild 49: Verhältnis von Auftrags- und Vorratsproduktion in den befragten Unternehmen

94 % der befragten Unternehmen stellten **kundenindividuelle Produkte** her. 54 % der Unternehmen produzierten **Standardprodukte**. In den meisten Unternehmen vermischten sich die beiden Produktfelder.
68 % der Unternehmen besaßen eine Mischung von 80 % - 100 % kundenindividueller Produkte und 0 % - 20 % Standardprodukte.
6 % der Unternehmen besaßen ein Mischungsverhältnis von 0 % - 20 % kundenindividueller Produkte und 80 % - 100 % Standardprodukte.

Bei 78 % der Standardprodukthersteller handelte es sich um Produkte mit kundenspezifisch angepassten Produktvarianten (80 % - 100 %) und anbieterspezifischen Produktvarianten (0 % - 20 %). Bei den restlichen Unternehmen nahm der Anteil der anbieterspezifischen Varianten zu, der der kundenspezifischen Varianten ab.
10 % der Unternehmen konzentrierten sich auf eine Einproduktproduktion, 90 % der Unternehmen realisierten eine **Mehrproduktproduktion**.

Von den befragten Unternehmen wurde die **Fertigungstiefe** folgendermaßen eingeschätzt (angegeben wurde der Anteil der in den Unternehmen realisierten Fertigungsstufen):

- 4 % Teilefertigung
- 6 % Vormontage
- 6 % Endmontage
- 20 % Teilefertigung und Vormontage
- 2 % Vormontage und Endmontage und
- 62 % Teilefertigung, Vor- und Endmontage.

Lediglich in 40 % der Unternehmen wurden **Forschungs- und Entwicklungsarbeiten** und in 56 % die **technologische Prozessvorbereitung** durchgeführt *(vgl. Bild 50)*.

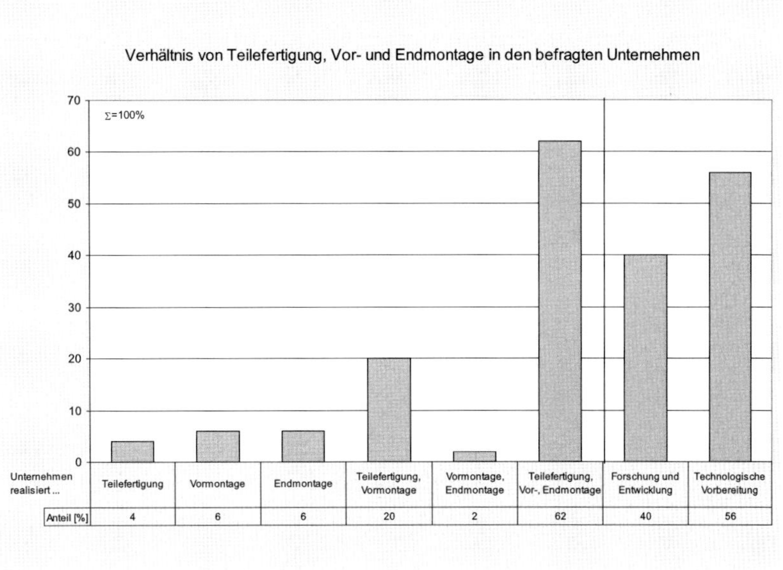

Bild 50: Fertigungstiefe der Unternehmen

In 76 % der Unternehmen wurde **Einzelfertigung** realisiert. Dabei kam es zu einer differenzierten Streuung der Anteile der Einmalfertigung und der **Wiederholfertigung**. Der Anteil der Unternehmen mit Wiederholfertigung überwog *(vgl. Bild 51)*.

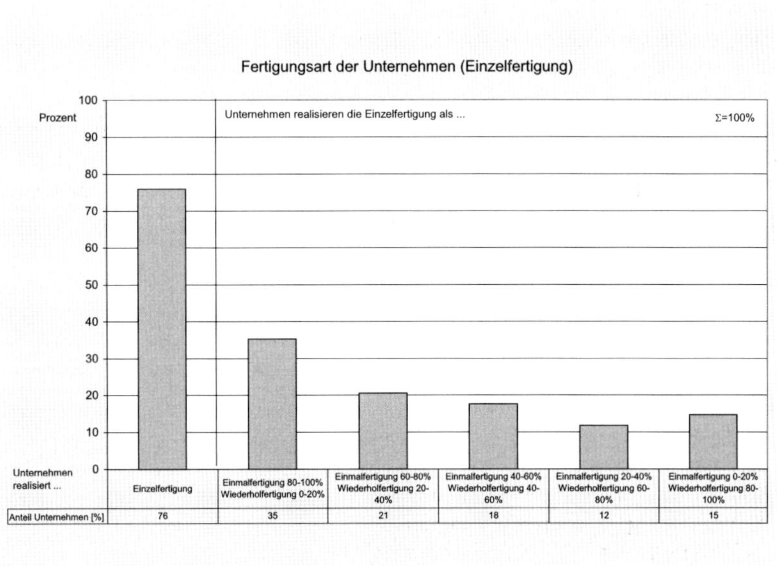

Bild 51: Struktur der Fertigungsart der Unternehmen mit Einzelfertigung

Zusätzlich zur Einzelfertigung realisierten 72 % der Betriebe eine **Mehrfachfertigung.** Dabei war die Fertigung kleiner **Serien** (89 %) und **mittlerer Serien** (50 %) dominant *(vgl. Bild 52)*.

Die Mittelwerte der angegebenen Stückzahlen betrugen für die Kleinserienfertigung 53 Erzeugnisse, für die Mittelserienfertigung 546 Erzeugnisse und für die Großserienfertigung 10.202 Erzeugnisse.

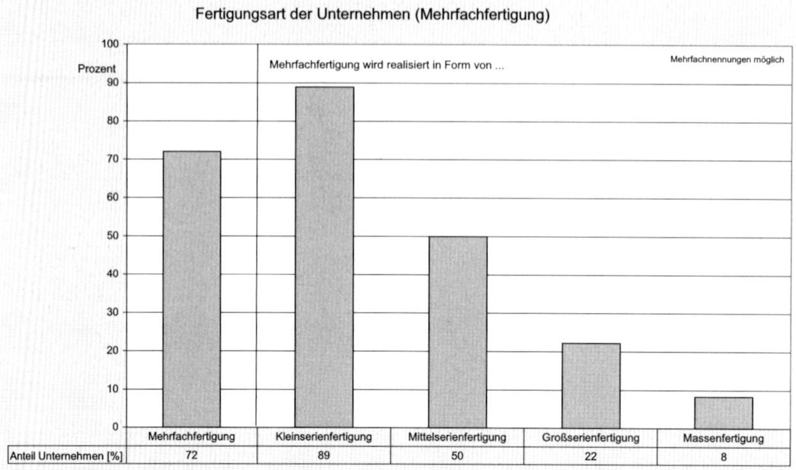

Bild 52: Struktur der Fertigungsart der Unternehmen mit Mehrfachfertigung

Die **Kompliziertheit** der produzierten **Erzeugnisse** konnte folgendermaßen eingeschätzt werden:

- 57 % der Produkte besaßen eine mehrstufige komplexe Struktur
- 59 % der Produkte besaßen eine mehrstufige einfache Struktur und
- 16 % der Produkte waren einteilig.

Das **Hauptabsatzgebiet** der Produkte der analysierten Unternehmen war der deutsche Wirtschaftsraum (85 %). 23 % der Produkte wurden nur in Mecklenburg-Vorpommern abgesetzt und 15 % waren für internationale Märkte bestimmt *(vgl. Bild 53).*

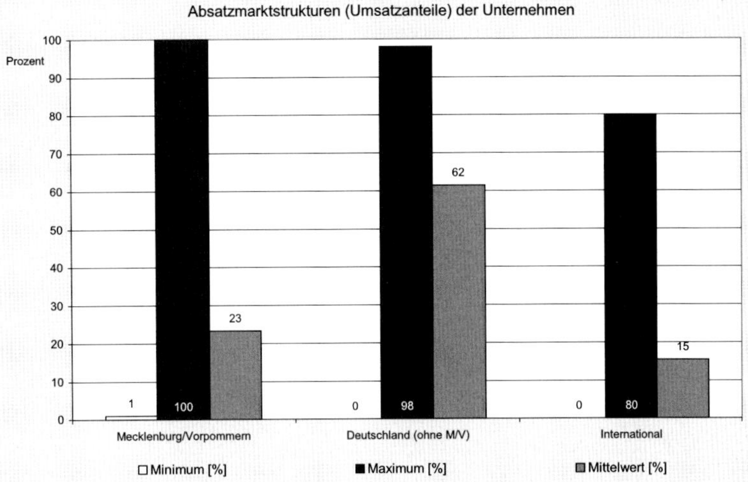

Bild 53: Hauptabsatzregionen der Unternehmen

Bei der Beschreibung der Stellung der Unternehmen in der Zulieferpyramide bezeichneten sich 53 % der Unternehmen als Finalproduzent, 48 % als Baugruppenlieferant und 43 % als Teilelieferant. 18 % erfüllten in eigener Bewertung die Funktion eines Systemlieferanten.
Die Liefertreue wurde im Mittel mit 90 % Anteil der termingerechten Lieferungen an der Gesamtzahl aller Lieferungen angegeben, wobei im Minimum auch nur 50 % und im Maximum 100 % Liefertreue realisiert wurden.
Bei der Bewertung der Absatzkooperationen dominierte mit einem Anteil von 38 % die Systempartnerschaft mit Kunden, wobei dies scheinbar nicht gleichzusetzen ist mit der eigenen Einschätzung eines Systemlieferanten. Mit jeweils 18 % Anteil wurden Lieferantennetzwerke und/oder Entwicklungspartnerschaften genutzt. 51 % der befragten Unternehmen nutzten keine Absatzkooperationen.
Bezugnehmend auf den allgemeinen Trend zur Dienstleistung war der Umsatzanteil durch Dienstleistung/Service in den Unternehmen im Mittel mit 7 % ausbaufähig. Einzelne Unternehmen verwiesen auf einen Dienstleistungsanteil von bis zu 25 %.

Zum Erhalt der Wettbewerbsfähigkeit realisierten 70 % der Unternehmen Forschungs- und Entwicklungsaktivitäten auf dem Gebiet der Erzeugnisentwicklung und 55 % auf dem Gebiet der Prozess- und Verfahrensentwicklung. Dabei wurde der Anteil der externen Unterstützung im Forschungs- und Entwicklungsbereich im Mittel zwischen 29 % und 36 % angegeben. *(vgl. Bild 54).*

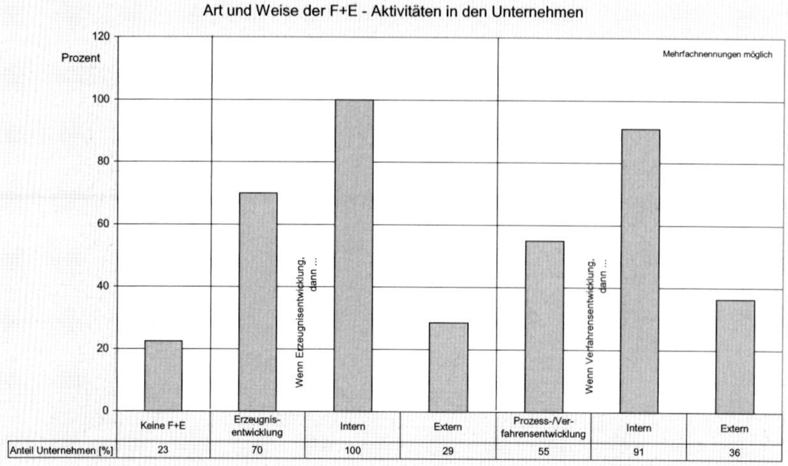

Bild 54: Forschungs- und Entwicklungsaktivitäten der Unternehmen

3.2.2 Auswertung der Unternehmensbefragung zum Schwerpunkt Input (elementare Produktionsfaktoren: Arbeitskräfte, Betriebsmittel, Werkstoffe)

In der Unternehmensbefragung wurden die Arbeitskräfte (51 %) und die Werkstoffe (49 %) als **dominante Produktionsfaktoren** herausgestellt.
Eine Nennung der Betriebsmittel erfolgte in keinem Falle.

3.2.2.1 Schwerpunkt Arbeitskräfte

Das Verhältnis Arbeiter : Angestellte schwankte zwischen 0,4 und 6,3. Der Mittelwert dieses Verhältnisses lag bei 3,1.

Obwohl nur in 40 % der Unternehmen die Forschung und Entwicklung und in 56 % die technologische Vorbereitung als eigenständige Prozesse vertreten waren, war zu konstatieren, dass 25,4 % der Angestellten im F+E - Bereich und 17,9 % in der Arbeitsvorbereitung tätig waren. Dies resultierte u.a. aus der Doppelfunktion vieler Angestellten in Klein- und Mittelbetrieben, insbesondere in den Bereichen Konstruktion und Entwicklung. Wesentliche weitere Einsatzfelder waren

- Qualitätssicherung (7,2 %)
- Materialwirtschaft (13,0 %) und
- Instandhaltung (7,5 %).

Alle Unternehmen besaßen nach eigener Einschätzung ein hohes **Niveau der Qualifikation** der eingesetzten Arbeiter und Angestellten *(vgl. Bild 55)*.

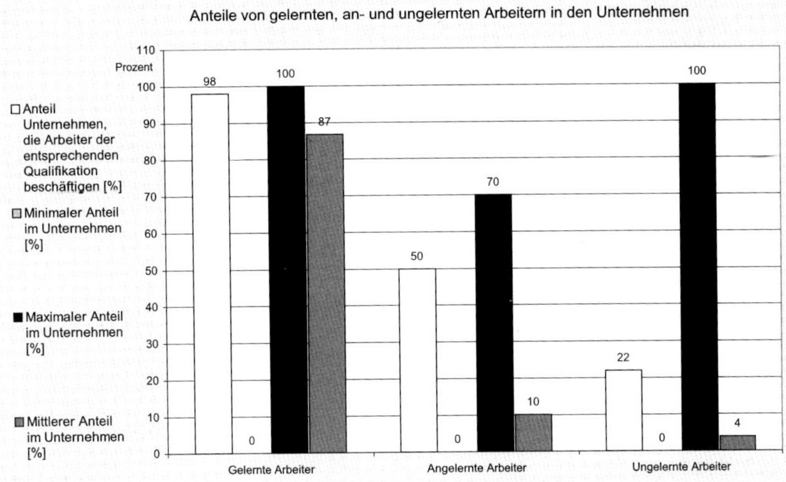

Bild 55: Qualifikationsstruktur der Arbeitskräfte (Arbeiter)

So verwunderte es nicht, dass die Beurteilung der Arbeiter zur Lösung der ihnen übertragenen Aufgaben überwiegend gut ausfiel.

- sehr gut (6 %)
- gut (72 %)
- befriedigend (20 %).

Diese Aussagen waren für die Angestellten wiederholbar.

Für 80 % der Arbeiter galt, dass sie in mehreren Arbeitsbereichen einsetzbar waren. Ständig wechselnde Aufgaben wurden von 36 % der Arbeiter gelöst. 42 % der Angestellten beherrschten mehrere Arbeitsgebiete und 50 % lösten ständig wechselnde Aufgaben.

Die Vorgesetzten schätzten die Flexibilität ihrer Arbeiter folgendermaßen ein *(vgl. Bild 56)*:

- 12 % hochflexibel
- 62 % flexibel
- 22 % eingeschränkt flexibel

Ähnlich gute Bewertungen erfuhren die Angestellten:

- 16 % hochflexibel
- 58 % flexibel
- 26 % eingeschränkt flexibel.

Die Qualität der von den Arbeitern realisierten Arbeiten wurde zu 84 % als gut und zu 14 % als befriedigend eingeschätzt. Die Qualität der von den Angestellten realisierten Arbeiten wurde zu 12 % als sehr gut, zu 60 % als gut und zu 28 % als befriedigend eingeschätzt.

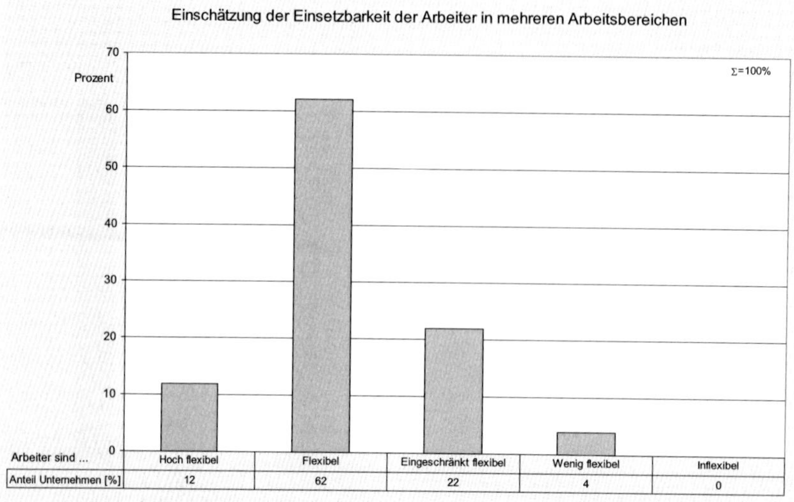

Bild 56: Einschätzung der Flexibilität der Arbeiter

Die **Motivation** der beschäftigten Arbeitskräfte wurde hoch bewertet *(vgl. Bild 57)*. Bei den Arbeitern:

- 16 % sehr gut
- 62 % gut
- 16 % befriedigend und nur
- 6 % schlecht und sehr schlecht.

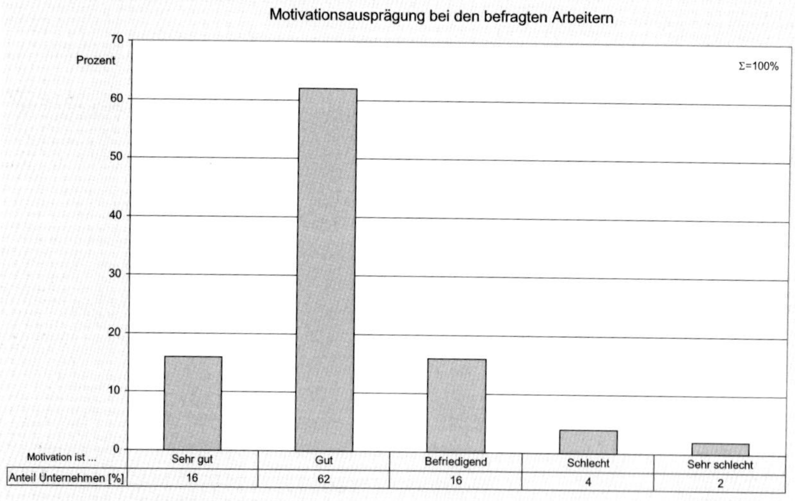

Bild 57: Beurteilung Leistungsbereitschaft (Motivation) der Arbeiter

Ähnliche Aussagen galten für die Angestellten. Sie besaßen zu

- 28 % eine sehr gute
- 52 % ein gute
- 16 % eine befriedigende und nur zu
- 4 % eine schlechte

Motivation.

Die **Lohnformstrukturierung** verdeutlichte die Dominanz des Zeitlohnes (60 %) gegenüber dem Prämienlohn (7 %) und dem Akkordlohn (13 %) *(vgl. Bild 58)*.

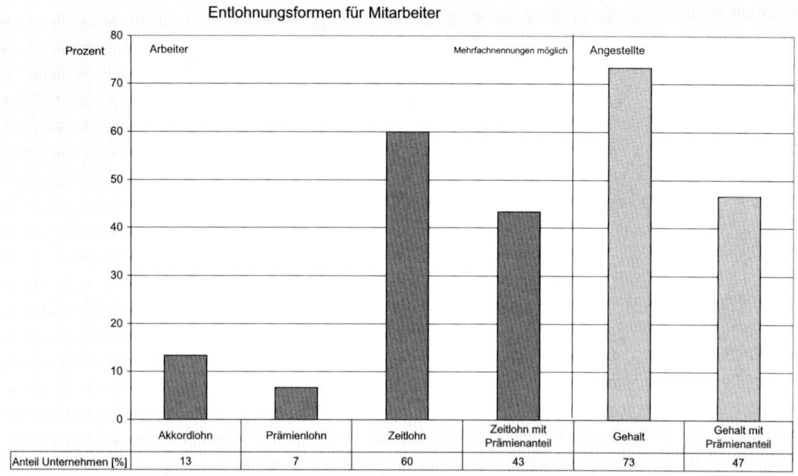

Bild 58: Entlohnungsformen der Mitarbeiter

Ähnlich wie beim Zeitlohn mit Prämienanteil mit einem Anteil von 43 % gab es auch bei den Gehaltsempfängern eine Tendenz zum Gehalt mit Prämienanteil mit 47 %.
Die Spannweite der Auslastung der Kapazität der Arbeiter reichte von sehr hoch (16 % der Unternehmen) über hoch (60 %) bis mittel (22 %).
Die Auslastung der Angestellten wurde höher eingeschätzt.

Die **Auslastung der Arbeitszeit der Mitarbeiter** lag knapp unter 90 %.
5,3 % der Jahresarbeitszeit der Arbeiter ging durch Krankheit verloren. Bei den Angestellten waren es 2,6 %. Die Ausfallzeiten für Weiterbildung waren gering. Sie betrugen 0,7 % bei Arbeitern und 1,1 % bei Angestellten *(vgl. Bild 59)*.

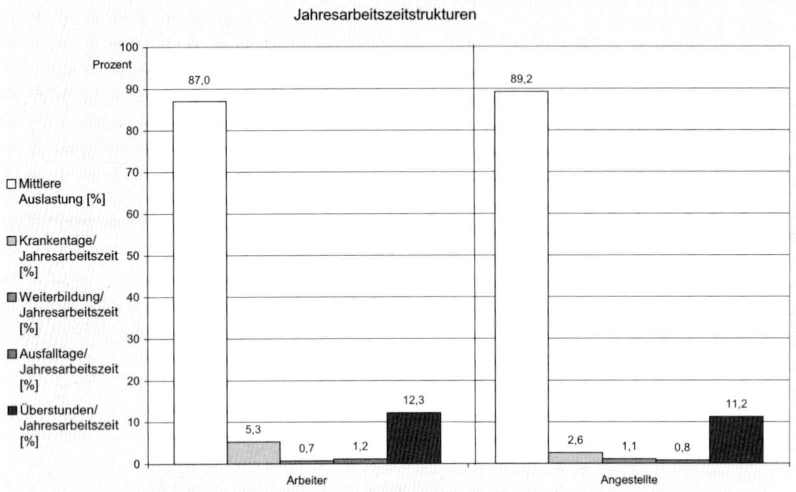

Bild 59: Struktur der Ausnutzung des Arbeitszeitfonds

Für die Planung der Produktionsprozesse konnten 80 % der befragten Unternehmen auf Vorgabezeiten für zu realisierende Aufträge zurückgreifen (46 % für alle durchzuführenden Fertigungsaufträge; 34 % nur für „wichtige Aufträge“). Der mittlere Abdeckungsgrad der Aufträge mit Vorgabezeiten betrug ca. 72 % aller Aufträge. In 20 % der Unternehmen wurde ohne Vorgabezeiten gearbeitet.
54 % der Unternehmen übergaben definierte Zeitbedarfe für Arbeitsaufgaben als Vorgaben in die Werkstatt, die gleichzeitig die Basis für die Lohnberechnung bildeten (Akkord, Prämie, Leistungszuschlag).

Der durchschnittliche Anteil der Arbeitsaufgaben mit Vorgabezeit betrug in diesen Unternehmen 76 % und der durchschnittliche Zeitgrad [(SOLL-Zeit/IST-Zeit)•100 %] erreicht 110 %.
Die Leistungsintensität der Mitarbeiter mit Vorgabezeit und entsprechender Entgeltkopplung konnte als hoch bis sehr hoch bewertet werden. Bei der Leistungseinschätzung der Mitarbeiter ohne Vorgabezeiten beurteilten 65 % der Unternehmen die Leistungsintensität eher als mittelmäßig oder gering.
Die Basis für anforderungsgerechte Vorgabezeiten waren häufig Arbeitsablauf- und Zeitstudien, die in 40 % der Unternehmen bereits realisiert wurden. In diesen Unternehmen betrug der Abdeckungsgrad aller Arbeitsaufgaben mit Arbeitsablauf- und Zeitstudien allerdings im Mittel nur 35 %. Von den 60 % der Unternehmen ohne Zeitstudien beabsichtigen 8 % diese zukünftig durchzuführen.

Das Niveau der Arbeitsplatzgestaltung wurde eher als durchschnittlich angenommen. Im gewerblichen Bereich bewerteten 90 % der Unternehmen das Gestaltungsniveau mit gut bis befriedigend. Im Angestellten-Bereich wurde diese Bewertung von 63 % der Unternehmen benannt.

Bei der Gestaltung der Arbeitsteilung wendeten 72 % der Unternehmen folgende Arbeitsstrukturierungsmaßnahmen an *(vgl. Bild 60)*.

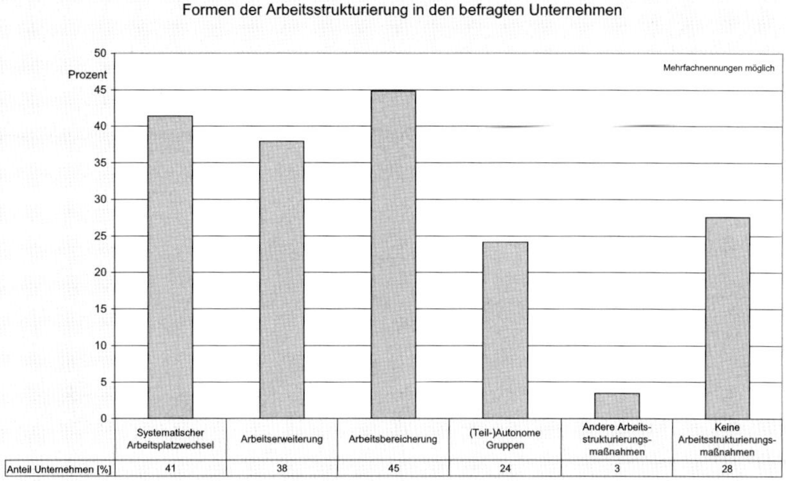

Bild 60: Arbeitsstrukturierungsmaßnahmen zur Gestaltung der Arbeitsteilung im Unternehmen

Bei der Beurteilung der Zufriedenheit der Mitarbeiter wurde im Durchschnitt von einer eher mittleren Zufriedenheit ausgegangen. 38 % der Unternehmen beurteilten die Mitarbeiterzufriedenheit als hoch, 55 % als mittel und 8 % als gering. Da nur 1/3 der Unternehmen die Zufriedenheit der Mitarbeiter untersuchte, könnte diese zum Mittelwert tendierende Einschätzung auch Ausdruck einer gewissen Unsicherheit sein. Zukünftig planen ca. 30 % der Unternehmen die Zufriedenheit ihrer Mitarbeiter systematisch zu überprüfen.

3.2.2.2 Schwerpunkt Betriebsmittel

Die **Altersstruktur der Betriebsmittel** der untersuchten Unternehmen war sehr differenziert. Einige Unternehmen besaßen nur Betriebsmittel im Altersbereich von 0 - 4 Jahre. In anderen Unternehmen fungierten wesentlich ältere Anlagen.
Insgesamt wurde deutlich, dass sehr junge und kaum überalterte Betriebsmittel in den Unternehmen vorhanden waren *(vgl. Bild 61)*.

Zur Beurteilung der **Kapazitätsauslastung der Betriebsmittel** war festzustellen, dass 38 % der befragten Unternehmen eine hohe Auslastung realisierten (Auslastung zwischen 76 % und 90 %). In 62 % der Unternehmen lag lediglich eine mittlere bis schlechte Kapazitätsauslastung vor (Auslastung < 76 %).

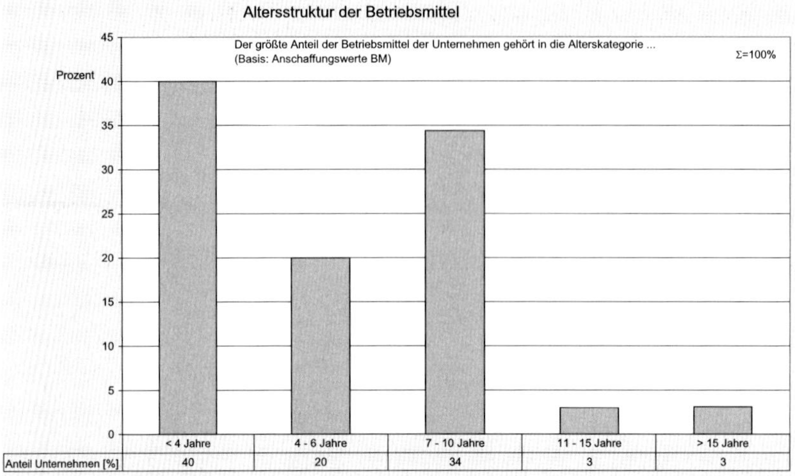

Bild 61: Struktur der Betriebsmittel nach Alterskategorien

Handprozesse und Maschinenprozesse dominierten die Produktionsweise in den Unternehmen. Teilautomatisierung und Vollautomatisierung waren in 46 % der Unternehmen relevant *(vgl. Bild 62)*.

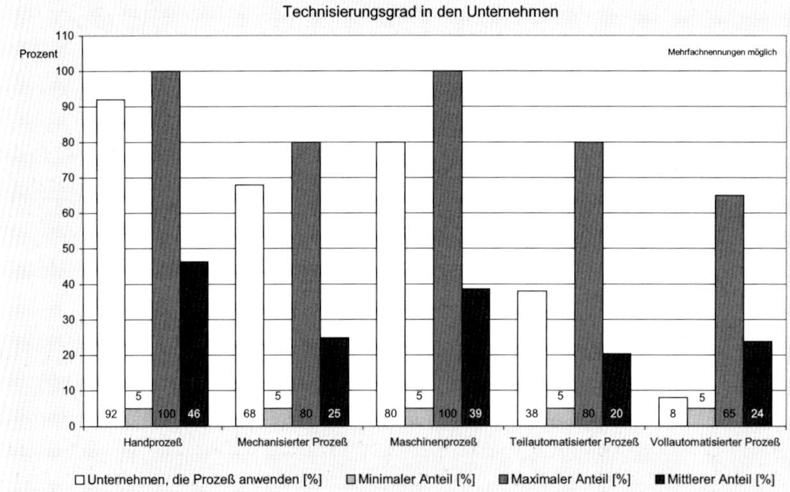

Bild 62: Grad der Mechanisierung und Automatisierung in den Unternehmen

Die durch die Unternehmen zu realisierende Fertigungsgenauigkeit wurde überwiegend als hoch bis sehr hoch eingeschätzt (78 %).

Die Mehrzahl der Unternehmen (80 %) war der Auffassung, dass ihre Betriebsmittel sehr gut bzw. gut zur Lösung der gegenwärtigen Produktionsaufgaben geeignet waren. Die Eignung der Betriebsmittel für zukünftige Aufgaben wurde immer noch als gut, aber doch schlechter als zur Realisierung gegenwärtiger Aufgaben beurteilt:

- 55 % gut
- 35 % mittel
- 10 % schlecht.

Die Verteilung der unterschiedlichen Instandhaltungsstrategien ist im *Bild 63* dargestellt.

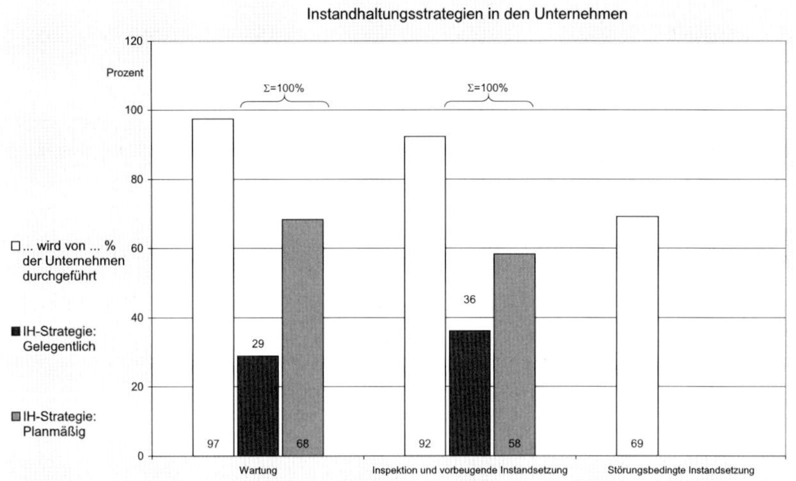

Bild 63: Klassifizierung der Instandhaltungsstrategien

81 % der befragten Unternehmen waren der Auffassung, über eine sehr hohe bis mittlere quantitative Flexibilität zu verfügen. Das wurde durch die relativ geringe Kapazitätsauslastung der Betriebsmittel gestützt. Flexibilitätsförderlich war auch die Tatsache, dass die Unternehmen 67 % ihrer Betriebsmittel als Universalmaschinen und nur 33 % als Spezialmaschinen bezeichnen.

In 87 % der Unternehmen wurde die lineare Zeitabschreibung als Abschreibungsverfahren benutzt. 28 % der Unternehmen wendeten zusätzlich die degressive Zeitabschreibung und andere Abschreibungsverfahren an.

In 20 % der Unternehmen wurden Prozess- und Zeitstudien für Betriebsmittel durchgeführt. Von den 80 % der Unternehmen, die keine Zeitstudien realisierten, sind nur in 4 % Zeitstudien vorgesehen.

3.2.2.3 Schwerpunkt Werkstoffe

Über 90 % der Unternehmen schätzten die **Eignung eingesetzter Werkstoffe** für die Erzeugnisherstellung als sehr gut bzw. gut ein.
Der durchschnittliche **Materialausnutzungsgrad** lag bei 88 % und schwankte zwischen 60 % und 100 %.

92 % der befragten Unternehmen verfügten über Wareneingangslager. In 52 % der Unternehmen gab es Zwischenlager und in 56 % Fertigwarenlager (30 % sonstige nicht definierte Lagerarten). Die durchschnittlichen Lagerbestände in den Unternehmen betrugen für

- Wareneingangslager 346.000 € (Max 2.962.000 €)
- Zwischenlager 540.000 € (Max 5.194.000 €)
- Fertigwarenlager 390.000 € (Max 5.923.000 €).

Möglicherweise gab es einen Zusammenhang zwischen der Höhe der Lagerbestände und der Feststellung, dass 53 % der Unternehmen über keine Lagerkennzahlen verfügten und somit nur 47 % der Unternehmen die Lagerwirtschaft vorzugsweise über Sicherheitsbestände steuern konnten.
Die Lagerbestandsführung erfolgte zu großen Anteilen (68 %) ohne methodische Hilfsmittel über regelmäßige Inventuren. Daneben setzten 64 % der Unternehmen zumindest bei einem gewissen Materialsortiment auf eine kontinuierliche Kontierung der Warenströme.

90 % der befragten Unternehmen bezogen zur Realisierung ihres Outputs fremdgefertigte Teile. Das geschah aus sehr unterschiedlichen Erwägungen (*vgl. Bild 64*).

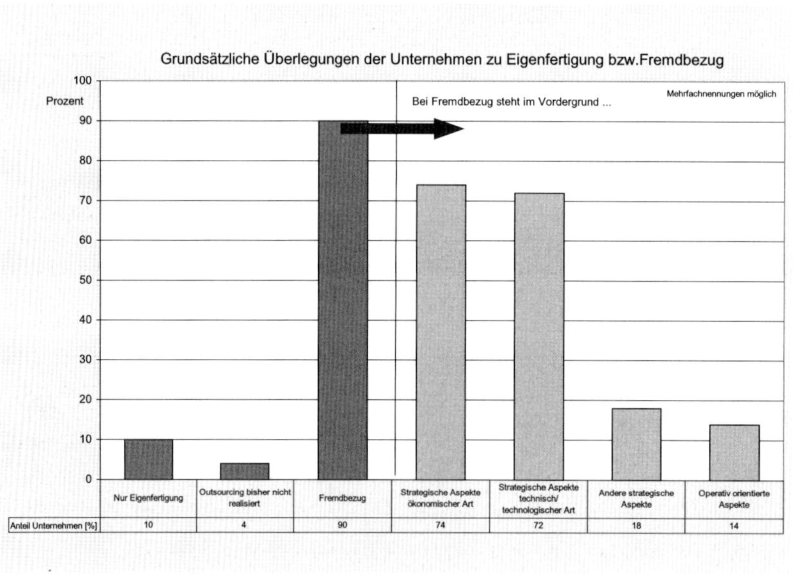

Bild 64: Gründe für Eigenfertigung bzw. Fremdbezug

Bei den Grundsätzen der Lieferantenauswahl verfuhren 93 % der Unternehmen nach einer festgelegten Systematik, in 33 % erfolgte die Lieferantenauswahl teilweise eher zufällig (*vgl. Bild 65*).

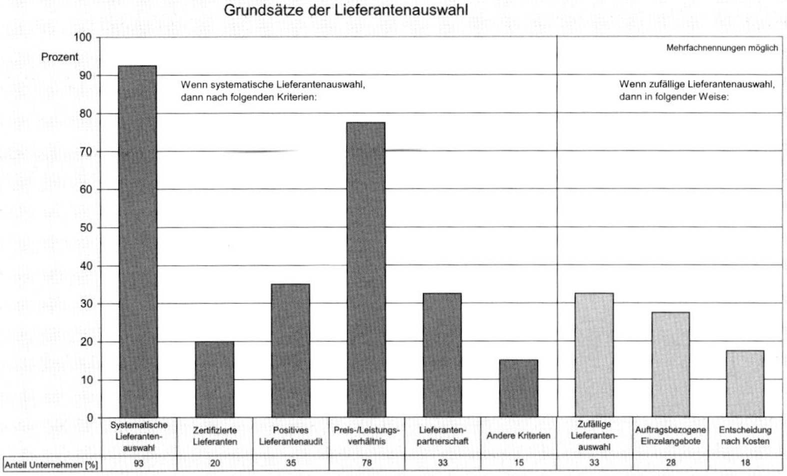

Bild 65: Kriterien der systematischen und zufälligen Lieferantenauswahl

Die Bewertung der Lieferanten erfolgte nach eigener Einschätzung in 88 % der Unternehmen systematisch, in 30 % teilweise eher zufällig (*vgl. Bild 66*).

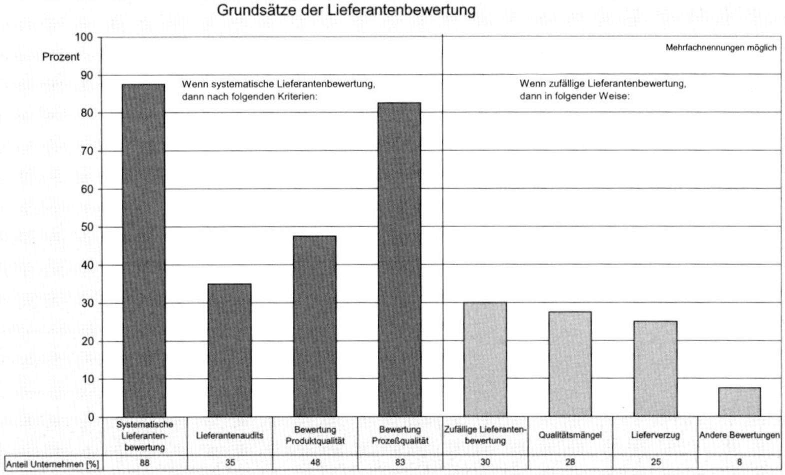

Bild 66: Kriterien der systematischen und zufälligen Lieferantenbewertung

Die Unternehmen bedienten sich überwiegend moderner Methoden der Materialbestellung. Dabei wurde das Bestellpunktverfahren in 86 % der Unternehmen angewandt.
Trotzdem nur in 56 % der Unternehmen eine technologische Vorbereitung existierte, folgte aus der Befragung, dass die Materialbedarfsermittlung in 80 % der Fälle deterministisch (8 % stochastisch, 37 % heuristisch) erfolgte.

ABC-Analysen wurden nur in 24 % der Unternehmen durchgeführt. Daraus folgt, dass die für das Unternehmen besonders wichtigen Teile kaum eingrenzbar waren. Nur für sie sollte die deterministische Methode angewendet werden.
Wertanalysen wurden bisher von 40 % der Unternehmen für Hauptprodukte durchgeführt. Von den 60 % der Unternehmen, die bisher keine Wertanalysen durchführten, planen 21 % die zukünftige Realisierung.

Für die Gestaltung der Logistikprozesse ist die Bearbeitungsfolge und damit der Erzeugnisdurchlauf von entscheidender Bedeutung. Folgende Häufigkeiten lagen für die verschiedenen Varianten **technologischer Bearbeitungsfolgen** vor:

- 40 % variierende technologische Bearbeitungsfolge
- 28 % gleiche technologische Bearbeitungsfolge ohne Überspringen von Bearbeitungsstationen
- 28 % gleiche technologische Bearbeitungsfolge mit Überspringen von Bearbeitungsstationen.

Die Prinzipien der Materialweitergabe im Teilefertigungs- und Montageprozess wurden in sehr ähnlichen Häufigkeitsrelationen bewertet (*Bild 67* – Beispiel Montage).

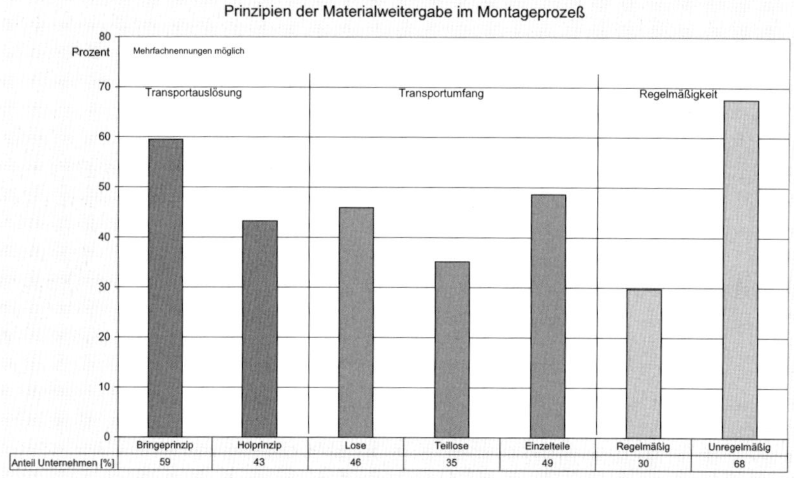

Bild 67: Einsatzhäufigkeit der verschiedenen Prinzipien der Materialweitergabe im Montageprozess

Die Qualität der Gestaltung der Logistikprozesse wurde von den Unternehmen eher als durchschnittlich beurteilt (60 %) mit einer leichten Tendenz zur Wertung: „unter Durchschnitt“.

Die Produktionslogistikprozesse wurden in der großen Mehrzahl der Unternehmen mechanisiert (93 %) oder manuell (80 %) realisiert. In 13 % der Unternehmen waren Logistikprozesse ganz oder teilweise automatisiert. Träger der Logistikprozesse waren in 68 % der Unternehmen das Lager- bzw. Logistikpersonal, aber auch Arbeitskräfte der Bearbeitungsstationen.

3.2.3 Auswertung der Unternehmensbefragung zum Schwerpunkt Throughput (Wirkung dispositiver Produktionsfaktoren: Planung, Organisation, Steuerung im Produktionsprozess)

3.2.3.1 Schwerpunkt Planung

Bei der Charakterisierung der Planungsaufgaben zeigte sich, dass in 80 % der Unternehmen eine **Durchlaufplanung** realisiert wurde. In 52 % der Unternehmen wurden Durchlaufpläne für alle Erzeugnisse und in 28 % der Unternehmen nur für die wichtigsten Erzeugnisse erstellt. In 20 % der Unternehmen fand keine Durchlaufplanung statt. Die Datengrundlage für die Durchlaufplanung bildeten zu:

- 58 % Vorgabezeiten (die Höhe dieser Werte ist vor dem Hintergrund, dass lediglich in 56 % der Unternehmen eine technologische Vorbereitung realisiert wurde, in Zweifel zu ziehen)
- 18 % Übergangszeiten, die als Zeitmatrix den Zeitbedarf für den Übergang von einer zur nächsten Bearbeitungsstation darstellten
- 23 % Losgrößenermittlungen
- 28 % andere (nicht näher definierte) Daten.

Für die auf die Durchlaufplanung folgende (bzw. ohne sie zu realisierende) Terminplanung bildeten Termine aus Vertragsabschlüssen über die Leistungserstellung (84 %) die entscheidende Grundlage. An zweiter und dritter Stelle wurden die Kapazitätsplanung (52 %) und die realisierte Durchlaufplanung (36 %) genannt.

47 % der Unternehmen gaben an, dass sie im Rahmen der Produktionsplanung die Bestimmung optimaler Fertigungslosgrößen realisieren, 55 % bestimmten optimale Beschaffungslosgrößen.

Als Grundsätze für die **Gliederung der Produktionskapazität in Teilkapazitäten** wurden genannt:

- 39 % nach Kostenstellen
- 45 % nach Arbeitsplätzen

aber auch

- 29 % nach Organisationsformen der Fertigung und
- 22 % nach Fertigungssegmenten.

Als Reaktion der Unternehmen auf nicht ausreichende Kapazitäten insbesondere im Rahmen der **Belastungsplanung** wurden alle wesentlichen in der Literatur diskutierten Maßnahmekomplexe eingesetzt. Dominant waren allerdings der Einsatz von Überstunden (94 % der Unternehmen). Die Umsetzung von Arbeitskräften in den Engpass (58 %) sowie die Kooperation (36 %) und die Auftragsverschiebung (38 %) wurden demgegenüber nicht so häufig genutzt *(vgl. Bild 68)*.
Die sinnvolle Handhabung ökonomischerer Varianten setzt eine Verbesserung der Durchlauf- und Terminplanung voraus.

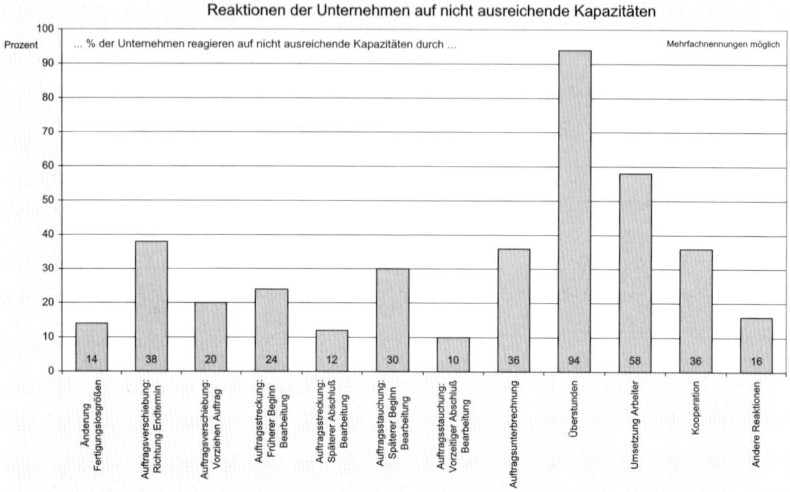

Bild 68: Nutzung von Maßnahmekomplexen zur Lösung von Kapazitätsengpässen

Die Bestimmung optimaler **organisatorischer Bearbeitungsfolgen** erfolgte in den Unternehmen zur Sicherung folgender Zielstellungen:

- 92 % Termineinhaltung
- 45 % Verbesserung der Kapazitätsauslastung
- 47 % Kostensenkungen
- 20 % Durchlaufzeitverkürzungen.

Auch hier war die Durchlaufzeit das entscheidende Problem, das auf die anderen Ziele und ihr Erreichen wirkte. Diese zentrale Bedeutung wurde von den Unternehmen scheinbar nicht in entsprechendem Maße erfasst.

Die Bestimmung organisatorischer Reihenfolgen wurde überwiegend von Mitarbeitern in der Planung und Steuerung (53 %) und den Meistern im Fertigungsprozess (ebenfalls 53 %) vorgenommen.

3.2.3.2 Schwerpunkt Organisation

In den KMU des Analysebereiches schwankte die Anzahl der Hierarchieebenen in der Aufbauorganisation zwischen zwei und fünf. Der Durchschnittswert betrug drei.
Wie zu erwarten war, spielte die Problematik des **Lean Managements** mit der Zielstellung Reduktion der Hierarchieebenen unter diesen Bedingungen in den betrachteten Unternehmen eher eine untergeordnete Rolle.
In den analysierten Unternehmen waren die funktional ausgerichteten Organisationsstrukturen mit einem Anteil von 54 % dominant. Die divisionale Organisation war nur in 12 % der Unternehmen vertreten. Alle wesentlichen funktionalen **Organisationsstrukturen** waren in den Unternehmen vertreten, so z.B.:

- 26 % Einliniensystem
- 16 % Mehrliniensystem
- 8 % Stab-Liniensystem.

In der Produktionsvorbereitung lagen die Leitungsspannen durchschnittlich bei drei untergeordneten, anzuleitenden Mitarbeitern pro Führungskraft, in der Verwaltung durchschnittlich bei vier.
Im Produktionsprozess waren durchschnittlich 15 Arbeitskräfte einer Führungskraft zugeordnet, im Maximum bis zu 70 Arbeitskräfte.

Alle **klassischen räumlichen Organisationsprinzipien** wurden in den Unternehmen eingesetzt. In 68 % der Unternehmen wurde das Werkstattprinzip angewendet. Anwendung fanden auch das Reihenprinzip (34 %), das Gruppenprinzip (36 %) sowie das Einzelplatzprinzip (20 %).
Passend zu den räumlichen Organisationsprinzipien dominierte bei den **zeitlichen Organisationsprinzipien** der Reihenverlauf. In 55 % der Unternehmen war er die entscheidende Weitergabevariante der zu bearbeitenden Teile. Der Prozentwert scheint allerdings zu niedrig zu sein, da der Reihenverlauf sowohl für das Werkstatt- als auch das Gruppenprinzip angewendet wurde. Der Anteil der Unternehmen mit Parallelverlauf betrug 35 % und der mit kombiniertem Verlauf 41 %.

Bis auf die starre Fließfertigung kamen alle in der Theorie definierten **klassischen und modernen Organisationsformen** in den Produktionsprozessen der befragten Unternehmen vor. Das Primat lag eindeutig bei den klassischen Organisationsformen. Die Werkstattfertigung wurde in 68 % der Unternehmen realisiert und nahm damit die erste Position ein. Erstaunlich war, dass 32 % der Unternehmen über Fertigungsreihen und 36 % über Fertigungsabschnitte verfügten.

Damit wurden trotz der vielfältigen Produktpaletten und eingeschränkten Seriengrößen erste Schritte in Richtung auf die Gegenstandsspezialisierung gemacht. Kritisch anzumerken ist, dass aus der Häufigkeit der Nennung der räumlichen Organisationsprinzipien und zeitlichen Organisationsprinzipien nicht auf die Häufigkeit der vorkommenden Organisationsformen, die aus deren Kombination gebildet werden, geschlossen werden konnte *(vgl. Bild 69).*

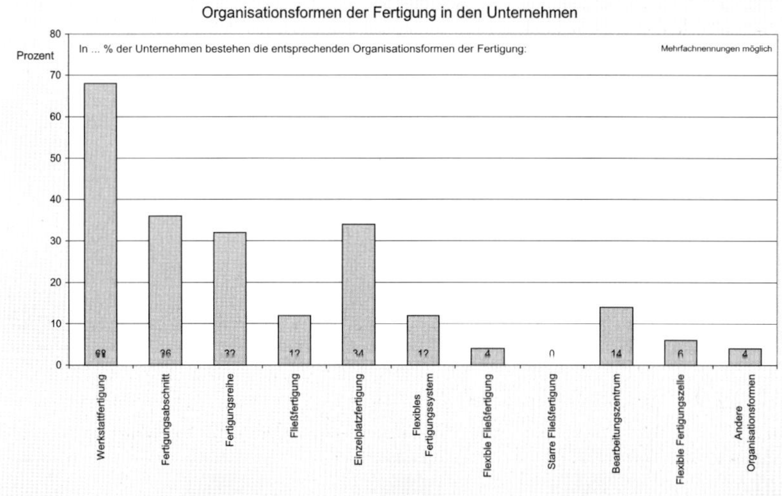

Bild 69: Häufigkeit der eingesetzten Organisationsformen in der Fertigung

Das deutet auf nicht optimale Kombinationen räumlicher und zeitlicher Organisationsprinzipien, welche die **Produktionsorganisation als ein wesentliches Gestaltungsfeld zur Steigerung der Produktivität** erscheinen lässt. Ähnliche Schlussfolgerungen waren aus der Ermittlung von Transportwegen und der Flächennutzung ableitbar.
Die durchschnittliche Transportweglänge war kleiner als 30 m und entsprach dem Status von Klein- und Mittelbetrieben. Bei den Flächenaufteilungen war teilweise zu erkennen, dass die Unternehmen aus ihrer Geschichte über z.T. deutlich größere Flächen verfügen, als dies aktuell notwendig wäre. Die Maximalwerte für Anteile „sonstige Flächen" (90 %), „Verkehrsflächen" (80 %) etc. geben hier deutliche Hinweise.

In der Darstellung des **kinematischen Verhaltens der Elementarfaktoren** wurden alle theoretisch denkbaren Kombinationen erwähnt. Die wesentliche Kombinationsvariante war:

- AK und BM stationär, WS instationär (46 % Nennung).

Ihre Häufigkeit erscheint als zu gering, wenn man sie mit den definierten Organisationsformen in Beziehung setzt. Kaum plausibel waren die genannten Kombinationsvarianten:

- AK und WS stationär, BM instationär (4 %) und
- BM und WS stationär, AK instationär (4 %).

Bei 34 % **Einzelplatzfertigung** war eine 21 %ige Nennung lediglich stationärer Elementarfaktoren ebenfalls zu überprüfen. Auch hier deutet sich die Notwendigkeit zur Überprüfung und Verbesserung der Gestaltung der Organisationsformen an.

Auch der Stand der Erfassung, Dokumentation und Darstellung des Auftragsabwicklungsprozesses verdeutlicht Reserven in der Produktionsvorbereitung, der Produktionsorganisation und der Planung und Steuerung der Produktionsprozesse.
Mehr als die Hälfte der Unternehmen (60 %) verfügte über ein nach DIN EN ISO 9000 ff. zertifiziertes Managementsystem. Weitere 16 % beabsichtigten eine Zertifizierung durchführen zu lassen. 14 % der Unternehmen waren der Auffassung, dass mit der Zertifizierung keinerlei Vorteile verbunden sind. Die weit überwiegende Zahl der Unternehmen (86 %) verwies auf spezifische Vorteile eines zertifizierten Managementsystems. Folgende Vorteile wurden von den Unternehmen durch die **Zertifizierung** erwartet:

- 77 % bessere Kundenakzeptanz
- 51 % Steigerung des Qualitätsbewusstseins der Arbeitskräfte
- 47 % effizientere Fehleranalysen
- 42 % Verbesserung der Transparenz des Produktionsablaufes (genau an dieser Stelle besitzen viele Unternehmen Probleme)
- 26 % Kostensenkung durch geringeren Ausschuss.

21 % der Unternehmen maßen der Zertifizierung eine wesentliche Bedeutung auf dem Weg zum Total Quality Management (TQM) bei.
Die Hauptquelle bei der Senkung der Qualitätskosten lag nach Einschätzung der Unternehmen in den internen Prozessen. Auf die Frage nach der Qualitätskostenstruktur ergaben sich aus Sicht der Mittelwerte folgende Kostenanteile an den gesamten Qualitätskosten:

- 57 % interne Fehlerkosten
- 23 % Prüfkosten
- 18 % externe Fehlerkosten
- 16 % Fehlerverhütungskosten
- 13 % Schrottkosten.

Der Anteil **externer und interner Fehlerkosten** war im Verhältnis zu dem geringen Anteil an **Fehlerverhütungskosten** viel zu hoch und verdeutlichte einen wesentlichen Gestaltungsansatz mit Produktivitätswirkung *(vgl. Bild 70)*. Wesentlicher Stellhebel zur Reduzierung der Fehler war der Grad der Einbeziehung der Mitarbeiter. In 53 % der Unternehmen bestand ein betriebliches Vorschlagswesen, in 30 % wurden kontinuierliche Verbesserungsprozesse realisiert. 15 % der Unternehmen arbeiteten mit Qualitätszirkeln. Darüber hinaus arbeiteten 26 % der Unternehmen mit anderen, nicht näher beschriebenen Möglichkeiten zur Verbesserung der Prozesse durch die Mitarbeiter.

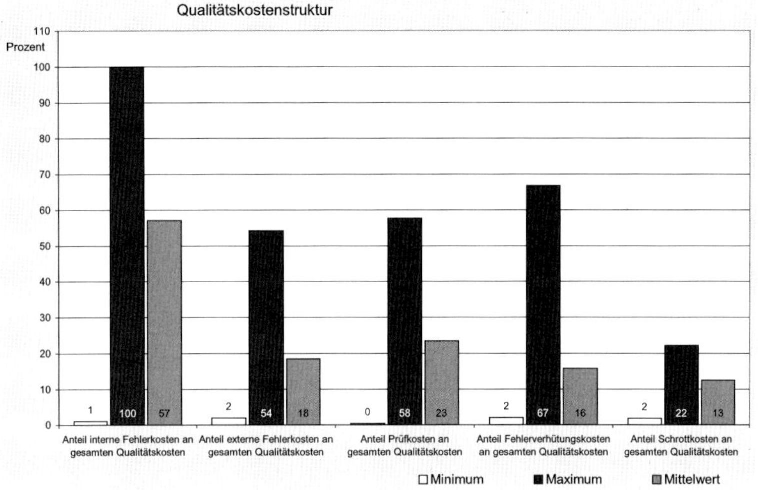

Bild 70: Anteile verschiedener Kostenarten an den gesamten Qualitätskosten

3.2.3.3 Schwerpunkt Steuerung

In 62 % der befragten Unternehmen wurde mit **PPS-Systemen** gearbeitet. Deren Einführung war bei weiteren 8 % der Unternehmen beabsichtigt.

Alle gängigen Module waren in den eingesetzten PPS-Systemen vorhanden. Ihre Nutzung erfolgte allerdings auf sehr unterschiedliche Art und Weise. Nutzungsschwerpunkte waren die:

- Stammdatenverwaltung (94 %)
- Materialwirtschaft (94 %)
- Auftragsveranlassung (74 %)
- Auftragsüberwachung (65%).

Die Möglichkeiten zur Produktionsprogrammplanung (45 %), Kapazitäts- und Terminplanung (39 %) und Betriebsdatenerfassung (39 %) wurden nur sporadisch genutzt. Hier stellt sich die Frage, inwieweit eingeführte PPS-Systeme den konkreten Unternehmensbedingungen angepasst sind. Von der Qualität der Anpassung hängt u.a. die Intensität der Nutzungsfähigkeit der Module ab *(vgl. Bild 71)*.

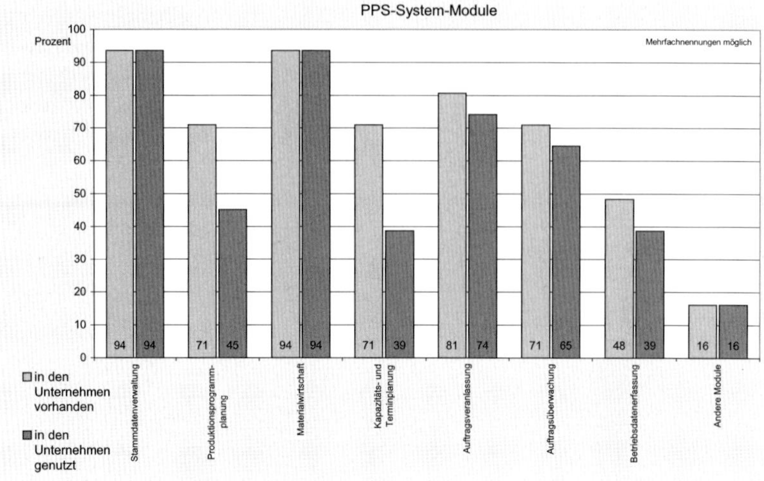

Bild 71: Einsatz von PPS-System - Modulen in den Unternehmen

Die Einschätzung der Eignung der PPS-Module für die Unternehmen ergab mehrheitlich gute Ergebnisse. Mit einem Wert von 76 % sehr guter und guter Nennungen wurde die Stammdatenverwaltung am höchsten in der Eignung bewertet. Auch die Materialwirtschaftsmodule wurden mit 65 % (sehr gut und gut) in der Eignung positiv bewertet. Ähnliches galt für die Auftragsveranlassung (61 % sehr gut und gut). Schlechte und sehr schlechte Eignungsbewertungen erhielten die Produktionsprogrammplanung (35 %) und die Kapazitäts- und Terminplanung (31 %), denen ein besonderer Einfluss auf die Produktivität zugestanden werden muss. Die Betriebsdatenerfassung wurde mit 28 % ebenfalls als ein nicht besonders geeignetes Modul bezeichnet *(vgl. Bild 72).*

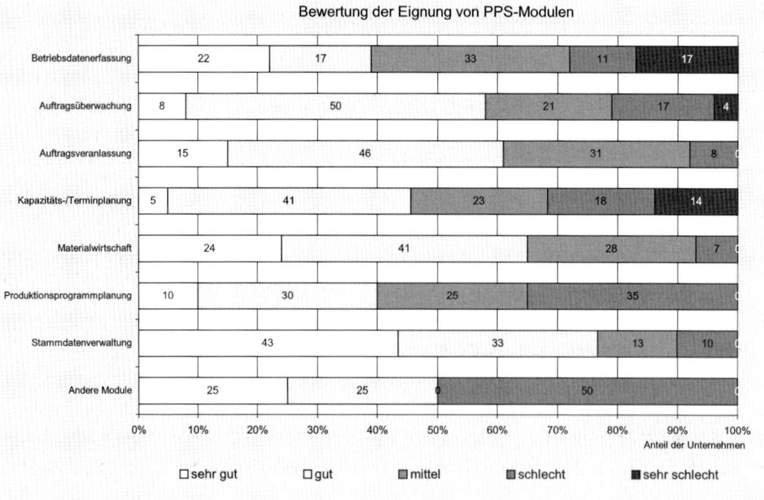

Bild 72: Einschätzung der Eignung der PPS-Module für die Unternehmen

In 73 % der Unternehmen wurden auch rechnergestützte Systeme in solchen Gebieten eingesetzt, die an die **PPS-Funktionen** angrenzen. Das traf insbesondere für folgende Bereiche zu:

- Einkauf
- Vertrieb
- Rechnungswesen
- Konstruktion (CAD)
- Qualitätswesen (CAQ)
- Arbeitsplanung (CAP)
- Fertigung (CAM).

Als Problem war zu identifizieren, dass es bei den eingesetzten Systemen nur einen relativ geringen Anteil von realisierten Lösungen gab, die eine Schnittstelle zur PPS besaßen *(vgl. Bild 73)*.

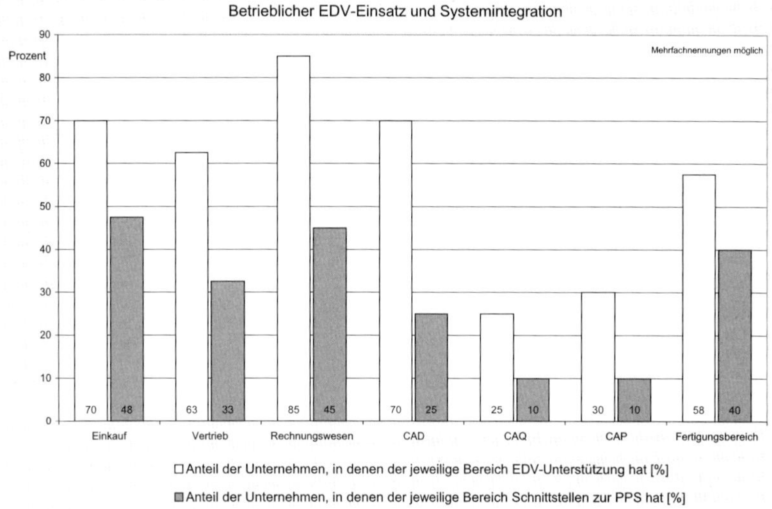

Bild 73: Bereiche mit EDV-Unterstützung und Schnittstellen zur PPS

Für die Produktionssteuerung wurden bis auf OPT offensichtlich alle bekannten Verfahren in den Unternehmen angewendet. Die Streubreite der Nennungen lässt vermuten, dass innere Hierarchien sowie die sinnvollen Einsatzvarianten in ausgewählten Organisationsformen nicht durchgängig bekannt waren *(vgl. Bild 74)*.

76 % der Unternehmen gaben an, über keine dezentrale Fertigungssteuerung zu verfügen. 69 % der Unternehmen setzten keine Fertigungsleitstände ein. Die verbleibenden 31 % strukturierten sich in:

- 27 % zentrale Leitstände für die gesamte Fertigung
- 4 % dezentrale Leitstände in den Fertigungssegmenten.

Simulationswerkzeuge spielten in den befragten Unternehmen für die Produktionssteuerung eine untergeordnete Rolle (92 % der Unternehmen setzten keine Simulationswerkzeuge ein).

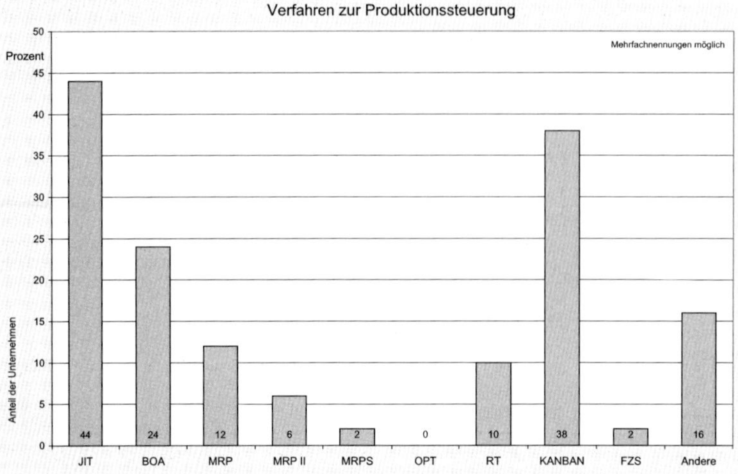

Bild 74: Einsatzhäufigkeit der Verfahren zur Produktionssteuerung in den Unternehmen

Die **Betriebsdatenerfassung** erfolgte auf manuelle oder rechnergestützte Art und Weise. Insbesondere Auftragsdaten (58 % der Unternehmen), Personaldaten (40 %) und Materialdaten (28 % der Unternehmen) wurden zum hohen Anteil rechnergestützt erfasst.
In der **Qualitätsdatenerfassung** (46 % der Unternehmen), der Erfassung von Daten zum Wartungsprozess (34 %) und Maschinendatenerfassung (24 %) überwog die manuelle Vorgehensweise.

3.2.4 Selbsteinschätzung der Unternehmen

Die überwiegende Mehrzahl der Unternehmen schätzte ein, dass sie qualitätsgerecht produziert (72 % sehr gut und gut). Nur 2 % schätzten die eigene Qualitätsfähigkeit als schwach ein.

Die interne Logistik wurde von 45 % der Unternehmen als stark und von 55 % als mittel bis schwach eingeschätzt. Das Gebiet der externen Logistik wurde von 47 % der Unternehmen eher als Stärke bewertet. Als sehr gut wurde die externe Logistik lediglich von 7 % der Unternehmen bezeichnet.
Personal und Fertigung wurden im Stärken-Schwächen-Profil überwiegend als stark bewertet. Der Anteil der Unternehmen mit schwacher Bewertung dieser Bereiche lag unter 6 %.

66 % der Unternehmen waren der Auffassung, dass ihre Produkte bezüglich der Marktfähigkeit als sehr stark oder stark zu bewerten sind. Nur 4 % meinten, dass ihre Produkte eher als schwach zu bewerten sind. Trotz dieser überdurchschnittlichen Bewertung der Marktfähigkeit der Produkte gaben 94 % der Unternehmen an, das sie nur über eine mittlere bis sehr schwache Marktposition verfügen. Hier sind offensichtlich Aktivitäten zur Markterschließung auszulösen.
Die technische Ausstattung wurde von 96 % der Unternehmen als stark bis mittel bezeichnet.

Die Mengenflexibilität und die Produktartflexibilität wurden als äußerst wertvolles Potenzial herausgestellt.
Die Einschätzung der Eignung der Fertigungstechnologie für die Befriedigung gegenwärtiger Kundenbedarfe wurde besser eingeschätzt als für die Befriedigung zukünftig zu erwartender Bedarfe. 96 % der Unternehmen verfügten über eine starke bis mittlere technische Ausstattung der Fertigung.

Der Mechanisierungsgrad war stärker ausgeprägt als der Automatisierungsgrad. In der Bewertung der Fertigungstechnologie und ihrer technischen Ausstattung für den zukünftigen Bedarf (2 %) sowie beim Automatisierungsgrad (2 %) blieb der „sehr starke“ Bereich eher unterrepräsentiert. Das deutet auf eventuelle Reserven für technisch-technologische Prozessverbesserungen hin.

Die Mitarbeiterqualifikation und Motivation waren in den Unternehmen stark ausgeprägt. Damit lagen aus der Sicht der Arbeitskräfte offensichtlich beste Voraussetzungen für die Produktivitätsentwicklung vor trotz der ausgewiesenen geringen Zeitanteile für die Weiterbildung.
Leichte Abstriche waren bezüglich des Qualitätsbewusstseins notwendig. Hier wurden nur der starke (62 %) und der mittlere (36 %) Bereich belegt. Der sehr starke Bereich war ausgespart.

Wesentlich für die Wettbewerbsfähigkeit ist das Innovationsklima. Hier waren bis auf „sehr schwach“ alle Bereiche vertreten:

- 6 % sehr stark
- 40 % stark
- 36 % mittel
- 18 % schwach.

Das Übergewicht lag bedenklicherweise bei der Wertung mittel bis schwach (in Summe über 50 %). Die große Streubreite lässt auf eine völlig unterschiedliche Bedeutung und Einschätzung dieses Indikators pro Unternehmen schließen. Misst man die überdurchschnittliche Bewertung der Produkte und Prozesse an diesem Indikator und seiner Beurteilung, so könnte eventuell auf eine Produkt- und Prozessüberbewertung geschlossen werden.

Auch die Entscheidungsfreude wurde sehr unterschiedlich bewertet. 2 % der Unternehmen bewerteten sie mit sehr gut. 76 % der Unternehmen belegten mit ihren Bewertungen den Bereich sehr gut bis mittel. Aber auch 22 % der Unternehmen werteten diese Problematik als schwach bis sehr schwach.
Auf eine eher durchschnittliche Bewertung der Entscheidungsfreude folgte eine besser bewertete Umsetzungsfähigkeit (90 % sehr stark bis mittel).

Die Wertung der Informationsbeziehungen als Leistungsvoraussetzung belegte bei 86 % der Unternehmen den Bereich stark bis mittel. 14 % schätzten die Informationsbeziehungen als sehr schwach ein. Es ist zu vermuten, dass Verbesserungen im Informationsmanagement positiv auf die Entscheidungsfreude, die Umsetzungsfähigkeit aber auch auf das Qualitätsbewusstsein und das Innovationsklima wirken können.

Zur Beurteilung der Leistungsfähigkeit der Organisation der Unternehmen wurden die Indikatoren bereichsübergreifende Kooperation, Kostentransparenz, Entscheidungsfähigkeit, Umsetzungsfähigkeit, Kommunikation und Informationsfluss, Lean Management und Unternehmensorganisation eingeschätzt. Die befragten Unternehmen vertraten die Auffassung, dass diese Indikatoren in der Spannweite von 49 % bis 68 % positiv zu bewerten sind (sehr stark und stark). Nur 4 % bis 17 % der befragten Unternehmen maßen diesen Indikatoren eine schwache bis sehr schwache Ausprägung bei. Die höchste Bewertung „sehr stark" erhielten die Indikatoren:

- Kostentransparenz mit 8 %
- Umsetzungsfähigkeit mit 4 %
- Entscheidungsfähigkeit mit 10 %
- Kommunikation und Informationsfluss mit 2 % und
- Lean Management mit 5 %.

Auch hier deutet sich an, dass Verbesserungen im Informations- und Kommunikationsbereich zu weiteren positiven Entwicklungen der Bewertung und Wirkung anderer Indikatoren führen können. Besonders die bereichsübergreifende Kooperation und die Unternehmensorganisation scheinen neben Kommunikation und Informationsfluss verbesserungswürdig zu sein.

Nur 2 % der befragten Unternehmen vertraten die Auffassung, dass sie eine sehr hohe Bedeutung für ihre Kunden besitzen und nur schwer ersetzbar sind. 17 % waren der Meinung, dass sie nur mit einem hohen Aufwand durch andere Lieferanten austauschbar sind. Der überwiegende Anteil von 81 % der Unternehmen schätzte seine Bedeutung für die Kunden weit schlechter ein und meinte, dass er mit nur geringem oder mittlerem Aufwand verbunden ersetzbar ist. Daraus leitet sich die Notwendigkeit ab, Maßnahmen zu ergreifen, die die Kundenbindung verstärken. Eine Möglichkeit dafür ist in der Realisierung primärer - das Kernprodukt begleitender - und sekundärer - zusätzlich zum Kernprodukt anzubietender - industrieller Dienstleistungen zu vermuten.

Die Beurteilung strategischer Zielstellungen durch die Unternehmen ergab folgende Ergebnisse *(vgl. Bild 75)*:

- 90 % aller Unternehmen nannten an erster Stelle die Steigerung der Rentabilität mit höchster Priorität (100 % sehr hohe und hohe Priorität)
- 85 % der Unternehmen verfolgten ebenfalls mit höchster Priorität das Ziel: Produktivitätssteigerung (100 % sehr hohe und hohe Priorität)

Beide extrem bewertete - eng miteinander verbundenen - Zielstellungen untermauern nachdrücklich die Wichtigkeit des realisierten Projektes „Produktivitätsoffensive"

- 51 % verbanden mit dem Umsatzwachstum die stärkste Zielorientierung
- 43 % der Unternehmen werteten die Erreichung der Qualitätsführerschaft besonders hoch
- 43 % der Unternehmen werteten die Erreichung der Kostenführerschaft besonders hoch
- 41 % sahen in der Beschäftigungssicherung die höchste Priorität

Die Mitarbeiterqualifizierung wurde bei 80 % der Unternehmen als wichtige Priorität (sehr wichtig und wichtig) bewertet.
Im Verhältnis weniger priorisiert waren Zielstellungen wie:

- Fertigung im Ausland (7 % sehr wichtig)
- Minimierung der Umweltbelastung (19 % sehr wichtig)
- Veränderung der Fertigungstiefe und Fertigungsbreite (23 % bzw. 21 % sehr wichtig).

Die Überprüfung und ggf. Veränderung der Fertigungstiefe und Fertigungsbreite kann zu einem wesentlichen Gestaltungsfeld zur Produktivitätssteigerung in den einzelnen Unternehmen werden.

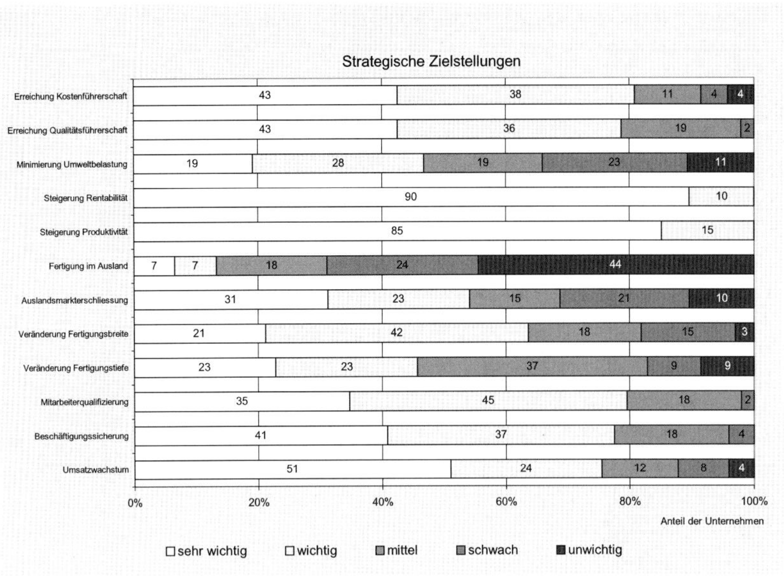

Bild 75: Beurteilung strategischer Zielstellungen durch die Unternehmen

3.2.5 Zusammenfassende Wertung

Die befragten Unternehmen besitzen neben **ausgeprägten Stärken**, die es auszubauen gilt, auch Schwächen, die die Produktivitätsentwicklung hemmen.

Das Stärken- und Schwächenprofil wird in *Tabelle 1* dargestellt.

	OUTPUT	INPUT: Arbeitskräfte	INPUT: Betriebsmittel	INPUT: Werkstoffe
STÄRKEN	• Ausgeprägte Fähigkeit, kunden-spezifische Produktanfode-rungen zu realisieren (Flexibilität) • Fähigkeit zur Herstellung von Produkten mit mehrstufiger komplizierter Struktur • Kundenorientierung	• Qualifikationsstruktur und Befähigung der Arbeiter und Angestellten • Flexibilität von Arbeitern und Angestellten (fachlich, zeitlich) • Qualitätsarbeit • Motivation	• Technisches Niveau • Fertigungsgenauigkeit • Betriebsmittel-Flexibilität • Eignung der Betriebsmittel für gegenwärtige Aufgaben • Altersstruktur	• Eignung der Werkstoffe für die zu lösenden Aufgaben • Anteil variierender technologischer Bearbeitungsfolge • Lieferantenauswahl, Lieferantenbewertung
SCHWÄCHEN	• Geringe Anzahl Produktfelder • Überdurchschnittlicher Anteil Auftragsproduktion • Hohe Fertigungstiefe • Geringer Anteil Forschung & Entwicklung, technologische Vorbereitung • Einzelfertigung überdimensioniert • Regionale und nationale Absatzorientierung • Geringe Absatzkooperationen • Geringer Dienstleistungsanteil	• Kapazitätsauslastung • Vorgabezeiten für Fertigungsaufträge • Arbeitskraftbezogene Prozess- und Zeitstudien • Hoher Anteil Überstunden • Zeitlohnorientierung	• Unterschätzung der Betriebsmittel als Produktivitätsfaktor • Kapazitätsauslastung • Verschlechterung der Eignung der Betriebsmittel für zukünftige Aufgaben • Betriebsmittelbezogene Prozess- und Zeitstudien • Arbeitsplatzgestaltung am Betriebsmittel • Mechanisierung/ Automatisierung	• Organisation der Werkstofflagerung • Eingesetzte Materialbestellverfahren • Steuerung materialwirtschaftlicher Aktivitäten (ABC-Analysen, Wertanalysen) • Eingesetzte Methoden der Materialbedarfsermittlung • Arten der Lagerbestandsführung • Logistikprozesse

Tabelle 1a: Stärken- und Schwächenanalyse der Benchmarkingteilnehmer

	THROUGHPUT			Selbsteinschätzung der Unternehmen
	Planung	Organisation	Steuerung	
STÄRKEN	• Vorhandensein rechnergestützter PPS-Systeme • Dezentrale Planungskompetenz	• Hierarchieebenen in den Unternehmen • Leitungsspannen	• Vorhandensein rechnergestützter PPS-Systeme • Einsatz rechnergestützter Systeme in Bereichen, die an die PPS angrenzen • Einsatzbereite von Verfahren zur Produktionssteuerung	• Technische Ausstattung • Personal • Qualitative und quantitative Flexibilität • Mitarbeitermotivation und -qualifikation • Entscheidungsfähigkeit • Strategische Zielorientierung
SCHWÄCHEN	• Durchlaufplanung • Bestimmung optimaler organisatorischer Bearbeitungsfolgen • Datengrundlage der Durchlauf- und Terminplanung • Systematik der Kapazitätsstruktur • Fertigungs- und Beschaffungslosgrößenoptimierung • Einsatz von Maßnahmen zum Ausgleich von Kapazitätsbilanzen	• Systematik der Organsiationsstrukturen der Unternehmen • Produktionsorganisation (Auswahl sinnvoller ROP und ZOP, Bildung von produktivitätsfördernden Organisationsformen) • Gestaltung des kinematischen Verhaltens der Elementarfaktoren • Qualitätskostenerfassung • Flächennutzung • Transparenz der Auftragsabwicklungsprozesse	• Passgerechtigkeit eingesetzter PPS-Systeme und Einsatz der PPS-Module • Schnittstellen zwischen PPS-Systemen und angrenzenden Rechnersystemen • Sinnvolle Auswahl von Steuerungsverfahren • Betriebsdatenerfassung	• Marktposition • Mechanisierungs- und Automatisierungsgrad • Fertigungstechnik und -technologie für zukünftigen Bedarf • Informationsmanagement • Innovationsklima • Entscheidungsfreude • Bereichsübergreifende Kooperation • Bedeutung des eigenen Unternehmens für den Kunden (Aufwand bei Austausch) • Kostentransparenz

Tabelle 1b: Stärken- und Schwächenanalyse der Benchmarkingteilnehmer

Die Auswertung der Unternehmensbefragungen über alle beteiligten Unternehmen lässt vermuten, dass folgende Hauptgestaltungsfelder eine besondere Bedeutung haben:

1. Überprüfung und ggf. Veränderung der Produktfelder/Produktvariationen
2. Verbesserung der Marktposition und der Kundenbindung (ggf. durch industrielle Dienstleistungen; Vertriebskooperationen; Vertriebsnetzwerke),
3. Überprüfung der Ökonomie der Veränderung von Fertigungstiefe und Fertigungsbreite (ggf. Aufbau von Kooperationsnetzwerken; Lieferantenketten),
4. Verbesserung der inhaltlichen und organisatorischen Gestaltung und Vernetzung der Innovationsprozesse Forschung und Entwicklung und des Niveaus der technologischen Vorbereitung von Fertigungsprozessen,
5. Durchführung von arbeitskräfte- und betriebsmittelbezogenen Prozessablauf- und Zeitstudien zur Optimierung von Abläufen sowie zur Ermittlung von Vorgabezeiten/ Prozesskennzahlen,
6. Anwendung von anforderungsgerechten Instrumentarien zur Planung und bedarfsgerechten Gestaltung der betrieblichen Kapazitäten (Arbeitskräfte; Betriebsmittel),
7. Anwendung von anforderungsgerechten Instrumentarien zur Planung und Organisation der Investitionen und der Anlagenreproduktion,
8. Anwendung geeigneter Instrumentarien zur Materialbedarfsermittlung und Organisation der Lagerwirtschaft,
9. Anwendung von anforderungsgerechten Instrumentarien zur Produktionsplanung und -steuerung (mit den Schwerpunkten Durchlaufplanung, Nutzung der PPS-System-Module, Kapazitäts- und Terminplanung),
10. Rationalisierung der Unternehmensorganisation mit dem Schwerpunkt Produktionsorganisation,
11. Anwendung durchgängiger Instrumentarien zur Sicherung und Verbesserung der Auftragsabwicklungsprozesse (prozessorientiertes Qualitätsmanagement DIN EN ISO 9000:2000),
12. Gestaltung eines abteilungsübergreifenden Informationsmanagements, das intern durch unternehmensspezifische Merkmale und extern durch die Spezifik von Netzwerken gekennzeichnet ist,
13. Einleitung von schwerpunktbezogenen Weiterbildungsmaßnahmen.

3.3 Auswertung des Produktivitätsbenchmarking

In den Abschnitten 1.3 und 2.3 wurden unterschiedliche Produktivitätsgrößen und verschiedene Maßstäbe für die Zähler- und Nennergrößen diskutiert. Im Ergebnis erfolgte eine Reduktion auf die vier als besonders wesentlich erachteten elementarfaktorbezogenen Produktivitätskennzahlen:

- Arbeitskräfteproduktivität
- Betriebsmittelproduktivität
- Werkstoffproduktivität

und deren Zusammenführung zur

- Gesamtproduktivität.

Den Zähler dieser Größen bildete die Wertschöpfung, den Nenner alternativ der Personalaufwand, der Betriebsmittelaufwand und der Materialaufwand bzw. der daraus berechenbare Gesamtaufwand.
Damit wurde z.B. der Umsatz als in der Literatur überwiegend verwendete Zählergröße eliminiert. Ähnlich verhielt es sich mit alternativ möglichen Nennergrößen.

Drei Gründe sprechen dafür, an dieser Stelle vom definierten Konzept abzuweichen und auch andere als die vier wesentlichen Produktivitätskennzahlen in dic Analyse einzubeziehen:

(1) Es besteht Grund zu der Annahme, dass bisher nicht am Projekt beteiligte Unternehmen auch andere als die vier grundsätzlichen Produktivitätskennzahlen verwenden bzw. wenig Erfahrung in der Produktivitätsmessung und –gestaltung gesammelt haben
(2) Die durchgeführten Analysen zeigen, dass es kaum möglich ist, zu den als wesentlich erkannten Produktivitätskennzahlen passende externe Benchmarks zu finden. Das reduziert die Möglichkeiten des überbetrieblichen Vergleichs bzw. schließt diese Analysevariante vollständig aus. Diese Kritik trifft auch die öffentlichen Statistiken zur Produktivität.
(3) Die Bewertung der Entwicklung elementarfaktorbezogener Produktivitätskennzahlen macht es erforderlich, besonders Facetten dieser Entwicklung herauszufiltern. Dazu ist es notwendig differenzierte Tendenzen zu erfassen und ggf. durch die Wahl unterschiedlicher Maßstäbe der Zähler- und Nennergrößen der entsprechenden Produktivitätsformeln zu begründen.

Diesen Überlegungen folgend, wurde die Analyse auf folgende Produktivitätskennzahlen ausgedehnt:

- Wertschöpfung je Arbeiter
- Wertschöpfung je Beschäftigter
- Wertschöpfung je Arbeitsstunde
- Wertschöpfung je Beschäftigtenstunde
- Wertschöpfung je Personalaufwand
- Wertschöpfung je Anschaffungswert der Betriebsmittel
- Wertschöpfung je Anlagevermögen
- Wertschöpfung je Abschreibung auf Sachanlagen
- Wertschöpfung je Betriebsmittelaufwand
- Wertschöpfung je Materialaufwand
- Wertschöpfung je Gesamtfaktoraufwand.

Dabei handelt es sich um Quotienten mit einer differenzierten Gestaltung des Maßstabes der Inputgrößen.

Sie entsprechen der Arbeitskräfteproduktivität, wenn ihre Nennerwerte mit unterschiedlichen Maßstäben den Einsatz der Arbeitskräfte zur Outputerzielung kennzeichnen (z.B. Arbeitsstunde, Personalaufwand).

Sie entsprechen der Betriebsmittelproduktivität, wenn ihre Nennerwerte mit unterschiedlichen Maßstäben den Einsatz der Betriebsmittel zur Outputerzielung kennzeichnen (z.B. Anschaffungswert der Betriebsmittel, Betriebsmittelaufwand).

Sie entsprechen der Werkstoffproduktivität, wenn ihre Nennerwerte mit dem Maßstab Materialaufwand den Einsatz von Werkstoffen zur Outputerzielung kennzeichnen.

3.3.1 Arbeitskräfteproduktivität

In der statistischen Praxis und der theorieorientierten Literatur erfolgt die Definition der Arbeitskräfteproduktivität häufig auf Basis des Umsatzes. Das geschieht ohne Diskussion der damit verbundenen Probleme. Hier wird diese Grundlage gewählt, um externe Vergleiche realisieren zu können. Das ändert nichts an der vorgenommenen Kritik, die zur Elimination des Umsatzes geführt hat.

Mit der Kennzahl **Arbeitskräfteproduktivität** wird die Leistung des Personals innerhalb eines Betrachtungszeitraumes charakterisiert. Die Ergiebigkeit eines Unternehmens erhöht sich mit steigender Leistung je Inputeinheit des eingesetzten Personals.
Im Betriebsvergleich kann davon ausgegangen werden, dass unter sonst gleichen Bedingungen das Unternehmen mit der höheren Wertschöpfung pro eingesetztem Personalaufwand effizienter wirtschaftet als ein Unternehmen mit einem niedrigeren Koeffizienten, d.h. es weist eine höhere Produktivität aus.

Die **Kennzahl Umsatz pro Beschäftigter** ist für den Untersuchungsbereich im *Bild 76* dargestellt.

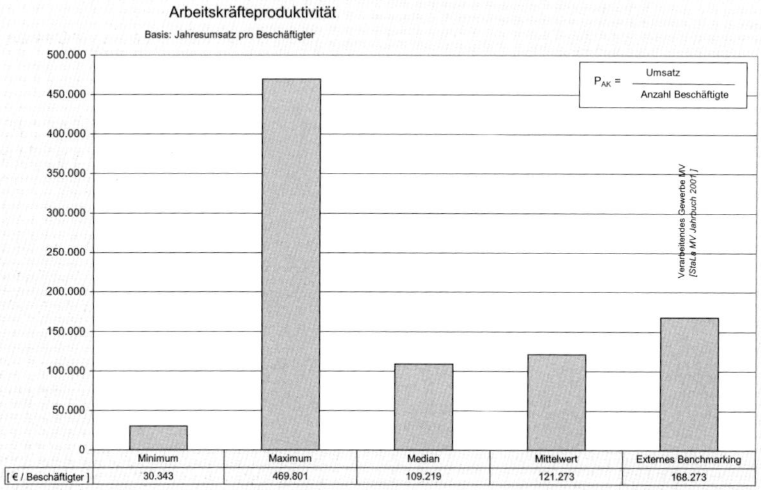

Bild 76: Arbeitskräfteproduktivität – umsatzorientiert (Basis Arbeitskräfteanzahl)

In der Realität ist die Aussagekraft der Kennzahl begrenzt. Zum einen ist die durchschnittliche Beschäftigtenzahl leicht beeinflussbar, ohne dass damit notwendigerweise eine Effizienzsteigerung einhergeht, z.B. durch Maßnahmen des Outsourcing und durch Zeitarbeitsverträge; sie kann auch starken saisonalen Schwankungen unterliegen, die im Durchschnitt nicht abgebildet werden. Zum anderen kann die Struktur des Umsatzes im Zeitablauf Veränderungen unterliegen bzw. von anderen Unternehmen abweichen.
Unternehmen verschiedener Branchen und Fertigungstiefen realisieren z.T. sehr unterschiedliche Kenngrößen, wie aus einem Benchmarking-Vergleich des Institutes für angewandte Arbeitswissenschaft e.V. (IfaA) 2002 deutlich wird *(vgl. Bild 77).*

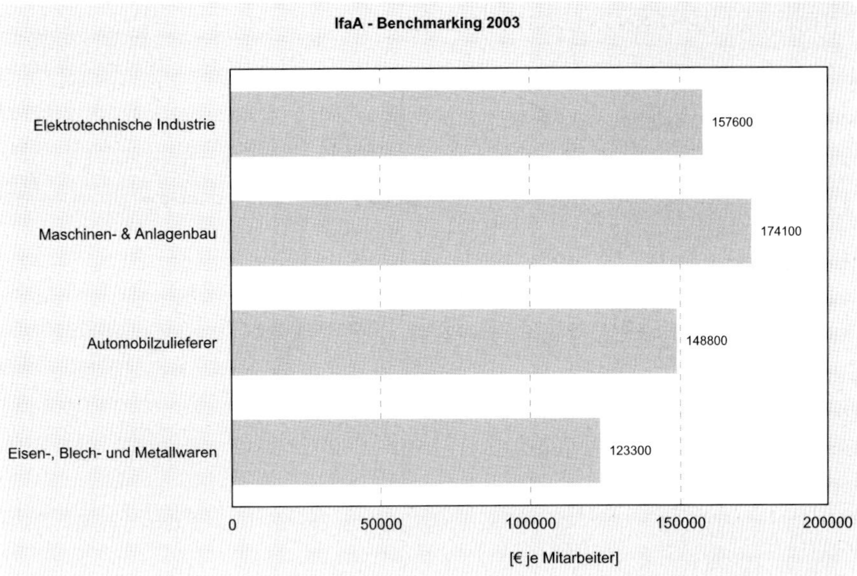

Bild 77: Umsatz je Mitarbeiter nach Industriezweigen (Baszenski [IfaA-Benchmarking])

Im Betriebsvergleich ist die Aussagekraft um so größer, je vergleichbarer die Strukturen und Fertigungstiefen der betrachteten Unternehmen sind.

Der mittlere **Pro-Kopf-Umsatz** der beteiligten Unternehmen lag mit 121.273 € je Mitarbeiter bei ca. 70 % des Durchschnittswertes der Unternehmen der Industriebranche Maschinen- und Anlagenbau des IfaA-Benchmarking und bei ca. 72 % des Verarbeitenden Gewerbes in Mecklenburg-Vorpommern. Im Vergleich zum Benchmark für das gesamte Verarbeitende Gewerbe in Deutschland mit 212.090 € je Beschäftigter (Statistisches Bundesamt [Jahrbuch 2002]) erreichten die beteiligten Unternehmen im Durchschnitt ca. 52 %. Gemessen am **Pro-Kopf-Umsatz** einzelner Wirtschaftszweige in Deutschland für 2001 ergaben sich folgende Werte *(vgl. Bild 78)*.

Die breite Verfügbarkeit dieser genannten Kennzahlen führt in der öffentlichen Diskussion sehr häufig zu einer inakzeptablen und ausschließlichen Reduktion auf diesen Produktivitätsmaßstab (Umsatz je Mitarbeiter) bezogen auf nur eine Teilproduktivität (Arbeitskräfteproduktivität). Insbesondere bei einem Vergleich unterschiedlicher Branchen, aber auch bei einem Vergleich von Unternehmen mit unterschiedlichen Vorleistungsgraden und/oder Mechanisierungs- und Automatisierungsgraden besteht die Gefahr einer Fehlinterpretation bei der Bewertung des Niveaus der Arbeitskräfteproduktivität.
Diese Verzerrung wird weitgehend eliminiert bei der Verwendung der Wertschöpfung als Outputgröße.
Die bisherigen Erfahrungen zeigen, dass die angemahnte und zwingend gebotene Eliminierung der umsatzorientierten Produktivitätskennzahlen sich in der Praxis nur langsam durchsetzt. Sowohl Unternehmer als auch Vertreter der Branchen- und Unternehmensverbände verharren zum Teil auf den gewohnten umsatzorientierten Bewertungsgrundsätzen.

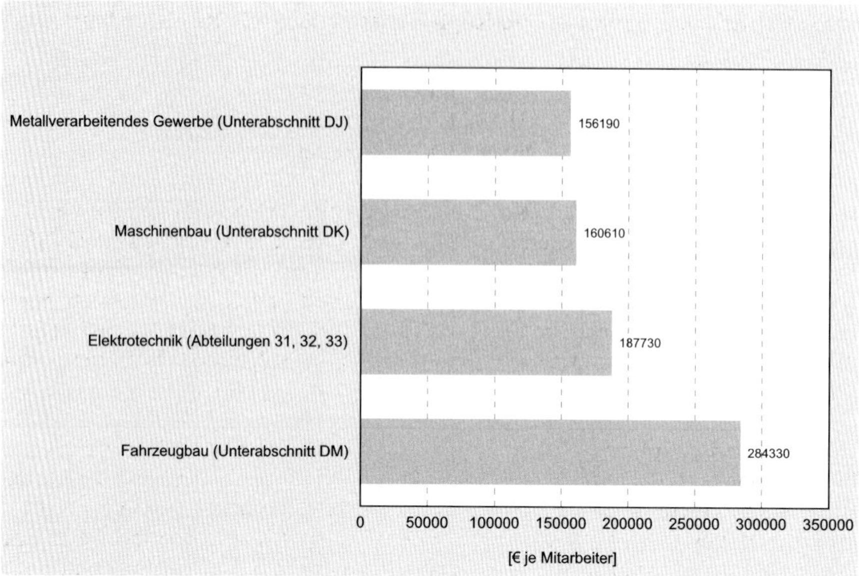

Bild 78: Umsatz je Mitarbeiter nach ausgewählten Wirtschaftszweigen – Zuordnung nach der Klassifikation der Wirtschaftszweige 1993 (WZ 93) (Statistisches Bundesamt [Jahrbuch 2002])

Es sei an dieser Stelle nochmals darauf hingewiesen, dass Einzelunternehmen nicht selten trotz permanenter Umsatzsteigerung an Effizienz verlieren und im Extremfall in Insolvenzgefahr geraten.

Bei der weiteren Darstellung der ausgewählten Ergebnisse des Produktivitätsbenchmarking wird daher bewusst auf umsatzorientierte Kennzahlen verzichtet und die Wertschöpfung als Outputgröße und Produktivitätsmaßstab genutzt.
Zur Wertung dieser aussagestärkeren Produktivitätskennzahlen kann jedoch kaum noch auf öffentliche Statistiken zurückgegriffen werden.

Bei der Pro-Kopf-Jahresbruttowertschöpfung - als einfach zu ermittelnde Kennzahl der Arbeitskräfteproduktivität – lag der Wertschöpfungsanteil je Mitarbeiter und Jahr bei den im Projekt beteiligten Unternehmen zwischen 4.391 € und 227.010 € *(vgl. Bild 47).*
Dies ist nach der Entstehungsrechnung im Rahmen der Volkswirtschaftlichen Gesamtrechnungen die Summe der an den Produktionsfaktor Arbeit, den Staat und das Kapital ausschüttungsfähigen Erträge. Damit dürfte der ausgewiesene Minimumwert nicht ausgereicht haben, um die Arbeitskosten zu decken. Dem gegenüber wies der Maximumwert einen hohen ausschüttungsfähigen Ertrag aus.

Vergleicht man den Mittelwert der beteiligten Unternehmen mit 55.653 € je Beschäftigten mit dem Mittelwert des Verarbeitenden Gewerbes in Mecklenburg-Vorpommern von 57.851 € je Beschäftigten (Statistisches Landesamt Mecklenburg-Vorpommern [Jahrbuch 2002]), so ist die Differenz der Produktivität von 3,8 % bezogen auf diese Kennzahl sehr viel aussagefähiger, als die Differenz von 28 % bei der Kennzahl Umsatz je Mitarbeiter.

Weitere externe Vergleichsmaßstäbe können ggf. aus anderen Benchmarkingprojekten hinzugezogen werden. So dokumentierte das IfaA-Benchmarking 2003 in einer deutschlandweiten Benchmarkstudie folgende Pro-Kopf-Wertschöpfung für das Jahr 2001 (Baszenski [IfaA-Benchmarking]):

- Minimum 29.393 € je Mitarbeiter
- Mittelwert 71.833 € je Mitarbeiter
- Maximum 160.185 € je Mitarbeiter.

Neben der Anzahl der Mitarbeiter (Kopfzahl) sollte bei einer Produktivitätsbewertung auch der eingesetzte Arbeitszeitfonds berücksichtigt werden (z.B. Jahresbruttowertschöpfung pro Beschäftigtenstunde). Die Kennzahl gibt die Bruttowertschöpfung an, die auf eine Stunde tariflicher oder vertraglicher Arbeitszeit der Beschäftigten entfällt. Im Gegensatz zur Kennzahl Bruttowertschöpfung je Mitarbeiter, wird hierbei die eingesetzte Arbeitszeit (z.B. 40 h/Woche oder 35 h/Woche) berücksichtigt, so dass eine realere Produktivitätseinschätzung möglich ist.

Die mittlere Wertschöpfung je Beschäftigtenstunde der beteiligten Unternehmen betrug 27,92 € je Stunde *(vgl. Bild 45)*. Vergleichbare externe Benchmarks sind bisher nicht darstellbar. Eine nicht unerhebliche Bedeutung erhält diese Kennzahl, wenn auf der Basis Bruttowertschöpfung je Stunde (z.B. als Mittelwert für ein Unternehmen oder eine Branche) einzelne Produkte und deren spezifischer Wertschöpfungsbeitrag je Stunde ermittelt und miteinander verglichen werden. Daraus wäre abzuleiten, welche Produkte und Leistungen mit hoher Produktivität und damit wettbewerbsfähig in den betreffenden Unternehmen produziert werden. Dabei könnte ggf. auch auf die Produktivitätskennzahl – Bruttowertschöpfung je Arbeiterstunde – zurückgegriffen werden, die sich ausschließlich auf den Zeitfonds der gewerblichen Mitarbeiter stützt. Die im Produktivitätsbenchmarking auf dieser Basis ermittelte Arbeitskräfteproduktivität betrug im Mittelwert 42,45 € Wertschöpfung pro Arbeiterstunde.

Dieser Wert ist allerdings nicht vergleichbar mit der vom Statistischen Landesamt ausgewiesenen Kennzahl Bruttowertschöpfung je Arbeitsstunde des Verarbeitenden Gewerbes von Mecklenburg-Vorpommern mit einem Wert von 47,80 € je Stunde. Hier bilden die real geleisteten Arbeitsstunden (unter Beachtung von Urlaub, Feiertagen, Überstunden, etc.) die Basis.

Neben Mitarbeiteranzahl und eingesetztem Arbeitszeitfonds haben Qualifikation und Personalkostenstrukturen einen wesentlichen Einfluss auf die Arbeitskräfteproduktivität. Als realistischer Produktivitätsmaßstab für die Arbeitskräfteproduktivität erscheint nach diesen Überlegungen das Verhältnis von Bruttowertschöpfung zu Personalaufwand zu sein.

Die Kennzahl **Wertschöpfung pro Personalaufwand** gibt an, welche Wertschöpfung je EURO Personalaufwand erreicht wurde. Durch die Berücksichtigung der eigenen „Veredelungsleistung“ (Wertschöpfung) auf der Outputseite und durch die Einbeziehung der realen Aufwendungen für das Personal (bezahlter Zeitfonds unter Berücksichtigung und Bewertung von Qualifikations- und Entgeltstrukturen) ist mit dieser Kennzahl eine **aussagekräftige Arbeitsproduktivität** darstellbar.

Der Vorteil dieser Kennzahl liegt auch darin, dass sie für verschiedene Wirtschaftszweige und unterschiedliche Wirtschaftsregionen angewandt werden kann, die Ergebnisse aber miteinander vergleichbar sind.
Darüber hinaus ist diese Kennzahl im Zeitvergleich ein geeigneter Maßstab für die Entwicklung der Arbeitskräfteproduktivität und z.B. die Definition von Zielvereinbarungen mit den Mitarbeitern.

Ein besonderer Handlungsbedarf ist gegeben, wenn die Kennzahl Wertschöpfung je Personalaufwand im Ergebnis kleiner oder gleich eins ist. Dies würde bedeuten, dass mit 1,00 € Personalaufwand eine „Veredelungsleistung" mit einem Gegenwert von kleiner oder gleich 1,00 € erzielt wird.
Der Mittelwert für die Wertschöpfung je Personalaufwand aus den am Projekt beteiligten Unternehmen lag mit 1,67 € deutlich über dem kritischen Bereich und im Maximumwert sogar bei 5,58 € Wertschöpfung je € Personalaufwand *(vgl. Bild 79)*. Offizielle statistische Angaben über diesen Arbeitskräfteproduktivitätsvergleich wurden bisher nicht dargestellt.

Für das Verarbeitende Gewerbe von Mecklenburg-Vorpommern ergab sich aus dem Verhältnis von Bruttowertschöpfung und Arbeitnehmerentgelt der Erwerbstätigen eine Arbeitskräfteproduktivität von 1,45 € Wertschöpfung je 1,00 € Personalaufwand, die um ca. 13 % geringer war als die des Mittelwertes der beteiligten Unternehmen (Statistisches Landesamt Mecklenburg-Vorpommern [Jahrbuch 2002; Arbeitnehmerentgelt]).

Wenn Arbeitnehmerentgelt und Personalaufwand auch nicht gleichzusetzen sind, so ist davon auszugehen, dass der Personalaufwand eines Unternehmens mindestens gleich oder höher als die Summe der Arbeitnehmerentgelte ist.
Für das Verarbeitende Gewerbe von Deutschland insgesamt ergab sich aus dem Verhältnis von Bruttowertschöpfung und Arbeitnehmerentgelt der Erwerbstätigen für 2001 eine Arbeitskräfteproduktivität von 1,22 [(Arbeitskreis VGRdL)].

Zusammenfassend ist von folgender Wertung auszugehen:

1. Im Vergleich der Arbeitskräfteproduktivität im Verarbeitenden Gewerbe auf Basis der kritisch zu bewertenden Produktivitätskennzahl „Umsatz pro Mitarbeiter" betrug der Produktivitätsunterschied der beteiligten Unternehmen *minus 28 %* gegenüber dem Durchschnitt in Mecklenburg-Vorpommern und *minus 43 %* gegenüber dem Durchschnitt in Deutschland.

2. Diese oben gezeigte „sogenannte Produktivitätslücke" stellte sich bei einem Vergleich der Arbeitskräfteproduktivität auf Basis „Wertschöpfung pro Personalaufwand" deutlich verändert dar. Der Produktivitätsunterschied der beteiligten Unternehmen betrug *plus 15,5 %* gegenüber dem Verarbeitenden Gewerbe Mecklenburg-Vorpommern und *plus 37,0 %* gegenüber dem Verarbeitenden Gewerbe in Deutschland.

Das bedeutet, dass statt der vermeintlichen „Produktivitätslücke" real ein Produktivitätsvorsprung im Bereich der Arbeitskräfteproduktivität festzustellen war.

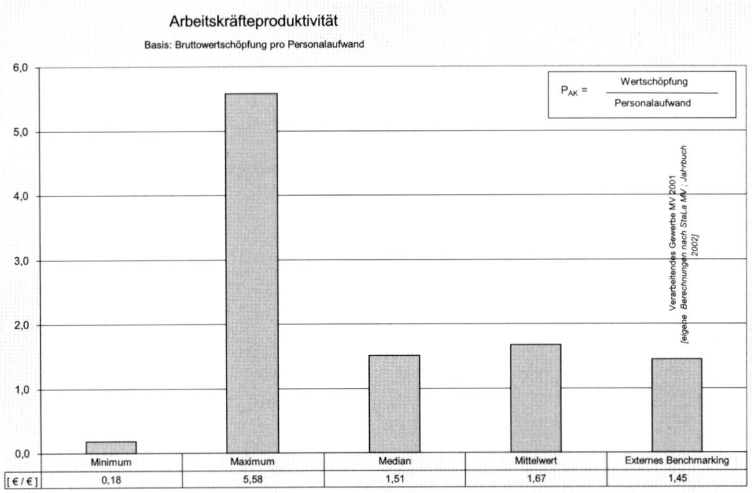

Bild 79: Arbeitskräfteproduktivität (Basis Personalaufwand)

Die Ergebnisse der Produktivitätsstudie zeigen, dass ein zweckmäßiger Produktivitätsvergleich auf Basis der Wertschöpfung einzelner Unternehmen oder der Wirtschaft insgesamt mit einheitlichen Maßstäben erfolgen muss. Als geeignet hat sich hierfür der Personalaufwand erwiesen.

Auf Basis der europaweit vereinheitlichten Grundsätze der Volkswirtschaftlichen Gesamtrechnungen konnten zum Vergleich die Kennzahlen für das Verarbeitende Gewerbe des Landes Mecklenburg-Vorpommern und die des Bundesdurchschnitts bzw. einzelner Bundesländer herangezogen werden. Zum einen wurde dabei deutlich, dass sich die Arbeitskräfteproduktivität auf Basis Wertschöpfung je Personalaufwand zwischen Bundes- und Landesdurchschnitt sehr unterschiedlich entwickelt hat. Die „Produktivitätslücke“ zwischen Mecklenburg-Vorpommern und der Bundesrepublik auf Basis dieser Kennzahl betrug 2001 noch 5,5 % (1,65 zu 1,56).

Gleichzeitig wurde deutlich, dass gerade das Verarbeitende Gewerbe (inklusive der Branche Metall-Elektro) mit dem erreichten Produktivitätsniveau der Arbeitskräfteproduktivität eine tragende Säule der Industrie in Mecklenburg-Vorpommern ist und eine höhere Arbeitskräfteproduktivität als der Bundesdurchschnitt und Baden Württemberg erreicht hat *(vgl. Bilder 80 und 81)*.

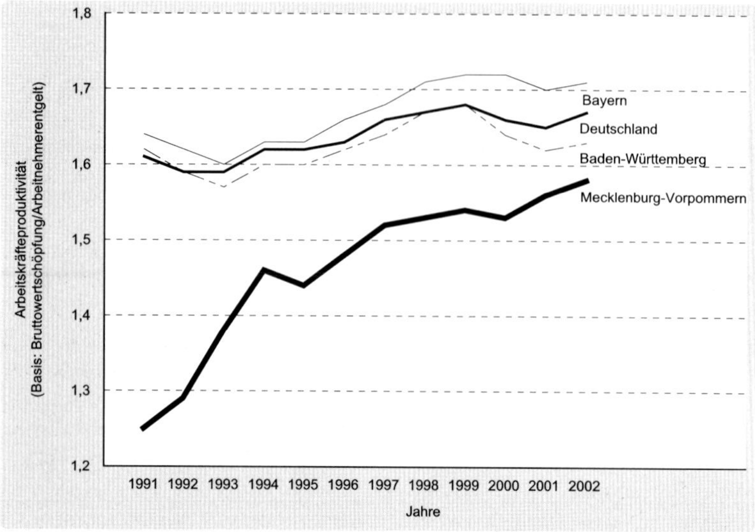

Bild 80: Entwicklung der Arbeitskräfteproduktivität 1991 – 2002 im Vergleich Land/Bund in der Volkswirtschaft insgesamt (Statistisches Landesamt Mecklenburg-Vorpommern [Jahrbuch 2002; Arbeitnehmerentgelt])

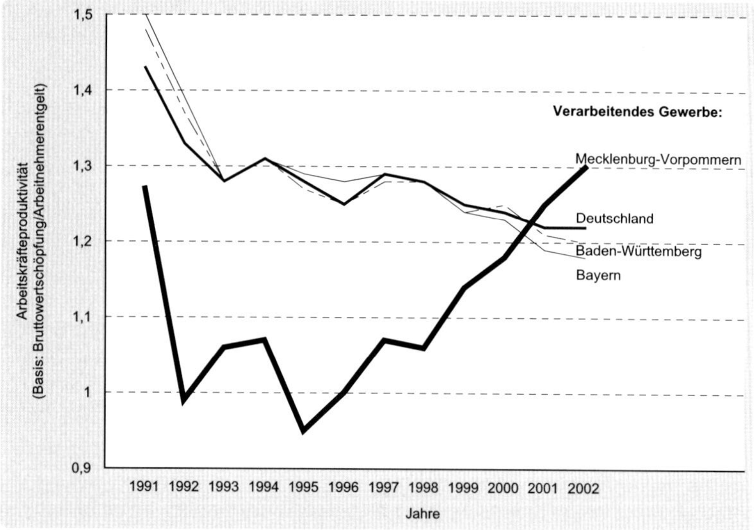

Bild 81: Entwicklung der Arbeitskräfteproduktivität 1991 – 2002 im Vergleich Land/Bund im Verarbeitenden Gewerbe (Statistisches Landesamt Mecklenburg-Vorpommern [Jahrbuch 2002; Arbeitnehmerentgelt])

Um Missverständnissen vorzubeugen, sei an dieser Stelle nochmals darauf hingewiesen, dass sich die Unternehmensproduktivität aus mehreren Teilproduktivitäten zusammensetzt und eine Gesamtbewertung nicht auf Basis einer Teilproduktivität vorgenommen werden kann. Für eine Gesamtbeurteilung der wirtschaftlichen Entwicklung ist ebenso eine Berücksichtigung der Investitionen in Betriebsmittel und des Einsatzes von Rohstoffen und Material in den Produktionsprozessen notwendig.

3.3.2 Betriebsmittelproduktivität

Mit dieser Kennzahl wird die **Ergiebigkeit der Betriebsmittel** im Durchschnitt der Periode charakterisiert. Im Zeitvergleich gilt, dass sich die Effizienz eines Unternehmens unter sonst gleichen Bedingungen mit steigender Leistung je eingesetztem Betriebsmittel erhöht.

Die im Benchmarking konzipierten Kennzahlen der Betriebsmittelproduktivität sind nicht so detailliert darstellbar wie die Kennzahlen zur Arbeitskräfteproduktivität. Dies ist im wesentlichen der Tatsache geschuldet, dass die Unternehmen über keine Betriebsmitteldaten in vergleichbarer Detaillierung wie bei Personaldaten verfügen. Ursache dafür kann die betriebliche Einschätzung sein, dass Betriebsmittel keine dominanten (kostenbestimmenden) elementaren Produktionsfaktoren sind. Andererseits ist das öffentliche Interesse an arbeitskräftebezogenen Daten (Krankenkassen, Rentenversicherer, Statistische Ämter, Tarifparteien ...) deutlich höher, so dass auch hier ggf. eine reduzierte Gewichtung der Bedeutung der Betriebsmittel abgeleitet wird.
Mit Hinweis auf die zur Arbeitskräfteproduktivität dargestellten Erläuterungen zur Problematik der Produktivitätskennzahlen auf Basis „Umsatz“, soll hier ganz auf diese Outputgröße verzichtet und allgemein auf Wertschöpfung abgestellt werden.

Die Betriebsmittelproduktivität - Jahresbruttowertschöpfung pro Anschaffungswert Sachanlagen - beschreibt, welche Bruttowertschöpfung mit 1,00 € Anschaffungswert für Sachanlagen realisiert wurde.

Ein hoher Kennzahlenwert signalisiert die entsprechende Ertragskraft für die Refinanzierung der Anschaffungswerte. In den Ergebnissen des Kennzahlenvergleiches der beteiligten Unternehmen zeigte sich eine erhebliche Spannweite zwischen Minimum- und Maximumwert. Der Mittelwert lag bei 1,68 € Bruttowertschöpfung je 1,00 € Anschaffungswert der Sachanlagen (*vgl. Bild 82*).

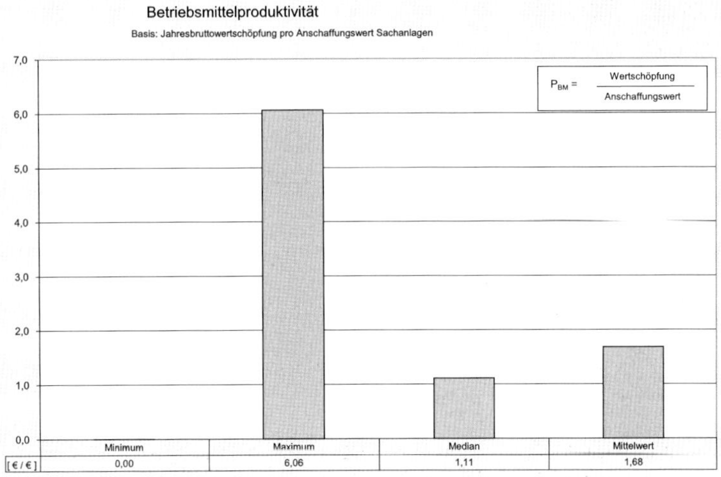

Bild 82: Betriebsmittelproduktivität (Basis: Anschaffungswert Sachanlagen)

Die Kennzahl – Jahresbruttowertschöpfung pro Abschreibung beschreibt, welche Bruttowertschöpfung mit 1,00 € Abnutzungsaufwand (Wertminderung) des Anlagevermögens realisiert wurde. Die eingesetzten Werte entsprachen den steuerlichen Abschreibungsbeträgen der beteiligten Unternehmen. Zielsetzung für die Bildung dieser Kennzahl ist, eine vergleichbare Ebene zwischen Betriebsmittel-, Arbeitskräfte- und Werkstoffproduktivität auf der Basis der Bruttowertschöpfung darzustellen.
Für die Ermittlung der Strukturen des Betriebsmittelaufwandes wurde zunächst auf die Abschreibungen für Betriebsmittel zurückgegriffen (Basisdaten aus GuV). In den Ergebnissen des Kennzahlenvergleiches der beteiligten Unternehmen zeigte sich auch hier eine große Spannweite zwischen Minimum- und Maximumwert. Der Mittelwert lag bei 31,71 € Wertschöpfung je 1,00 € Abschreibungen. Der Medianwert von 16,06 € zeigte aber an, das die Hälfte der beteiligten Unternehmen eine geringere Betriebsmittelproduktivität als 16,06 € besaßen. Dies bedeutete, das die Hälfte der beteiligten Unternehmen mit 1,00 € Abschreibungsaufwand weniger als 16,06 € Wertschöpfung erzeugt hat (*vgl. Bild 83*). Das heißt auch, dass einige wenige Unternehmen eine sehr hohe Bruttowertschöpfung bezogen auf die Abschreibungen erzielten.

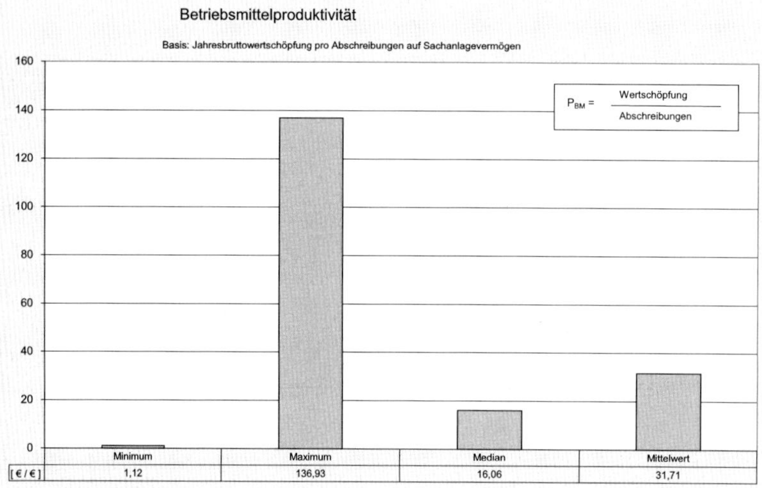

Bild 83: Betriebsmittelproduktivität (Basis: Abschreibungen auf Sachanlagevermögen)

Für den Vergleich der Betriebsmittelproduktivität sind externe Kennzahlen auf der verwendeten Datenebene kaum zu analysieren, da sie nicht zu erhalten sind. Eine verbleibende Möglichkeit sind Ableitungen aus Basiszahlen des Statistischen Bundesamtes. Auf dieser Datenbasis ermittelte Betriebsmittelproduktivitäten (Bruttowertschöpfung pro Abschreibungen) zeigen für den Bund, dass sich im Zeitraum 1995 bis 2000 (aktuellere Daten liegen zur Zeit nicht vor) die Betriebsmittelproduktivitäten kaum verändert haben (*vgl. Bild 84*). Die Datenbasis des Statistischen Bundesamtes umfasst alle Wirtschaftszweige, so dass ein unmittelbarer Vergleich der Kennzahlen nicht zielführend ist. Zum einen ist die Betriebsmittelintensität zwischen den Wirtschaftszweigen sehr unterschiedlich. Andererseits kann die Wirkung spezifischer Abschreibungsmodelle in der regionalen Industrie aufgrund fehlender Datengrundlagen zur Zeit nicht abschließend bewertet werden. Darüber hinaus können moderne Formen der Betriebsmittelfinanzierung (Mietkauf; Leasing; etc.) nicht zuletzt aufgrund fehlender Eigenmittel für Investitionen zu einer Verschiebung der Betriebsmittelaufwandsrelationen führen.

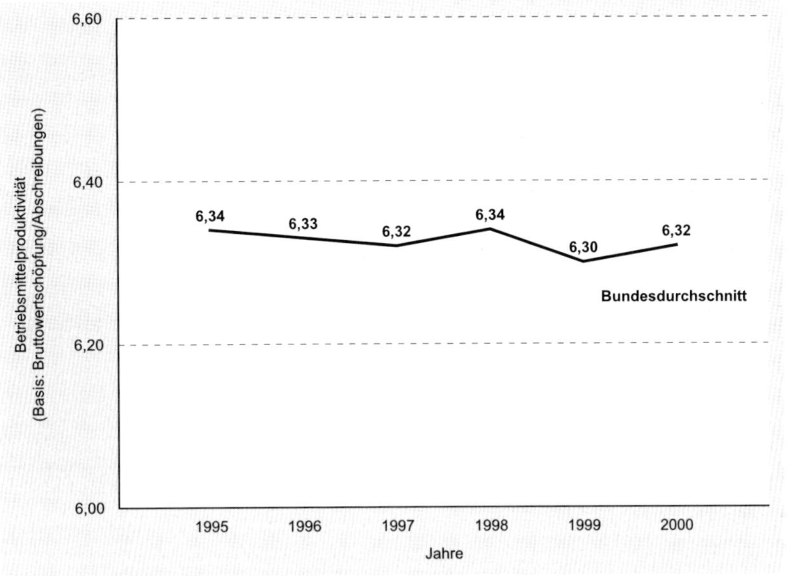

Bild 84: *Entwicklung der Betriebsmittelproduktivität 1995 – 2000 (Basis: Bruttowertschöpfung pro Abschreibungen) (Statistisches Bundesamt [Bruttowertschöpfung 2002])*

Als Konsequenz aus diesen Entwicklungen ist kritisch zu prüfen, ob die Kennzahl Bruttowertschöpfung pro Abschreibung auf Sachanlagen als geeignete Messgröße für die Betriebsmittelproduktivität angesehen werden kann. Vielmehr scheint es geboten, eine umfassendere Betriebsmittelaufwandsgröße als Inputfaktor der Betriebsmittelproduktivität einzusetzen.

In diesem Inputfaktor „Betriebsmittelaufwand" sollten alle Aufwendungen des Betriebsmitteleinsatzes wie:

- Abschreibungen
- Finanzierungskosten (Betriebsmittelkreditzinsen, Miete, Leasinggebühr, etc.)
- Energiekosten
- Werkzeugkosten
- Instandhaltungskosten

zusammengefasst werden.

Erste Erfahrungen mit der Kennzahl wurden mittels eines erweiterten Befragungsbogens schon gesammelt. Diese Kennzahl beschreibt, welche Bruttowertschöpfung mit 1,00 € Betriebsmittelaufwand realisiert wurde. Mit dieser Kennzahl wird eine vergleichbare Ebene zwischen Betriebsmittel-, Arbeitskräfte- und Werkstoffproduktivität auf der Basis des Aufwandes hergestellt.
In den Ergebnissen des Kennzahlenvergleichs der beteiligten Unternehmen zeigte sich auch hier eine große Schwankungsbreite. Der Mittelwert lag bei 12,40 € Bruttowertschöpfung je 1,00 € Betriebsmittelaufwand. Der Median von 8,13 verdeutlichte, dass die Kennzahl keine ausgewogene Verteilung der Einzelwerte um den Mittelwert erwarten ließ (*vgl. Bild 85*).

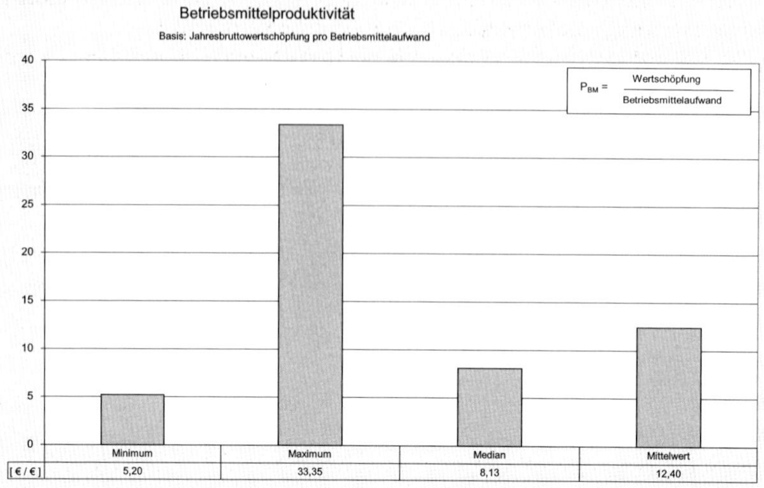

Bild 85: Betriebsmittelproduktivität (Basis: Betriebsmittelaufwand)

Dieses Ergebnis muss auf Grund der geringen Datenbasis aus der zweiten und dritten Benchmarkinggruppe und dem bisher nicht erfassten Leasing- und Mietaufwand für Betriebsmittel noch weiter entwickelt und abgesichert werden. Dennoch erscheint dieser Ansatz der Modellierung als wesentlich und für die reale Bewertung der Betriebsmittelproduktivität als unverzichtbar.

3.3.3 Werkstoffproduktivität

Mit der Kennzahl **Werkstoffproduktivität** wird die Ergiebigkeit des eingesetzten Werkstoffs im Durchschnitt der Periode charakterisiert. Im Zeitvergleich gilt, dass sich die Effizienz eines Unternehmens unter sonst gleichen Bedingungen mit steigender Leistung je eingesetztem Werkstoffbezugswert erhöht.

Obwohl in der betrieblichen Einschätzung der Werkstoff als ein dominanter (kostenbestimmender) elementarer Produktionsfaktor bewertet wird, ist die Datenverfügbarkeit zur Produktivitätsbewertung in den Unternehmen keinesfalls vergleichbar mit der Datenlage zur Arbeitskräfteproduktivität. Hieraus ergibt sich zunächst eine sehr eingeschränkte Möglichkeit zur Produktivitätsbewertung.

Die Kennzahl **Wertschöpfung pro Materialaufwand** beschreibt, welche Leistung mit 1,00 € Materialeinsatz erzielt werden kann.

Eine hohe Kennzahl kann auf eine gute Materialausbeute im Sinne von Produktivität hindeuten, gleichzeitig kann insgesamt die Materialaufwandsquote an der Leistung auch nur gering sein (Dienstleistungen sind weniger materialintensiv).

Eine Kennzahl mit vergleichbarem Aussagewert ist die sogenannte **Materialaufwandsquote** als prozentuales Verhältnis von Materialaufwand zu Umsatz. Diese Quote dokumentiert zunächst, wie materialintensiv das Unternehmen produziert. Die durchschnittliche Materialaufwandsquote der am Projekt beteiligten Unternehmen betrug 42,4 %.
Aus dem IfaA-Benchmarking 2003 (Baszenski [IfaA-Benchmarking]) können entsprechende Vergleichswerte (Mittelwerte) herangezogen werden *(vgl. Bild 86)*.

Industriezweig	Materialaufwandsquote (Basisjahr 2001)
Maschinen- und Anlagenbau	43,0 %
Eisen-, Blech- und Metallwaren	32,0 % (Basisjahr 2000)
Elektrotechnische Industrie	54,0 %
Automobilzulieferer	44,0 %

Bild 86: Materialaufwandsquoten im IfaA-Benchmarking (Baszenski [IfaA-Benchmarking])

Die minimale Materialaufwandsquote der am Projekt beteiligten Unternehmen im Jahr 2001 betrug 25,0 %, die maximale Materialaufwandsquote 86 %. Die Spreizung ist nicht ungewöhnlich, sie unterstreicht aber, dass unterschiedliche Bewertungsansätze zur Charakteristik der Produktivität und damit unterschiedliche Problemlösungsansätze zur Steigerung der Produktivität notwendig sind.

Als wesentliche Kennzahl der Werkstoffproduktivität wurde die Jahresbruttowertschöpfung pro Materialaufwand ermittelt *(vgl. Bild 87)*. Diese Kennzahl beschreibt, welche Bruttowertschöpfung mit 1,00 € Materialeinsatz erzielt werden kann. Ein hoher Wert kann auf eine gute Materialausbeute im Sinne von Produktivität hindeuten. Der Mittelwert der beteiligten Unternehmen betrug 1,19 € Wertschöpfung je 1,00 € Materialaufwand.

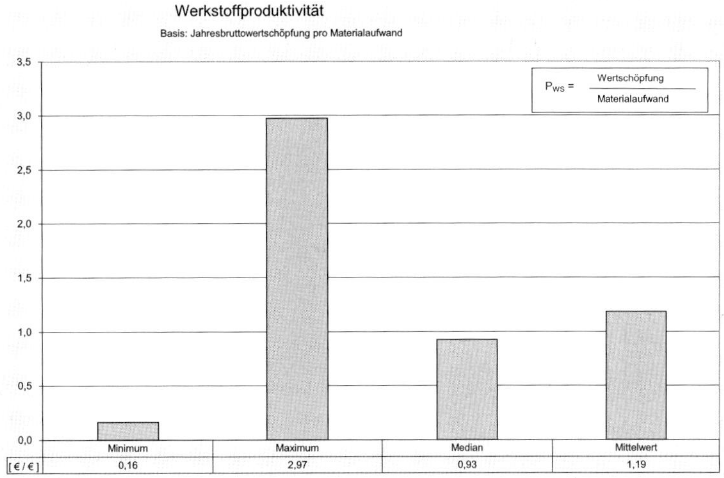

Bild 87: Werkstoffproduktivität (Basis: Materialaufwand)

Der für die Berechnung der Werkstoffproduktivität eingesetzte Materialaufwand beinhaltet zwar neben Roh-, Hilfs- und Betriebsstoffen sowie Waren auch Aufwendungen für bezogene Leistungen, ist aber dennoch nicht vergleichbar mit den von der amtlichen Statistik erfassten Vorleistungen. Diese beinhalten weitere Kostenbestandteile wie Telefon-, Porto-, Transport-, Anwaltskosten und ähnliche. Damit hat diese Produktivitätskennzahl keine vergleichbare Input-Datenbasis, die die Nutzung externer Vergleichsdaten ermöglicht.

Die auf Basis der Vorleistungssummen ermittelten Produktivitätskennzahlen (Bruttowertschöpfung pro Vorleistungssumme) zeigten für den Bund im Zeitraum 1995 bis 2000 eine deutlich fallende Tendenz (Verarbeitendes Gewerbe - 8,6 %; Produzierendes Gewerbe - 9,8 %) (Statistisches Bundesamt [Jahrbuch 2002]; (VGRdL)).
Für das Land Mecklenburg-Vorpommern liegen vergleichbare Daten nur bis 1998 vor.
Im Zeitraum von 1995 bis 1998 ergab sich für diese Kennzahl jedoch eine deutlich steigende Tendenz (Verarbeitendes Gewerbe + 11,6 %; Produzierendes Gewerbe + 9,4 %) (*vgl. Bild 88*) (Statistisches Landesamt Mecklenburg-Vorpommern [Jahrbuch 2002]).

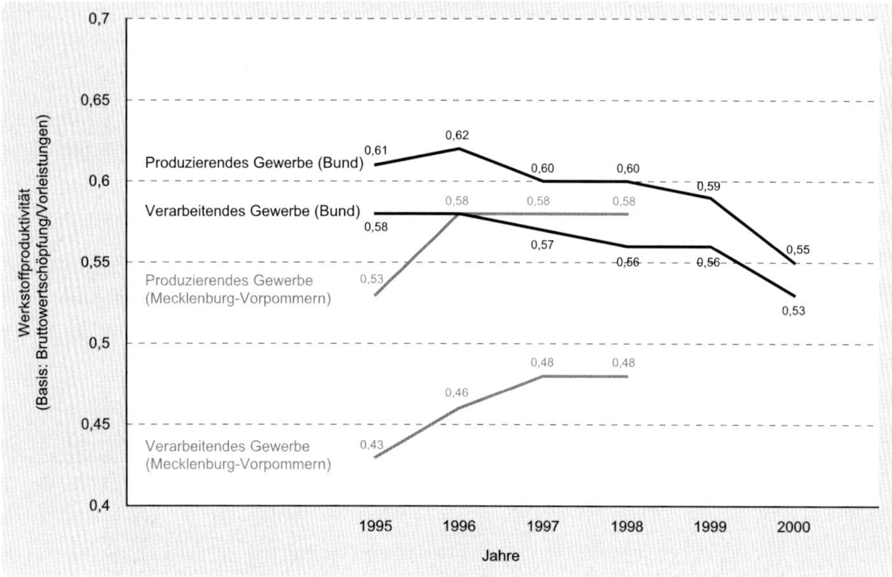

Bild 88: Entwicklung der Werkstoffproduktivität 1995 bis 2000 (Basis: Bruttowertschöpfung pro Vorleistungsaufwand)

3.3.4 Gesamtproduktivität

Die Analyse der Teilproduktivitäten (sogenannte Faktorproduktivitäten entsprechend der Produktivitätswirkung der Elementarfaktoren Arbeitskräfte; Betriebsmittel; Werkstoffe) ermöglicht eine differenzierte Betrachtung der Wirkung einzelner Einflussgrößen auf die Gesamtproduktivität.
Gesamtbetriebliche Betrachtungen zwingen zur Zusammenführung der Teilproduktivitäten. Das geschieht dadurch, dass der monetär bewertete Eigenleistungsanteil (Wertschöpfung) den monetär bewerteten Aufwendungen der Inputfaktormengen (Summe der Aufwendungen für Arbeitskräfte, Betriebsmittel und Werkstoffe) gegenübergestellt wird.

Die Berücksichtigung der Gesamtproduktivität sichert die ganzheitliche Betrachtung der Produktivität und insbesondere die Wechselwirkungen zwischen den Teilproduktivitäten. In ihr wird die Wirkung dispositiver Produktionsfaktoren auf die Produktivität mit erfasst.
Damit kann transparent gemacht werden, dass z.B. eine Steigerung der Arbeitskräfteproduktivität (durch Einsatz von Automaten), nur dann eine sinnvolle Maßnahme zur Produktivitätssteigerung ist, wenn die Einsparungen im Personalaufwand höher sind als die Mehraufwendungen im Betriebsmittelaufwand (bei gleichbleibendem Output). Anderenfalls steigt u.U. die Arbeitskräfteproduktivität bei sinkender Gesamtproduktivität. Diese notwendige Betrachtung der Gesamtproduktivität setzt sich erst zögerlich in der Betriebswirtschaft durch, so dass Vergleichsdaten aus externen Benchmarks bisher nicht vorliegen.

Die Gesamtproduktivität beschreibt, welche Bruttowertschöpfung mit 1,00 € Inputfaktoraufwand (Personalaufwand + Betriebsmittelaufwand + Materialaufwand) erzielt werden kann. Eine hoher Wert kann auf eine gute Gesamtproduktivität hindeuten. Insbesondere kann durch diese Kennzahl eine übergeordnete Prozesssicht dargestellt werden, die eine Berücksichtigung der Wirkung dispositiver Faktoren im Wertschöpfungsprozess ermöglicht.
Die Qualität der Wirkung dispositiver Produktionsfaktoren bestimmt die Höhe des notwendigen Gesamtaufwandes für Inputfaktoren. Die mittlere Gesamtproduktivität betrug 0,63 € für die beteiligten Unternehmen. Andere Vergleichswerte liegen z.Z. nicht vor (*vgl. Bild 89*).

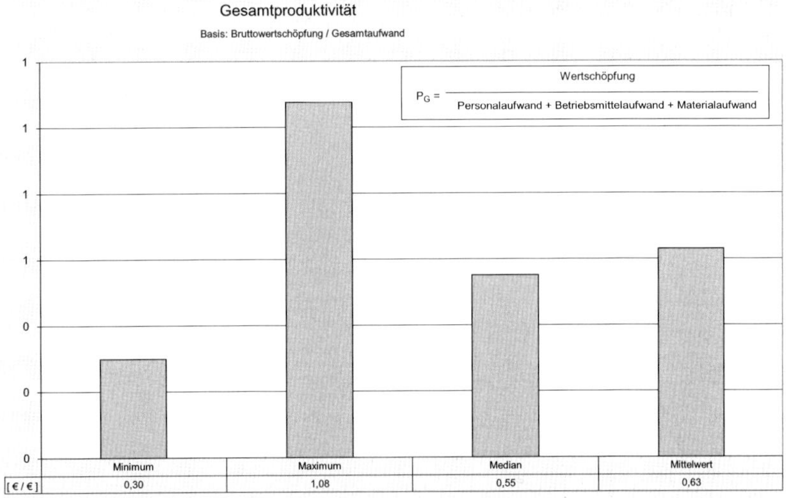

Bild 89: Berechnung der Gesamtproduktivität (Basis: Summe aller Aufwendungen der Inputfaktoren)

3.3.5 Zusammenfassende Wertung

Die in diesem Abschnitt diskutierten Kennzahlen zeigten für einzelne Teilproduktivitäten aber auch für die Gesamtproduktivität das breit gefächerte Produktivitätsniveau der beteiligten Unternehmen.

Die Ergebnisse des Produktivitätsbenchmarking verdeutlichten, dass ein zweckmäßiger Produktivitätsvergleich auf Basis der Wertschöpfung im Output und monetär bewerteter Aufwandsstrukturen im Input mit einheitlichen Maßstäben erfolgen muss. Einheitliche Maßstäbe sind für die am Projekt beteiligten Unternehmen entwickelt und zur Anwendung gebracht worden.

Ein Vergleich mit Daten die außerhalb der Projektgruppe erfasst wurden, ist zum Teil nur mit Vorbehalt möglich, da gleiche Benennungen häufig auf unterschiedlichen Definitionen beruhen.

Insgesamt wurden im Rahmen des Produktivitätsbenchmarking folgende Annahmen bestätigt:

- Der **Stand der Produktivität** ist in den am Projekt beteiligten Unternehmen **sehr differenziert**.
- Das öffentliche **Meinungsbild einer geringen Produktivität in den ostdeutschen Unternehmen** ist in der pauschalen Form **nicht zutreffend**.
- Hochproduktive am Projekt beteiligte Unternehmen können als **Best-Practice-Partner** wesentliche **Impulse** zur Produktivitätsentwicklung geben.
- Das **Problembewusstsein** in den Unternehmen über die **Bedeutung der Produktivität** ist vorhanden, die Werkzeuge und Datenbasis zur realen Beurteilung der erreichten Produktivität und deren Entwicklung werden überwiegend unzureichend genutzt.
- Die **Produktivitätsbewertung** beschränkt sich aufgrund der z.T. wenig detaillierten Datenbasis fast ausschließlich auf die **Arbeitskräfteproduktivität**.
- Die **Problemsicht** auf **Betriebsmittel- und Werkstoffproduktivität** ist **kaum ausgeprägt**. Damit wird die Wertung derartiger Daten als zu gering erachtet.
- Von besonderem Interesse sind für die beteiligten Unternehmen die **Einflussfaktoren** und **Handlungsfelder zur Produktivitätsentwicklung**.
- Die **Wechselwirkungen und Abhängigkeiten zwischen** einzelnen **Teilproduktivitäten** und zwischen Teilproduktivität **und Gesamtproduktivität** werden bisher **unzureichend berücksichtigt**.

3.4 Auswertung der Produktivitätsentwicklung

Die Produktivitätsanalyse besteht nicht allein in der Erfassung der Produktivitätssituation zu einem definierten Zeitpunkt, um gegebenenfalls einen Benchmarkvergleich durchführen zu können. Für die Bewertung des Produktivitätsniveaus sind Entwicklungstrends von ausschlaggebender Bedeutung.
Gleichzeitig wird mit einem Ansatz des kontinuierlichen Produktivitätsbenchmarking unterstrichen, dass der Prozess des Produktivitätsmanagements keine einmalige Aktion im Unternehmen ist. Aus diesem und anderen Gründen ist die Beobachtung der Produktivitätsentwicklung in einer Branche, aber insbesondere in einem Unternehmen von besonderem Interesse.

Für die Darstellung der Produktivitätsentwicklung wurde ein Zeitabschnitt von fünf Jahren zugrunde gelegt. Zielstellung war, die individuelle Entwicklung der wesentlichen, produktivitätsbestimmenden Faktoren in einem Unternehmen in ihrem zeitlichen Verlauf zu verfolgen und gleichzeitig eine branchenbezogene Erweiterung des Produktivitätsvergleiches auf eine zeitraumbezogene Perspektive vorzunehmen. Dies ermöglichte die Analyse und Beurteilung von Produktivitätsentwicklungen und ggf. die Bewertung der Wirkung eingeleiteter produktivitätsfördernder Maßnahmen in der Branche. Darüber hinaus kann ein Vergleich der Entwicklungstrends von externen Benchmarks mit denen des individuellen Unternehmens zur Beurteilung der Entwicklung hilfreich sein.

Aus der Vielzahl der möglichen Kennzahlen wurden für die Bewertung der Produktivitätsentwicklung wesentliche Einzelaspekte ausgewählt, u.a.:

1 OUTPUTFAKTOREN

- Gesamtleistungsentwicklung
- Bruttowertschöpfungsentwicklung

2 INPUTFAKTORENENTWICKLUNGEN

- Materialeinsatz
- Fremdleistungseinsatz
- Forschungs- und Entwicklungseinsatz
- Personaleinsatz
- Betriebsmitteleinsatz
- Personalstrukturentwicklung
- Investitionsentwicklung

3 PRODUKTIVITÄTSENTWICKLUNGEN auf Basis Wertschöpfung pro Elementarfaktoraufwand

- Arbeitskräfteproduktivität
- Betriebsmittelproduktivität
- Werkstoffproduktivität
- Gesamtproduktivität

In der Verlaufsbetrachtung wurden Entwicklungstrends definierter Kennzahlen für die Benchmarkinggruppe dargestellt. Für die firmenindividuelle Auswertung wurde die Entwicklung der Unternehmensdaten in die Betrachtung integriert (*vgl. Bild 90*).

Aus den Daten der Benchmarkinggruppe wurden die Extremwerte (Maximum; Minimum) im Sinne eines Entwicklungskorridors für eine Branche abgeleitet und um den Mittelwert ergänzt. Einen soliden Orientierungswert lieferte dabei der Branchenmittelwert. Die Obergrenzen und die Untergrenzen des Korridors können durch Sondereinflüsse bei einzelnen Unternehmen oder Veränderungen der Gruppenzusammensetzung z.T. zu erheblichen „Ausschlägen“ führen.

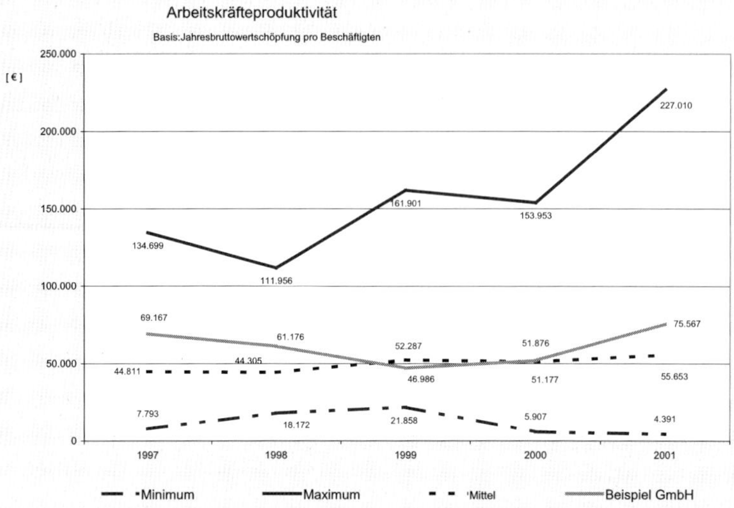

Bild 90: Vergleich von individueller Unternehmensentwicklung und Entwicklung der Benchmarkinggruppe am Beispiel: Jahresbruttowertschöpfung je Beschäftigten (1997 – 2001)

Ein Vergleich der im einzelnen Unternehmen erkennbaren Entwicklungen mit dem Entwicklungsverlauf der Benchmarkinggruppe kann Aufschluss über Besonderheiten und spezifische Situationen geben. Er kann aber auch den individuellen Entwicklungsverlauf gespiegelt am Verlauf der Benchmarkinggruppe bestätigen.
Die nachfolgenden Interpretationen zu den Entwicklungsverläufen beziehen sich ausschließlich auf die vier zentralen Produktivitätskennzahlen (vgl. 3.3).

3.4.1 Arbeitskräfteproduktivität

Bei der Interpretation der Produktivitätsentwicklungen wurden ausschließlich Kennzahlen auf Output-Basis „Bruttowertschöpfung“ und Input-Basis „Aufwand“ berücksichtigt. Eine Ausnahme bildete die Arbeitskräfteproduktivität auf Basis Jahresbruttowertschöpfung pro Beschäftigten. Diese nicht zu den vier zentralen Produktivitätskennziffern im Rahmen des Produktivitätsbenchmarking zählende Kenngröße wurde in die Analyse aufgenommen, da sie häufig die einzige Vergleichsmöglichkeit mit überregionalen Kennzahlen ist.
Mit dem Mittelwert (55.653 € Jahresbruttowertschöpfung pro Beschäftigten) konnten die Benchmarkinggruppen den Produktivitätssprung aus dem Jahre 1999 weiter steigern (*vgl. Bild 91*). Gegenüber 1997 wurde für diese Kennzahl eine Produktivitätssteigerung um 24 % realisiert. Im Vergleich zum Jahr 2000 stieg die Arbeitskräfteproduktivität um 9,3 %.

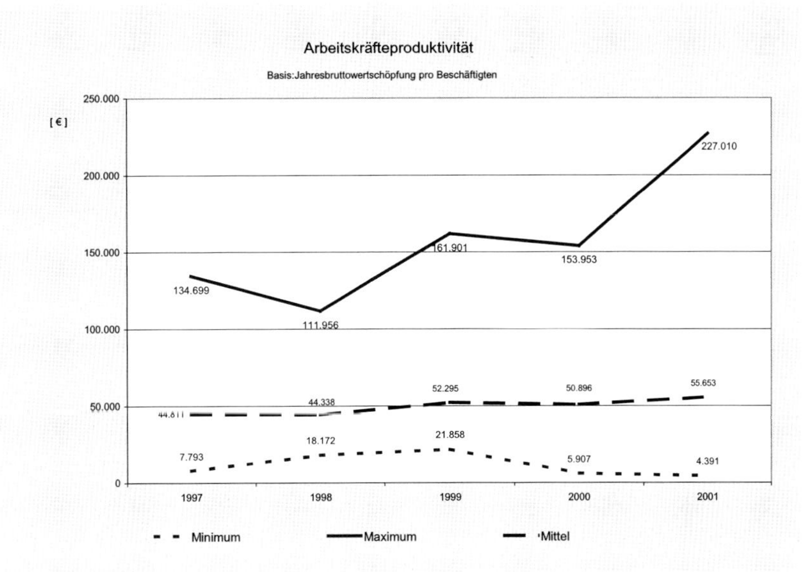

Bild 91: Entwicklung der Arbeitskräfteproduktivität auf Basis Jahresbruttowertschöpfung je Mitarbeiter (1997 – 2001)

Bei der Arbeitskräfteproduktivität auf Basis Jahresbruttowertschöpfung pro Personalaufwand zeigte sich dagegen ein anderer Verlauf. Die Entwicklung dieser zentralen Kenngröße zeigte bis 1999 einen im Durchschnitt steigenden Verlauf und mit 1,72 für 1999 einen hohen Mittelwert (*vgl. Bild 92*).
Im Jahr 2001 war für den Mittelwert der beteiligten Unternehmen nach einem leichten Rückgang 2000 ein Anstieg um 5,7 % gegenüber dem Vorjahr festzustellen.

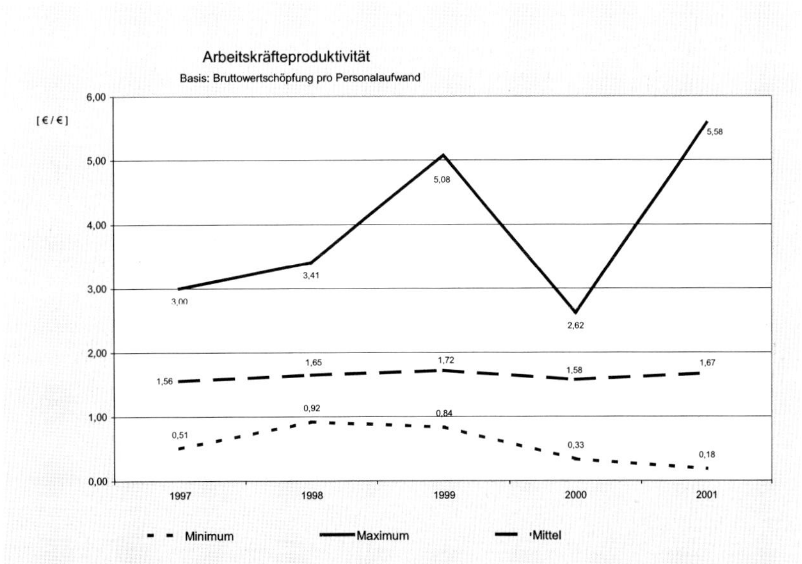

Bild 92: Entwicklung der Arbeitskräfteproduktivität auf Basis Jahresbruttowertschöpfung pro Personalaufwand (1997 – 2001) in der Benchmarkinggruppe

Die Ursachen für diese Entwicklung sind zum einen auf der Outputseite zu analysieren. Im Mittelwert der Benchmarkinggruppe hat sich die Jahresbruttowertschöpfung je Unternehmen kontinuierlich erhöht. Sie ist im Zeitraum von 1997 bis 2001 insgesamt um ca. 69 % gestiegen. Im Vergleich zum Jahr 2000 stieg die Jahresbruttowertschöpfung 2001 um 19 % (dagegen Umsatzwachstum von 23 %). Generell war in der Benchmarkinggruppe der Anstieg der mittleren Jahresbruttowertschöpfung erkennbar geringer als der Anstieg des mittleren Jahresumsatzes.

Zum anderen ist für die Analyse der Entwicklung der Arbeitskräfteproduktivität auch die Inputseite zu betrachten. Der Anteil des Personalaufwandes am Umsatz lag 2001 in einem Bereich zwischen 8,7 % und 80,2 %. Der Mittelwert war seit 1998 relativ stabil in einem Schwankungsbereich um 34 % (33,2 % bis 34,8 %).

Bei dem relativ stabilen Anteil des Personalaufwandes am Umsatz waren folgende Tendenzen im Personalbereich zu beobachten:

- Anteil der Angestellten an den Beschäftigten sank stetig auf 28,5 % in 2001 (1998: 30,8 %)
- Mittlerer Personalaufwand je Mitarbeiter stabilisierte sich 2001 bei 32.052 € je Mitarbeiter (Anstieg um ca. 12 % in 5 Jahren)
- Durchschnittslohn der gewerblichen Mitarbeiter stieg um ca. 6,6 % in fünf Jahren
- Gehalt der angestellten Mitarbeiter stieg um ca. 9,4 % in fünf Jahren mit dem stärksten Anstieg 2001.

3.4.2 Betriebsmittelproduktivität

Für die Betriebsmittelproduktivität auf Basis Jahresbruttowertschöpfung pro Betriebsmittelaufwand zeigte sich ein einheitliches Bild *(vgl. Bild 93)*. Seit 1997 konnte die Betriebsmittelproduktivität der Benchmarkinggruppe um ca. 100 % gesteigert werden. Gegenüber dem Vorjahr stieg die Betriebsmittelproduktivität um ca. 40 % (Mittelwert).

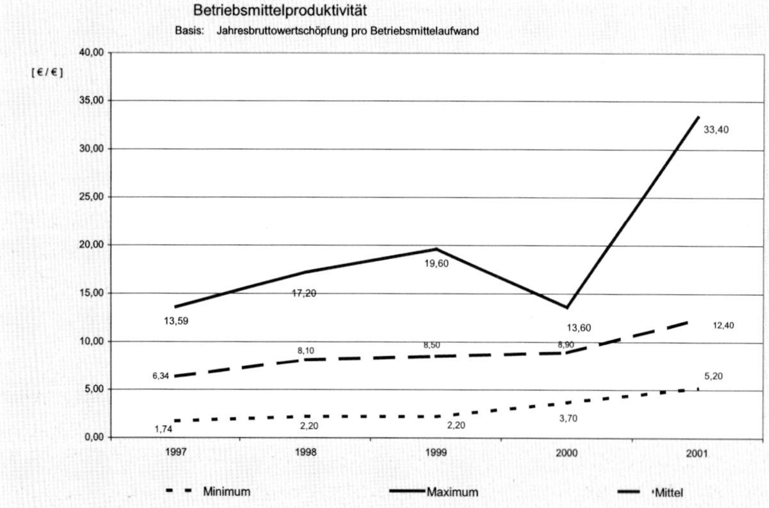

Bild 93: Entwicklung der Betriebsmittelproduktivität auf Basis Jahresbruttowertschöpfung pro Betriebsmittelaufwand (1997 – 2001) in der Benchmarkinggruppe

Neben den beschriebenen Aspekten der Outputentwicklung (Steigerung der Bruttowertschöpfung um ca. 70 % von 1997 bis 2001) lagen die Ursachen auch auf der Inputseite des Betriebsmittelaufwandes. So betrug der Anteil der Abschreibungen für Maschinen und Anlagen im Mittel ca. 5 % des Umsatzes und ist von 1997 (4,2 %) um ca. 14 % gestiegen.

3.4.3 Werkstoffproduktivität

Die Werkstoffproduktivität auf Basis Jahresbruttowertschöpfung pro Materialaufwand schwankte im Zeitraum von 1997 bis 1999 im Mittel in einem Bereich zwischen 1,47 und 1,26 und hat von 1999 bis 2001 einen negativen Entwicklungsverlauf (*vgl. Bild 94*). Gegenüber dem Vorjahr sank die Werkstoffproduktivität im Jahr 2001 um 10,5 % (Mittelwert).
Dies reflektiert den steigenden Anteil des Materialaufwandes incl. Fremdleistungen an der betrieblichen Leistung.

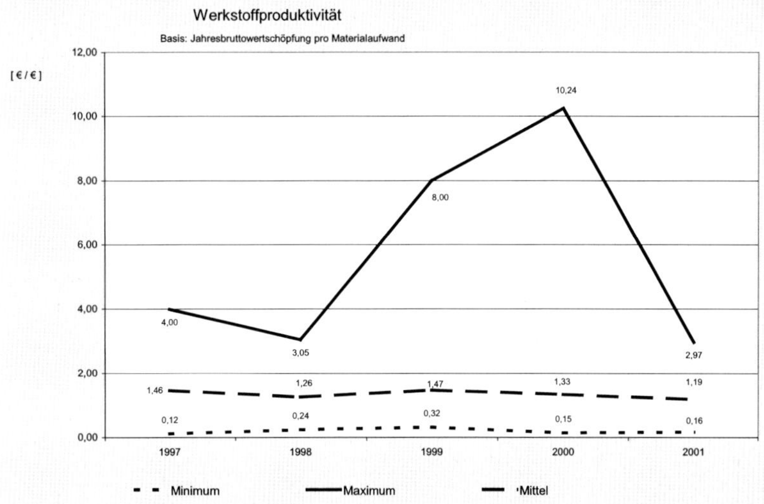

Bild 94: Entwicklung der Werkstoffproduktivität auf Basis Jahresbruttowertschöpfung pro Materialaufwand (1997 – 2001) in der Benchmarkinggruppe

Der prozentuale Anteil des Materialaufwandes (incl. Fremdleistungen) am Umsatz schwankte 2001 in der Benchmarkinggruppe zwischen 25 % und 86 %. Tendenziell war im Durchschnitt eine leichte Zunahme des Anteils des Materialaufwandes bis 2001 auf mehr als die Hälfte des Umsatzes (51,6 %) festzustellen. Seit 1997 erhöhte sich der mittlere Anteil des Materialaufwandes incl. Fremdleistungen am Umsatz um ca. 5 %.
Der prozentuale Anteil der Fremdleistungen am Umsatz lag 2001 in der Benchmarkgruppe zwischen 1,1 % und ca. 55 % und charakterisierte zum einen die starken Auslastungsschwankungen und zum zweiten das Projektgeschäft einzelner Unternehmen. Tendenziell war im Durchschnitt eine Abnahme des Fremdleistungsanteils bis 2001 auf ca. 12 % des Umsatzes festzustellen. Seit 1997 sank der mittlere Fremdleistungsanteil am Umsatz um ca. 23 %.

3.4.4 Gesamtproduktivität

Die Gesamtproduktivität bündelt die Wirkungen der Einzelproduktivitäten. Hier wird deutlich, dass die Entwicklung der Gesamtproduktivität nicht allein von der Entwicklung der Produktivität eines Elementarfaktors bestimmt wird. Sehr komplexe Wechselbeziehungen und unterschiedliche Gewichte der Faktorproduktivitäten sind daher bei der Produktivitätsanalyse zu berücksichtigen.

Insgesamt konnte festgestellt werden, dass nach einer eher rückläufigen Tendenz von 1997 zu 1998 und einer leichten Konsolidierung 1999 und 2000 im Jahr 2001 ein deutlich positiver Produktivitätssprung der Gesamtproduktivität festzustellen war (*vgl. Bild 95*).
Gegenüber dem Vorjahr stieg die Gesamtproduktivität im Jahr 2001 um 21,2 % (Mittelwert).

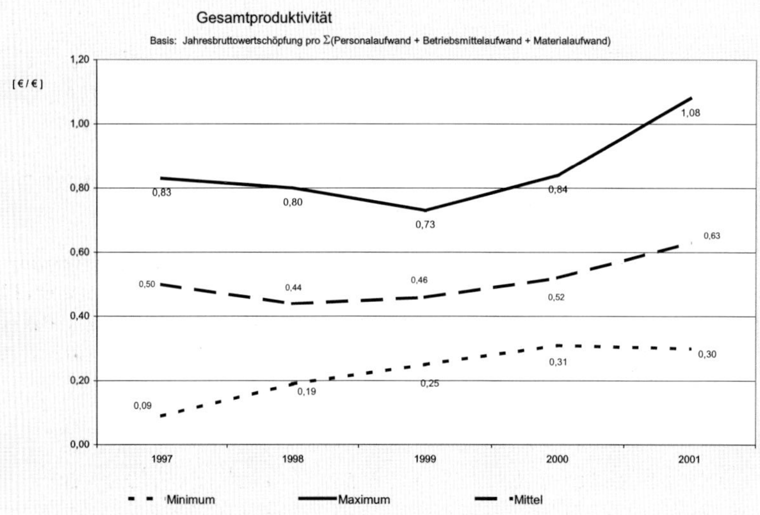

Bild 95: Entwicklung der Gesamtproduktivität auf Basis Jahresbruttowertschöpfung pro Summe Inputfaktoraufwendungen (1997 – 2001) in der Benchmarkinggruppe

Die Übersicht der Produktivitätsentwicklung im *Bild 96* zeigt auf einen Blick die Entwicklungstendenzen der Teilproduktivitäten und der Gesamtproduktivität für die Benchmarkinggruppe am Beispiel der jeweiligen Mittelwerte.

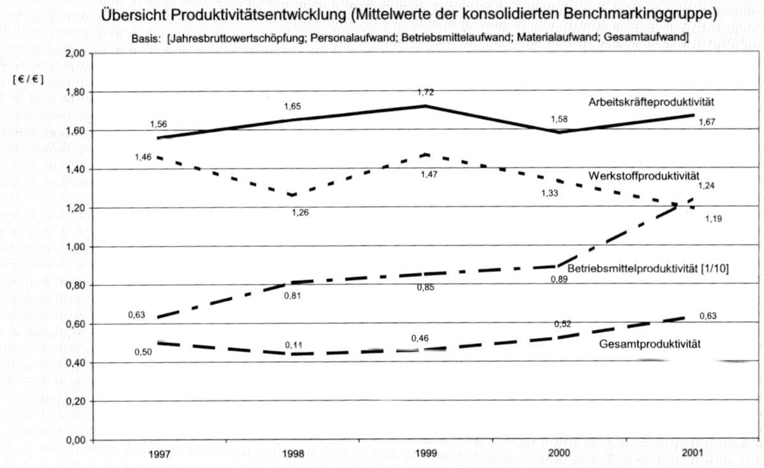

Bild 96: Übersicht der Entwicklung der Teil- und Gesamtproduktivität (1997 – 2001) am Beispiel der Mittelwerte für die Benchmarkinggruppe

Im Ergebnis eines systematischen Produktivitätsmanagements wurde erwartet, dass der Verlauf der Gesamtproduktivität durch eine gezielte Gestaltung der Handlungsfelder in den Unternehmen positiv beeinflusst werden kann. Das folgende Chart kann als Hilfsmittel zur Bewertung der Maßnahmen und ihrer Wirkungen auf dem Weg zu höherer Produktivität eingesetzt werden.

3.5 Best Productivity Practice zur Identifikation von unternehmensbezogenen Handlungsfeldern

3.5.1 Kennzahlen, Wirkungsketten, Arbeitspakete

Die dargestellte Systematik der Produktivitätsanalyse bildete die Basis des methodischen Ansatzes zur Best Productivity Practice mittels Unternehmensbefragung und Produktivitätsbenchmarking. Der methodische Ansatz ermöglichte eine komplexe Auswertung aus der Sicht der Branche, zu der die beteiligten Unternehmen gehören, als auch aus der Sicht jedes Einzelunternehmens

Das **Benchmarking** gestattet **für die gewählten Produktivitätskennzahlen** die Gegenüberstellung der Bestwerte (Benchmarks) mit den Werten jedes beteiligten Unternehmens. Die **Lücke** zwischen dem Bestwert und dem jeweiligen Unternehmenswert wird durch die Einbeziehung der Ergebnisse aus der Unternehmensbefragung begründbar.

Der differenzierte Vergleich der zähler- und nennerorientierten Befragungsergebnisse zwischen dem Unternehmen, welches den jeweiligen Benchmark setzt und jedem anderen zu analysierenden Unternehmen, gab Hinweise auf aktuelle Handlungsfelder zur Produktivitätssteigerung *(vgl. Bild 97)*.

Die Veränderung der Zähler- und Nennergrößen, die zur Produktivitätssteigerung führten, kann für jede Größe in zu definierenden Wirkungsketten dargestellt werden *(vgl. Bild 98)*:

- Die Wirkungskette 1 orientiert auf einen Anstieg der Wertschöpfung
- Die Wirkungskette 2 orientiert auf eine Reduktion des Gesamtaufwandes

  Die Qualität der Kombination der Elementarfaktoren im Produktionsprozess wird durch die Qualität der Wirkung der dispositiven Faktoren (Organisation, Planung, Lenkung, Kontrolle) bestimmt. Die Qualität der Wirkung dispositiver Produktionsfaktoren bestimmt die Höhe des notwendigen Gesamtaufwandes.
- Die Wirkungskette 3 orientiert auf eine Reduktion des Personalaufwandes
- Die Wirkungskette 4 orientiert auf eine Reduktion des Betriebsmittelaufwandes
- Die Wirkungskette 5 orientiert auf eine Reduktion des Materialaufwandes

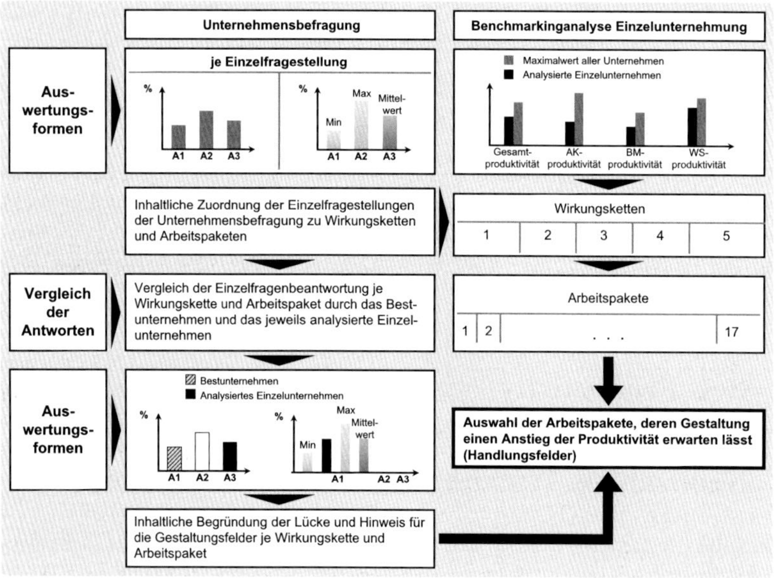

Bild 97: Begründung von Produktivitätslücken je Unternehmen durch das Zusammenspiel von Ergebnissen der Unternehmensbefragung und des Benchmarking

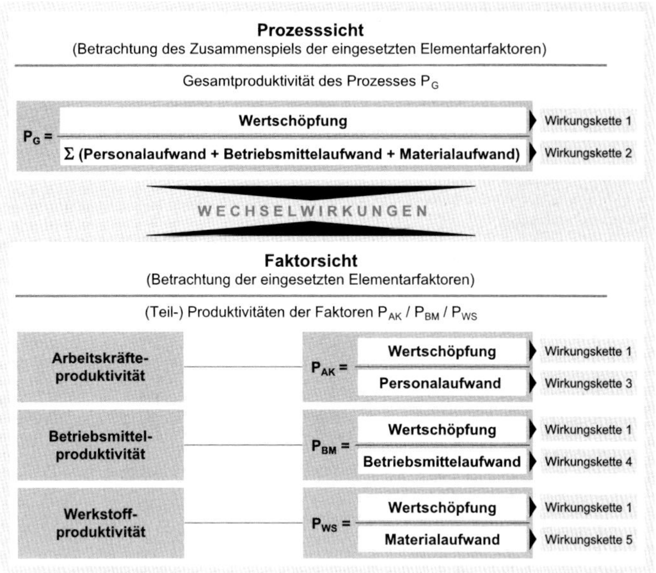

Bild 98: Gewählte Kennzahlen zur Produktivitätsbewertung sowie zähler- und nennerbezogene Wirkungsketten

Für die genannten Kennzahlen wurden über alle an der Analyse beteiligten Unternehmen die Maximalwerte bestimmt.

Die **Maximalwerte** der vier Kennzahlen dienten als **Benchmarks** im Rahmen der produktivitätsorientierten Unternehmensanalyse.

Für alle Kennzahlen wurden die Werte jedes Unternehmens ermittelt und mit den Maximalwerten also den Benchmarks verglichen. Auf diese Weise konnte für jedes Unternehmen, kennzahlenbezogen, seine **„Lücke“ zum Bestwert** dargestellt werden.
Die Einordnung der individuellen Produktivitätskennzahlen eines Unternehmens in das Branchenspektrum (Minimum, Mittelwert, Maximum = Benchmark) ermöglichte die Bewertung des individuellen Produktivitätssteigerungspotenzials in Bezug auf den jeweiligen Produktivitätsbenchmark. In *Bild 99* werden exemplarisch je Kennzahl die Bestwerte (Benchmarks) mit den Branchenmittelwerten der an der Analyse beteiligten Unternehmen verglichen.

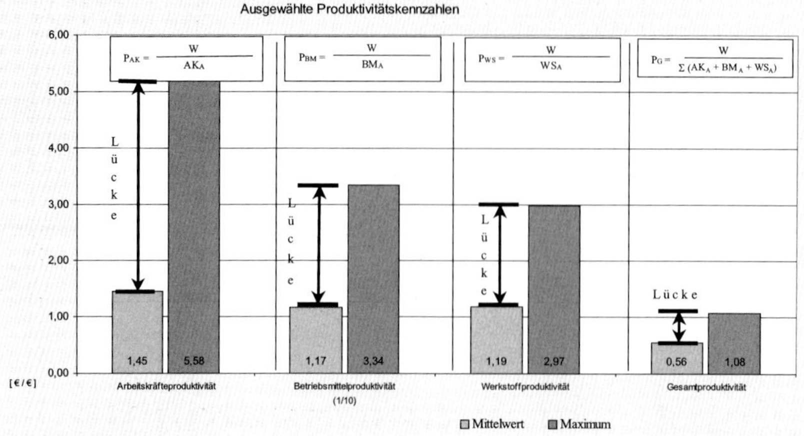

Bild 99: Produktivitätsbenchmarks, Branchenmittelwerte und Produktivitätslücke (Prinzipdarstellung)

Für die Verbesserung der Produktivität eines Unternehmens war es von besonderer Bedeutung, nicht nur die jeweilige Lücke zu identifizieren, sondern auch zu ergründen, welche Ursachen diese Lücke bedingen.

Es galt die **Frage** zu beantworten: Welche Gründe führten dazu, dass ein analysiertes Unternehmen geringere faktor- und prozessbezogene Produktivitätswerte erzielte als das jeweilige „Best-Unternehmen"?

Zur Beantwortung dieser Frage und damit zur Ergründung von Handlungsfeldern je Unternehmen erfolgte eine Verknüpfung und eine Kombination der Befragungsergebnisse und der Benchmarking-Ergebnisse.

Der **erste Schritt** diente der Identifikation von **Wirkungsketten**, über die eine Einflussnahme auf jede Kennzahl im Zähler und im Nenner der vier Quotienten zur Messung der Produktivität erfolgen kann.

Die **Wirkungskette 1** orientiert auf die **Verbesserung der Wertschöpfung**. In diesem Zusammenhang sind **drei Arbeitspakete** zu identifizieren. Im *Bild 100* werden die Arbeitspakete dargestellt.

Die **Unternehmensphilosophie verbunden mit den Marketingstrategien**, die **Marktposition und die gestaltbaren Kooperationsbeziehungen** sowie die **faktor-, erzeugnis- und prozessbezogene Innovationsfähigkeit** üben Einflüsse auf die Wertschöpfung aus und sind Gegenstände der Arbeitspakete.

Die zugeordneten Schlagworte verdeutlichen die Potenzialfelder, die im Rahmen der Arbeitspakete von besonderer Bedeutung sind.

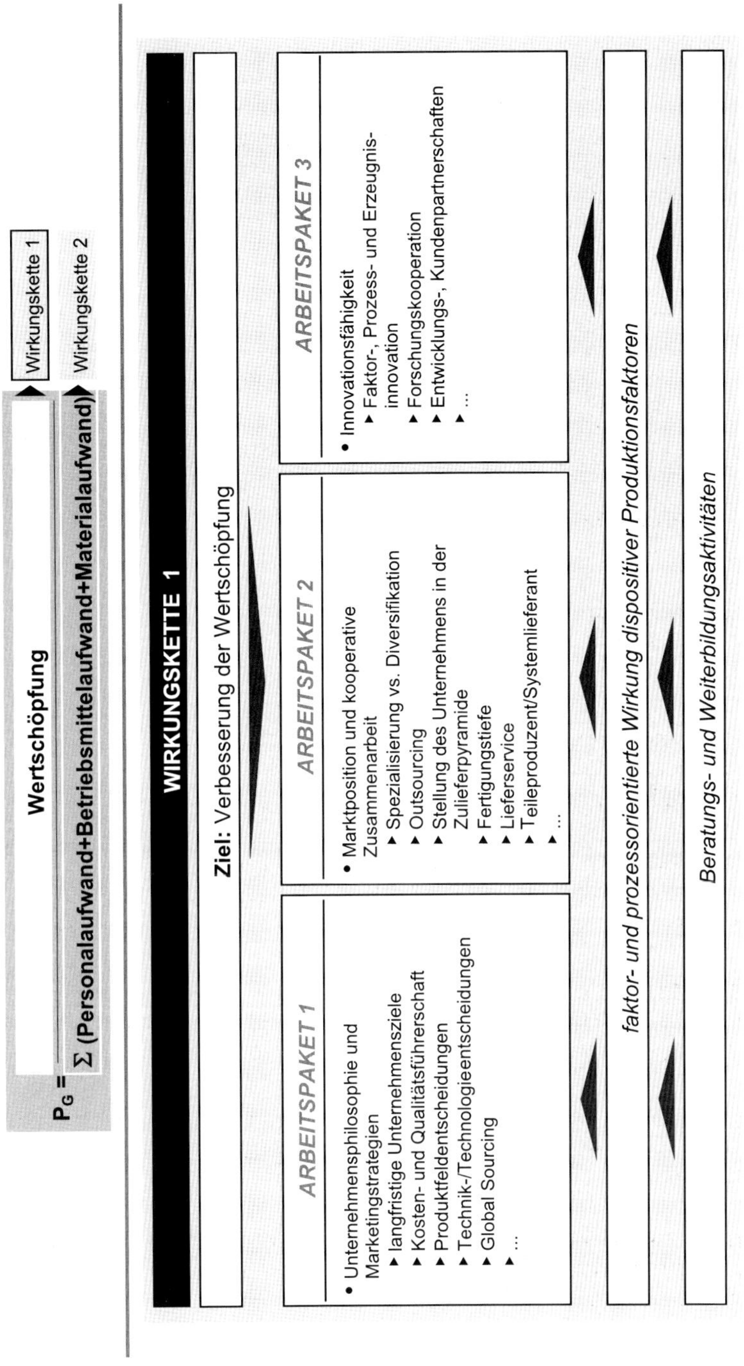

Bild 100: Arbeitspakete der Wirkungskette 1

Die **Wirkungskette 2** verfolgt die Senkung des Gesamtfaktoraufwandes und damit die Steigerung der Produktivität durch eine Verbesserung des Zusammenwirkens der eingesetzten Elementarfaktoren. Es wurden sechs Arbeitspakete identifiziert *(vgl. Bild 101)*.
Diese beinhalten Facetten der Wirkung dispositiver Produktionsfaktoren. Dabei handelt es sich um das **Informationsmanagement**, die **Produktionsplanung und -steuerung**, die **Produktionsorganisation**, die **Produktionsvorbereitung und -durchführung**, das **Qualitätsmanagement** sowie das **Logistikmanagement.**

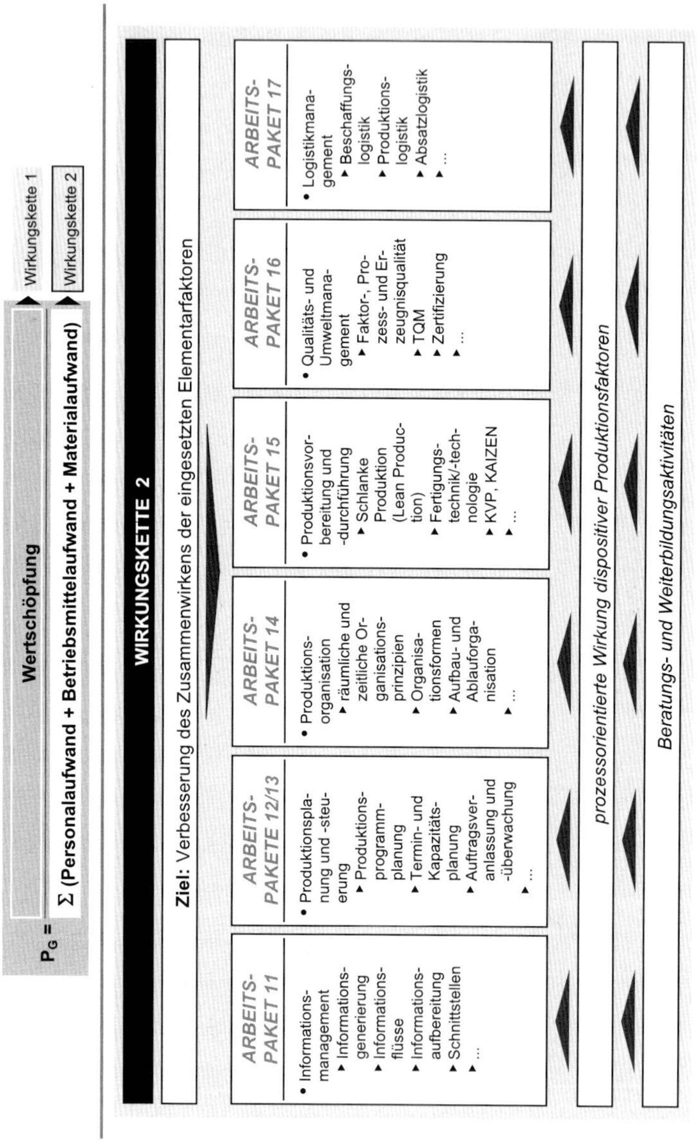

Bild 101: Arbeitspakete der Wirkungskette 2

Die **Wirkungskette 3** konzentriert sich auf die **Gestaltung des Personalaufwandes** und seines Einflusses auf die Arbeitsproduktivität.

Drei Arbeitspakete orientieren auf die Verbesserung der Wirkung der eingesetzten Arbeitskräfte *(vgl. Bild 102)*.
Dabei stehen die **Leistungsfähigkeit und -bereitschaft**, die **Kapazität und ihre Nutzung** sowie die **Arbeitsorganisation** im Mittelpunkt der Betrachtungen.

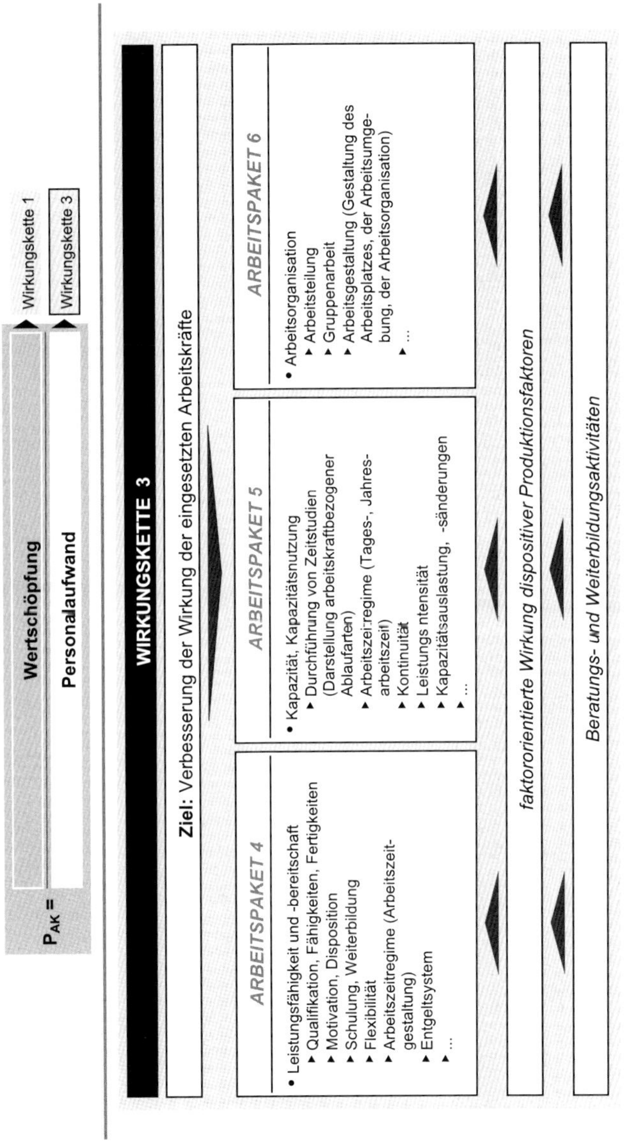

Bild 102: Arbeitspakete der Wirkungskette 3

Die **Wirkungskette 4** orientiert auf die **Verbesserung der Wirkung der eingesetzten Betriebsmittel** und damit auf die Entwicklung der Betriebsmittelproduktivität.

Es wurden **zwei** wesentliche **Arbeitspakete** identifiziert, durch die die angestrebte Entwicklung erreicht werden kann *(vgl. Bild 103).*
Auch hier sind die **Leistungsfähigkeit und ihre Erhaltung** sowie die **Kapazität und ihre Nutzung zentrale** Ansatzpunkte.

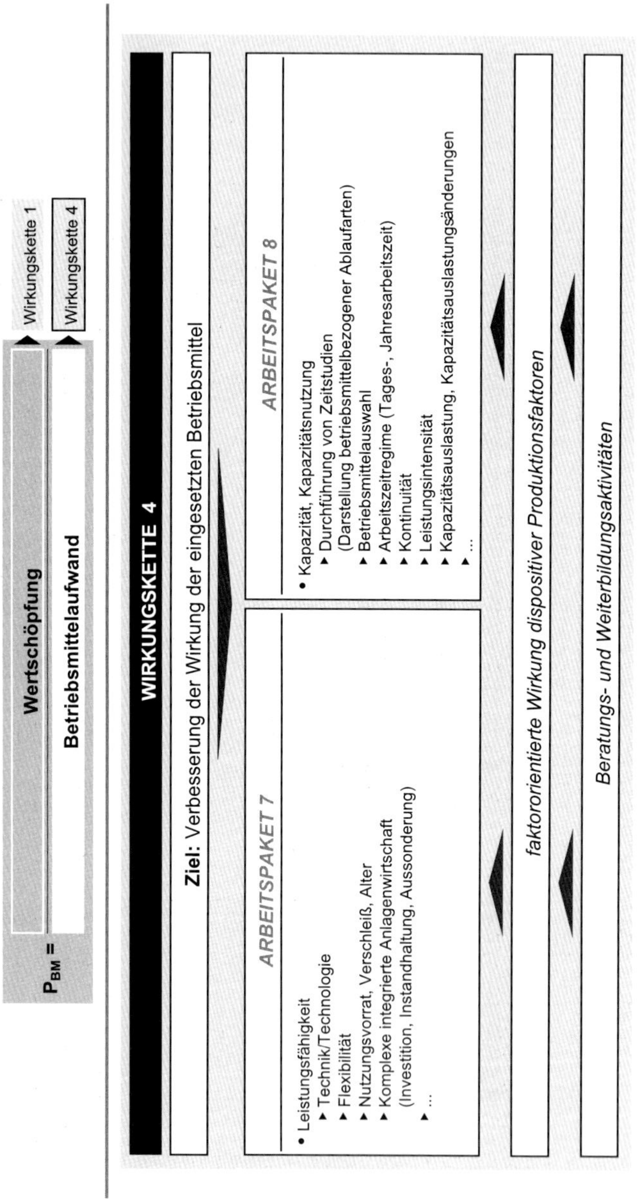

Bild 103: Arbeitspakete der Wirkungskette 4

Die **Wirkungskette 5** verfolgt das Ziel einer **Verbesserung der Wirkung der eingesetzten Werkstoffe** und verbessert so die Werkstoffproduktivität.

Hier wurden **zwei wesentliche Arbeitspakete** dargestellt, die die **Werkstoffeigenschaften**, den **Materialwert und die Materialbeschaffung** einerseits und die **Materialflussgestaltung** andererseits beinhalten *(vgl. Bild 104)*.

Über alle Wirkungsketten wurden damit **17 Arbeitspakete** dargestellt, deren Gestaltung Produktivitätsentwicklungen initiiert.

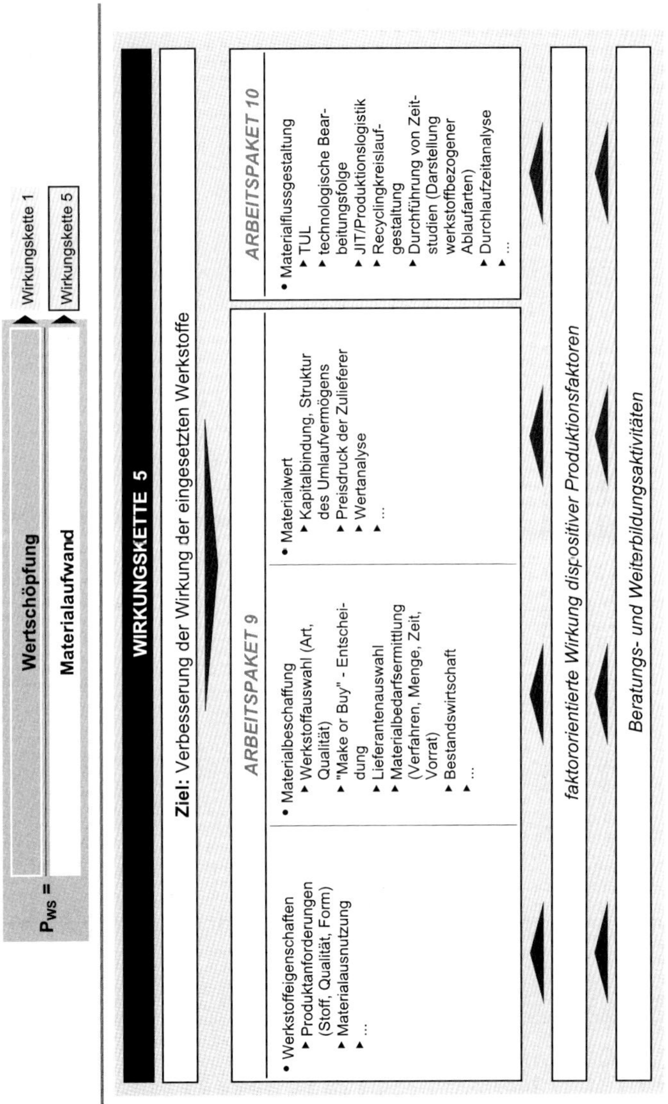

Bild 104: Arbeitspakete der Wirkungskette 5

Für jedes Unternehmen kann auf dieser Basis definiert werden, welche Arbeitspakete die wesentlichen Ursachen enthalten können, durch die eine individuelle Produktivitätslücke zum Bestwert entsteht und welche Handlungsoptionen eine Erschließung der Produktivitätspotenziale ermöglicht *(vgl. Bild 105)*.

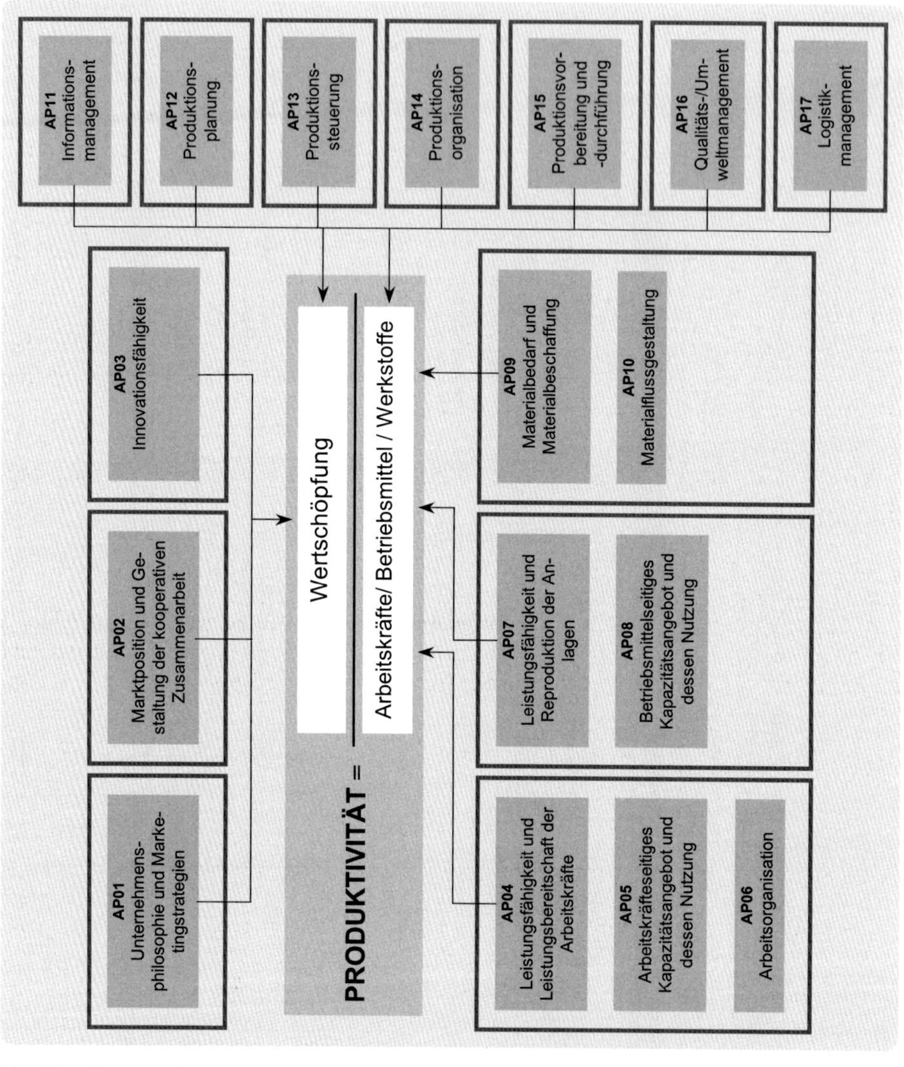

Bild 105: Systematisierung der Arbeitspakete für den Best Productivity Practice Ansatz

Im **zweiten Schritt** wird identifiziert, welche Fragestellungen der **Unternehmensbefragung** einen **Zusammenhang** zu welchen **Arbeitspaketen** besitzen.

Der Aufbau der Unternehmensbefragung ist in seinen Teilabschnitten identisch zu den Zähler- bzw. Nennergrößen der Benchmarking-Kennzahlen.
Die Beantwortung der Fragen zum Output lässt Rückschlüsse auf die Wertschöpfung als Zählergröße zu.

Die Beantwortung der Fragen zum Input, gegliedert nach Arbeitskräften, Betriebsmitteln und Werkstoffen lässt Aussagen zu den Nennergrößen zu.
Die Entwicklung des Gesamtaufwandes an Inputfaktoren gestattet Aussagen über die Wechselbeziehungen der Inputfaktoren im Produktionsprozess und über die Wirksamkeit der dispositiven Faktoren bei der Gestaltung dieser Wechselbeziehungen in ablaufenden Prozessen.

3.5.2 Vergleich der Befragungsergebnisse des Bestunternehmens und eines analysierten Beispielunternehmens (Best Productivity Practice)

Der **dritte Schritt** beinhaltet den Vergleich der **Fragenbeantwortung durch** das **Bestunternehmen und** das **analysierte Einzelunternehmen** je Wirkungskette und Arbeitspaket.
Dabei wird davon ausgegangen, dass die **unterschiedliche Beantwortung von Fragen**, die einem Arbeitspaket zugeordnet wurden, zur **Identifikation von** möglichen **Handlungsfeldern** des analysierten Einzelunternehmens führt.

Die nachfolgenden Bilder stellen das Ergebnis des dritten Arbeitsschrittes für ein Beispielunternehmen dar.

Die Buchstaben-Zahlen-Kombination identifizieren die Systematik der zugeordneten Fragen aus dem Fragebogen zu einem Arbeitspaket (z.B. E.(6), B.(1), D.(17)).
Die hervorgehobenen (hellgrau und kursiv gedruckten) Begriffe zeigen Potenzialfelder, die durch unterschiedliche Fragenbeantwortungen durch das Bestunternehmen und das analysierte Einzelunternehmen identifiziert wurden *(vgl. Bilder 106 - 110)*.

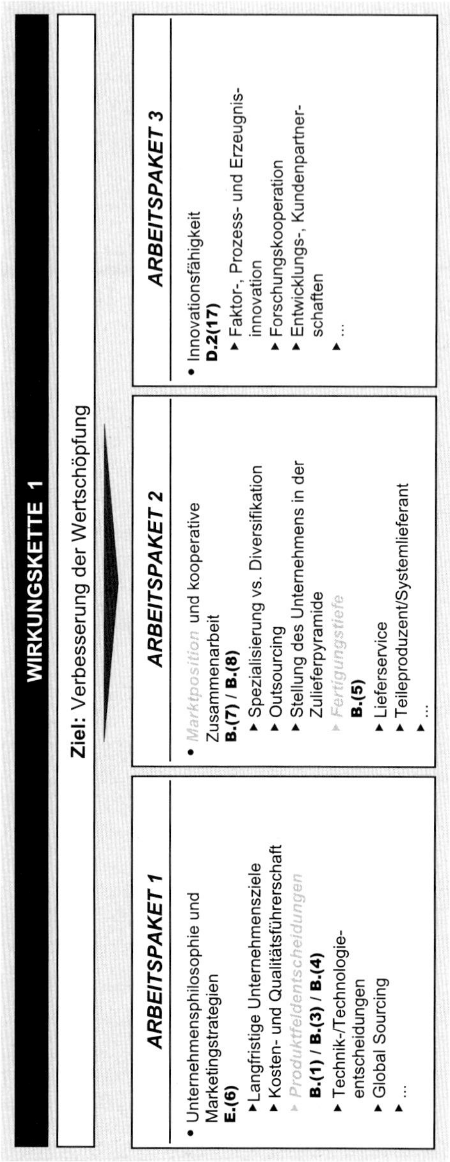

Bild 106: Identifikation von Potenzialfeldern eines analysierten Einzelunternehmens (Arbeitspakete 1 bis 3)

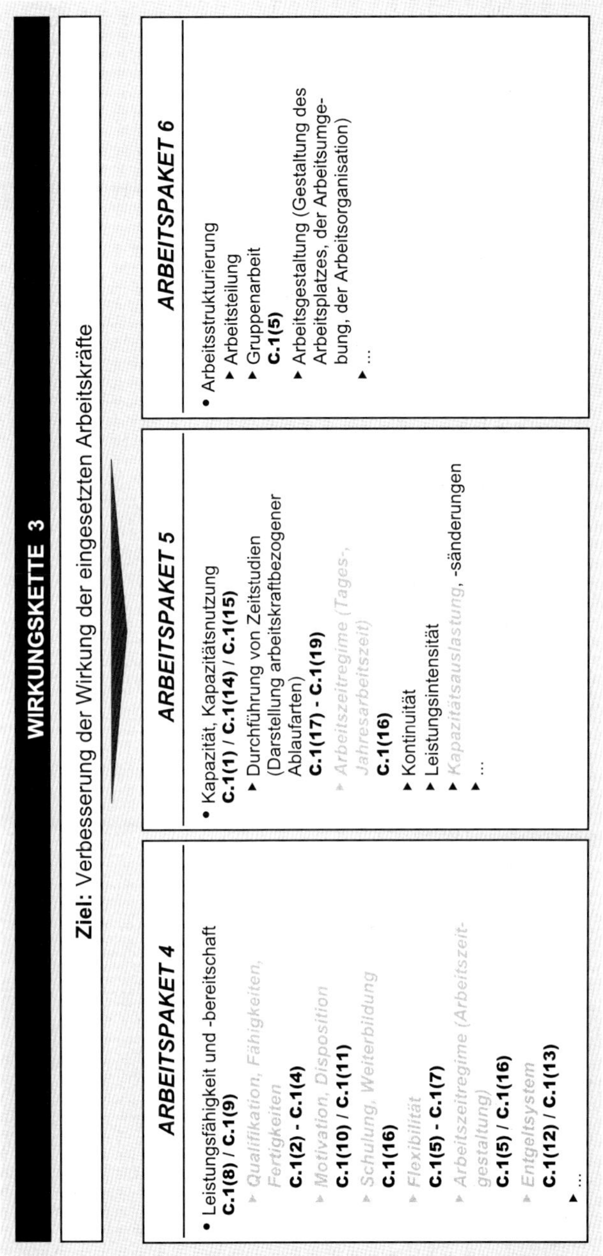

Bild 107: Identifikation von Potenzialfeldern eines analysierten Einzelunternehmens (Arbeitspakete 4 bis 6)

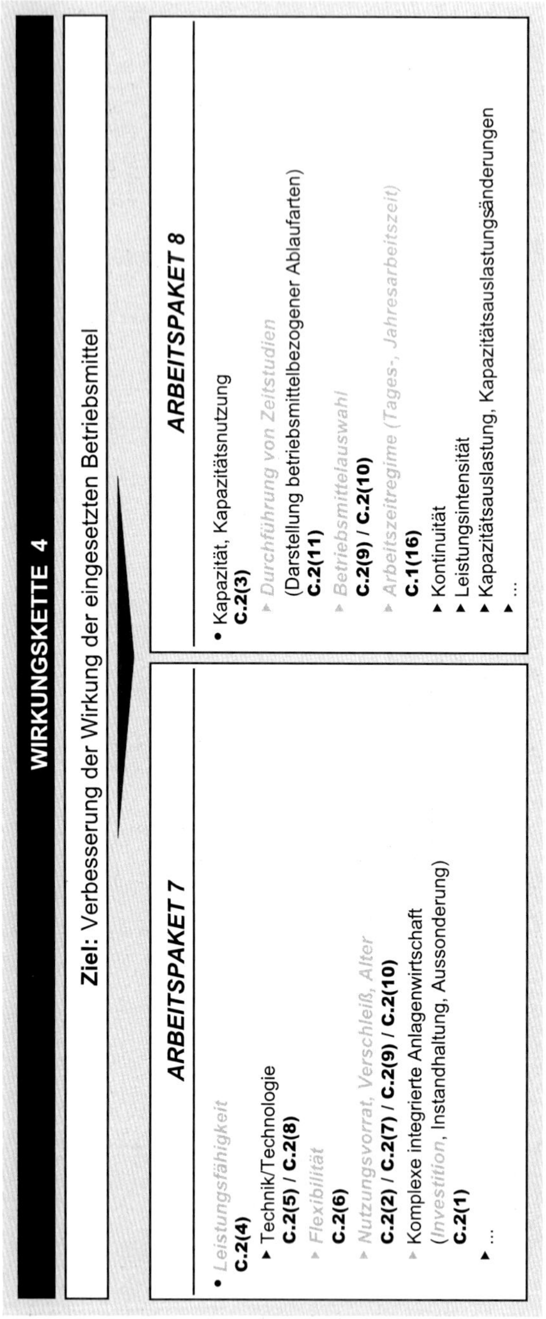

Bild 108: Identifikation von Potenzialfeldern eines analysierten Einzelunternehmens (Arbeitspakete 7 und 8)

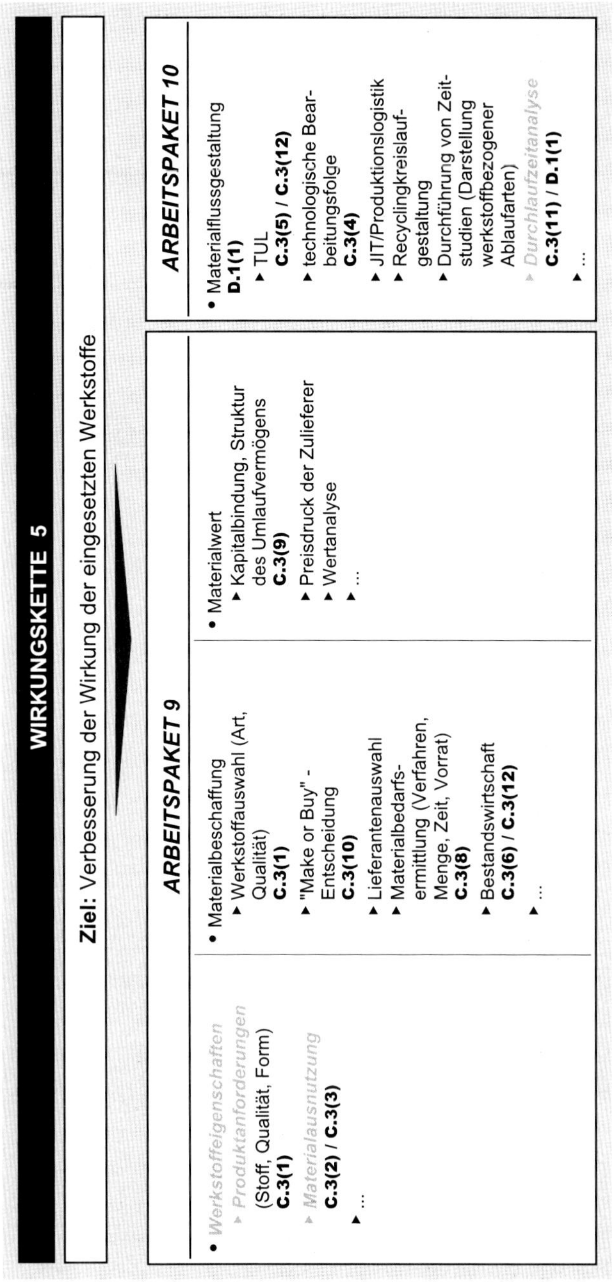

Bild 109: Identifikation von Potenzialfelder eines analysierten Einzelunternehmens (Arbeitspakete 9 und 10)

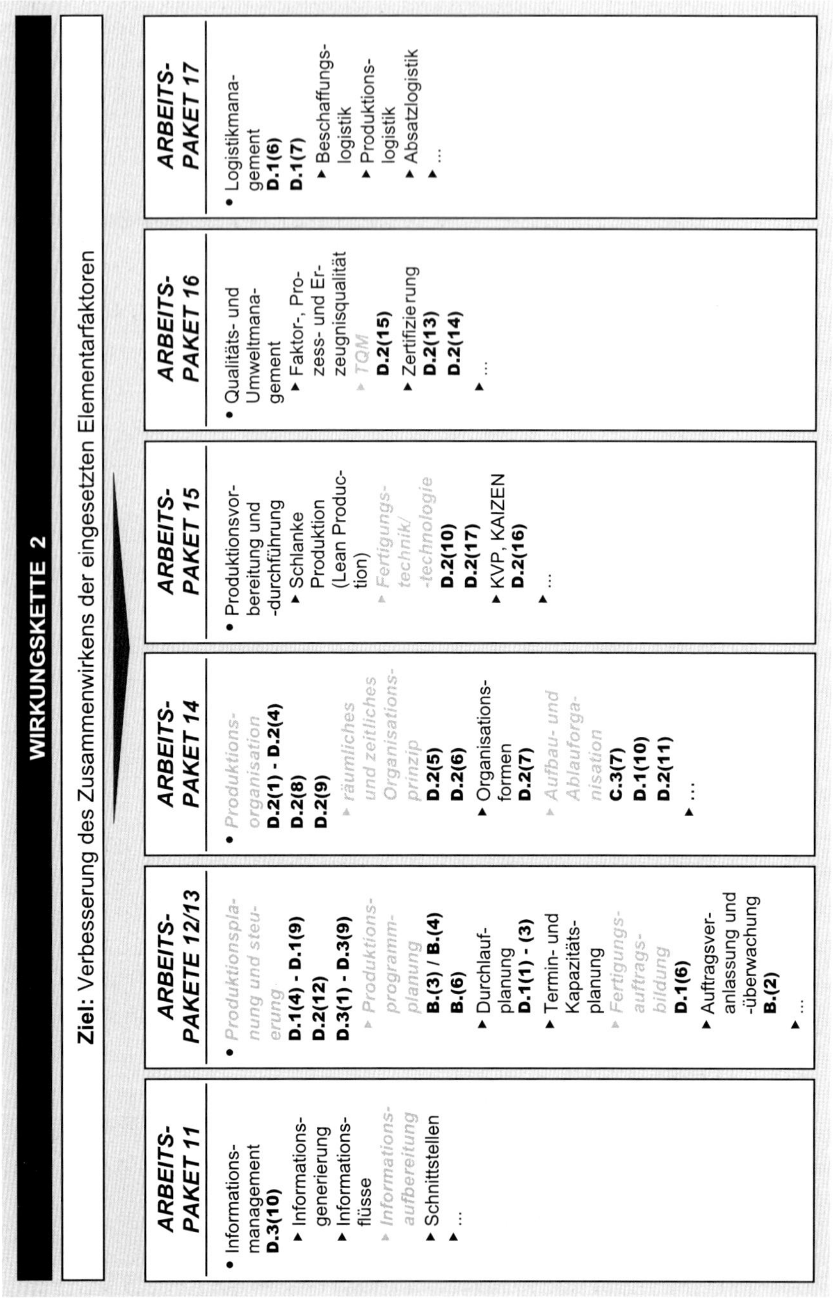

Bild 110: Identifikation von Potenzialfelder eines analysierten Einzelunternehmens (Arbeitspakete 11 bis 17)

An zwei Beispielen soll gezeigt werden, auf welche Weise sich die Fragenbeantwortung der verglichenen Unternehmen unterscheidet und wie dadurch die Potenzialfelder des analysierten Einzelunternehmens identifiziert werden können.

- Beispiel 1: Arbeitspaket: 2
  Fragestellung: B.(5)
  Identifiziertes Potenzialfeld: FERTIGUNGSTIEFE

Bild 111 verdeutlicht, dass offensichtlich die Konzentration des Bestunternehmens auf Montageprozesse zu einer effizienteren Prozessorganisation führte als die große Fertigungstiefe des analysierten Einzelunternehmens. Hier wurden Teilefertigung, Vor- und Endmontage eigenständig realisiert. Überlegungen zum Outsourcing könnten Prozessrationalisierungen nach sich ziehen.

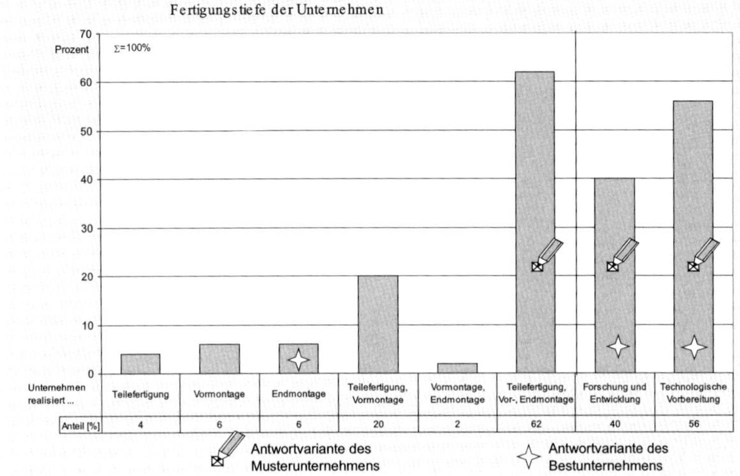

Bild 111: Potenzielle Ursachen zur Begründung der Lücke aus dem Vergleich der Fragenbeantwortung (Fertigungstiefe der Unternehmen; Wirkungskette 1/Arbeitspaket 2)

- Beispiel 2: Arbeitspaket: 12/13
  Fragestellungen: D.1(4) - D.1(9)
  D.2(12), D.3(1) - D.3(9)
  Identifiziertes Potenzialfeld: PRODUKTIONSPLANUNG und -STEUERUNG

Bild 112 verdeutlicht, dass das Bestunternehmen und das analysierte Einzelunternehmen über ein PPS-System mit identischen Modulen verfügten.

Das weniger produktive Unternehmen nutzte sein PPS-System aber nicht so komplex wie das Bestunternehmen. Die Produktionsprogrammplanung, die Kapazitäts- und Terminplanung und die Betriebsdatenerfassung wurden nicht durch das PPS-System realisiert. Damit blieben offensichtlich Produktivitätspotenziale ungenutzt.

Beide Beispiele bestätigen die Anfangsvermutung: **eine unterschiedliche Fragenbeantwortung durch das Bestunternehmen und das analysierte Einzelunternehmen verdeutlichen die Potenzialfelder, in denen Veränderungen zu realisieren sind, wodurch die Produktivitätsentwicklung eines analysierten Unternehmens in Richtung auf das Bestunternehmen erfolgen kann.**

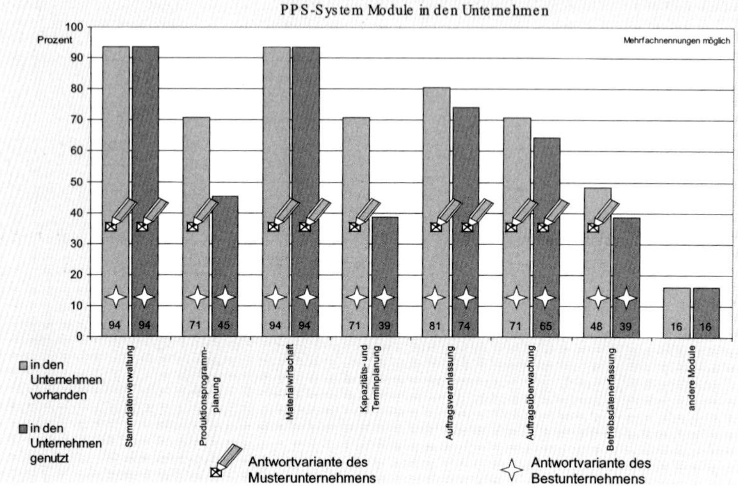

Bild 112: Potenzielle Ursachen zur Begründung der Lücke aus dem Vergleich der Fragenbeantwortung (PPS-System-Module in den Unternehmen; Wirkungskette 2/Arbeitspaket 12/13)

3.6 Identifikation von Handlungsfeldern

Handlungsfelder sind solche Arbeitspakete, die für die Steigerung der Produktivität in einem Unternehmen eine besondere Bedeutung besitzen.

Im **vierten Schritt** ist für jedes Unternehmen festzustellen, welche der 17 Arbeitspakete eine besondere Priorität besitzen und damit zum Handlungsfeld für konkrete Maßnahmen zur Produktivitätssteigerung werden.

Die Feststellung der wesentlichen Handlungsfelder für die Produktivitätsverbesserung erfolgte in Abhängigkeit von der Anzahl identifizierter Potenzialfelder in mehreren Stufen, bis eine für die praktische Realisierung umsetzbare Handlungsfeldanzahl eingegrenzt wurde. Basis waren die definierten Arbeitspakete, die wie bereits dargestellt, in Einflussgrößen untergliedert sind.
Im Vergleich der Ausprägungen der einzelnen Einflussgrößen zwischen Benchmarkunternehmen und Vergleichsunternehmen wurden mehr oder weniger starke Unterschiede festgestellt. Besaßen diese Ausprägungsdifferenzen eine Produktivitätsrelevanz, dann wurden die jeweiligen Einflussgrößen als Potenzialfelder identifiziert.

Die Häufigkeit der Nennung dieser Potenzialfelder je Arbeitspaket verdeutlichte dessen Bedeutung für ein Unternehmen, da es die Abweichungen zwischen Bestunternehmen und Vergleichsunternehmen charakterisiert.

In einer **ersten Stufe** wurden in Abhängigkeit der Häufigkeit der Nennung einzelner Potenzialfelder **Punktwerte zur Gewichtung der Bedeutung jedes Arbeitspaketes** für die Produktivitätssteigerung vergeben:

- 0 Punkte: keine Bedeutung für das Unternehmen
- 1 Punkt: geringe Bedeutung für das Unternehmen
- 2 Punkte: hohe Bedeutung für das Unternehmen
- 3 Punkte: sehr hohe Bedeutung für das Unternehmen
- 4 Punkte: besonders hohe Bedeutung für das Unternehmen

Bild 113 zeigt beispielhaft das Bewertungsergebnis als Übersicht über eine Gruppe von 20 beteiligten Unternehmen (vgl. Zeilen- und Spaltensummen).

Es wurden sowohl die **Bedeutung jedes Arbeitspaketes je Unternehmen** als auch die **Bedeutung jedes Arbeitspaketes über alle analysierten Unternehmen** herausgearbeitet.

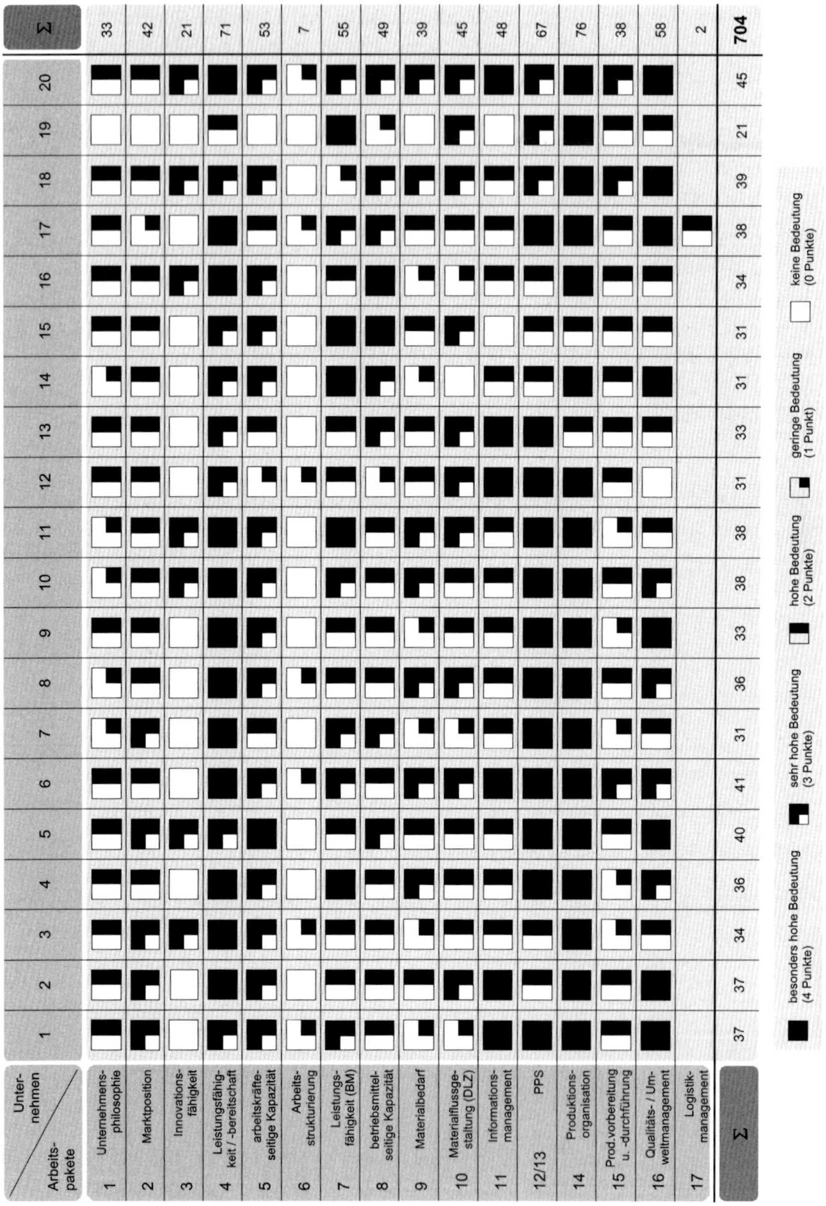

Bild 113: Unternehmensbezogene Bedeutung der definierten Arbeitspakete für die Produktivitätsentwicklung (Auszug)

Auf dieser Basis waren grundsätzliche Schlussfolgerungen darüber zu treffen, welche Aufgaben je Unternehmen in Angriff genommen werden könnten, um Maßnahmen zur Produktivitätssteigerung einzuleiten.

Die **Spannbreite** der Punktsummen der bewerteten Arbeitspakete je Unternehmen von 21 Punkten bis 45 Punkten zeigte einerseits, dass die Arbeitspakete unterschiedliche Potenziale besitzen, andererseits, dass jedes der beteiligten Unternehmen über deutliche Reserven zur Produktivitätssteigerung verfügt.

Daneben wurde klar, dass die Vielzahl der Ansatzpunkte und möglichen Handlungsfelder in einigen Unternehmen für die Umsetzung eine **Einschränkung auf die wesentlichen** und erfolgversprechenden **Handlungsfelder** erfordert.
Dies erfolgte in einer **zweiten Stufe**, in der nun die Handlungsfelder betrachtet wurden, denen eine hohe bis besonders hohe Bedeutung zugeordnet wurde Punktwert >1).
Diese sind beispielhaft in dem nachfolgenden *Bild 114* durch Punkte gekennzeichnet.
Sollte die Anzahl der priorisierten Handlungsfelder auf diesem Weg immer noch zu groß sein, dann kann die Begrenzung der in Betracht zu ziehenden Handlungsfelder auch erhöht werden (z.B. Punktwert > 2 oder Punktwert > 3).

Arbeitspakete/ Handlungsfelder \ Unternehmen	1	2	3	4	5	6	7	8	9	10	11	12	13	14	15	16	17	18	19	20
1 Unternehmens-philosophie	●	●	●	●	●	●			●			●	●		●	●	●	●		●
2 Marktposition	●	●	●	●	●	●	●	●	●	●	●	●	●	●	●	●		●		●
3 Innovations-fähigkeit			●		●					●	●					●		●		●
4 Leistungsfähig-keit/-bereitschaft	●	●	●	●	●	●	●	●	●	●	●	●	●	●	●	●	●	●	●	●
5 arbeitskräfte-seitige Kapazität	●	●	●	●	●	●	●	●	●	●	●		●	●	●	●	●	●		●
6 Arbeits-organsiation																				
7 Leistungs-fähigkeit (BM)	●	●	●	●	●	●	●	●	●	●	●	●	●	●	●	●	●		●	●
8 betriebsmittel-seitige Kapazität	●	●	●	●	●	●	●	●	●	●	●		●	●	●	●	●	●		●
9 Materialauswahl und -beschaffung		●		●	●	●		●		●	●	●	●		●		●	●		●
10 Materialflussge-staltung (DLZ)		●	●	●	●	●		●	●	●	●	●	●		●		●	●	●	●
11 Informations-management	●	●	●	●	●	●	●	●	●	●	●	●	●	●		●	●	●		●
12/13 PPS	●	●	●	●	●	●	●	●	●	●	●	●	●	●	●	●	●	●	●	●
14 Produktions-organisation	●	●	●	●	●	●	●	●	●	●	●	●	●	●	●	●	●	●	●	●
15 Prod.vorbereitung und -durchführung	●	●			●	●		●		●		●	●	●	●	●	●	●	●	●
16 Qualitäts-/Umwelt-management	●	●	●	●	●	●	●	●	●	●	●		●	●	●	●	●	●	●	●
17 Logistik-management																	●			

Bild 114: Darstellung der Handlungsfelder, denen eine besondere Bedeutung bei der Erschließung von unternehmensbezogenen Produktivitätspotenzialen zugeordnet wird (Auszug)

In einer **dritten Stufe** erfolgte ein weiterer Abgleich der für die zeitnahe Umsetzung relevanten Handlungsfelder im Rahmen von Produktivitätsworkshops, die in den Unternehmen durchgeführt wurden.
In der Diskussion mit den Mitarbeitern der Unternehmen wurde herausgearbeitet, welche identifizierten Handlungsfelder unter Beachtung betrieblicher Rahmenbedingungen eine **aktuelle Priorität** erhalten sollten.
Es handelte sich dabei um eine betriebliche Schwerpunktsetzung. Im nachfolgenden *Bild 115* sind die benannten Schwerpunkte durch „helle Punkte" besonders gekennzeichnet.
Auf diese Art und Weise erschloß sich für die Unternehmen ein auch aus betrieblicher Sicht bewertetes Spektrum an potenziellen Handlungsfeldern zur Produktivitätssteigerung.

Ein besonderer Vorteil dieser Vorgehensweise war die starke Einbindung der Mitarbeiter in die Auswahl der aktuellen Handlungsfelder, verbunden mit einem hohen Grad der Identifikation und Bereitschaft zur aktiven Mitwirkung.
Dabei war nicht auszuschließen, dass auch andere als die durch das systematische Benchmarking identifizierten Handlungsfelder in der Diskussion und Wertung der Mitarbeiter von besonderer, aktueller Brisanz sind.

In der Zusammenstellung der Ergebnisse wurde deutlich, dass 96 Prozent der aus betrieblicher Sicht zur kurzfristigen Umsetzung priorisierten Handlungsfelder sich mit den Schwerpunktsetzungen aus dem Benchmarking decken.
Dieses Ergebnis bestätigte eine **hohe Trefferquote** der aus dem Benchmarking abgeleiteten Handlungsfelder gemessen an der betrieblichen Bewertung.

Arbeitspakete/Handlungsfelder \ Unternehmen	1	2	3	4	5	6	7	8	9	10	11	12	13	14	15	16	17	18	19	20
1 Unternehmensphilosophie	◉	◉	◉	●	●	●		○	◉	○	○	◉	●		◉	●	●	●		◉
2 Marktposition	◉	◉	◉	●	●	●	◉	◉	◉	◉	◉	◉	◉	●	◉	●		●		◉
3 Innovationsfähigkeit			◉		●					◉	◉					◉		●		◉
4 Leistungsfähigkeit/-bereitschaft	●	◉	◉	◉	●	●	●	◉	◉	◉	●	●	●	●	◉	◉	◉	●	◉	◉
5 arbeitskräfteseitige Kapazität	◉	◉	◉	●	●	●	◉	◉	◉	●	◉		◉	●	◉	◉	●	●		◉
6 Arbeitsorgansiation								○												
7 Leistungsfähigkeit (BM)	●	●	●	●	●	●	◉	●	●	●	◉	●	●	●	◉	●	●		◉	◉
8 betriebsmittelseitige Kapazität	●	◉	◉	●	●	●	◉	●	●	●	●		◉	●	●	◉	●	●		◉
9 Materialauswahl und -beschaffung		●		●	●	●		●		◉	◉	◉	●		●		●	●		●
10 Materialflussgestaltung (DLZ)		●	◉	●	●	●	○	◉	◉	●	◉	◉	◉		◉		◉	●	◉	●
11 Informationsmanagement	◉	◉	●	◉	●	●	◉	◉	◉	●	◉	◉	◉	●		●	●	●		◉
12/13 PPS	◉	●	◉	◉	●	●	●	●	◉	◉	◉	◉	◉	●	◉	◉	◉	●	●	●
14 Produktionsorganisation	◉	◉	◉	●	●	●	●	●	◉	◉	◉	◉	◉	●	◉	●	◉	●	●	◉
15 Prod.vorbereitung und -durchführung	●	●			●	●		●		●		●	●	●	◉	●	●	●	●	◉
16 Qualitäts-/Umweltmanagement	●	◉	◉	●	●	●	◉	◉	◉	●	●		●	●	●	◉	◉	●	◉	◉
17 Logistikmanagement																	◉			

● Arbeitspakete mit "hoher bis besonders hoher Bedeutung" (Punktwert > 1)
◉ Arbeitspakete mit "hoher bis besonders hoher Bedeutung" und gleichzeitig aktueller unternehmensbezogener Priorität
○ Arbeitspakete mit aktueller unternehmensbezogener Priorität

Bild 115: Kennzeichnung der von den Unternehmen als für sie besonders wichtig bewerteten Handlungsfelder (Auszug)

An dem Beispiel ist erkennbar, dass von den 17 Arbeitspaketen je Unternehmen drei bis zwölf Arbeitspakete als Handlungsfelder priorisiert wurden.
Die Chancen einer Erfolg versprechenden praktischen Umsetzung dieser großen Anzahl sind als eher gering einzuschätzen.

Es kann davon ausgegangen werden, dass in den Unternehmen, insbesondere in Folge begrenzter Gestaltungskapazitäten, parallel maximal zwei bis drei Handlungsfelder in Angriff genommen werden können.

Dies ist dann gegeben, wenn im **vierten Schritt nur die Handlungsfelder** in Betracht gezogen werden, die im Rahmen des Benchmarking mit 4 Punkten bewertet und damit als **„von besonders hoher Bedeutung"** eingestuft wurden. Hier ergab sich ein Spektrum von zwei bis vier Handlungsfeldern je Unternehmen. Bringt man dieses Spektrum in Deckung mit den aus betrieblicher Sicht zu priorisierenden Maßnahmen, dann blieb ein überschaubares und umsetzbares Handlungsfeld von im Durchschnitt zwei Arbeitspaketen mit hoher Priorität, die für die Erschließung der Produktivitätspotenziale eine besondere Bedeutung besaßen.

In den Benchmarkinggruppen konnte eine Identifikation der zentralen Handlungsfelder dadurch erfolgen, dass nur die mit einer „besonderen Bedeutung" (Punktbewertung = 4) berücksichtigt wurden. Daraus ergab sich ein Spektrum von zwei bis vier zentralen Handlungsfeldern je Unternehmen. Nach Abgleich mit den aus betrieblicher Sicht zu priorisierenden Feldern ergab sich ein umsetzbares Spektrum von im Durchschnitt zwei Handlungsfeldern je Unternehmen.
In *Bild 116* werden beispielhaft die Handlungsfelder dargestellt, die eine höchste Bewertung (Punktwert) erfuhren und denen gleichzeitig eine höchste Unternehmenspriorität eingeräumt wurde.

Daraus ist eine **besondere Wichtigkeit für die Handlungsfelder**

- Leistungsfähigkeit und Leistungsbereitschaft der Arbeitskräfte
- Informationsmanagement
- Produktionsplanung und –steuerung
- Produktionsorganisation und
- Qualitäts- und Umweltmanagement

ableitbar.

Arbeitspakete/ Handlungsfelder \ Unternehmen	1	2	3	4	5	6	7	8	9	10	11	12	13	14	15	16	17	18	19	20
1 Unternehmensphilosophie																				
2 Marktposition																				
3 Innovationsfähigkeit																				
4 Leistungsfähigkeit/-bereitschaft		●	●	●				●	●	●						●	●			●
5 arbeitskräfteseitige Kapazität																				
6 Arbeitsorgansiation																				
7 Leistungsfähigkeit (BM)											●				●				●	
8 betriebsmittelseitige Kapazität																●				
9 Materialauswahl und -beschaffung																				
10 Materialflussgestaltung (DLZ)																				
11 Informationsmanagement	●	●										●	●							●
12/13 PPS	●			●					●	●	●	●	●				●			
14 Produktionsorganisation	●	●	●						●	●	●	●					●			●
15 Prod.vorbereitung und -durchführung																				
16 Qualitäts-/Umweltmanagement		●							●								●			●
17 Logistikmanagement																				

Bild 116: Handlungsfelder mit höchstem Punktwert und höchster Unternehmenspriorität (Auszug)

In einem Zeitraum von 2000 bis 2003 konnten auf dieser methodischen Basis **60 Unternehmen in drei Benchmarkinggruppen** analysiert und in bezug auf die Produktivitätspotenziale und Handlungsfelder bewertet werden.

Der Vergleich der Eckdaten, der am Benchmarking beteiligten Unternehmen zeigte, dass eine weitgehende Übereinstimmung zwischen den Benchmarkinggruppen gegeben war (*vgl. Bild 117*).

Merkmal/Merkmalausprägung	1. Benchmarkinggruppe Anteil bzw. Wert Stand 1999	2. Benchmarkinggruppe Anteil bzw. Wert Stand 2000	3. Benchmarkinggruppe Anteilbzw. Wert Stand 2001
Branche			
Metallverarbeitende Industrie	100%	90%	85%
Elektroindustrie	0%	10%	10%
Holz-/Kunststoffindustrie	0%	0%	5%
Fertigungsart (Mehrfachnennung)			
Einzelfertigung	70%	65%	67%
Kleinserienfertigung	75%	70%	75%
Mittel- und Großserienfertigung	20%	30%	42%
Fertigungstiefe (Mehrfachnennung)			
hoch	70%	40%	50%
mittel	35%	45%	33%
gering	15%	20%	17%
Umsatz			
Minimum	0,7 Mill.€	0,7 Mill.€	2,1 Mill.€
Mittelwert	17,8 Mill.€	6,4 Mill.€	7,6 Mill.€
Maximum	224,0 Mill.€	34,0 Mill.€	15,2 Mill.€
Umsatztrend			
steigend	60%	60%	55%
gleich	30%	30%	35%
fallend	10%	10%	10%
Mitarbeiter			
Minimum	12 Mitarbeiter	14 Mitarbeiter	31 Mitarbeiter
Mittelwert	101 Mitarbeiter	66 Mitarbeiter	59 Mitarbeiter
Maximum	676 Mitarbeiter	334 Mitarbeiter	110 Mitarbeiter
Mitarbeiterentwicklung (Anzahl)			
steigend	70%	60%	25%
gleich	75%	30%	59%
fallend	20%	10%	16%

Bild 117: Vergleich der Eckdaten zur Charakteristik der Benchmarkinggruppen

Mit dem Spektrum der in den Benchmarkinggruppen zusammengefassten Unternehmen konnte jeweils eine repräsentative Gruppe gebildet werden. Dies war eine gute Ausgangsbasis, um die Einzelergebnisse zu vergleichen und zusammenfassend zu verallgemeinern.
Für jedes Unternehmen der Benchmarkinggruppen wurde unter Anwendung der beschriebenen Vorgehensweise die Handlungsfelder definiert, die wesentliche Ansatzpunkte für die Erschließung der Produktivitätspotenziale enthalten.
Daraus ergaben sich bestimmte Aussagen über die Bedeutung einzelner Handlungsfelder bei der Erschließung von Produktivitätspotenzialen in der jeweiligen Benchmarkinggruppe (*vgl. Bild 118*).

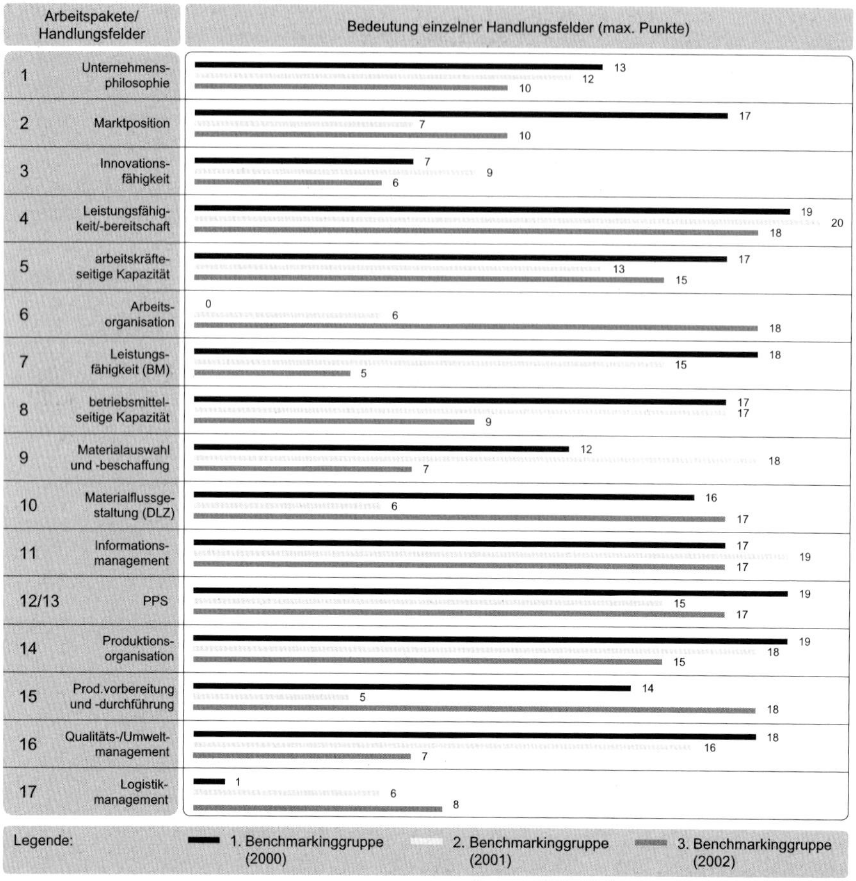

Bild 118: Vergleich der priorisierten Handlungsfelder für die Benchmarkinggruppen (Bewertung des Benchmarkingteams)

Mit einer hohen Priorität (≥ 15 Punkte) wurden in allen Benchmarkinggruppen die Handlungsfelder:

- Leistungsfähigkeit und Leistungsbereitschaft der Mitarbeiter
- Informationsmanagement und
- Produktionsorganisation und
- Produktionsplanung und -steuerung

bewertet.

Größere Unterschiede zwischen den Benchmarkinggruppen ergaben sich in der Priorisierung der Handlungsfelder:

- Marktposition
- Arbeitsorganisation
- Materialflussgestaltung
- Leistungsfähigkeit der Maschinen
- Kapazität der Betriebsmittel
- Produktionsvorbereitung/-durchführung und
- Qualitätsmanagement.

Dies bedeutete nicht zwangsläufig, dass in diesen Bereichen ein geringer oder kein Handlungsbedarf bestand. Es zeigte nur, dass aus dem Best Practice Vergleich hier unterschiedliche Potenzialgewichtungen abzuleiten waren.

Beim Vergleich der durch die Unternehmen priorisierten Handlungsfelder bestätigten sich die Ergebnisse der externen Bewertung im Wesentlichen (*vgl. Bild 119*).
Mit einer hohen Priorität wurden auch hier in den Benchmarkinggruppen die Handlungsfelder

- ➢ Leistungsfähigkeit und Leistungsbereitschaft der Mitarbeiter
- ➢ Informationsmanagement und
- ➢ Produktionsorganisation

bewertet.

Hierbei war zu beachten, dass der produktive Umsetzungsaspekt (denkbare Maßnahmen, kurzfristige Realisierbarkeit, Budget- und Kapazitätsgrenzen etc.) bei der unternehmensinternen Bewertung und Priorisierung einen starken Einfluss auf das Ergebnis besitzt.

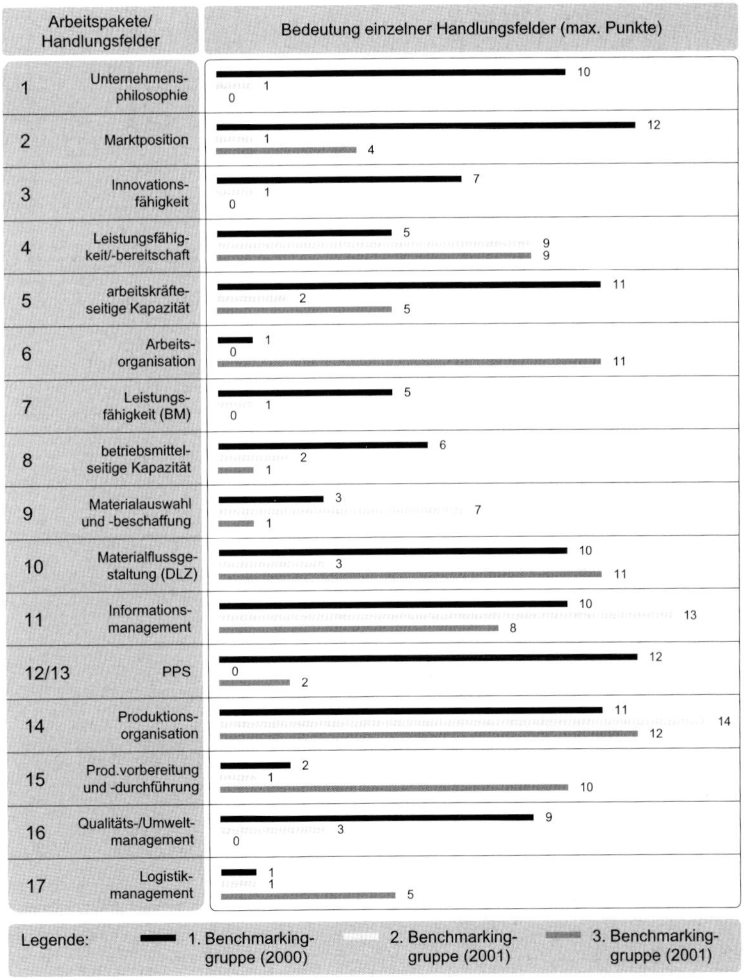

Bild 119: Vergleich der priorisierten Handlungsfelder für die Benchmarkinggruppen (interne Bewertung durch die Unternehmen)

Im Ergebnis der realisierten Benchmarkingprojekte war festzustellen, dass die entwickelte und beschriebene methodische Basis und Vorgehensweise eine geeignete Grundlage bietet, um Produktivitätssteigerungspotenziale einzelner Unternehmen zu bewerten und geeignete Handlungsfelder zur Produktivitätssteigerung systematisch abzuleiten und zu priorisieren.
Für die analysierten Unternehmen der Metall- und Elektroindustrie in Mecklenburg-Vorpommern ergaben sich die in *Bild 120* dargestellten Handlungsfelder. Die Umsetzung geeigneter Maßnahmen in diesen Handlungsfeldern verspricht erhebliche Produktivitätssteigerungseffekte für die untersuchte Branche.

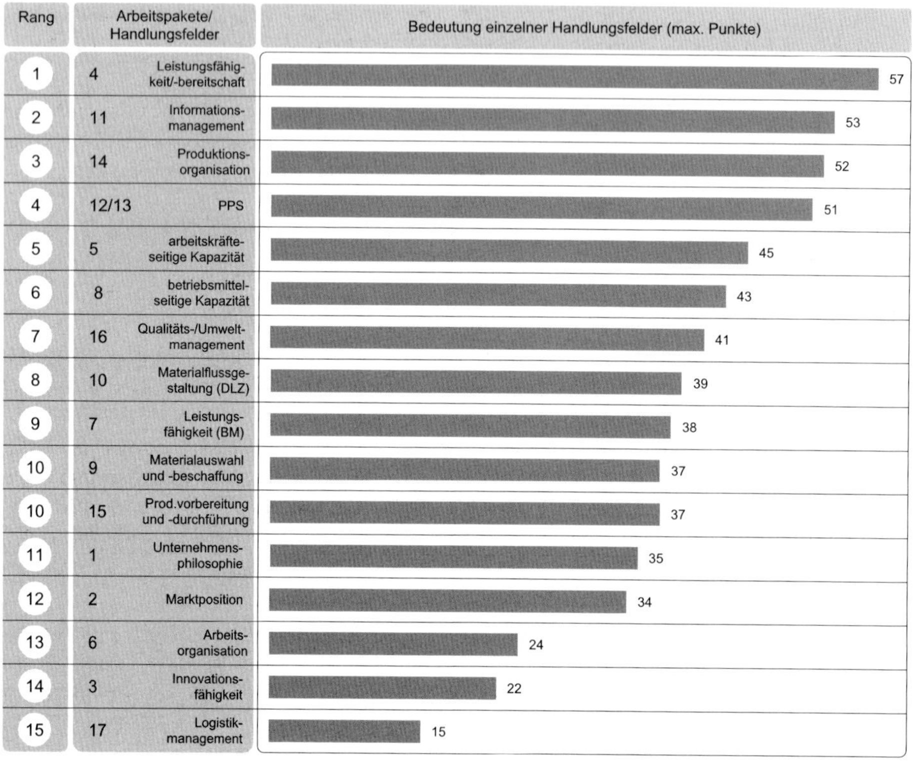

Bild 120: Rangfolge der Handlungsfelder für die zusammengefasste Benchmarkinggruppe

4 Methodische Instrumentarien zur konzeptionellen Bearbeitung der Arbeitspakete bzw. Handlungsfelder

Die Arbeitspakete enthalten mögliche Handlungsoptionen zur Produktivitätssteigerung.
Ob diese Optionen sinnvollerweise wahrzunehmen sind, entscheidet die Unternehmensanalyse.
Die Arbeitspakete bündeln die spezifischen Einflussgrößen und die dafür relevanten methodischen Gestaltungsvarianten, die auf die Kennzahl Produktivität wirken.
Die Analyse der Einflussgrößen identifiziert zum einen unkritische Arbeitspakete, die verdeutlichen, dass in diesen Bereichen keine zu priorisierenden Maßnahmen notwendig sind.

Die Anwendung der Best Productivity Practice identifizierte Potenziale zur Produktivitätssteigerung. Je größer die Anzahl dieser Potenzialfelder in einem Arbeitspaket ist, um so sicherer ist das identifizierte Arbeitspaket als Handlungsfeld zu identifizieren.

Für die Bereiche, in denen gestalterisch einzugreifen ist, ergeben sich folgende **Handlungsoptionen:**

1. Die bereits in der Gegenwart positiv auf die Produktivität wirkenden Einflussgrößen sind zu stärken.
2. Die identifizierten perspektivischen Handlungsfelder zur positiven Beeinflussung der Produktivität sind durch strategisch/taktische Produkt-, Faktor-, Prozessplanung zu unterstützen.
3. Die Wirkung der Handlungsfelder, von denen eine negative Produktivitätsbeeinflussung ausgeht, ist zu reduzieren. Dazu sind tiefgründige Analysen anzufertigen, die wirkenden Einflussfaktoren sind zu systematisieren, der Entscheidungsprozess ist zu strukturieren um Handlungskonzepte mit sinnvollen Maßnahmen abzuleiten und im Unternehmen umzusetzen.

Dieser Abschnitt ist insbesondere der Identifikation und Reduzierung von negativ wirkenden Einflussfaktoren (Potenzialfeldern) gewidmet.
Durch die Unternehmensanalyse erfolgt für jedes Unternehmen die Identifikation der entsprechenden Handlungsoptionen.

Um die Produktivität zu steigern, müssen diese systematisch erschlossen und in Gestaltungsmaßnahmen überführt werden.
Das erfordert die Entwicklung **methodischer Instrumente zur Entscheidungsfindung und Bearbeitung für jedes Handlungsfeld**, die dafür zunächst zu systematisieren sind *(vgl. Bild 121)*.

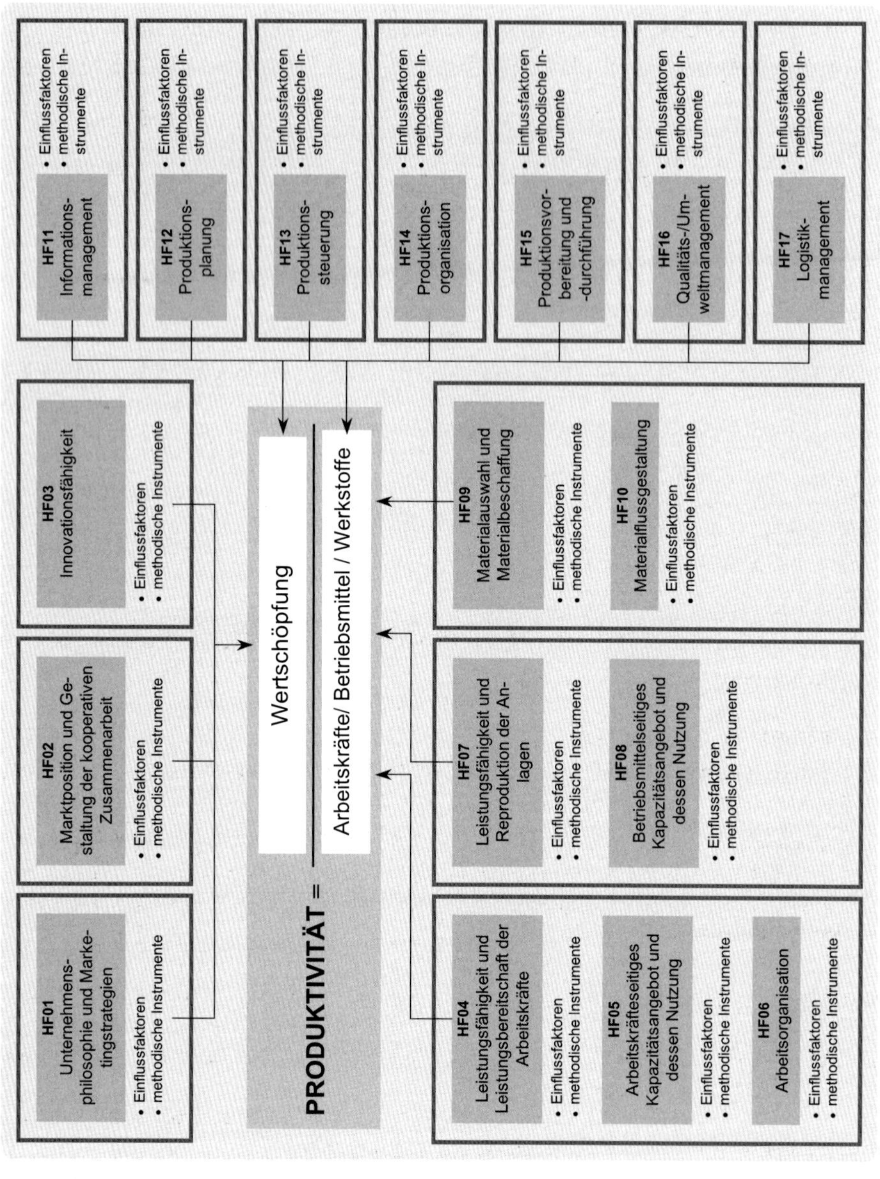

Bild 121: Systematisierung der abgeleiteten Handlungsfelder (HF) zur Analyse der Einflussfaktoren auf die Produktivität und zur Darstellung methodischer Instrumente zur Steigerung der Produktivität

Für jedes Handlungsfeld sind die wirkenden **Einflussfaktoren** zu definieren.
Dies geschieht in Tabellenform. Dabei werden

- die **Einflussfaktoren benannt**,
- mögliche **Fehlerquellen** identifiziert und ihre **Auswirkungen auf die Produktivität** verdeutlicht,
- die denkbaren **Lösungsansätze** sowie die zu verwendenden **Instrumente** identifiziert.

Für jedes Handlungsfeld wird ein **methodischer Ablaufplan zur Entscheidungsfindung** entworfen.
Er bildet die Grundlage für den handlungsfeldbezogenen Entscheidungsfindungsprozess.

Da identifizierte Handlungsfelder nicht isoliert sind, ist mit Wechselbeziehungen zwischen den Feldern zu rechnen. Diese führen ggf. zu Zielkonflikten bzw. zu **Interdependenzen zwischen den Handlungsfeldern**. Auftretende Interdependenzen werden abschließend analysiert.

4.1 Einflussfaktoren und methodische Lösungsansätze mit Wirkung auf den Output

4.1.1 Handlungsfeld 1: Langfristige Unternehmensziele und Marketingstrategien

Zielsysteme von Unternehmen basieren auf einem **Leitbild** der Unternehmenstätigkeit, das den Unternehmenszweck, seine Philosophie und seine Identität ausdrückt und stellen Hierarchien von übergeordneten und abgeleiteten Zeiten dar (Meffert [Marketing-Management, S. 79]).

Der **Unternehmenszweck** legt die angestrebte Unternehmensleistung – also die Geschäftsfelder – fest.
Die **Unternehmensphilosophie** charakterisiert verbindliche Leitlinien des Handelns gegenüber internen und externen Anspruchsgruppen.
Die Umsetzung der Unternehmensphilosophie führt zur **Unternehmensidentität**, die zur Imagebildung und Identifikation mit dem Unternehmen beiträgt.
Das Leitbild, die Geschäftsfelddefinition und die Umwelt mit ihren Rahmenbedingungen bestimmen die **Unternehmensziele**.
Ihre Orientierung ist vielschichtig, ihre Umsetzung erfordert eine **Differenzierung aus sachlicher, zeitlicher und räumlicher Sicht** sowie die dafür unerlässliche Ableitung von **Mittelentscheidungen**.

Damit in engem Zusammenhang stehen Marketingstrategien zur Sicherung von Wettbewerbsvorteilen, Marktwahlstrategien zur Auswahl von Absatzmärkten sowie Marktteilnehmerstrategien, die das Verhalten gegenüber Anspruchsgruppen, mit denen das Unternehmen in Wechselbeziehungen steht, charakterisieren.

In *Tabelle 2* werden **Einflussfaktoren** der **langfristigen Unternehmensziele und Marketingstrategien auf die Produktivität** dargestellt.

	Einflussfaktoren	Fehlerquellen	Auswirkungen auf die Produktivität	Gestaltungsansätze/Instrumente
Leitbild des Unternehmens	Definition des Unternehmenszwecks	ungenaue/unzureichende Analyse der Wettbewerbsposition des Unternehmens	Ressourcenallokation nicht optimal, Markteintritts- und -austrittsbarrieren unterschätzt, geringe Kapazitätsauslastung ⇒ Produktivität ↓	Festlegung der Kernkompetenzen, Definition komparativer Konkurrenzvorteile (KKV), SWOT-, Lebenszyklus-, Portfolio-, Kosten-, Wertkettenanalysen (vgl. **HF11**)
		ungenaue bzw. unzureichende Markt- und Geschäftsfeldabgrenzung	Synergieeffekte ungenutzt, Ressourcenallokation nicht optimal ⇒ Produktivität ↓	Marktabgrenzungskonzepte zur Identifikation relevanter Märkte: Kreuzpreiselastizitäten, Ähnlichkeit der Produkte, Reaktionsverbundenheit der Unternehmen, Geschäftsfeldabgrenzung nach: Abnehmern, Markträumen, Produkten
		falsche Beurteilung der Marktentwicklung und des Produktlebenszyklus	Investition in veraltete bzw. wenig aussichtsreiche Produkt- und Produktionstechnologien (vgl. **HF03** und **HF07**) ⇒ Auslastung ↓, Umsatz geringer als Erwartungen, Kapitaldienst für Fehlinvestitionen ⇒ Produktivität ↓	Markt- und Produktlebenszyklusanalyse (LZA), "gesunde" Mischung der Geschäftsfelder im Sinne der Portfolioanalyse (Zukunft)
	Definition der Unternehmensphilosophie	Unternehmensphilosophie ist niedergeschrieben, wird aber in Praxis nicht kommuniziert/realisiert/gelebt	Motivations- und Identifikationsverluste der Belegschaft ⇒ geringe Leistungsbereitschaft der Arbeitskräfte (vgl. **HF04**), Umsatzpotenziale nicht ausgeschöpft ⇒ Produktivität ↓	Aufbau eines langfristigen und praktizierten Unternehmensimages nach außen und innen, Festschreibung und Kommunikation von verbindlichen Unternehmensleitlinien/-grundsätzen, PR-Maßnahmen etc.
	Definition der Unternehmensidentität (Corporate Identity)	Image- und Identifikationsanspruch und -realität stimmen nicht überein	interne und externe Konflikte auf längere Sicht ⇒ Umsatz ↓ ⇒ Produktivität ↓	
Zielsystem des Unternehmens i.e.S.	Definition strategischer Unternehmensziele (Oberziele)	fehlende Ordnung im Zielsystem des Unternehmens	Zielzusammenhänge/ -beziehungen nicht erkannt ⇒ falsche Vergabe der Prioritäten ⇒ schlechte Umsatz- und Kapazitätsentwicklung ⇒ Produktivität ↓	Aufbau eines geschlossenen hierarchischen Ziel- und Präferenzsystems auf der Grundlage von Mittel-Zweck-Beziehungen bzw. -Vermutungen (z.B. Du Pont-System)
		Verfolgung konfliktärer Zielstellungen (Di-/Polylemma ungelöst), Präferenzordnung fehlt	keine zieladäquate Ressourcenallokation, Abstimmungs-/ Koordinationsaufwand ⇒ Produktivität ↓	
		unrealistische/realitätsferne Zielstellungen (gehen an Marktbedingungen vorbei, z.B. zu optimistisch)	Diskrepanz zwischen Marktanforderungen/-entwicklungen und Unternehmensplanung ⇒ Ressourceneinsatz und Umsatz nicht optimal ⇒ Produktivität ↓	kontinuierliche Überwachung der Marktentwicklungen mit Hilfe von Lebenszyklus-, Portfolio- und Wertkettenanalysen etc.

Tabelle 2a: Einflussfaktoren der langfristigen Unternehmensziele und der Marketingstrategien auf die Produktivität (Teil 1)

	Einflussfaktoren	Fehlerquellen	Auswirkungen auf die Produktivität	Gestaltungsansätze/Instrumente
Zielsystem des Unternehmens i.e.S.	Definition der Zwischenziele	Funktionsbereichsziele nicht auf Oberziele ausgerichtet und abgestimmt, u.U. konfliktär	Geschäftsbereiche wirken nicht zusammen, falsche Anreize ⇒ Fehlsteuerung, Synergieeffekte nicht genutzt, Ressourcen verschwendet ⇒ Produktivität ↓	Aufbau eines geschlossenen hierarchischen Zielsystems auf der Grundlage von Mittel-Zweck-Beziehungen bzw. -Vermutungen
	Definition der operativen Ziele	Ziele sind zu abstrakt und nicht operational, Zielbeziehungen nicht erkennbar, falsche Anreize	Zielrichtung im operativen Geschäft nicht erkennbar ⇒ Gefahr von Fehlinterpretationen ⇒ u.U. nicht zieladäquater Ressourceneinsatz ⇒ Produktivität ↓	Definition operativer Ziele (eindeutig nach Inhalt, Ausmaß), Zeitrahmen und Verantwortung (sachliche, zeitliche und räumliche Abgrenzung)
		inflexible Festlegung, Kommunikation und Durchsetzung der operativen Zielstellungen	kurzfristige Veränderungen der Marktanforderungen/-entwicklungen möglich, niedrige Flexibilität ⇒ Umstellungen zeit- und kostenintensiv, Risiko - ⇒ Produktivität ↓	Aufbau eines geeigneten Informationssystems im Unternehmen (vgl. **HF11**), Installation flexibler Technologien (vgl. **HF07**)
Marktwahlstategien	Definition des Marktareals (regional, national, international)	zu große Zielregion (Überdimensionierung)	Ressourcenbedarf zur Marktbearbeitung/Ausschöpfung des Marktpotenzials zu groß, Investitionen in Markterschließungen unrentabel, Umsätze aus Kapazitätsgründen nicht realisierbar ⇒ zusätzliche Kosten ⇒ Produktivität ↓	SWOT-Analyse, Portfolioanalysen, Lebenszyklusanalysen, kostenorientierte Analysen, Wertkettenanalysen
		zu kleine Zielregion (Unterdimensionierung)	zu geringes Marktpotenzial, Auslastung zu gering ⇒ Kapitaldienst für ungenutzte Investitionen, Produktionspotenziale nicht ausschöpfbar ⇒ Produktivität ↓	
	Definition der Marktparzellierung (Massenmarkt vs. Segmentierung)	unzureichende Parzellierung	Markt wird als Massenmarkt bearbeitet ⇒ Umsatz- und Preispotenziale durch geeignete Segmentierung und Variantenproduktion ungenutzt ⇒ Produktivität ↓	Marktanalysen (LZA, Portfolio), Methoden der optimalen Varianten- und Sortimentsbestimmung
		übermäßige Marktsegmentierung	zu hohe Variantenvielfalt (Sortimentsbreite) ⇒ zu hoher Koordinationsaufwand, Komplexitätskosten ⇒ Produktivität ↓	
	Definition der Markt- bzw. Geschäftsfeldstrategie (Produkt-Markt-Kombinationen)	ausschließliche Konzentration auf das Kerngeschäft (keine Diversifikation)	zukunftsträchtige Geschäftsfelder nicht beachtet ⇒ Auslastung und Umsatz vom "traditionellen" Geschäftsfeld abhängig, keine Risikodiversifikation ⇒ Gefährdung der Überlebensfähigkeit, Produktivität ↓	Wahl eines gemischten Portfolios aus "traditionellen" und zukünftig besonders aussichtreichen Geschäftsfeldern, Wirtschaftlichkeitsanalysen für Markt-/ Produktentwicklung und Diversifikation, Orientierung an Wettbewerbern (Benchmarking), Kooperationen (vgl. **HF02**)
		Entfernung vom Kerngeschäft, zu weitreichende Diversifikation	Ressourcen nicht ausreichend, Kernkompetenzen gehen verloren, Gefahr des "Verzettelns", mangelnde Synergien ⇒ zu hohe Kosten ⇒ Produktivität ↓	
		zu geringe Markt-/Produktentwicklung	fehlendes Schließen von Umsatzlücken, "Verschlafen" der Entwicklung (vgl. **HF03**) ⇒ Gefährdung der Überlebensfähigkeit, Produktivität ↓	

Tabelle 2b: Einflussfaktoren der langfristigen Unternehmensziele und der Marketingstrategien auf die Produktivität (Teil 2)

	Einflussfaktoren	Fehlerquellen	Auswirkungen auf die Produktivität	Gestaltungsansätze/Instrumente
Marktwahlstrategien	Definition der Marktfeldstrategie	zu hohe Markt-/Produktentwicklung	hohes Risiko bei Innovationen (vgl. **HF03**), hoher Finanzbedarf ⇒ Gefährdung der Überlebensfähigkeit, Produktivität ↓	s.o.
	Definition der Marktstimulierungsstrategie (Preis vs. Differenzierung)	inkonsequente Ausrichtung, inkonsistentes Bild des Unternehmens nach außen, fehlende Corporate Identity	Vermischung von Kosten- und Qualitätsführerschaft, mangelnde Ansprache der Kunden ⇒ Umsatzpotenzial nicht ausgeschöpft, Auslastung zu gering ⇒ Produktivität ↓	konsequente Ausrichtung auf entweder Kostenführerschaft (Positionierung über Preis, Ausnutzung von Erfahrungs- und Größendegressionseffekten) oder Qualitätsführerschaft (Positionierung über Differenzierungsvorteile: Qualität, Innovation, Programmbreite, Marken etc. bei höheren Preisen); Outpacing (vgl. **HF02**)
Marktteilnehmerstrategien	Definition der konkurrenzorientierten Marketingstrategie	Vernachlässigung der Konkurrenzbeziehungen	erhalten der Wettbewerber nicht beachtet, Entwicklungen nicht antizipiert ⇒ Gefahr von Innovationen und Substitutionsgütern ⇒ Umsatz ↓ ⇒ Produktivität ↓	weitsichtige Markt-, Konkurrenz- und Unternehmensanalyse (LZA, Portfolio, Benchmarking etc.), Definition eines eigenen Profils und eigener Strategien
		zu weitreichende/komplette Orientierung an der Konkurrenz	Verlust von Unternehmensimage und Wettbewerbsvorteilen ⇒ Umsatz ↓ ⇒ Produktivität ↓	
		Konflikt mit Konkurrenz (Konkurrenzkampf)	Ressourcenverschwendung für Wettbewerb, Risiko des Verlierens ⇒ Kosten ↑ ⇒ Produktivität ↓	
		Abhängigkeit von Wettbewerbern durch Kooperationen (vgl. **HF02**)	Abhängigkeitsverhältnisse führen zu defensiver Lage gegenüber Wettbewerbs-/Kooperationspartnern ⇒ Umsatz ↓ ⇒ Produktivität ↓	
	Definition der abnehmerorientierten Marketingstrategie	undifferenzierte Leistungen (Standardprodukte)	Standardprodukte austauschbar, Positionierung über Preis ⇒ Umsatz ↓ ⇒ Produktivität ↓	Marktanalysen (LZA, Portfolio), Benchmarking, Methoden der optimalen Variantenbestimmung, optimale Differenzierung über Qualitäts-, Zeitvorteile etc.
		zu stark differenzierte Leistungen	zu hohe Kosten aufgrund übergroßer Sortimentsbreite (Komplexitätskosten) ⇒ Produktivität ↓	
	Definition der handelsorientierten Marketingstrategie	passive Haltung gegenüber Absatzmittlern, Duldung der Handelsmacht	Abhängigkeit von Absatzmittlern, Übernahme von Handelsfunktionen ⇒ Kosten ↑ ⇒ Produktivität ↓	SWOT-Analyse, Benchmarking
		Machtkampf mit Handel	Belastung der Ressourcen, gesteigerte Kosten durch Eigenvertrieb, Risiko des Verlierens ⇒ Kosten ↑ ⇒ Produktivität ↓	

Tabelle 2c: Einflussfaktoren der langfristigen Unternehmensziele und der Marketingstrategien auf die Produktivität (Teil 3)

	Einflussfaktoren	Fehlerquellen	Auswirkungen auf die Produktivität	Gestaltungsansätze/Instrumente
Marktteilnehmer-strategien	Definition der zulieferorientierten Marketingstrategie	Konzentration auf weitest mögliche Eigenfertigung	hohe Investitionskosten, Gefahr von Fehlinvestitionen, Produktrisiko liegt in einer Hand, hoher Steuerungsaufwand, Verschenken von Spezialisierungsvorteilen ⇒ Produktivität ↓	SWOT-Analyse, Benchmarking, Kooperationen, Entwicklungspartnerschaften (vgl. **HF02**), Modular/Global Sourcing (vgl. **HF09**)
		weitreichendes Outsourcing	Verlust von Kernkompetenzen, Abhängigkeit von Zulieferern ⇒ Produktivität ↓	
Marketingmanagement	Festlegung der Unternehmensziele und Marketingstrategien	Wahl ungeeigneter Marketingstrategien	schlechte Positionierung am Markt, Wettbewerbsnachteile ⇒ Umsatzpotenziale unausgenutzt ⇒ Produktivität ↓	fundierte Markt- und Unternehmensanalyse, richtige Ableitung der Strategien durch iterativen und kontinuierlichen Marketingmanagementprozess
	Implementierung der Marketingstrategien	ungeeignete organisatorische Verankerung des Marketingmanagements	keine Durchsetzungsbefugnis, Koordinationsmechanismen funktionieren nicht ⇒ Umsatz ↓ ⇒ Produktivität ↓	organisatorische Einbettung des Marketings in die höchste Ebene der Unternehmensführung
		fehlende Unterstützung durch Unternehmensführung	Unternehmensführung zeigt keinen Willen zur Durchsetzung, verleiht keine Kompetenz ⇒ keine Effekte der Maßnahmen, Kosten ↑ ⇒ Produktivität ↓	Unternehmensführung muss Zielbildung und Strategieimplementierung tragen
	Kontrolle der Zielerreichung	kein Rückkopplungsprozess, keine Durchführung von Kontrollen	keine Kontrolle des Maßnahmenerfolges/ der Zielerreichung, fehlende Veranlassung notwendiger Ziel- und Strategieanpassungen ⇒ Umsatz- und Rationalisierungspotenziale verschenkt, Fehlentwicklungen nicht erkannt ⇒ Kosten ↑ ⇒ Produktivität ↓	Aufbau von Managementinformationssystemen und Frühwarnsystemen zur kontinuierlichen Kontrolle der Zielrealisierung (vgl. **HF11**)

Tabelle 2d: Einflussfaktoren der langfristigen Unternehmensziele und der Marketingstrategien auf die Produktivität (Teil 4)

In den Bildern 122 und 123 wird die **Vorgehensweise zur Definition langfristiger Unternehmensziele als Entscheidungsprozess** aus der besonderen Sichtweise des Produktivitätsmanagements dargestellt.
Außerdem werden geeignete methodische Instrumentarien zur Entscheidungsvorbereitung und Problembewältigung benannt.

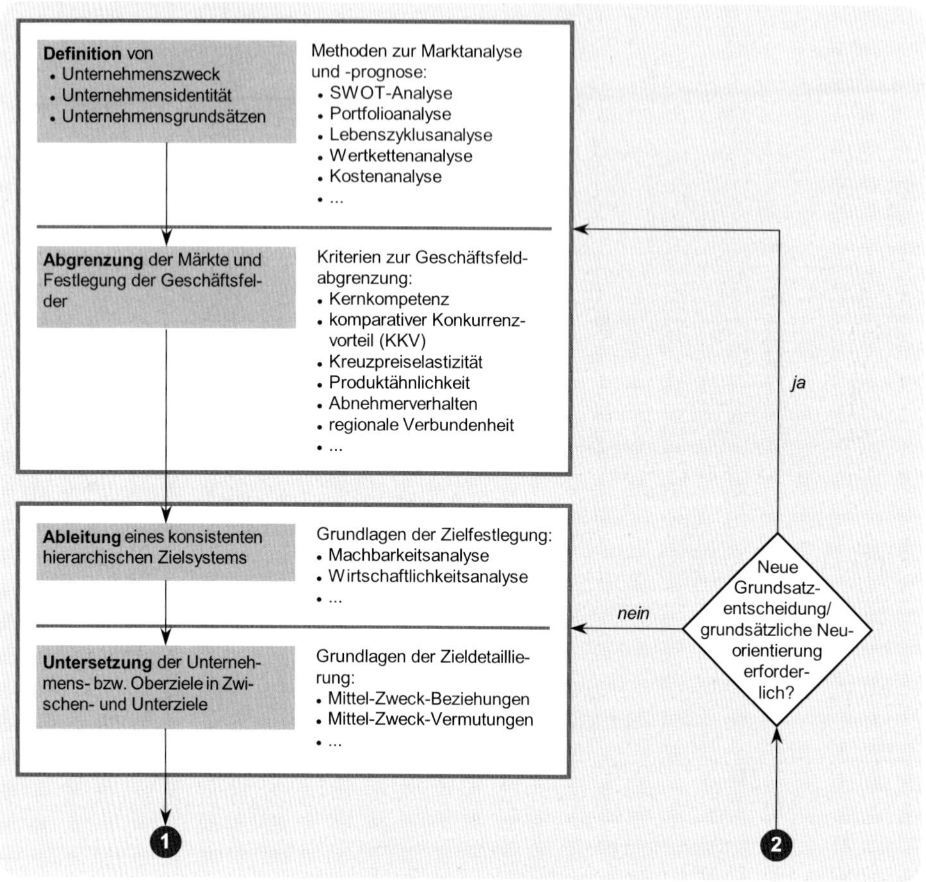

Bild 122: Strukturierung des methodischen Entscheidungsprozesses im Rahmen der Definition langfristiger Unternehmensziele und der Ableitung von Marketingstrategien (Teil 1)

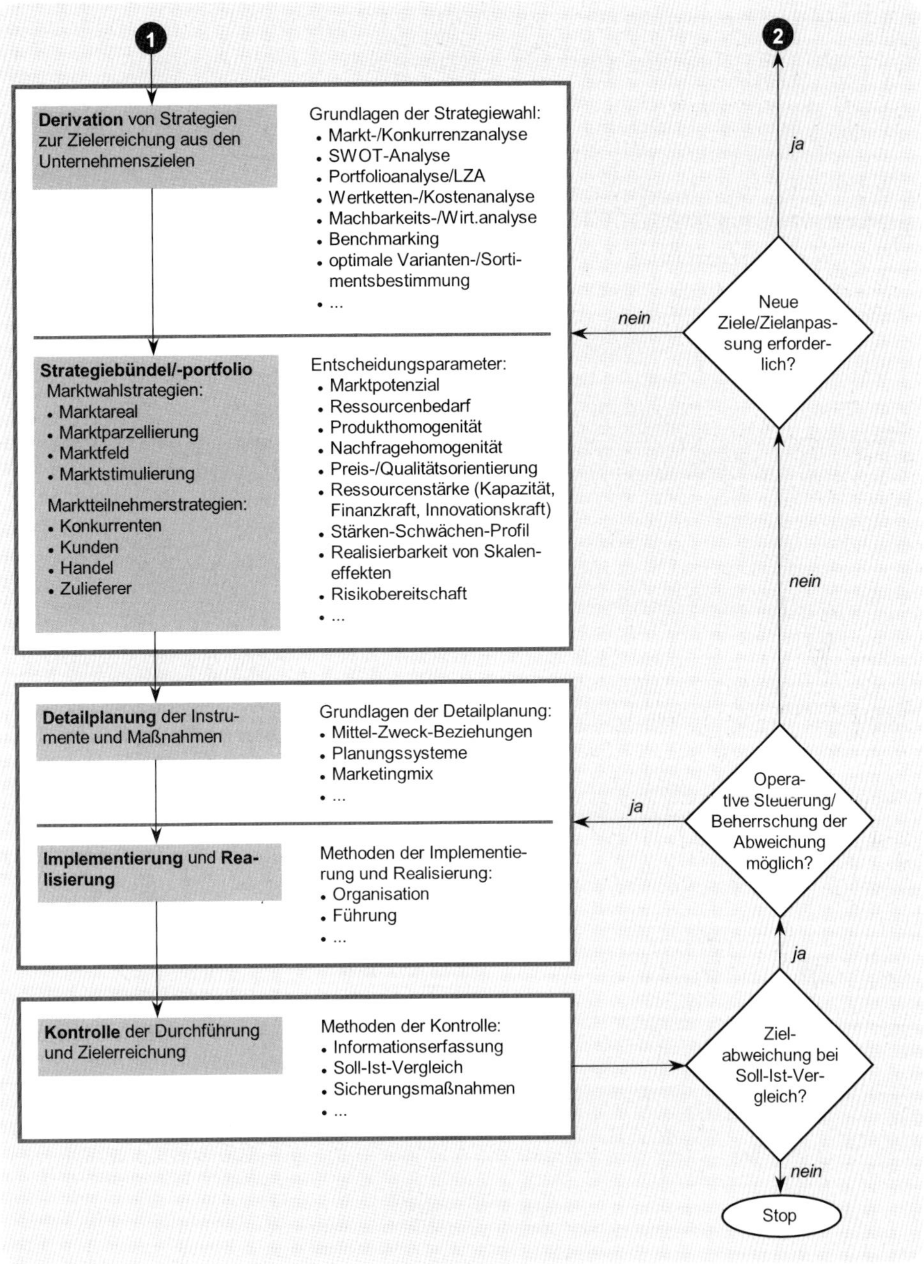

Bild 123: Strukturierung des methodischen Entscheidungsprozesses im Rahmen der Definition langfristiger Unternehmensziele und der Ableitung von Marketingstrategien (Teil 2)

4.1.2 Handlungsfeld 2: Marktposition und Gestaltung der Kooperation

Die Marktposition eines Unternehmens kennzeichnet seine Beziehung zu den Wettbewerbern. Die Positionierung geht in drei Richtungen (Porter [Wettbewerbsstrategie, S. 21]):

(1) Realisierung von **Kostenvorteilen** durch Streben nach hohen Marktanteilen, die zu Skaleneffekten infolge großer Stückzahlen führen.

(2) **Produktdifferenzierung** durch Betonung der Einmaligkeit, der Unverwechselbarkeit der eigenen Leistung. Differenzierungsgegenstände sind z.B. die **Qualität** der Produkte, die **Innovationsfähigkeit**, der **Lieferservice** sowie die Fähigkeit fertigungsnahe industrielle **Dienstleistungen** mit den Produkten im Paket anzubieten (Benkenstein [strategisches Marketing, S. 138]).

(3) Orientierung auf **Nischenprodukte**. Hier ist der Marktanteil von untergeordneter Bedeutung. Eine geringe Wettbewerbsintensität und die Erzielung relativ hoher Preise auf Grund der kaum ausgeprägten Konkurrenzsituation stehen im Vordergrund.

Die Stärke eines Unternehmens liegt auch in seiner Bereitschaft zur **Kooperation**, die eine **Konzentration auf besondere Fähigkeiten bei den in die Kooperation einbezogenen Unternehmen** ermöglicht.
Damit in engem Zusammenhang stehen sinnvoll **Make-or-Buy-Entscheidungen**, die Einbeziehung von **Forschungs- und Entwicklungskapazitäten** der Kooperationspartner, die Gestaltung der **Fertigungstiefe** und damit der **Wertschöpfungsanteile** am Output und die **Positionierung in der Zulieferpyramide.**

In *Tabelle 3* werden **Einflussfaktoren** der **Marktposition und der Gestaltung der kooperativen Zusammenarbeit auf die Produktivität** verdeutlicht.

	Einflussfaktoren	Fehlerquellen	Auswirkungen auf die Produktivität	Gestaltungsansätze/Instrumente
strategische Marktpositionierung	Realisierung von Kostenvorteilen (Kosten-/Preisführerschaft)	niedrige Preise auf Kosten der Substanz	erzielte Preise decken Gesamtkosten nicht, Amortisationen reichen nicht zum Substanzerhalt ⇒ Gefahr für langfristige Existenz des Unternehmens, Produktivität ↓	genaue Kostenkalkulation, Deckungsbeitragsrechnungen
		Marktanteile können im Wettbewerb nicht vergrößert bzw. verteidigt werden	Marktanteilsstrategien schlagen trotz geringer Einführungspreise fehl ⇒ Preise verharren auf niedrigem Niveau ⇒ Umsatz gering ⇒ Produktivität ↓	Marktanalysen/-prognosen, Benchmarking mit Vergleichsprodukten, Informations-/ Frühwarnsystem (vgl. **HF11**)
		Erfahrungskurven- und Skalen-/Synergieeffekte überschätzt	Kostensenkungspotenziale trotz hoher Stückzahlen unter Erwartungen ⇒ Kosten steigen (über-)proportional zum Umsatz ⇒ Produktivität verbleibt auf Niveau oder sinkt	Prozessinnovationen (vgl. **HF03**), Investitionen, Änderung der Marketingstrategie (Differenzierung)
		Konkurrenzverhalten zu wenig/nicht beachtet	Kooperationen und Allianzen können zu Synergieeffekten bei Konkurrenz führen ⇒ Preise ↓ ⇒ Umsatz ↓ ⇒ Produktivität ↓	Marktbeobachtung/-forschung, Antizipation des Marktteilnehmerverhaltens (vgl. **HF01**), Bildung eigener Kooperationen/strategischer Allianzen
	Realisierung von Differenzierungs-/ Qualitätsvorteilen	zu starke Differenzierung (zu breites Sortiment, zu hohe Variantenvielfalt)	Kunden honorieren Differenzierung über ein bestimmtes Maß hinaus nicht, Höhe der Komplexitätskosten durch Variantenvielfalt unterschätzt ⇒ Produktivität ↓	Marktforschung, Marktanalysen/ -prognosen, Methoden der optimalen Variantenwahl und Sortimentsbestimmung
		kein Marktbedarf für Differenzierung (Standardprodukte ausreichend)	Differenzierungsvorteile werden aus Anbietersicht überschätzt, Angebot am Kundenwunsch vorbei ⇒ Umsatz ↓ ⇒ Produktivität ↓	
		Differenzierungsaufwand unterschätzt	progressive Kosten für Koordination, zusätzlichen Service etc. liegen über den Zusatzerlösen durch Differenzierung ⇒ Produktivität ↓	
	Konzentration auf Marktnischen	Überschätzung des Potenzials der Marktnische (Preise und Mengen)	realisierbare Preise und Absatzmengen unter den Erwartungen ⇒ Umsatz ↓ ⇒ Produktivität ↓	Marktforschung, Umsatz- und Kostenplanung, Controlling
		Unterschätzung der Differenzierungskosten	hohe Kosten der Marktnischenbearbeitung bei geringen Chancen der Steigerung des Marktanteils/-potenzials ⇒ Produktivität ↓	genaue Kostenkalkulation, Controlling, Benchmarking
		Abhängigkeit von kleiner Abnehmergruppe	Abhängigkeiten, Ausübung von Nachfragemacht ⇒ Preise ↓ ⇒ Umsatz ↓ ⇒ Produktivität ↓	Marktbeobachtung, evtl. Rückzugsstrategien, Risikodiversifikation

Tabelle 3a: Einflussfaktoren der Marktposition und der Gestaltung der kooperativen Zusammenarbeit auf die Produktivität (Teil 1)

	Einflussfaktoren	Fehlerquellen	Auswirkungen auf die Produktivität	Gestaltungsansätze/Instrumente
strategische Besetzung von Marktfeldern	Marktdurch-dringung	Marktpotenzial bereits (fast) vollständig ausgeschöpft	Umsatz stagniert trotz Marketinginvestitionen ⇒ Kosten ↑ ⇒ Produktivität ↓	Markt- und Produktanalysen (Lebens-zyklus-, Portfolioanalyse) (vgl. **HF01**)
		Marketingkosten zu hoch	Kosten des Marketings übersteigen Mehrumsatz ⇒ Kosten ↑ ⇒ Produktivität ↓	Markt- und Produktanalysen, Investi-tionsrechnung für Marketingmaßnahmen
		Reaktion der Konkurrenz zu wenig/nicht beachtet	Konkurrenz verteidigt Marktanteile und reagiert durch Gegenmaßnahmen/ Preissenkungen ⇒ Preise ↓ ⇒ Umsatz ↓ ⇒ Produktivität ↓	Marktbeobachtung, Antizipation des Konkurrentenverhaltens
	Produktent-wicklung	Erhöhung der Variantenzahl verursacht hohe Kosten	Investitions-, Handlings- und Steuerungskosten (progressive Komplexitätskosten) ↑ ⇒ Produktivität ↓	organisatorische Umstrukturierungen, Outsourcing, Sortimentsbereinigung
		Kannibalisierung zwischen eigenen Produktvarianten	Verkauf neuer, zusätzlicher Varianten reduziert Absatz alter Produkte ⇒ Umsatz stagniert ⇒ Kosten ↑ ⇒ Produktivität ↓	exakte Marketingplanung; Schaffung "neuer" Produkte aus Sicht des Kunden, keine Substitute (vgl. **HF03**)
	horizontale Diversifikation	Sortimentserweiterung verursacht hohe Kosten	hohe Investitions-, Marketing- und Koordinationskosten geringer als Mehrumsatz ⇒ Produktivität ↓	organisatorische Umstrukturierungen, Outsourcing, Sortimentsbereinigung
		Kannibalisierung innerhalb der Produktfamilie	Verkauf neuer Produkte mindert Absatz traditioneller Pro-dukte ⇒ Umsatz stagniert ⇒ Kosten ↑ ⇒ Produktivität ↓	Einsatz des Marketinginstrumentariums (z.B. unterschiedliche Markierung, Preisgestaltung etc.)
	laterale Diversifikation	hohe Markteintrittsbarrieren	hohe Investitionskosten zur Markterschließung, Gefahr der Abwehr durch Wettbewerber ⇒ Preiskämpfe etc. ⇒ Umsatz gering ⇒ Kosten ↑ ⇒ Produktivität ↓	Markt- und Wettbewerbsanalysen, Investitionsrechnungsverfahren, Benchmarking, externe Beratung
		mangelndes Know-how, keine Kernkompetenzen, Gefahr des "Verzettelns"	keine für Kunden erkennbaren Kernkompetenzen oder komparativen Konkurrenzvorteile, wenig Synergieeffekte ⇒ Kosten ↑ ⇒ Produktivität ↓	Kooperationen, organisatorische Um-strukturierungen, Neudefinition (vgl. **HF01**)
		Imageverlust der traditionellen Produkte	Umsatzrückgang bei traditionellen Produkten, Imageverwässerung ⇒ Umsatz ↓ ⇒ Produktivität ↓	Marketinganalysen, Gegenmaßnahmen im Rahmen des Marketingmix

Tabelle 3b: Einflussfaktoren der Marktposition und der Gestaltung der kooperativen Zusammenarbeit auf die Produktivität (Teil 2)

	Einflussfaktoren	Fehlerquellen	Auswirkungen auf die Produktivität	Gestaltungsansätze/Instrumente
strategische Besetzung von Marktfeldern	Kooperationen	falsche Beurteilung der Motivationen/Unterschätzung der Stärke der Partner	Abhängigkeitsverhältnisse, Kooperationseffekte nur beim beherrschenden Partner $\Rightarrow$ Umsatz stagniert $\Rightarrow$ Kosten $\uparrow$ $\Rightarrow$ Produktivität $\downarrow$	vertragliche Absicherung der Kooperationsbeziehungen, sorgfältige Auswahl der Kooperationspartner
		Synergieeffekte nicht realisiert	Kosten verbleiben auf hohem Niveau $\Rightarrow$ Produktivität stagniert	Umstrukturierungen, Verbesserung der Arbeitsteilung
		Auflösungs-/ Austrittskosten von/ aus Kooperationen	hohe Austrittsbarrieren aus Kooperationen durch gemeinsame Investitionen $\Rightarrow$ Kosten $\uparrow$ $\Rightarrow$ Produktivität $\downarrow$	vertragliche Vereinbarung der Konditionen der Kooperationsauflösung
strategische Positionierung in Wertschöpfungsketten	Gestaltung der Fertigungstiefe	zu große Fertigungstiefe	Fertigungsprozesse sind nicht optimiert, Verschenkung von Kosten- oder Differenzierungsvorteilen $\Rightarrow$ Kosten im Konkurrenzvergleich zu hoch, Umsatzpotenziale verschenkt $\Rightarrow$ Produktivität $\downarrow$	Lean Production/Outsourcing, Fremdvergabe an Lohnfertiger/ Spezialisten/ Serviceanbieter/Markenhersteller, organisatorische Umstrukturierung/ Optimierung (vgl. **HF09** und **HF14**)
		zu geringe Fertigungstiefe	Wertschöpfungspotenziale im Bereich der Kernkompetenzen/ eigener Skalen- und Synergieeffekte verschenkt $\Rightarrow$ Umsatz $\downarrow$, Kosten $\uparrow$ $\Rightarrow$ Produktivität $\downarrow$	Investition und Eigenfertigung im Bereich der Kernkompetenzen, Rationalisierungsmaßnahmen, Gruppierung/ Vereinheitlichung von Teilen (vgl. **HF09**)
	Outsourcing	Outsourcingpotenziale nicht ausgeschöpft	Tertiär- und Sekundärleistungen werden trotz günstigerer Fremdanbieter vom Unternehmen erbracht $\Rightarrow$ Produktivität im Vergleich zu Wettbewerbern $\downarrow$	Outsourcing von Leistungen außerhalb der Kernkompetenzen des Unternehmens, Benchmarking, Marktanalysen, Kostenvergleichsanalysen
		übermäßiges/ falsches Outsourcing	Verlust von Kernkompetenzen, Imageverlust aus Sicht des Kunden, Risiken bzgl. der Geheimhaltung/ Sicherheit, Abhängigkeiten von Zulieferern, Einbußen bei der Flexibilität, Lieferrisiken $\Rightarrow$ Umsatz $\downarrow$, Kosten $\uparrow$ $\Rightarrow$ Produktivität $\downarrow$	Investitionen, Rückkehr zur Eigenfertigung, Marketingmaßnahmen, Methoden der Lieferantenauswahl (vgl. **HF09**), vertragliche Gestaltung
	Position in der Zuliefererpyramide, Teileproduzent vs. Systemlieferant	Anteil der Wertschöpfung innerhalb der Wertschöpfungskette zu gering	Insbesondere Anbieter auf unteren Stufen der Zulieferpyramide sind austauschbar $\Rightarrow$ Preise $\downarrow$ $\Rightarrow$ Umsatz $\downarrow$ $\Rightarrow$ Produktivität $\downarrow$	vertikale Diversifikation, Kooperationen, Entwicklungspartnerschaften
		kein Angebot von System-/ Komplettleistungen	Potenziale zur Umsatzsteigerung durch umfassendes Leistungsangebot/-programm nicht ausgeschöpft $\Rightarrow$ Umsatz $\downarrow$ $\Rightarrow$ Produktivität im Vergleich zu Wettbewerbern $\downarrow$	Erweiterung des Leistungsprogramms (Diversifikation), Kooperationen, Modul-/Systemlieferant, Angebot von Servicepaketen (one hand)

Tabelle 3c: Einflussfaktoren der Marktposition und der Gestaltung der kooperativen Zusammenarbeit auf die Produktivität (Teil 3)

In den Bildern 124 und 125 wird die Strukturierung des methodischen Entscheidungsprozesses zur Festlegung der Marktposition und der Gestaltung der Kooperation vorgenommen.

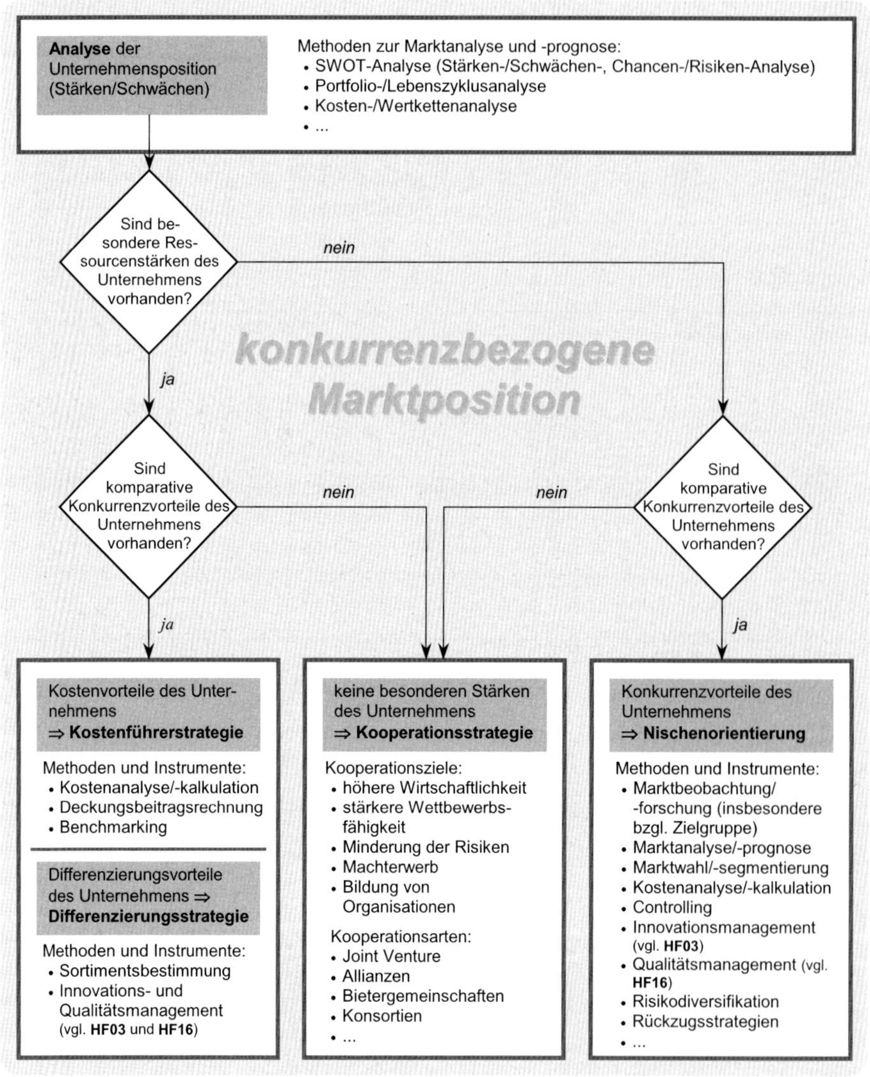

Bild 124: Strukturierung des methodischen Entscheidungsprozesses zur Festlegung der Marktposition und Gestaltung der Kooperation (Teil 1: konkurrenzbezogen)

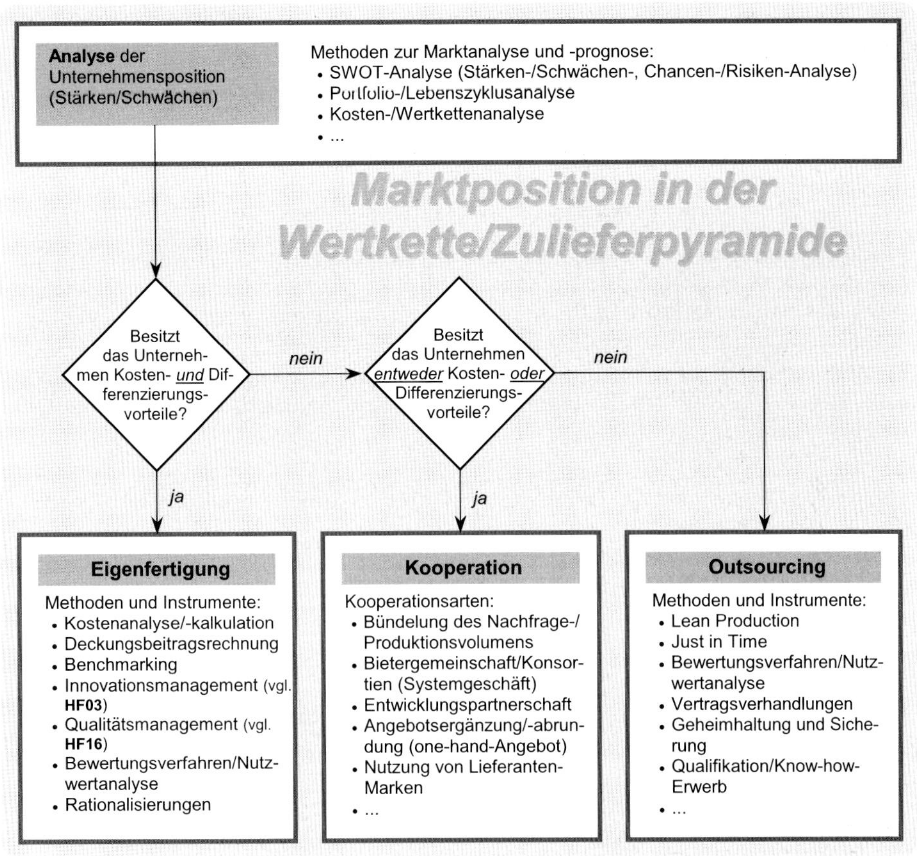

Bild 125: Strukturierung des methodischen Entscheidungsprozesses zur Festlegung der Marktposition und Gestaltung der Kooperation (Teil 2: wertkettenbezogen)

4.1.3 Handlungsfeld 3: Innovationsfähigkeit

Die aktuelle Marktsituation zwingt die Unternehmen zu permanenten Innovationen. Sie sind für das Überleben und das Wachstum der Unternehmen unerlässlich.
Von besonderer Bedeutung sind **Produkt- und Prozessinnovationen**.

Produktinnovationen führen zur Verbesserung der Nachfragebefriedigung der Kunden und lösen häufig zusätzliche Bedarfe aus.
Durch sie werden vorhandene Produkte weiterentwickelt oder durch völlig neue Produkte ersetzt.
Prozessinnovationen sind häufig die Folge von Produktinnovationen. Sie sichern, dass neue Produkte mit einer hohen Ergiebigkeit in den Produktionsprozessen hergestellt werden können.

Ein besonderes Augenmerk der Prozessinnovation liegt auf der **Gestaltung** der **Flexibilität** von Produktionsprozessen.
Die Flexibilität eines Produktionsprozesses beinhaltet die Fähigkeit zur Produktion veränderter, neuer Produkte durch die vorhandene Technik und Technologie.
Durch Flexibilität wird der Zwang zur ständigen Prozessgestaltung infolge der Produktdynamik gebrochen.

Flexibilität bedeutet die Fähigkeiten eines Produktionsprozesses

- zur Aufnahme alternativer Inputfaktoren,
- zur Produktion veränderter Produkte mit vorhandenen Potenzialfaktoren,
- zur Gestaltung neuer Faktorkombinationen und
- zur Schaffung von Kapazitätsreserven für die Befriedigung von Nachfrageschwankungen.

In *Tabelle 4* werden **Einflussfaktoren** der **Innovationsfähigkeit auf die Produktivität** dargestellt.

	Einflussfaktoren	Fehlerquellen	Auswirkungen auf die Produktivität	Gestaltungsansätze/Instrumente
Innovationsobjekt	Produkt-innovation	keine/unzureichende Entwicklung und Einführung neuer Produkte (Überlebensrisiko)	Ende des Lebenszyklus überholter Produkte ⇒ Umsatzeinbruch, keine Alternativen, um Umsatzlücke zu schließen ⇒ Produktivität ↓, Gefährdung der Existenz des Unternehmens	frühzeitige Entwicklung von Folge-/Alternativprodukten, Produktvariation, Marktentwicklung (vgl. **HF01**), Imitation
		Innovationspotenzial des Unternehmens nicht ausgeschöpft	weniger Innovationen als mit Potenzial des Unternehmens bei moderatem Risiko möglich ⇒ Verschenkung von Differenzierungsvorteilen, Marktanteilen und Umsatzpotenzialen ⇒ Produktivität ↓	Marktbeobachtung, Stärken-Schwächen-/Konkurrenzanalyse, Benchmarking, Innovations-management
		zu hohe Innovationsrate (Erfolgsrisiko)	sehr hohe F&E-Aufwendungen, hohes Erfolgs-/Fehlentwicklungsrisiko, Entwicklung am Kundenwunsch vorbei, Erzeugung künstlichen Innovationsdrucks ⇒ Kosten übersteigen Mehrumsatz ⇒ Produktivität ↓	Marktbeobachtung, Stärken-Schwächen-/ Konkurrenzanalyse, Kundenbefragungen, Innovations-management
	Prozess-innovation	keine/ unzureichende Verbesserungen der Prozesse	Einsatz veralteter Fertigungs-, Lager-, Transport- und Informationssysteme ⇒ hohe Personal-, Betriebs- und Instandhaltungskosten, geringerer Output, niedrige Qualität, lange Entwicklungs- und Durchlaufzeiten ⇒ Produktivität ↓	Kundenorientierung, Restrukturierung/ -organisation (vgl. **HF14**), Rationalisierung, Verfahrensentwicklung/ -verbesserung (vgl. **HF07** und **HF16**)
	Faktor-innovation	keine/ unzureichende Innovationen im Werkstoff-bereich	"Verschlafen" von Neuerungen, unzureichende Verarbeitungs und Gebrauchseignung, niedrige Qualität, Verschenkung von Kostensenkungspotenzialen durch Substitute ⇒ Kosten ↑ ⇒ Produktivität ↓	Marktbeobachtung, Veröffentlichungen, Lieferantenauswahl, Wertanalyse (vgl. **HF09**)
Innovationsprozess	Ideenge-winnung	keine/ unzureichende Berücksichtigung von externen Anregungen/Problemfeldern (Ideensammlung)	Probleme der Abnehmer (Kunde/Handel) nicht bekannt/ berücksichtigt, mangelnde Kundenorientierung, mangelnde Berücksichtigung der generellen technischen Entwicklung ⇒ unzureichende Bedarfsbefriedigung, "Verschlafen" des Fortschritts ⇒ Umsatz ↓ ⇒ Produktivität ↓	Informationsbeschaffung (Kundenbefragungen, Messen, Veröffentlichungen, vgl. **HF10**), Konkurrenzvergleich, Stärken-Schwächen-/Funktionsanalyse (vgl. **HF01** und **HF02**)
		keine/unzureichende Berücksichtigung von internen Anregungen/ Problem-feldern (Ideensammlung)	Erfahrungen und Erkenntnisse aus der Produktion/ Anwendung nicht/ unzureichend berücksichtigt ⇒ Verschenken von Rationalisierungs- und Verbesserungspotenzialen, schlechtes Innovationsklima ⇒ Umsatz ↓ ⇒ Produktivität ↓	Informationsbeschaffung (Erfahrungen von Außendienst/Produktion/ Instandhaltung/F&E, betriebliches Vorschlagswesen (BVW)), Funktionsanalyse
		Produktion von zu wenigen/ qualitativ nicht ausreichenden Ideen	schlecht organisiertes betriebliches Vorschlagswesen, innovationsfeindliches Betriebsklima, fehlende/mangelnde Fähigkeiten der Mitarbeiter (Qualifikation, Kreativität), kein methodisches Vorgehen zur Ideenfindung ⇒ zu wenige Innovationen, Gefährdung der Umsatzentwicklung ⇒ Produktivität ↓, Gefährdung der Existenz des Unternehmens	Unternehmenskultur, Betriebklima (vgl. **HF01**), Personalauswahl/-entwicklung (vgl. **HF04**), Methoden der Ideenproduktion (diskursiv: Fragenkatalog, Funktionsanalyse, Morphologie, intuitiv: Synektik, Brainstorming), Produktvariation, Marktentwicklung, Know-how-Einkauf, Kooperation (vgl. **HF02**), Imitation

Tabelle 4a: Einflussfaktoren der Innovationsfähigkeit auf die Produktivität (Teil 1)

	Einflussfaktoren	Fehlerquellen	Auswirkungen auf die Produktivität	Gestaltungsansätze/Instrumente
Innovationsprozess	Ideenprüfung	unzureichende/unsichere Informationsgrundlage zur Ideenbewertung	Informationen über zukünftige Entwicklungen unsicher, Erfolgswahrscheinlichkeit der Ideen nur schwer abschätzbar $\Rightarrow$ Fehlentscheidungen möglich, Misserfolg der Innovation $\Rightarrow$ Produktivität $\downarrow$	fundierte Marktanalysen/-prognosen, Kundenbefragungen (Informationsmanagement, vgl. **HF11**)
		mangelnde Objektivität der Ideenbewertung/-prüfung	subjektive Kriterienauswahl/-gewichtung, Beeinflussung der Kriterienbewertung $\Rightarrow$ Fehlentscheidungen möglich, Misserfolg der Innovation $\Rightarrow$ Produktivität $\downarrow$	Gremienentscheidungen, Kontrollorgane/ -verfahren, Verfahrensanweisungen/Vorgaben, Anreizsysteme
		Unterlassung der Ideenbewertung/-prüfung	Wegfall einer gründlichen Überprüfung aus Zeit- oder Kostengründen $\Rightarrow$ Fehlentscheidungen möglich, Misserfolg der Innovation, hohe Folgekosten $\Rightarrow$ Produktivität $\downarrow$	
		falsche Vorauswahl	Ausschluss lohnenswerter Ideen (Selektionsfehler) bzw. Zulassung ungeeigneter Vorschläge (Akzeptanzfehler) durch falsche k.o.-Kriterien, mangelnde Vereinbarkeit mit Zielen und Mittelvorräten des Unternehmens $\Rightarrow$ Potenziale verschenkt bzw. Folgekosten $\Rightarrow$ Produktivität $\downarrow$	Ausschlusskriterien, Checklisten, Punktbewertungsmethoden, Gremienentscheidungen, Kontrollorgane / -verfahren, Verfahrensanweisungen/ Vorgaben, Anreizsysteme
		falsche Feinauswahl	Selektions-/ Akzeptanzfehler durch Wahl ungeeigneter Investitionsrechnungsverfahren/ Entscheidungskalküle $\Rightarrow$ Potenziale verschenkt bzw. Folgekosten $\Rightarrow$ Produktivität $\downarrow$	Investitionsrechnungsverfahren, komplexe Entscheidungskalküle, erweiterte Wirtschaftlichkeitsrechnungen, Nutzwertanalyse, Verfahrensanweisungen/ Kontrollen
	Ideenverwirklichung	keine/unzureichende Berücksichtigung des Gesamtlebenszyklus in F&E	F&E determiniert Großteil der Funktionen und Kosten des Produkts, Folgewirkungen nicht/ unzureichend beachtet $\Rightarrow$ Ressortoptimierung, Mehrkosten $\Rightarrow$ Produktivität $\downarrow$	Innovationsmanagement, Berücksichtigung in-/externer Anregungen, Lebenszyklusbetrachtungen (vgl. **HF16**)
		lange Entwicklungszeiten	Entwicklungszeitrisiko, Zeitvorteil für die Konkurrenz $\Rightarrow$ Ausfallrisiko, Umsatzeinbußen $\Rightarrow$ Produktivität $\downarrow$	Prozessbeschleunigung (CAD/CAM, Simultaneous Engineering), Terminplanung (Netzplantechnik), Kooperation (**HF02**)
		zu kurze Testphase	"Kinderkrankheiten", Akzeptanzprobleme beim Kunden $\Rightarrow$ Rückrufaktionen, Verbesserungspotenziale verschenkt $\Rightarrow$ Umsatz $\downarrow$ $\Rightarrow$ Produktivität $\downarrow$	ausgiebige Produkt- und Markttest, wenn Wirtschaftlichkeit gegeben (Innovationsmanagement)
		Markteinführung	fehlerhafter Einsatz der Marketinginstrumente $\Rightarrow$ Kosten $\uparrow$, Umsatz $\downarrow$ $\Rightarrow$ Produktivität $\downarrow$	Wahl der Marketingstrategie, Planung des Marketingmix (vgl. **HF01**)
Planung und Steuerung		mangelnde Marktorientierung/Koordination	Entwicklung am Markt vorbei, Schnittstellenverluste / Abstimmungsschwierigkeiten $\Rightarrow$ Kosten $\uparrow$ $\Rightarrow$ Produktivität $\downarrow$	Planung/ Steuerung, Informationsbasis, Kundenorientierung, Rückkopplungen
Geheimhaltung/ Schutz		Lücken in der Geheimhaltung, mangelnder Innovationsschutz	Zugang Unberechtigter zu Daten, fehlende Absicherung der Nutzungsrechte durch Schutzrechte $\Rightarrow$ Imitation durch Konkurrenz, Umsatzpotenzial verschenkt $\Rightarrow$ Produktivität $\downarrow$	Zugangsberechtigungen, kontrollierte Datenvernichtung, Einbettung/-kapselung, Patente, Gebrauchs-/ Geschmacksmuster

Tabelle 4b: Einflussfaktoren der Innovationsfähigkeit auf die Produktivität (Teil 2)

In den *Bildern 126 und 127* wird der **methodische Entscheidungsprozess im Rahmen des Produktinnovationsprozesses** strukturiert.

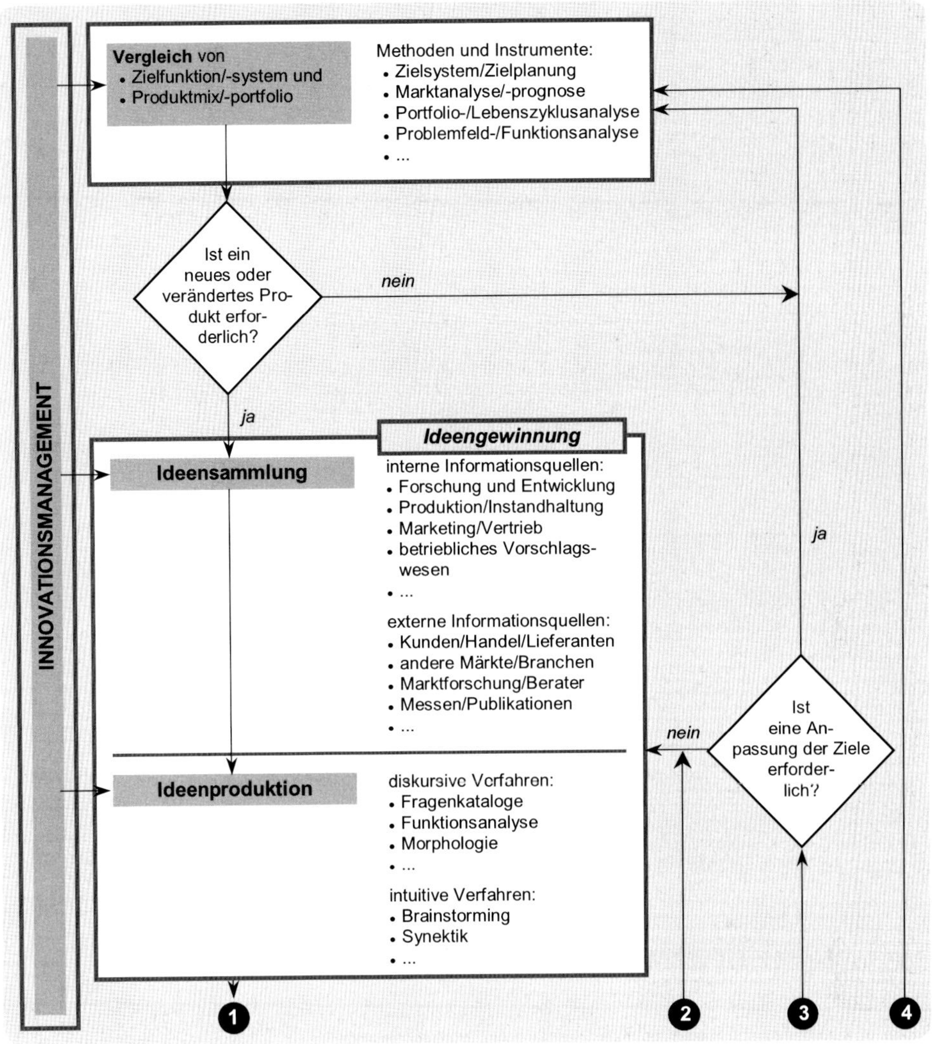

Bild 126: Strukturierung des methodischen Entscheidungsprozesses im Rahmen des Produktinnovationsprozesses (Teil 1)

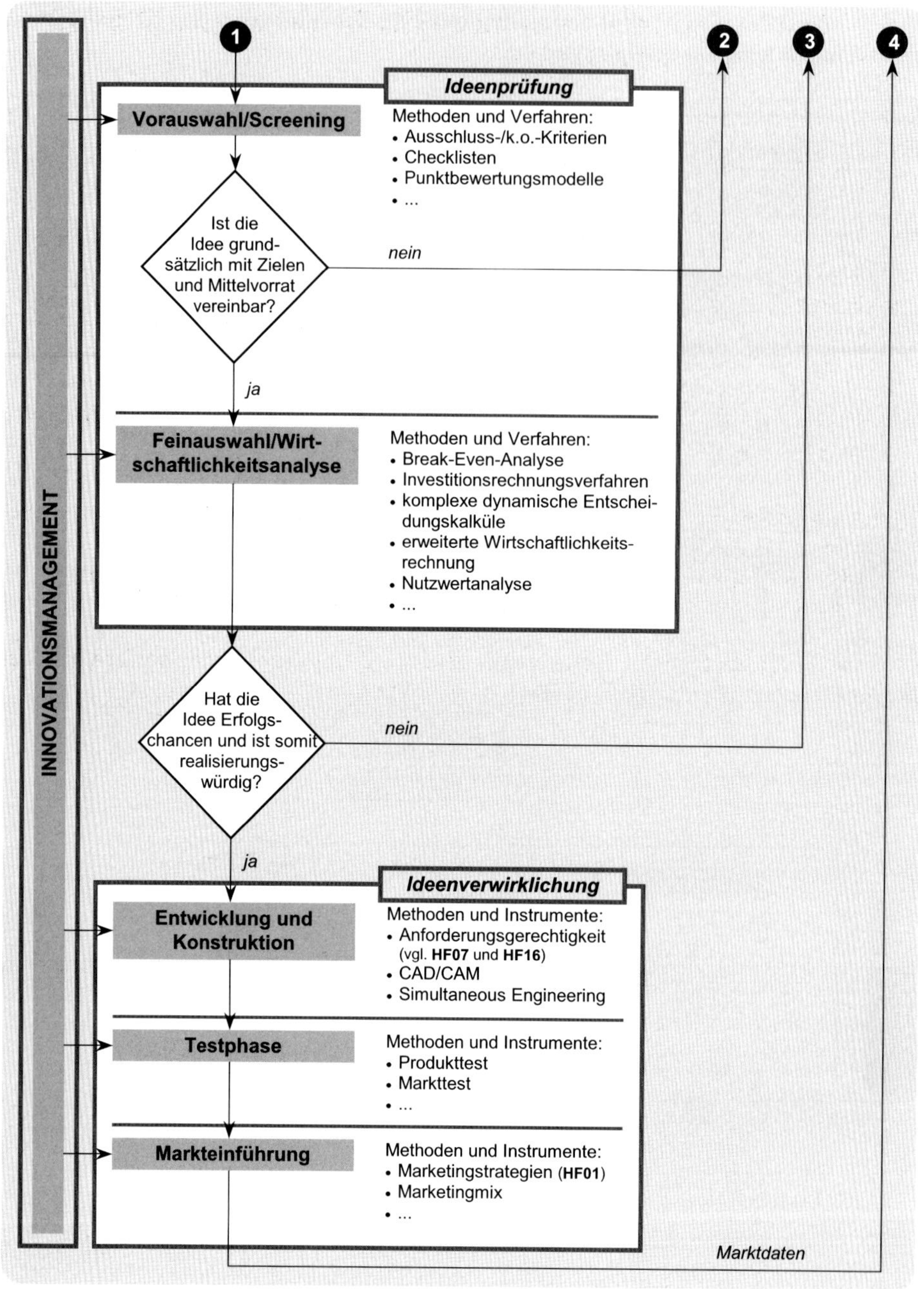

Bild 127: Strukturierung des methodischen Entscheidungsprozesses im Rahmen des Produktinnovationsprozesses (Teil 2)

4.2 Einflussfaktoren und methodische Lösungsansätze mit Wirkung auf den Input

4.2.1 Handlungsfeld 4: Leistungsfähigkeit und Leistungsbereitschaft der Arbeitskräfte

Die Grundlage für die Arbeitsleistung bildet die **Leistungsfähigkeit**.
Sie ist das individuelle Potenzial einer Arbeitskraft, Arbeitsaufgaben zu erfüllen. Dieses „in der Lage sein“ erfordert eine entsprechende Konstitution und Qualifikation.
Neben der Leistungsfähigkeit wird die Arbeitsleistung durch die **Leistungsbereitschaft** (Nebl [Produktionswirtschaft, S. 108 ff.]) bestimmt.
Sie ist durch das „Wollen“ oder die Bereitschaft, dem Unternehmen seine Leistungsfähigkeit zur Verfügung zu stellen, bestimmt.

Leistungsmotivation, -anerkennung, -entlohnung und die Zufriedenheit im Leistungsumfeld beeinflussen die Bereitschaft zur Leistung.
Die Leistungsfähigkeit der Arbeitskraft ist durch die Personalbeschaffung, den Personaleinsatz sowie die Personalentwicklung und Arbeitsorganisation beeinflussbar.

In *Tabelle 5* werden **Einflussfaktoren** der **arbeitskräfteseitigen Leistungsfähigkeit und Leistungsbereitschaft auf die Produktivität** systematisiert.

	Einflussfaktoren	Fehlerquellen	Auswirkungen auf die Produktivität	Gestaltungsansätze/Instrumente
Leistungsfähigkeit	Personal-beschaffung	Wahl des ungeeigneten/ungünstigen Beschaffungsweges	Verfügbarkeit der benötigten Personen nicht sicher, Risiko der Betriebsblindheit (intern), Motivationswirkungen/Signale (intern), Fortbildungskosten (intern), Risiko der Fehleinstellung (extern), hohe Beschaffungskosten/ Gehaltsvorstellungen (extern) ⇒ Produktivität ↓	Auswahl des günstigsten Beschaffungsweges durch Abgleich der Vor- und Nachteile der Alternativen, Ableitung entsprechender Maßnahmen
		Auswahl eines nicht/wenig geeigneten Bewerbers	kein/falsches Auswahlinstrument, Anforderungs- und Fähigkeitsprofil weichen zu stark voneinander ab, Aufgabenerfüllung durch Mitarbeiter kaum möglich (Überforderung) ⇒ Arbeitsproduktivität ↓	sinnvoller und objektiver Einsatz geeigneter Auswahlverfahren (Analyse der Bewerbungsunterlagen, Einstellungstests [Persönlichkeit, Fähigkeiten], Einstellungsgespräch, Gruppendiskussion, Planspiele, Fallstudien und Assessment Center) (vgl. **HF16**)
			Anforderungs- und Fähigkeitsprofil weichen zu stark voneinander ab (Unterforderung), Frustration, Demotivation, Fluktuation ⇒ Arbeitsproduktivität ↓	
		unzureichende Einarbeitung und Integration	Schwierigkeiten des neuen Mitarbeiters durch Auslastungs- und Rollenprobleme, langsame und unvollständige Leistungsentfaltung, viele Rückfragen und Koordinationsprobleme, Frustration und Fluktuation ⇒ Arbeitsproduktivität ↓	realistische Personalwerbung (klares Bild von Stelle, Aufgabe und Organisation), regelmäßige und strukturierte Feedbackgespräche über Auslastungs- und Rollenprobleme, Patensystem zur sozialen und fachlichen Einbindung, Einführungsseminare mit Hinweisen auf mögliche Eingliederungsprobleme
	Personal-entwicklung	unzureichende Qualifikation/ Qualifizierung der Mitarbeiter	Mitarbeiterentwicklungspotenzial nicht ausgeschöpft, Qualifikations- und Flexibilitätsniveau bleibt hinter externer Entwicklung zurück, Schwächung des internen Arbeitsmarktes, Beschaffung teurerer externer Arbeitskräfte ⇒ Arbeitsproduktivität ↓	Qualifizierungsmaßnahmen in Form von Aus-, Fort- und Weiterbildung (into the job, on the job, near the job, off the job, along the job, out of the job)
		Über-/Fehlqualifikation der Mitarbeiter	Erwerb nicht nutzbarer Qualifikationen ⇒ Frustration durch Unterforderung, Mehrkosten für Qualifizierung/ Entlohnung ⇒ Arbeitsproduktivität ↓	Bestimmung des tatsächlichen qualitativen Personalbedarfs, Ableitung entsprechend abgestimmter Qualifizierungsmaßnahmen
	Arbeits-organisation	unzureichende/unzweckmäßige Arbeitsplatzgestaltung	fehlende physische Voraussetzungen für die Leistungserstellung durch die Arbeitskraft, unzureichende Berücksichtigung der Ergonomie, Mechanisierung, Umgebung und Unfallsicherheit, schnelle Ermüdung, Gefährdung und Ausfall ⇒ Arbeitsproduktivität ↓	Schaffung angemessener Voraussetzungen für die Leistungserstellung, Berücksichtigung der Ergonomie, der Mechanisierung, der Umgebung (Raumbedarf, Beleuchtung, Belüftung, Klimatisierung, Lärmdämmung, Farbgebung, Hygiene etc.) und der Unfallsicherheit (vgl. **HF06**)

Tabelle 5a: Einflussfaktoren der arbeitskräfteseitigen Leistungsfähigkeit und Leistungsbereitschaft auf die Produktivität (Teil 1)

Einflussfaktoren		Fehlerquellen	Auswirkungen auf die Produktivität	Gestaltungsansätze/Instrumente
Leistungsbereitschaft	Motivation	Hygienefaktoren nicht erfüllt	Arbeitsbedingungen unzumutbar/unzureichend, Führungsstil ungeeignet, Demotivation, Frustration, Fluktuation ⇒ Arbeitsproduktivität ↓	Schaffung geeigneter Arbeitsbedingungen, Sicherung eines partizipativen Führungsstils, personalorientierte Unternehmenspolitik (vgl. **HF01**)
		Motivatoren nicht ausgeschöpft	Leistungssteigerungseffekte (Arbeitsinhalt, Leistungsanerkennung, Verantwortung) durch erhöhte Motivation und Zufriedenheit verschenkt ⇒ Arbeitsproduktivität ↓	Beachtung verschiedener Aspekte: partizipativer (mitarbeiterorientierter) Führungsstil, hohe Kohäsion durch kleine Gruppen, Stellung in der Gruppe, Schaffung von Handlungsspielraum ohne Überforderung des Mitarbeiters, guter Informationsfluss und gute Zusammenarbeit zwischen Abteilungen, Entwicklungsmöglichkeiten, Leistungsanerkennung, gerechte Entlohnung, Arbeitszeitgestaltung, Arbeitsaufgabe, Arbeitsplatzsicherheit etc.
	Personalpolitik/ -strategie	fehlende/zu geringe Mitarbeiterorientierung	fehlende Transparenz der Stellenbesetzung und Beförderung, schlechter Führungsstil, schlechtes Organisationsklima, grundsätzliche Beeinflussung der Arbeitsmotivation ⇒ Arbeitsproduktivität ↓	Berücksichtigung der Interessen der Mitarbeiter, Gewährleistung der Transparenz von Stellenbesetzungs- und Beförderungsmaßnahmen (vgl. **HF01**)
	Personalbeschaffung	Wahl des ungeeigneten/ungünstigen Beschaffungsweges	nicht zu unterschätzende Motivationsauswirkungen: leistungsfördernde Zufriedenheit durch Transparenz interner Aufstiegsmöglichkeiten, Leistungsabfall durch "Automatismus", Wettbewerb/Anreiz durch externe Beschaffung, Leistungsrückgang und Fluktuation ⇒ Arbeitsproduktivität ↓	Auswahl des günstigsten Beschaffungsweges durch Abgleich der Vor- und Nachteile der Alternativen, Ableitung entsprechender Maßnahmen
		unzureichende Einarbeitung und Integration	mangelhafte soziale Integration, Gefühl der Überforderung und des Alleingelassenseins, Demotivation, Frustration, Fluktuation (verstärkt im ersten halben Jahr) ⇒ Arbeitsproduktivität ↓	realistische Personalwerbung (klares Bild von Stelle, Aufgabe und Organisation), regelmäßige und strukturierte Feedbackgespräche über Auslastungs- und Rollenprobleme, Patensystem zur sozialen und fachlichen Einbindung und Einführungsseminare mit Hinweisen auf mögliche Eingliederungsprobleme

Tabelle 5b: Einflussfaktoren der arbeitskräfteseitigen Leistungsfähigkeit und Leistungsbereitschaft auf die Produktivität (Teil 2)

	Einflussfaktoren	Fehlerquellen	Auswirkungen auf die Produktivität	Gestaltungsansätze/Instrumente
Leistungsbereitschaft	Personal-entlohnung	ungerechte Entlohnung	subjektives Gefühl der gerechten Entlohnung fehlt, keine monetäre Zufriedenheit, Abwanderung der Kompetenz-/ Know-how-Träger ⇒ Arbeitsproduktivität ↓	Anforderungs-, Qualifikations-, Leistungs- und Sozialgerechtigkeit durch Grund-, Zusatz- und Soziallohn, Wahl der geeignetsten Lohnform (Zeit-, Akkord-, Prämienlohn), Einführung von Mitarbeiterbeteiligungen (Erfolgs-, Kapitalbeteiligungen), gesetzliche und freiwillige soziale Leistungen
	Personal-entwicklung	unzureichende Entwicklungsperspektiven für Mitarbeiter	fehlende interne Entwicklungsperspesktiven (Selbstverwirklichung, Karriere), Motivation sinkt, Frustration, Fluktuation ⇒ Arbeitsproduktivität ↓	Berücksichtigung der beruflichen Ziele der Mitarbeiter bei der Entwicklungs-planung
		verschenkte Entwicklungspotenziale	"Blick über den Tellerrand" durch Qualifikation fördert Zufriedenheit, Motivation und Verantwortungsbereitschaft verschenkt ⇒ Arbeitsproduktivität ↓	
	Arbeits-gestaltung	unzureichende Gestaltung der Arbeitsumgebung	ungünstige farbliche Gestaltung, ungeeignete/ erschwerende Umgebungsbedingungen (Beleuchtung, Klima, Lärm), fehlende Grünpflanzen, mangelnde Motivation ⇒ Arbeits-produktivität ↓	Berücksichtigung sogenannter weicher Faktoren bei der Gestaltung der Arbeitsplätze
	Arbeitsorga-nisation	schlechte Arbeitszeitgestaltung	hohe zeitliche Belastungen (Dauer), schlechte Schichtzu-ordnung, unpassende Pausen, Ermüdung, Unfälle, Frustration ⇒ Arbeitsproduktivität ↓	Berücksichtigung der Mitarbeiter-interessen bei der Planung des Arbeitszeitregimes
		schlechte Arbeitsstrukturierung	zu starke vertikale oder horizontale Arbeitsteilung, Monotonie, Unzufriedenheit durch fehlende Autonomie ⇒ Arbeitsproduktivität ↓	Steigerung des Handlungs-, Entschei-dungs- und Kontrollspielraumes (Arbeitsinhalt, intrinsische Motivation) durch Arbeitsvergrößerung (job-enlargement), Arbeitsbereicherung (job-enrichment), Arbeitswechsel (job-rotation) und Gruppenarbeit (vgl. **HF06**)

Tabelle 5c: Einflussfaktoren der arbeitskräfteseitigen Leistungsfähigkeit und Leistungsbereitschaft auf die Produktivität (Teil 3)

In den Bildern 128 und 129 erfolgt die Strukturierung **des methodischen Entscheidungsprozesses aus Sicht der Leistungsfähigkeit und Leistungsbereitschaft der Arbeitskräfte**.

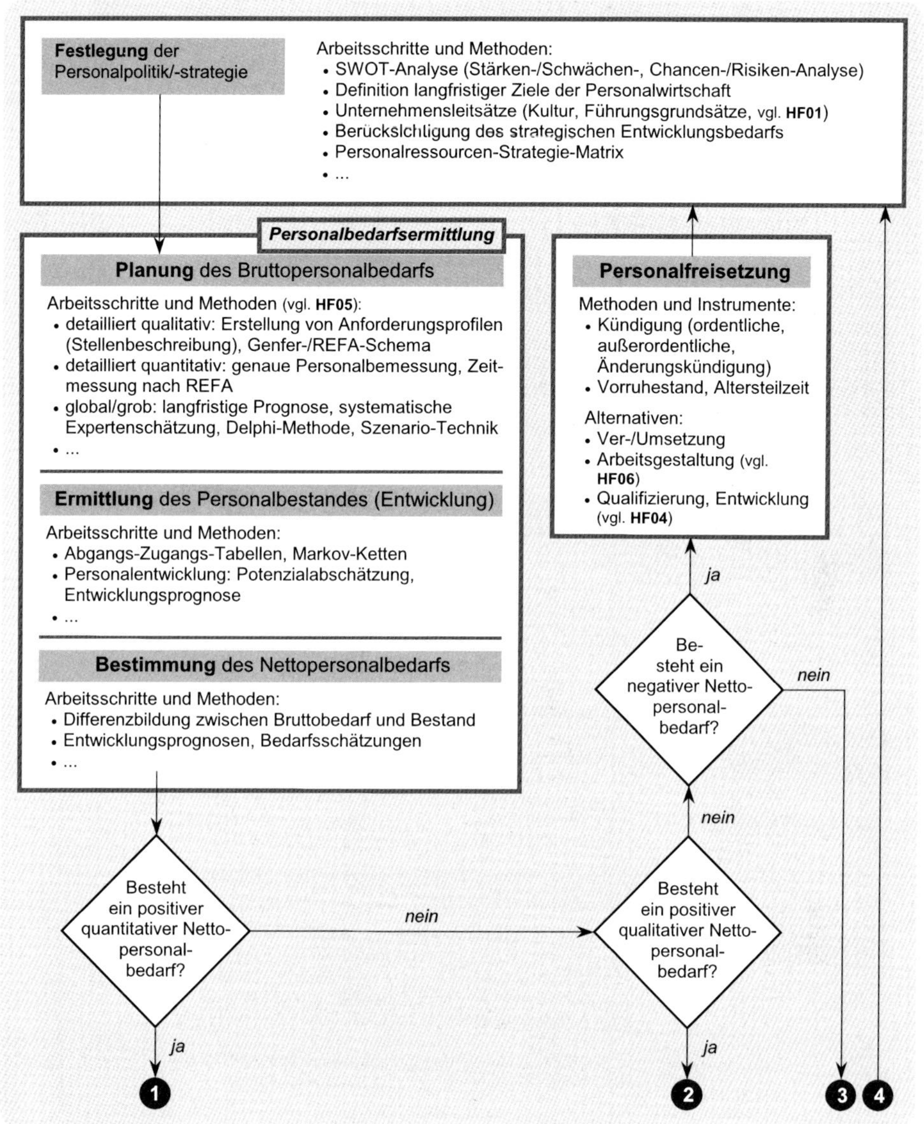

Bild 128: Strukturierung des methodischen Entscheidungsprozesses aus Sicht der Leistungsfähigkeit und Leistungsbereitschaft der Arbeitskräfte (Teil 1)

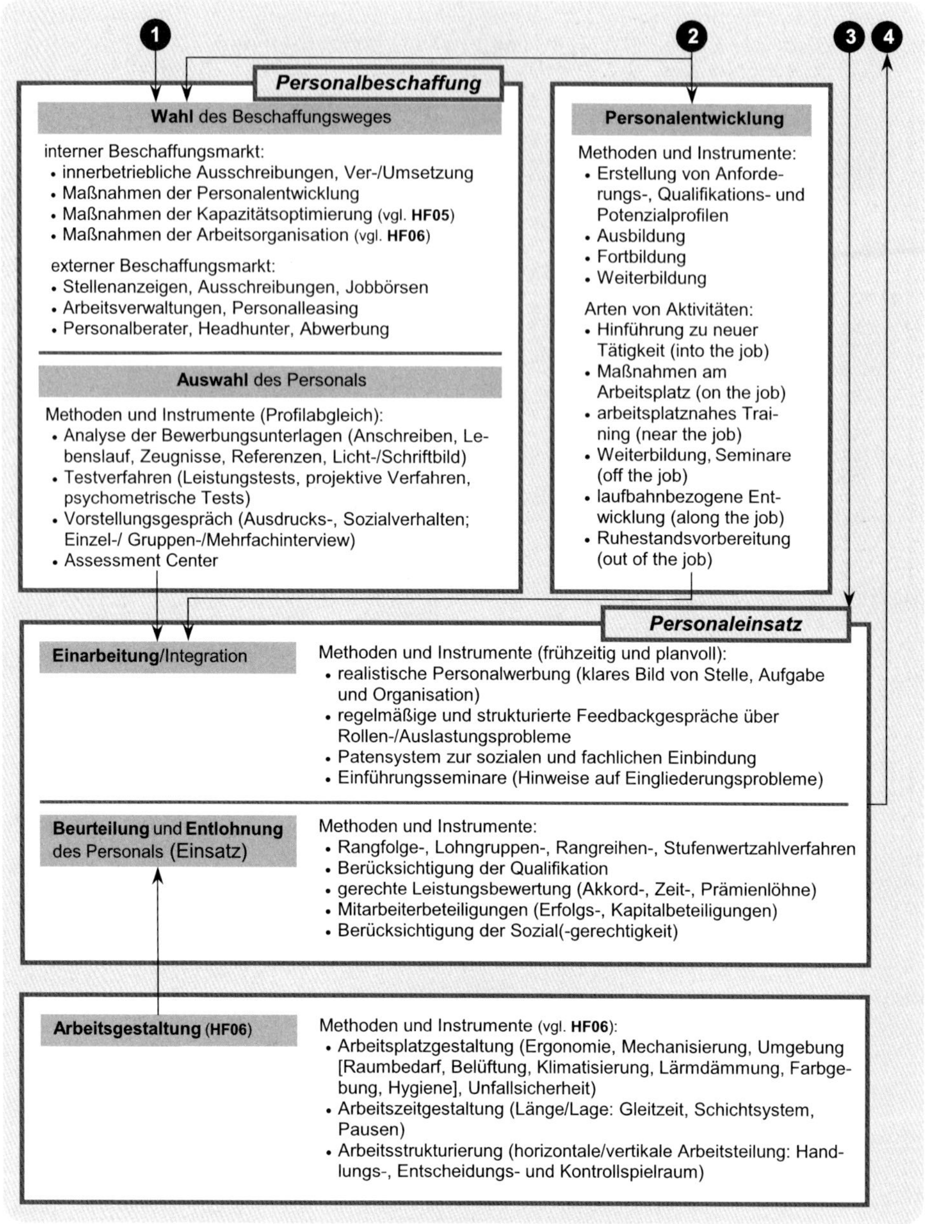

Bild 129: Strukturierung des methodischen Entscheidungsprozesses aus Sicht der Leistungsfähigkeit und Leistungsbereitschaft der Arbeitskräfte (Teil 2)

4.2.2 Handlungsfeld 5: Arbeitskräfteseitiges Kapazitätsangebot und dessen Nutzung

Die Arbeitskräfte sind Potenzialfaktoren. Sie besitzen die Fähigkeit Kapazität zu bilden und damit zu produzieren.

Die verfügbare Menge an Arbeitszeit bestimmt das **quantitative Kapazitätsangebot**. Qualifikation, Fähigkeiten und Fertigkeiten der Arbeitskräfte sowie ihre Mobilität und Flexibilität bestimmen das **qualitative Kapazitätsangebot**.

Die durch das Produktionsprogramm bestimmten Arbeitsaufgaben (Inhalt und Umfang) und ihre Zuordnung nach Kapazitätseinheiten charakterisieren das **Anforderungsprofil**, das an die Arbeitskräfte der jeweiligen Kapazitätseinheit gerichtet ist.
Deren **Fähigkeitsprofil** bestimmt, ob und wie die Arbeitsaufgaben gelöst werden können.
Die Gestaltung des quantitativen und qualitativen Kapazitätsangebotes sichert die Lösung der Produktionsaufgaben und die Befriedigung der Kundenbedürfnisse.
Dabei spielt die Kapazitätsauslastung – auch als extensive und intensive Nutzung bezeichnet (Matterne/Tannhäuser [Grundmittelwirtschaft, S. 458 ff.]) – eine entscheidende Rolle.

In *Tabelle 6* werden **Einflussfaktoren auf die Produktivität strukturiert, die vom Kapazitätsangebot der Arbeitskräfte und deren Nutzung ausgehen.**

	Einflussfaktoren	Fehlerquellen	Auswirkungen auf die Produktivität	Gestaltungsansätze/Instrumente
Kapazitätsangebot	qualitativ	unzureichendes qualitatives Kapazitätsangebot	Produktionsaufgabe kann nicht oder nur schlecht erfüllt werden, Einsatz unterqualifizierter Arbeitskräfte, Überforderung ⇒ Produktivität ↓	möglichst exakte Bedarfsbestimmung, Auswahl der Arbeitskräfte nach möglichst hohem Übereinstimmungsgrad zwischen Anforderungs- und Fähigkeitsprofil (Stellenbesetzung: Rangfolge-, Spezialbegabungsverfahren, Profilvergleichsmethode), Personalentwicklung, Personalbeschaffung, Personalfreisetzung, Um-/Versetzung (vgl. **HF04**)
		überdimensioniertes qualitatives Kapazitätsangebot	hohe qualitative Flexibilität ⇒ gute Anpassungsfähigkeit bei Umweltveränderungen, aber Überqualifikation, Unterforderung und Frustration ⇒ Arbeitsproduktivität ↓	
	quantitativ	unzureichendes quantitatives Kapazitätsangebot	Produktionsaufgabe kann nicht oder nur schlecht erfüllt werden ⇒ Leerkosten der Betriebsmittel (BM) ⇒ Produktivität ↓ (Absatzpotenzial verschenkt)	möglichst exakte Bedarfsbestimmung (vgl. **HF04**: global: Kennzahlenmethode, statistische Modelle, Kreativitätstechniken [vgl. **HF03**], detaillierte Personalbemessung: ablauf-, programmorientierte, organisationstheoretische Modelle, Organisationspläne), Personalbeschaffung, Personalfreisetzung, Um-/Versetzung
		überdimensioniertes quantitatives Kapazitätsangebot	hohe quantitative Flexibilität ⇒ gute Anpassungsfähigkeit bei Umweltveränderungen, aber Überdimensionierung, geringe Auslastung ⇒ Wartezeiten, Personalleerkosten ⇒ Arbeitsproduktivität ↓	
Kapazitätsnutzung	extensive Ausnutzung	geringe extensive Ausnutzung	unzureichende Ausnutzung der Kalenderzeit durch Absentismus/ Betriebsruhe ⇒ Leerkosten der Betriebsmittel, Zusatzkosten für personellen Reservebestand ⇒ Produktivität ↓	Überstunden, Wochenendarbeit, keine Betriebsferien/-pausen, Senkung des Krankenstandes, Abstimmung der Urlaubszeiten
		zu hohe extensive Ausnutzung	hohe Überstunden-, Schicht- und Wochenendzuschläge, Ermüdung, Unfallgefahr ⇒ Personalkosten ↑ ⇒ Produktivität ↓	Senkung der Schichtanzahl, Vermeidung von Überstunden und Wochenendarbeit, Personalbeschaffung/ -leasing
	intensive Ausnutzung	geringe intensive Ausnutzung	Nichtausnutzung von Rationalisierungspotenzialen, Verteilung der Personalkosten auf weniger Output ⇒ Produktivität ↓	Verfahrensverbesserung, Vorrichtungen, Qualifikation der Mitarbeiter, Mehrmaschinenbedienung, Ablauf- und Zeitstudien, betriebliches Vorschlagswesen
		zu hohe intensive Ausnutzung	überproportional zunehmende Ermüdung/ Erschöpfung ⇒ erhöhte Belastung der Arbeitskräfte (AK) ⇒ Leistungsvermögen ↓, Aufmerksamkeit ↓ und Unfallgefahr ↑ ⇒ Produktivität ↓	realistische Vorgabezeiten, Einplanung von Erholzeiten (vgl. **HF15**), Rationalisierungsmaßnahmen
	qualitative Ausnutzung	zu geringe qualitative Ausnutzung	hohe Personalkostenbelastung aufgrund von Überqualifikation, Unterforderung und Frustration ⇒ Produktivität ↓	bedarfsgerechte Auswahl, Anpassung der Arbeitsaufgabe (Handlungs-, Entscheidungs- und Kontrollspielraum), Stellenbesetzung (vgl. **HF04**)

Tabelle 6a: Einflussfaktoren des arbeitskräfteseitigen Kapazitätsangebotes und der Kapazitätsnutzung auf die Produktivität (Teil 1)

Einflussfaktoren	Fehlerquellen	Auswirkungen auf die Produktivität	Gestaltungsansätze/Instrumente
Verhältnis zwischen Kapazitätsangebot und Kapazitätsbedarf			
bedarfsgerechte Gestaltung der Kapazität (Anpassung/ Abgleich)	mangelnde Übereinstimmung zwischen Kapazitätsangebot und -bedarf (vgl. **HF08**)	Unterdeckung des Kapazitätsbedarfes (Bedarf > Angebot) ⇒ Produktivität ↓ (Absatzpotenzial verschenkt)	Kapazitätsangebot Arbeitskraft (Anpassung): Überstunden, Zusatzschichten, Personaleinstellung/-leasing, Senkung der Ausfallzeiten der Arbeitskräfte, Umstrukturierung (Um-/Versetzen von Mitarbeitern zwischen Organisationsformen)Kapazitätsbedarf Arbeitskraft (Abgleich): kleinere Losgrößen, Verschiebung von Aufträgen, Fremdvergabe, Zeiteinsparung durch Rationalisierung, Umstrukturierung (Bauteileverlagerungen in freie Kapazitätseinheiten)
		Überdeckung des Kapazitätsbedarfes (Bedarf < Angebot) ⇒ Überkapazitäten, geringe Ausnutzung ⇒ Produktivität ↓	Kapazitätsangebot Arbeitskraft (Anpassung): Abbau von Überstunden, Abbau von Zusatzschichten, Personalentlassungen, Kurzarbeit, Umstrukturierung (Um-/ Versetzen von Mitarbeitern zwischen Organisationsformen) Kapazitätsbedarf Arbeitskraft (Abgleich): größere Losgrößen, Zusatzaufträge, Vorziehen von Aufträgen, Ausführen von Lohnarbeiten, Umstrukturierung (Bauteileverlagerungen aus überbelegten Kapazitätseinheiten)
Proportionalität	Disproportionen	fehlende Übereinstimmung zwischen den Kapazitätsangeboten von Arbeitskräften und Betriebsmitteln einer Kapazitätseinheit, Kapazitätsangebot und -bedarf einer Kapazitätseinheit sowie Angebot und Bedarf aufeinanderfolgender Fertigungsstufen ⇒ Engpässe und Leerkapazitäten ⇒ Produktivität ↓	genaue Bedarfs- und Zustandsanalyse, anforderungsgerechte Dimensionierung der Kapazitätseinheiten, geeignete Wahl der Organisationsformen der Fertigung, Montage und industriellen Dienstleistungen (vgl. **HF14**), PPS-Methoden und -Verfahren (vgl. **HF12** und **HF13**)
Kontinuität	niedriges Niveau der Kontinuität	kein ununterbrochenes Wirken der Produktionsfaktoren ⇒ ungleichmäßige Auslastung ⇒ Produktivität ↓	

Tabelle 6b: Einflussfaktoren des arbeitskräfteseitigen Kapazitätsangebotes und der Kapazitätsnutzung auf die Produktivität (Teil 2)

Bild 130 strukturiert den **methodischen Entscheidungsprozess aus Sicht der bedarfsgerechten Gestaltung der Kapazität der Arbeitskräfte.**

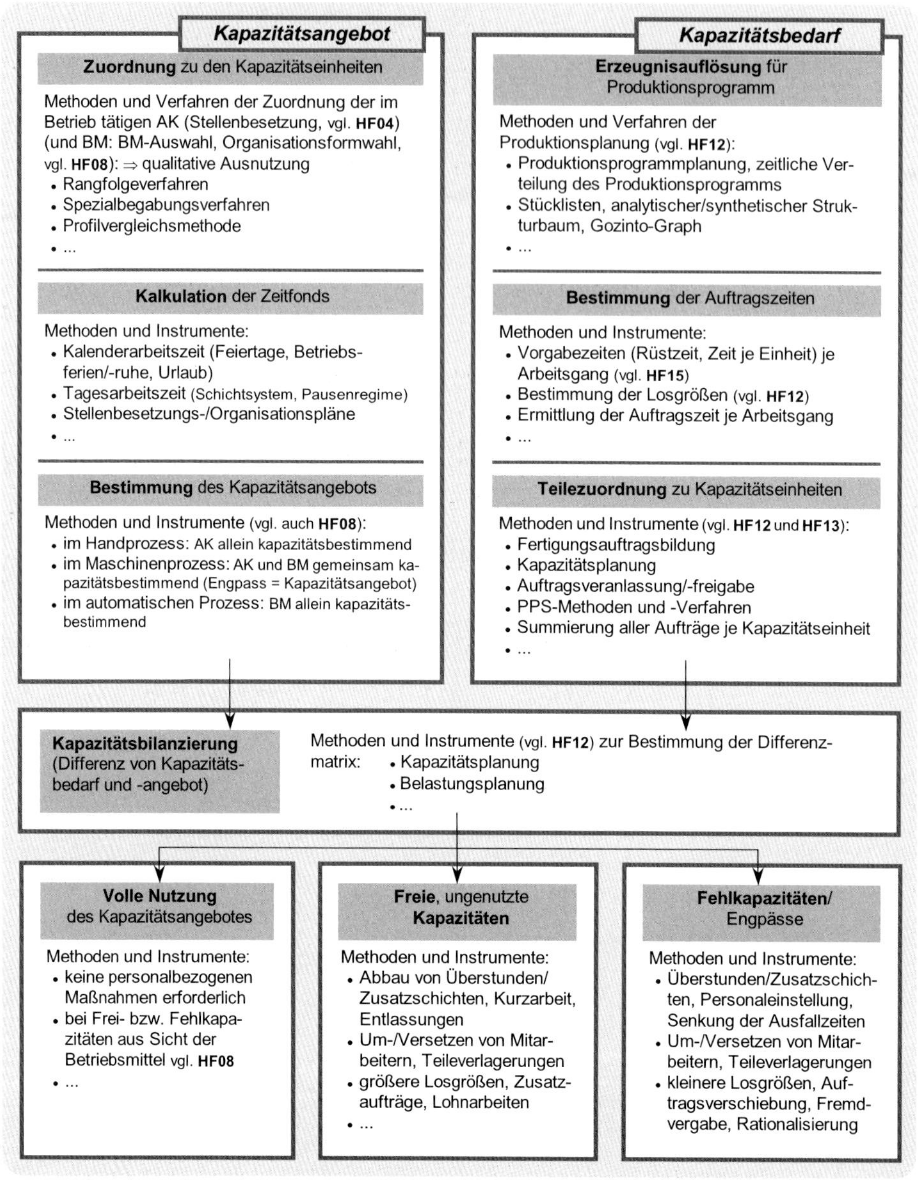

Bild 130: Strukturierung des methodischen Entscheidungsprozesses aus Sicht der bedarfsgerechten Gestaltung der Kapazität der Arbeitskräfte

4.2.3 Handlungsfeld 6: Arbeitsorganisation

Die Arbeitsorganisation ist ein wichtiges Teilgebiet der **Arbeitsgestaltung**. Weitere Bestandteile der Arbeitsgestaltung sind die Arbeitsplatzgestaltung und die Gestaltung der Arbeitsumgebung.

Die **Arbeitsorganisation** beinhaltet das Schaffen eines aufgabengerechten, optimalen Zusammenwirkens von arbeitenden Menschen, Betriebsmitteln, Informations- und Arbeitsgegenständen.

Das Ziel der Arbeitsorganisation ist die Steigerung der Wirtschaftlichkeit durch optimierte organisatorische Strukturen und der Erhalt bzw. die Steigerung der Leistungsfähigkeit und Qualifikation der Mitarbeiter im Unternehmen.
Zu den Maßnahmen der Arbeitsorganisation gehören u.a. die zweckmäßige Gliederung von Arbeitsaufgaben und das Schaffen eines rationellen räumlichen und zeitlichen Ineinandergreifens (Arbeitsstrukturierung) und die Arbeitszeitgestaltung.
Die Gestaltungsmaßnahmen im Rahmen der Arbeitsorganisation/Arbeitsgestaltung beginnen i.d.R. damit, dass zunächst Lösungen im Sinne der Arbeitsorganisation (Arbeitsteilung, Arbeitsstrukturierung, Arbeitszeitregelung) zu finden sind. Darauf aufbauend sind die so definierten Arbeitsplätze und deren Umgebung im Sinne der Arbeitsgestaltung zu konzipieren bzw. zu verändern.

In *Tabelle 7* werden **Einflussfaktoren dargestellt, die von der Arbeitsorganisation auf die Produktivität ausgehen.**

Arbeitsplatzgestaltung
Arbeitsorganisation

Einflussfaktoren	Fehlerquellen	Auswirkungen auf die Produktivität	Gestaltungsansätze/Instrumente
technisch-technologische Gestaltung	falsches/ungünstiges Arbeitsverfahren	falsche Auswahl der technischen Mittel, ungeeignete Arbeitsteilung zwischen Mensch und Maschine, Über-/Unterforderung ⇒ Produktivität ↓	Bestimmung des geeigneten Verfahrens und des optimalen Technisierungsgrades (vgl. **HF07**)
sicherheitstechnische Gestaltung	unzureichende Sicherheit	Unfallgefährdung, Risiko von Berufskrankheiten, Invalidität und Tod ⇒ Folgekosten ⇒ Produktivität ↓	Betriebsmittelschutz, -überwachung, Brandschutz, Explosionsschutz, Schutz vor Gefahren der Elektrizität, allgemeiner Gefahrenschutz, Verwendung von Schutzkleidung und -ausrüstung, Einhalten von Vorschriften, Personalaufsicht, Arbeitsunterweisung, Weckung des Eigenschutzinteresses
anthropometrische Gestaltung	unzureichende Anpassung von Arbeitsplatz und Betriebsmittel an Körpermaße und -haltung des Menschen	schlechte Körperhaltung, schnellere Ermüdung, chronische Leiden, Gefährdungen ⇒ Produktivität ↓	Beachtung von Arbeitsplatzabmessungen, des Wirkraumes des Menschen, der Gestaltung von Werkzeugen und Stellteilen, der Positionierung von Anzeigen, von Sicherheitsabständen
physiologische Gestaltung (vgl. **HF04**)	ungünstige Dauer und Schwere der Arbeit, Krafteinsatz nach oben, Haltearbeit, einseitige Belastung	unzureichende technische Ausstattung, schnelle Ermüdung, Leistungsabfall, Gefährdung ⇒ Produktivität ↓	Anpassung von Arbeitsmethode, -verfahren und -bedingungen an Eigenarten und Fähigkeiten des Mitarbeiters durch Verringerung auszuübender Kräfte, Vermeidung statischer Muskelarbeit, Wahl einer optimalen Kraftrichtung, Vorgabe von Erholzeiten und Arbeitswechseln
informationstechnische Gestaltung (vgl. **HF11**)	unzweckmäßige informatorische Gestaltung	notwendige eindeutige und aktuelle Informationen stehen nicht zur Verfügung, Verzögerungen von Entscheidungen, Gefährdung Þ Produktivität ↓	der optimalen sinnhaften Wahrnehmung angepasste Gestaltung: Sehen (Abstand, Beleuchtung, Ableseinstrumente), Hören (Warnsignale), Tasten (Hebel, Drehknöpfe), Fühlen
psychologische Gestaltung	unangenehme Arbeitssituation und schlechtes Betriebsklima (vgl. **HF01** und **HF04**)	unzureichendes Wirken externer Motivationsfaktoren, Leistungsfähigkeit nicht ausgeschöpft (mangelnde Leistungsbereitschaft), Sicherheitsdefizite ⇒ Produktivität ↓	Information und Kommunikation, Handlungsspielraum und Entscheidungsfreiheit, Wettbewerb, Pausengestaltung, Farbgestaltung, Pflanzen, eventuell Musik am Arbeitsplatz, Ordnung und Sauberkeit des Arbeitsumfeldes

Tabelle 7a: Einflussfaktoren der Arbeitsorganisation auf die Produktivität (Teil 1)

Arbeitsorganisation

Gestaltung der Arbeitsumgebung

Einflussfaktoren	Fehlerquellen	Auswirkungen auf die Produktivität	Gestaltungsansätze/Instrumente
Lärm	Lärmbelastungen	Beeinträchtigung der Leistungsbereitschaft und Leistungsfähigkeit, Risiko von chronischen Erkrankungen ⇒ Produktivität ↓	baulicher (Lärmschutzwände, Gebäudeform, Schallschutzkabinen, schallschluckende Stoffe), maschinenbezogener (Schalldämpfung, Abschirmung), arbeitsorganisatorischer (Lärmpausen), mitarbeiterbezogener (persönlicher Gehörschutz, Weckung des Eigenschutzinteresses) Lärmschutz
Licht	unzureichende Beleuchtung	Ermüdung durch starke Konzentration, Gefährdung durch nicht erkennbare, sich bewegende Teile (stroboskopischer Effekt), unzureichende Qualität der Arbeit ⇒ Produktivität ↓	angemessene Beleuchtung (ausreichende Stärke, ausgewogener Kontrast, Vermeidung der Direktblendung, natürliche Farbwiedergabe etc.)
	schlechte farbliche Gestaltung	Vernachlässigung motivatorischer Potenzialverschwendung) und sicherheitstechnischer Aspekte (Gefährdung) ⇒ Produktivität ↓	angemessene farbliche Gestaltung aus motivatorischer und sicherheitstechnischer Sicht (Signalfarben)
Klima	unangenehmes Raumklima	mangelnde Behaglichkeit, abnehmende Leistungsbereitschaft und bei starken klimatischen Belastungen sinkende Leistungsfähigkeit, Sauerstoffmangel ⇒ Produktivität ↓	angenehmes Klima (Temperatur, Feuchtigkeit, Luftgeschwindigkeit etc.), ausreichende Lüftung

Tabelle 7b: Einflussfaktoren der Arbeitsorganisation auf die Produktivität (Teil 2)

	Einflussfaktoren	Fehlerquellen	Auswirkungen auf die Produktivität	Gestaltungsansätze/Instrumente
Arbeitsorganisation / Arbeitsgestaltung	Arbeits-strukturierung	unzweckmäßige organisatorische Gestaltung (vgl. **HF12** bis **HF15**)	schlechte Strukturierung der Arbeitsaufgabe und des Arbeitsablaufes, ungeeignete Entlohnungsform, schlechtes Arbeitszeitregime ⇒ Produktivität ↓	Maßnahmen der Arbeitszeitgestaltung und Arbeitsstrukturierung
		zu hohe horizontale bzw. vertikale Arbeitsteilung	Monotonie, Unterbindung der Mitarbeiterentwicklung, Unzufriedenheit durch fehlende Autonomie, unflexible Mitarbeiter ⇒ Produktivität ↓	Erweiterung des Handlungs- oder Entscheidungs- und Kontrollspielraumes durch job-enlargement, job-enrichment, job-rotation, teilautonome Arbeitsgruppen
	Arbeitszeit-gestaltung	unzureichende Berücksichtigung des Kapazitätsbedarfs (vgl. **HF05**)	unzureichende Berücksichtigung von Kontinuitätszwängen gewisser Produktionsprozesse, schlechte Anlagenauslastung, Leerkosten ⇒ Produktivität ↓	Teilzeit (Teilzeitmodelle, job-sharing, Altersteilzeit), Gleitzeit (mit/ohne Kernarbeitszeit, kapazitätsorientierte variable Arbeitszeit), Schichtarbeit (Ein-, Mehr-, Wechselschichtsystem), Kombinationen (Jahresarbeitszeitverträge, Planung der Lebensarbeitszeit)
		unzureichende Berücksichtigung der Mitarbeiterinteressen	Frustration über Monotonie und Fremdbestimmung, Ermüdung/Überlastung, Tagesrhythmus, Schichtbelastungen ⇒ Produktivität ↓	
		falsche Lage und Dauer der Pausen	unzureichende Erholung, Ermüdung/ Überlastung, abnehmende Leistungsfähigkeit, Gefährdung ⇒ Produktivität ↓	häufigere, kürzere Pausen anstatt weniger längerer, Anpassung an Belastungen
	Disponibilität	unzureichende Flexibilität und Reaktionsschnelligkeit der Arbeitskräfte	Entstehen von Lücken durch Ausfall von Mitarbeitern, mangelnde kurzfristige Besetzbarkeit der Stelle, unzureichend flexible Organisation der Arbeitsdurchführung durch zentrale Steuerung ⇒ Potenziale verschenkt ⇒ Produktivität ↓	dezentrale Steuerung und Selbstorganisation durch teilautonome Arbeitsgruppen

Tabelle 7c: Einflussfaktoren der Arbeitsorganisation auf die Produktivität (Teil 3)

In den *Bildern 131 und 132* erfolgt die **Strukturierung des methodischen Entscheidungsprozesses aus Sicht der Arbeitsorganisation.**

Arbeitsplatzgestaltung

Technisch-technologische Gestaltung	Methoden und Instrumente (vgl. **HF07**): • Wahl der einzusetzenden Arbeitsverfahren • Bestimmung der einzusetzenden technischen Mittel (Technisierungsgrad)
Sicherheitstechnische Gestaltung	Methoden und Instrumente: • Betriebsmittelschutz, Betriebsmittelüberwachung • Brandschutz, Explosionsschutz, Schutz vor Gefahren der Elektrizität, allgemeiner Gefahrenschutz • Schutzkleidung/-ausrüstung • Einhalten von Vorschriften, Personalaufsicht, Arbeitsunterweisung
Anthropometrische Gestaltung	Methoden und Instrumente: • Arbeitsplatzabmessungen (Wirkraum des Menschen), Sicherheitsabstände • Gestaltung von Werkzeugen und Stellteilen, Positionierung von Anzeigen
Physiologische Gestaltung	Methoden und Instrumente (vgl. **HF04**): • Verringerung auszuübender Kräfte, Vermeidung statischer Muskelarbeit, Wahl optimaler Kraftrichtung, Vorgabe von Erholzeiten/Arbeitswechseln
Informationstechnische Gestaltung	Methoden und Instrumente (vgl. **HF11**): • Sicherung der optimalen sinnhaften Wahrnehmung (aktuell und eindeutig) • Sehen (Abstand, Beleuchtung, Ableseinstrumente etc.), Hören (Warnsignale), Tasten (Hebel, Drehknöpfe etc.), Fühlen
Psychologische Gestaltung	Methoden und Instrumente: • Information und Kommunikation (vgl. **HF01**) • Handlungsspielraum, Entscheidungsfreiheit, Wettbewerb (vgl. **HF04**) • Pausengestaltung, Farbgestaltung, Pflanzen/Musik am Arbeitsplatz • Ordnung und Sauberkeit am Arbeitsplatz

Arbeitsumgebung

Lärm	Methoden und Instrumente: • Lärmschutz (baulich: Gebäudeform, Lärmschutzwände, Schallschutzkabine, schallschluckende Stoffe; maschinenbezogen: Schalldämpfung, Abschirmung; arbeitsorganisatorisch: Lärmpausen; mitarbeiterbezogen: persönlicher Gehörschutz, Weckung des Eigenschutzinteresses etc.)
Licht	Methoden und Instrumente: • angemessene Beleuchtung (ausreichende Stärke, ausgewogener Kontrast, Vermeidung der Direktblendung, natürliche Farbwiedergabe etc.) • farbliche Gestaltung (motivatorisch und sicherheitstechnisch) [Signalfarben]
Klima	Methoden und Instrumente: • angenehmes Klima (Temperatur, Feuchtigkeit, Luftgeschwindigkeit etc.), ausreichende Lüftung

❷ ❶

Bild 131: Strukturierung des methodischen Entscheidungsprozesses aus Sicht der Arbeitsorganisation (Teil 1)

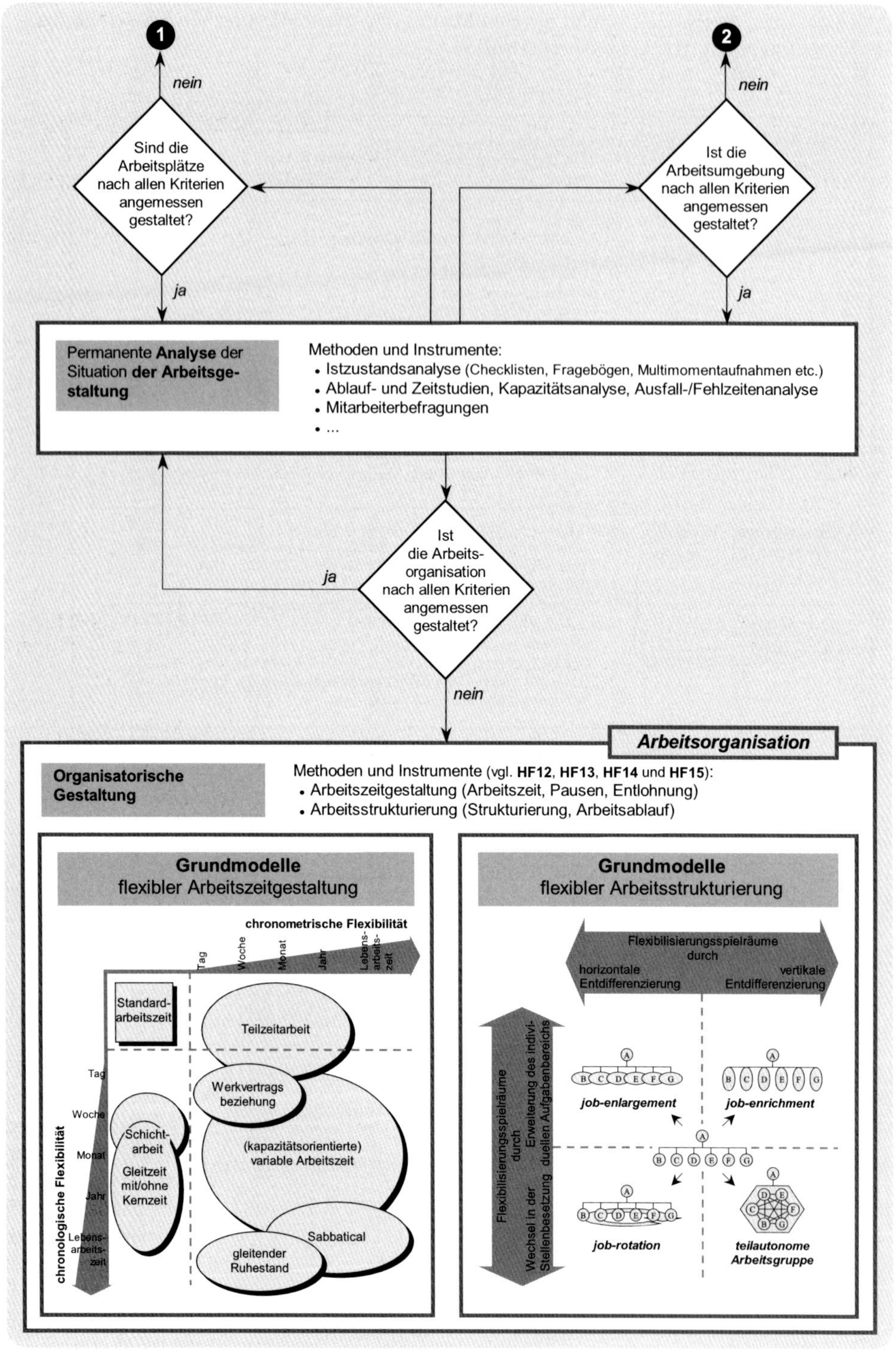

Bild 132: Strukturierung des methodischen Entscheidungsprozesses aus Sicht der Arbeitsorganisation (Teil 2)

4.2.4 Handlungsfeld 7: Leistungsfähigkeit und Reproduktion der Anlagen

Neben den Arbeitskräften bilden die Betriebsmittel den zweiten Potenzialfaktor, der die Fähigkeit zu produzieren besitzt und damit für die Kapazitätsbildung verantwortlich ist.
Betriebsmittel sind die technische Voraussetzung für die Durchführung von Produktionsprozessen.
Die **Produktionsaufgabe** wird durch das Produktionsprogramm bestimmt und **stellt an** die **Betriebsmittel** verwendungsbezogene **Anforderungen**.
Die **Beschaffenheitsmerkmale** von Betriebsmitteln entscheiden darüber, ob diese Anforderungen erfüllt werden können.
Die Beschaffung genau der benötigten Betriebsmittel ist eine Aufgabe der Anlagenwirtschaft.
Mit ihrer Nutzung verlieren die Betriebsmittel Nutzungsvorrat, sie verschleißen.

Die bedarfsgerechte Aufrechterhaltung, Erweiterung und/oder Reduktion der Leistungsfähigkeit und der Kapazität der Betriebsmittel ist eine Aufgabe der **komplexen Anlagenreproduktion**.
Dazu werden die Maßnahmekomplexe Instandhaltung, Ersatz- und Rationalisierungsinvestition, Erweiterungsinvestition und Aussonderung eingesetzt.

Die abgestimmte Einbeziehung aller Maßnahmekomplexe sowie die Berücksichtigung ihrer Substituierbarkeit und ihrer sehr unterschiedlichen situationsbedingten Beeinflussung der Produktivität und Rentabilität sind Bedingungen für eine rationelle Anlagenreproduktion.

In *Tabelle 8* werden die **Einflüsse, die von der Leistungsfähigkeit der Betriebsmittel und ihres Erhalts auf die Produktivität ausgehen,** strukturiert.

Betriebsmitteleigenschaften	Einflussfaktoren	Fehlerquellen	Auswirkungen auf die Produktivität	Gestaltungsansätze/Instrumente
	Dimensionierung der Eigenschaften	Unterdimensionierung	Erfüllung der Produktionsaufgaben nicht möglich ⇒ Produktivität ↓	genaue Bedarfs- (Anforderungsprofil) und Zustands-/Funktionsanalyse (Fähigkeitsprofil)
		Überdimensionierung (Overengineering)	Leistungsüberschuss, Qualitätsverschwendung ⇒ Investitionsausgabe ↑ ⇒ BM-Produktivität ↓	Pflichtenheft
funktionale Eigenschaften	Ergiebigkeit	zu geringe Ergiebigkeit	Erstellung betrieblicher Leistungen unter Wirtschaftlichkeitsgesichtspunkten nicht sinnvoll ⇒ Produktivität ↓	Einsatz sinnvoller und aussagekräftiger Auswahlverfahren (bestmöglicher Profilabgleich)
funktionale Eigenschaften	Kapazität (vgl. **HF05** und **HF08**)	zu geringe quantitative/ qualitative Kapazität	Erfüllung der Produktionsaufgaben nicht möglich ⇒ Produktivität ↓	Auswahl (Eignung)
		zu hohe quantitative/ qualitative Kapazität	Leistungsüberschuss, Qualitätsverschwendung ⇒ Investitionsausgabe ↑ ⇒ BM-Produktivität ↓	regelmäßige Überprüfung und daraus abgeleitete bedarfsweise Bereinigung des Produktionsprogramms und Reorganisation des Betriebsmitteleinsatzes, kontinuierlicher Anlagenverbesserungsprozess (KAVP)
funktionale Eigenschaften	Flexibilität (qualitative Flexibilität ist durch Integrationsgrad messbar)	zu geringe Flexibilität/ Funktionsintegration	zu wenig integrierte Funktionen (Spezialbetriebsmittel), zu niedrige Anpassungsfähigkeit/-geschwindigkeit an veränderte Anforderungen des Marktes ⇒ verschenktes Absatzpotenzial ⇒ Produktivität ↓	
		zu hohe Flexibilität/ Funktionsintegration	hohe Investitionsausgabe, ungenutzte Funktionsvielfalt ⇒ Produktivität ↓	
Integrationseigenschaften	Schnittstellen	zu viele Schnittstellen, zu geringe Durchlässigkeit	Schnittstellen bilden Durchsatzengpässe, hemmen Material- oder Informationsfluss, steigern Koordinationsbedarf und -aufwand ⇒ Produktivität ↓	
Integrationseigenschaften	Automatisierung	zu geringe Automatisierung	hoher Handlingsaufwand, niedrige Transparenz, hoher Steuerungsaufwand ⇒ Personalkosten ↑ ⇒ Produktivität ↓	
		Niveauunterschiede zwischen Teilsystemen	unangepasste Schnittstellen, Engpass bestimmt Systemdurchsatz, ungenutzte Potenziale ⇒ Produktivität ↓	
		zu hohe Automatisierung	hohe Investitionsausgabe, ungenutzte Potenziale ⇒ BM-Produktivität ↓	
Integrationseigenschaften	Verkettung/ Gebundenheit	Folgen bzw. Gefahren hoher Verkettung/Gebundenheit	Spezialisierung der Betriebsmittel durch Arbeitsteilung, hohe Forderungen an Proportionalität aufeinanderfolgender Betriebsmittel, gegenseitige Bedingtheit von Erneuerungsmaßnahmen, verringerte Gesamtverfügbarkeit des Systems ⇒ Produktivität ↓ (bei Nichtbeachtung der Zusammenhänge)	

Tabelle 8a: Einflussfaktoren der betriebsmittelseitigen Leistungsfähigkeit und ihres Erhaltes auf die Produktivität (Teil 1)

	Einflussfaktoren	Fehlerquellen	Auswirkungen auf die Produktivität	Gestaltungsansätze/Instrumente
Betriebsmitteleigenschaften	Ästhetik	abstoßende Wirkung (vgl. **HF04**)	Unbehagen, schlechtes Arbeitsklima, geringe Mitarbeitermotivation ⇒ AK-Produktivität ↓	genaue Bedarfs- (Anforderungsprofil) und Zustands-/Funktionsanalyse (Fähigkeitsprofil)
Betriebsmitteleigenschaften / Dauerhaftigkeitseigenschaften	Nutzungsvorrat	zu geringer Nutzungsvorrat	geplante Lebensdauer/Lebensleistung wird nicht erreicht ⇒ BM-Produktivität ↓	Pflichtenheft
		zu hoher Nutzungsvorrat	Restbestand nach abgelaufener Lebensdauer, Aussonderung von verwendbarer Kapazität ⇒ BM-Produktivität ↓	Einsatz sinnvoller und aussagekräftiger Auswahlverfahren (bestmöglicher Profilabgleich)
	Abnutzung/ Zeitverhalten	zu starke/ schnelle Abnutzung	geringe Lebensdauer, hoher Verschleiß ⇒ Instandhaltungsaufwendungen ↑ ⇒ BM-Produktivität ↓	Auswahl (Eignung)
		stochastischer Verschleiß	keine/schlechte Prognostizierbarkeit des Abnutzungsverhaltens, keine vorbeugenden Instandhaltungsstrategien einsetzbar ⇒ BM-Produktivität ↓	regelmäßige Überprüfung und daraus abgeleitete bedarfsweise Bereinigung des Produktionsprogramms und Reorganisation des Betriebsmitteleinsatzes, kontinuierlicher Anlagenverbesserungsprozess (KAVP)
	Zuverlässigkeit und Verfügbarkeit	nicht ausreichende Zuverlässigkeit und Verfügbarkeit	Betriebsmitteleigenschaften stehen nicht in ausreichendem Maße zur Verfügung ⇒ Instandhaltungsaufwendungen, Ausfall(folge)kosten ↑ ⇒ BM-Produktivität ↓	
	Instandhaltungseignung	zu geringe Instandhaltungseignung (vgl. **HF03**)	hohe Demontageaufwendungen, hohe instandhaltungsbedingte Stillstandszeiten, überhöhte Ersatzteilkosten ⇒ BM-Produktivität ↓	
Betriebsmitteleigenschaften	Arbeits-, Umweltschutz, Unfallverhütung	nicht ausreichende Sicherheits-/Umwelteigenschaften (vgl. **HF16**)	bei Nichterfüllung gesetzlicher/berufsgenossenschaftlicher Vorschriften oder Auflagen ist eine Produktion nicht gestattet ⇒ Produktivität ↓	
	Langlebigkeit/ Amortisation	zu lange Amortisationsdauer	hohes Investitionsrisiko (moralischer Verschleiß), Festlegung langfristiger Wirkungen auf Ressourcenbindung und Leistungsposition (Maßnahmenremanenz) ⇒ BM-Produktivität ↓	
	Kapitalintensität	hohe Kapitalintensität	hohe Investitionsausgabe, Veränderung der Kostenstruktur, Auslastungsrisiko (Fixkostenfalle) ⇒ BM-Produktivität ↓ (bei geringer Beschäftigung)	
Komplexe AW	Investition	zu geringe Ersatz-/Rationalisierungsinvestitionen	moralischer Verschleiß (Veraltung), Auszehrung des Sachanlagevermögens ⇒ BM-Produktivität ↓	Beachtung der wirtschaftlichen Reihenfolge der Einzelmaßnahmen, Ableitung der Entscheidung, ganzheitliche Abstimmung der Einzelmaßnahmen der Maßnahmekomplexe unter Beachtung der Wechselbeziehungen und Substitutionsmöglichkeiten, Koordination der Teilpläne
		zu geringe Erweiterungsinvestitionen	betriebliche Kapazität ist nicht ausreichend, nicht realisierter Umsatz ⇒ Produktivität ↓	
		zu hohe/Fehlinvestitionen	ungenutzte Kapazitäten/Potenziale, hohe Fixkostenbelastung ⇒ BM-Produktivität ↓	

Tabelle 8b: Einflussfaktoren der betriebsmittelseitigen Leistungsfähigkeit und ihres Erhaltes auf die Produktivität (Teil 2)

Komplexe Anlagenwirtschaft – Nutzung

Einflussfaktoren	Fehlerquellen	Auswirkungen auf die Produktivität	Gestaltungsansätze/Instrumente
Organisationsform (vgl. **HF14**)	mangelnde Abstimmung zwischen Anforderungs- und Leistungsprofil bei der OF-Wahl	suboptimale organisatorische Lösung ⇒ Mehraufwendungen zur Kompensation bzw. verminderte Leistungsfähigkeit ⇒ Produktivität ↓	genaue Bedarfs- und Zustandsanalyse, Einsatz sinnvoller und aussagekräftiger Auswahlverfahren
	fehlende Abstimmung zwischen Haupt- und Dienstleistungs-/Hilfsprozessen	Dienst-/Hilfsleistung für Hauptprozess kann nicht in erforderlichem Maß erbracht werden ⇒ Ablaufstörungen oder Qualitätsmängel im Hauptprozess, Fehlleistungen der Dienstleistungs-/Hilfsprozesse ⇒ Produktivität ↓	Koordination der Auswahl der Organisationsformen der Dienstleistungs-/Hilfsprozesse mit denen der Hauptprozesse
extensive Ausnutzung (vgl. **HF05** und **HF08**)	geringe extensive Ausnutzung	unzureichende Ausnutzung der Kalenderzeit für den Betriebsmitteleinsatz ⇒ Leerkosten, Verteilung der Abschreibungen auf geringeren Betriebseinsatz ⇒ BM-Produktivität ↓	Steigerung der Schichtanzahl, bedienarme Perioden, Überstunden, Wochenendarbeit, keine Betriebsferien/ -pausen
	zu hohe extensive Ausnutzung	Überstunden-, Schicht- und Wochenendzuschläge ⇒ Personalkosten ↑, erhöhter Verschleiß und reduzierte Wartungs- und Instandsetzungszeiten ⇒ Instandhaltungskosten ↑ ⇒ Produktivität ↓	Senkung der Schichtanzahl, Vermeidung von Überstunden und Wochenendarbeit, Instandhaltung in Zeiten der Betriebsruhe
intensive Ausnutzung	geringe intensive Ausnutzung	Nichtausnutzung von Rationalisierungspotenzialen, Verteilung der Abschreibungen auf geringeren Betriebsmitteleinsatz ⇒ Produktivität ↓	Verfahrensverbesserung, Vorrichtungen, Qualifikation der Mitarbeiter, Mehrmaschinenbedienung, Ablauf-/Zeitstudien
	zu hohe intensive Ausnutzung	überproportional zunehmender Verschleiß ⇒ Instandhaltungskosten ↑, erhöhte Belastung der AK ⇒ Leistungsvermögen ↓, Aufmerksamkeit ↓ u. Unfallgefahr ↑ ⇒ Produktivität ↓	Reduktion der Vorgabezeiten, Einplanung von Erholzeiten, Anpassung der Instandhaltungsstrategien
qualitative Ausnutzung	geringe qualitative Ausnutzung	hohe Fixkostenbelastung aufgrund funktional überdimensionierter Investition ⇒ Produktivität ↓	bedarfsgerechte Auswahl, Fertigung in der wirtschaftlich nötigen Genauigkeit
bedarfsgerechte Gestaltung der Kapazität (Anpassung/ Abgleich)	mangelnde Übereinstimmung zwischen Kapazitätsangebot und -bedarf	Unterdeckung des Kapazitätsbedarfs (Bedarf > Angebot) ⇒ Produktivität ↓ (Absatzpotenzial verschenkt) Überdeckung des Kapazitätsbedarfs (Bedarf < Angebot) ⇒ Leerkapazitäten, geringe Ausnutzung ⇒ Produktivität ↓	Kapazitätsangebot (Anpassung): Erhöhung (Reserve-BM, Investition, Schichtauslastung ↑, Stillstandszeit ↓,), Senkung (Schichtauslastung ↓, Abschaltung Reserve-BM, Aussonderung, IH-Maßnahmen vorziehen), Umstrukturierung (BM umsetzen); Kapazitätsbedarf (Abgleich): Erhöhung (Losgröße ↑, Zusatzaufträge/ Lohnarbeiten, Aufträge vorziehen), Senkung (Losgröße ↓, Aufträge verschieben, Fremdvergabe, Rationalisierung), Umstrukturierung (Bauteileverlagerungen)

Tabelle 8c: Einflussfaktoren der betriebsmittelseitigen Leistungsfähigkeit und ihres Erhaltes auf die Produktivität (Teil 3)

	Einflussfaktoren	Fehlerquellen	Auswirkungen auf die Produktivität	Gestaltungsansätze/Instrumente
Nutzung	Prozess-gesetzmäßig-keiten	niedrige Proportionalität	fehlende Übereinstimmung zwischen Kapazitätsangeboten von AK und BM einer Kapazitätseinheit, Kapazitätsangebot und -bedarf einer Kapazitätseinheit sowie Angebot und Bedarf aufeinanderfolgender Fertigungsstufen ⇒ Engpässe und Leerkapazitäten ⇒ Produktivität ↓	genaue Bedarfs- und Zustandsanalyse, PPS-Methoden und -Verfahren (vgl. **HF 12** und **HF13**)
		gestörter, ungleichmäßiger Prozessablauf (niedrige Kontinuität)	kein ununterbrochenes Wirken der Produktionsfaktoren ⇒ ungleichmäßige Auslastung ⇒ Produktivität ↓	
Komplexe Anlagenwirtschaft	Instandhaltung	falsche Instandhaltungs-strategie	erforderliche Zuverlässigkeit und Verfügbarkeit können nicht garantiert werden, hohe Ausfall(folge)kosten, erhöhte Instandhaltungsaufwendungen ⇒ Produktivität ↓	Beachtung der wirtschaftlichen Reihen-folge der Einzelmaßnahmen Ableitung der Entscheidung nach Vor-schlag aus Sicht der Kapazität und des Zustandes ganzheitliche Abstimmung der Einzel-maßnahmen der Maßnahmenkomplexe unter Beachtung der Wechselbeziehun-gen und Substitutionsmöglichkeiten Koordination der Teilpläne und Budgets Durchführung der Maßnahmen Kontrolle der Durchführung und der Wirksamkeit der Erneuerungsmaßnah-men
		falsche Instandhaltungs-organisation	Minderleistungen, Transport-/ Koordinationsaufwendungen, Know-how-Verlust/ -Diffusion, erhöhte Instandhaltungs-aufwendungen ⇒ Produktivität ↓	
	Aussonderung	falscher Aussonderungszeit-punkt	Nichtausnutzung des Abnutzungsvorrates, Fehlkapazität infolge verfrühter Aussonderung ⇒ Produktivität ↓ Einsatz der am wenigsten wirtschaftlichen Instandhaltung zur Erneuerung bei verspäteter Aussonderung ⇒ Produktivität ↓	
		falsche Ersatzentscheidung	fehlender Ersatz ⇒ Fehlkapazität, Erfüllung der Produktionsaufgabe nicht möglich ⇒ Produktivität ↓ Ersatz ohne Bedarf/ Fertigungsperspektive ⇒ Fehlinvestition ⇒ Produktivität ↓	
		falsche Recyclingentschei-dung (vgl. **HF16**)	verpasste Verkaufsmöglichkeit ⇒ entgangener/verminderter Erlös (Verschrottung) ⇒ Produktivität ↓; verpasste Ver-schrottung ⇒ entgangener Erlös und zusätzliche Aufwen-dungen (Entsorgung/Deponierung) ⇒ Produktivität ↓	
	Wahl der effi-zienten Einzel-maßnahme	Wahl einer weniger effizien-ten Einzelmaßnahme der Anlagenerneuerung	erhöhter Ressourcenaufwand für erreichtes Ziel, Nichtbeachtung von Wechselbeziehungen und Substitutionsmöglichkeiten ⇒ Produktivität ↓	
	Abstimmung der Erneue-rungsmaß-nahmen	Ressortdenken, keine/ nicht ausreichende Abstimmung und Koordination	Schnittstellenverluste und Abstimmungsschwierigkeiten, fehlende Beachtung von Wechselbeziehungen und Substitu-tionsmöglichkeiten ⇒ Produktivität ↓	

Tabelle 8d: Einflussfaktoren der betriebsmittelseitigen Leistungsfähigkeit und ihres Erhaltes auf die Produktivität (Teil 4)

In den *Bildern 133 und 134* erfolgt die **Strukturierung des methodischen Entscheidungsprozesses aus Sicht der Leistungsfähigkeit der Betriebsmittel und ihrer Reproduktion.**

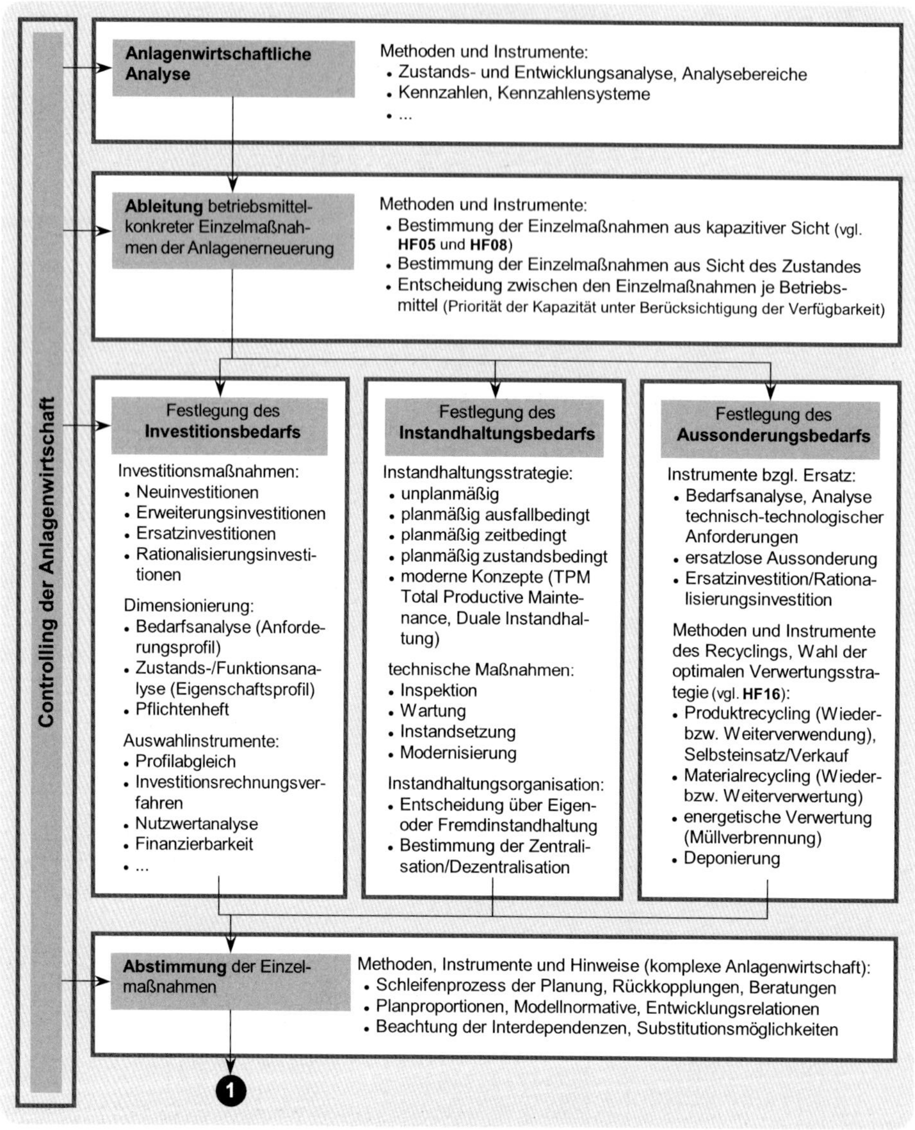

Bild 133: Strukturierung des methodischen Entscheidungsprozesses aus Sicht der Leistungsfähigkeit der Betriebsmittel und ihrer Reproduktion (Teil 1)

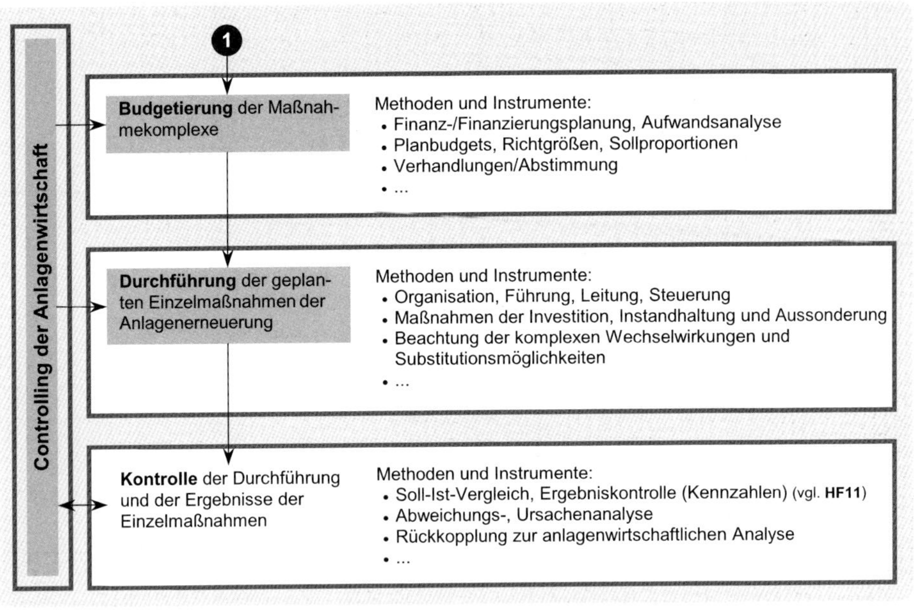

Bild 134: Strukturierung des methodischen Entscheidungsprozesses aus Sicht der Leistungsfähigkeit der Betriebsmittel und ihrer Reproduktion (Teil 2)

4.2.5 Handlungsfeld 8: Betriebsmittelseitiges Kapazitätsangebot und dessen Nutzung

Während die Beschaffung von Betriebsmitteln und die Anlagenreproduktion Verantwortung für die Bereitstellung und Erhaltung der Kapazität tragen, **hängt die Produktivität** entscheidend **von der Nutzung der Kapazität ab.**

Eine wichtige Rolle spielt in diesem Zusammenhang die Beziehung zwischen Kapazitätsangebot und Kapazitätsbedarf (Nebl [Produktionswirtschaft, S. 204 ff.]).
Die Deckung des Kapazitätsbedarfs durch das Kapazitätsangebot ermöglicht die zeitpunktbezogene Befriedigung von Kundenwünschen.

Die Gestaltung abgestimmter **Kapazitätsproportionen** für Kapazitätseinheiten, die im Produktionsprozess miteinander verbunden sind, die Gestaltung **kontinuierlicher Fertigungsabläufe** sowie die sinnvolle Auswahl von **Maßnahmen zur bedarfsgerechten Gestaltung der Kapazität** sind Voraussetzungen dafür, dass vorhandene Kapazitäten eine **kostenoptimale Nutzung** erfahren und damit einen **positiven Produktivitätsbeitrag** leisten.

In *Tabelle 9* werden **Einflussfaktoren des betriebsmittelseitigen Kapazitätsangebotes und seiner Nutzung auf die Produktivität** dargestellt.

	Einflussfaktoren	Fehlerquellen	Auswirkungen auf die Produktivität	Gestaltungsansätze/Instrumente
Kapazitätsangebot	qualitativ	unzureichendes qualitatives Kapazitätsangebot	Produktionsaufgabe kann nicht oder nur schlecht erfüllt werden, Einsatz suboptimaler Verfahren/Technologien ⇒ Produktivität ↓	möglichst exakte Bedarfsbestimmung und -prognose, Funktionsanalyse, Pflichtenheft, Auswahl der Betriebsmittel nach möglichst hohem Übereinstimmungsgrad zwischen Anforderungs- und Eigenschaftsprofil (Eignungswert), Investitionen, Rationalisierungs- und Modernisierungs-/ Verbesserungsmaßnahmen, Umsetzung (vgl. **HF07**)
		überdimensioniertes qualitatives Kapazitätsangebot	hohe qualitative Flexibilität ⇒ gute Anpassungsfähigkeit bei Umweltveränderungen, aber funktionale Überdimensionierung ⇒ Betriebsmittelproduktivität ↓	
	quantitativ	unzureichendes quantitatives Kapazitätsangebot	Produktionsaufgabe kann nicht oder nur schlecht erfüllt werden ⇒ Wartezeiten, Personalleerkosten ⇒ Produktivität ↓ (Absatzpotenzial verschenkt)	
		überdimensioniertes quantitatives Kapazitätsangebot	hohe quantitative Flexibilität ⇒ gute Anpassungsfähigkeit bei Umweltveränderungen, aber Überdimensionierung, geringe Auslastung ⇒ Leerkosten der Betriebsmittel ⇒ Produktivität ↓	
Kapazitätsnutzung	extensive Ausnutzung	geringe extensive Ausnutzung	unzureichende Ausnutzung der Kalenderzeit für den Betriebsmitteleinsatz ⇒ Leerkosten, Verteilung der Abschreibungen auf geringeren Betriebsmitteleinsatz ⇒ Produktivität ↓	Steigerung der Schichtanzahl, mannlose Nachtschichten, Überstunden, Wochenendarbeit, keine Betriebsferien/ -pausen
		zu hohe extensive Ausnutzung	hohe Überstunden-, Schicht- und Wochenendzuschläge ⇒ Personalkosten ↑, erhöhter Verschleiß und reduzierte Wartungs- und Instandsetzungszeiten ⇒ Instandhaltungskosten ↑ ⇒ Produktivität ↓	Senkung der Schichtanzahl, Vermeidung von Überstunden und Wochenendarbeit, Instandhaltung in Zeiten der Betriebsruhe
	intensive Ausnutzung	geringe intensive Ausnutzung	Nichtausnutzung von Rationalisierungspotenzialen, Verteilung der Abschreibungen auf geringeren Betriebsmitteleinsatz ⇒ Produktivität ↓	Verfahrensverbesserung, Vorrichtungen, Qualifikation der Mitarbeiter, Mehrmaschinenbedienung, Ablauf- und Zeitstudien, betriebliches Vorschlagswesen
		zu hohe intensive Ausnutzung	überproportional zunehmender Verschleiß ⇒ Instandhaltungskosten ↑ ⇒ erhöhte Belastung der Arbeitskräfte ⇒ Leistungsvermögen ↓, Aufmerksamkeit ↓ und Unfallgefahr ↑ ⇒ Produktivität ↓	realistische Vorgabezeiten, Einplanung von Erholzeiten, Rationalisierungsmaßnahmen, Anpassung der Instandhaltungsstrategien
	qualitative Ausnutzung	zu geringe qualitative Ausnutzung	hohe Fixkostenbelastung aufgrund von überdimensionierter Investition ⇒ Produktivität ↓	bedarfsgerechte Auswahl, Anpassung der Arbeitsaufgabe, Fertigung in der wirtschaftlichen Genauigkeit

Tabelle 9a: Einflussfaktoren des betriebsmittelseitigen Kapazitätsangebotes und seiner Nutzung auf die Produktivität (Teil 1)

Verhältnis zwischen Kapazitätsangebot und Kapazitätsbedarf

Einflussfaktoren	Fehlerquellen	Auswirkungen auf die Produktivität	Gestaltungsansätze/Instrumente
bedarfsgerechte Gestaltung der Kapazität (Anpassung/ Abgleich)	mangelnde Übereinstimmung zwischen Kapazitätsangebot und -bedarf (vgl. **HF05**)	Unterdeckung des Kapazitätsbedarfes (Bedarf > Angebot) ⇒ Produktivität ↓ (Absatzpotenzial verschenkt)	Kapazitätsangebot Betriebsmittel (Anpassung): Einsatz von Reservemaschinen, Investitionen in oder Leasing von Betriebsmitteln, höhere Schichtauslastung, Senkung von Stillstandszeiten, Umstrukturierung (Umsetzen zwischen Organisationsformen); Kapazitätsbedarf (Abgleich): kleinere Losgrößen, Verschiebung von Aufträgen, Fremdvergabe, Zeiteinsparung durch Rationalisierung, Steigerung der Wirkungsintensität, Umstrukturierung (Teileverlagerungen in freie Kapazitätseinheiten)
		Überdeckung des Kapazitätsbedarfes (Bedarf < Angebot) ⇒ Überkapazitäten, geringe Ausnutzung ⇒ Produktivität ↓	Kapazitätsangebot Betriebsmittel (Anpassung): Abschaltung von Reservemaschinen, niedrigere Schichtauslastung, Aussonderungen, Vorziehen von Instandhaltungsmaßnahmen, Umstrukturierung (Umsetzen zwischen Organisationsformen); Kapazitätsbedarf (Abgleich): größere Losgrößen, Zusatzaufträge, Vorziehen von Aufträgen, Ausführen von Lohnarbeiten, Umstrukturierung (Bauteileverlagerungen aus überbelegten Kapazitätseinheiten)
Prozessgesetzmäßigkeiten	niedrige Proportionalität	fehlende Übereinstimmung zwischen Kapazitätsangeboten von Arbeitskräften und Betriebsmitteln einer Kapazitätseinheit, Kapazitätsangebot und -bedarf einer Kapazitätseinheit sowie Angebot und Bedarf aufeinanderfolgender Fertigungsstufen ⇒ Engpässe und Leerkapazitäten ⇒ Produktivität ↓	genaue Bedarfs- und Zustandsanalyse, anforderungsgerechte Dimensionierung der Kapazitätseinheiten, geeignete Wahl der Organisationsformen der Fertigung, Montage und industriellen Dienstleistungen (vgl. **HF14**), PPS-Methoden und -Verfahren (vgl. **HF12** und **HF13**)
gestörter, ungleichmäßiger Prozessablauf	kein ununterbrochenes Wirken der Produktionsfaktoren ⇒ ungleichmäßige Auslastung ⇒ Produktivität ↓	kein ununterbrochenes Wirken der Produktionsfaktoren (niedrige Kontinuität) ⇒ ungleichmäßige Auslastung ⇒ Produktivität ↓	

Tabelle 9b: Einflussfaktoren des betriebsmittelseitigen Kapazitätsangebotes und seiner Nutzung auf die Produktivität (Teil 2)

Bild 135 strukturiert den **methodischen Entscheidungsprozess aus Sicht der bedarfsgerechten Gestaltung der Kapazität der Betriebsmittel.**

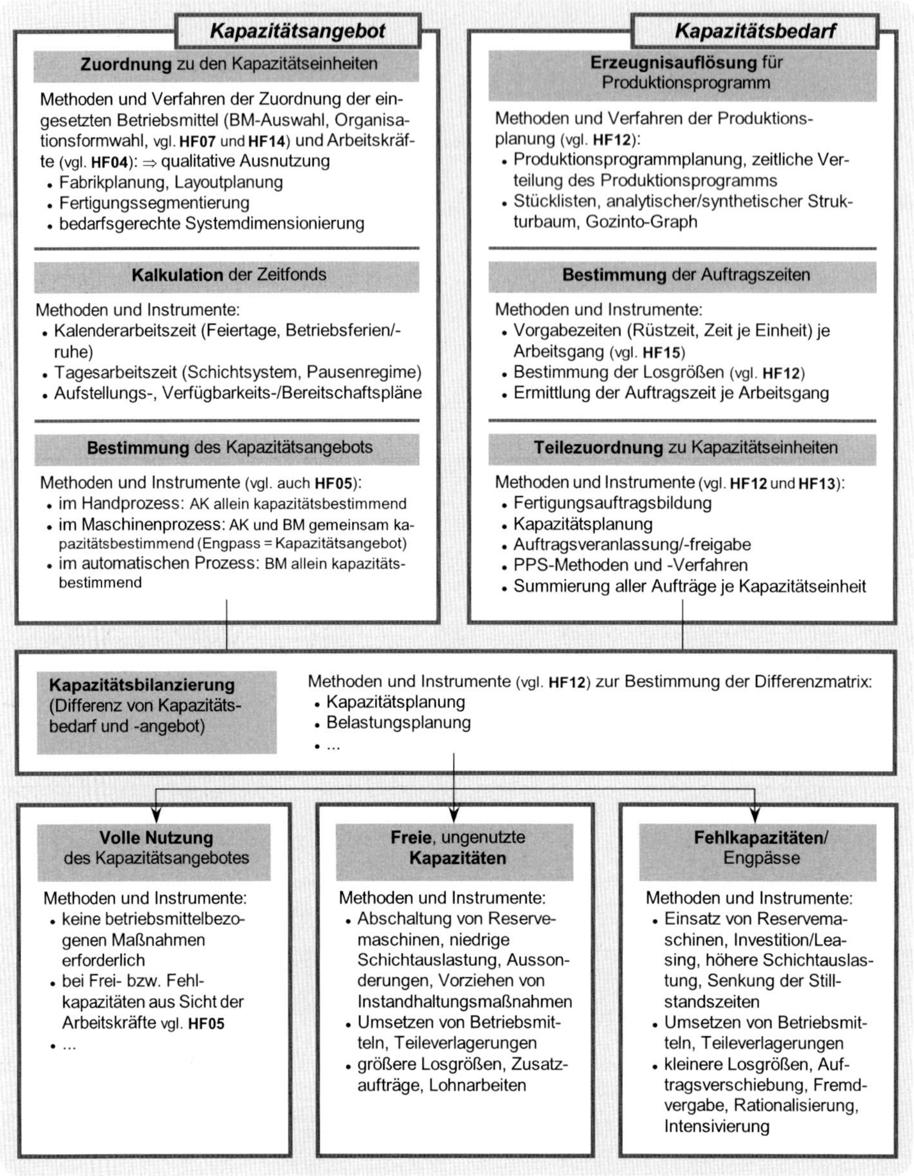

Bild 135: Strukturierung des methodischen Entscheidungsprozesses aus Sicht der bedarfsgerechten Gestaltung der Kapazität der Betriebsmittel

4.2.6 Handlungsfeld 9: Materialbedarf

Im Gegensatz zu den Potenzialfaktoren Arbeitskraft und Betriebsmittel **verändert** der Repetierfaktor **Werkstoff** (Material) während des Produktionszyklus seine **Naturalform**.
Er wird zu großen Teilen Bestandteil des Outputs, also des produzierten Erzeugnisses.

Seine weitgehend vollständige Neubeschaffung ist für jeden neuen Produktionszyklus eines Erzeugnisses geboten.
Damit besitzt der Werkstoff eine spezifische Beschaffungsbesonderheit im Vergleich zu den Potenzialfaktoren, die über längere Produktionsperioden fungieren und produktionszyklusübergreifend im Produktionsprozess agieren.
Der Materialbedarf wird aus Sicht der Erzeugnisebene in den

- **Primärbedarf,** das ist der Marktbedarf an Fertigerzeugnissen
- **Sekundärbedarf**, das ist der Bedarf an Einzelteilen und Baugruppen zur Herstellung des Primärbedarfs und
- **Tertiärbedarf,** das ist der Bedarf an Hilfs- und Betriebsstoffen

differenziert.

Der gesamte periodenbezogene Bedarf stellt den **Bruttobedarf** dar.
Setzt man vom Bruttobedarf die vor einem Produktionszyklus vorhandenen Lagerbestände an Fertigerzeugnissen, Einzelteilen und Baugruppen sowie an Hilfs- und Betriebsstoffen ab, so erhält man den für die Produktionsperiode tatsächlich zu beschaffenden Materialbedarf, den **Nettobedarf**.

Die **Materialwirtschaft** realisiert die Beschaffungsfunktion. Sie sichert damit eine termin-, qualitäts- und mengengerechte Versorgung der Produktion mit Materialien (Jünemann [Materialfluss und Logistik, S. 18]).
Dabei bedient sie sich diverser **Analysen** (ABC-Analyse, XYZ-Analyse, Wertanalysen u.a.), **Beschaffungsprinzipien** und **Lagerhaltungsmodelle**.
Make-or-Buy-Entscheidungen bestimmen, welche Erzeugnisbestandteile selbst produziert werden und welche an Dritte in Auftrag gegeben werden.
Alle Teile, die zugekauft werden, sind Bedarfsgrößen, die auch zu beschaffen sind.
Die rationelle Gestaltung dieser Prozesse fördert die Produktivität.

Tabelle 10 kennzeichnet **Einflussfaktoren, die vom Materialbedarf auf die Produktivität ausgehen.**

	Einflussfaktoren	Fehlerquellen	Auswirkungen auf die Produktivität	Gestaltungsansätze/Instrumente
Materialart	Anpassung des Rohlings an Endprodukt	zu wenig angepasst	hoher Verschnittanteil, schlechte Materialausnutzung ⇒ Material-, Fertigungs-, Entsorgungskosten ↑ ⇒ Produktivität ↓	Wertanalyse, Make-or-Buy-Entscheidung, Optimierung der Materialauswahl, Zuschnittoptimierung, Normteilverwendung, Recyclingfähigkeit (vgl. **HF16**)
		zu stark angepasst	erhöhte Beschaffungskosten durch höheren Vorfertigungsgrad ⇒ Produktivität ↓	
	physikalische Werkstoffeigenschaften	ungeeignet für Produkt, Fertigung oder Entsorgung	Verwendung aufwendiger/ungünstiger Fertigungsverfahren, Unzufriedenheit des Kunden, teure Entsorgung ⇒ Kosten ↑, Umsatz ↓ ⇒ Produktivität ↓	Wertanalyse, Optimierung der Materialauswahl (bedarfsgerecht) (vgl. **HF16**), Faktorinnovation (vgl. **HF03**)
	Anzahl der Materialarten	zu viele Materialarten	mangelnde Transparenz der Bestände, Komplexitätskosten, hohe Lagerbestände, Verschenken von Synergie- und Skaleneffekten ⇒ Produktivität ↓	technologische Vereinheitlichung, Standardisierung, Verwendung von Normteilen, Typung, Sortimentsbereinigung
		zu wenige Materialarten	negative Beeinflussung der Produkteigenschaften ⇒ Produktqualität und Kundenzufriedenheit ↓ ⇒ Produktivität ↓	Wertanalyse, Beschaffungsmarktforschung, Faktorinnovation (vgl. **HF03**)
	Materialkennzeichnung	uneinheitliche Bezeichnungen, komplizierte/unübersichtliche Codierung	hoher Überprüfungs- und Bereitstellungsaufwand, Beschaffungs-/Bereitstellungsfehler ⇒ Kosten ↑, Durchlaufzeit (DLZ) ↑, Versorgungsengpässe, Umsatz ↓ ⇒ Produktivität ↓	übersichtliche, verständliche Nummerung der Materialarten zur eindeutigen Identifikation und Klassifikation der Materialarten
	Materialqualität	zu hochwertig bzgl. Kundenanforderungen	Kunde honoriert Mehrqualität nicht ⇒ Materialkosten ↑ ⇒ Produktivität ↓	Kundenbefragungen, bedarfsgerechte Qualität (Optimierung der Qualitätskosten), Qualitätssicherungsmaßnahmen (vgl. **HF16**), Make-or-Buy-Entscheidung
		minderwertig bzgl. Kundenanforderungen	Kundenzufriedenheit nicht gegeben, Imageverlust, Ausschuss/Nachbesserung, Entsorgung ⇒ Kosten ↑, Umsatz ↓ ⇒ Produktivität ↓	
Materialanalyse	Analyseniveau	unzureichende Materialanalyse	Informationsdefizite/-lücken, keine Schwerpunktbildung, kein gezielter Methodeneinsatz ⇒ Verschenkung von Rationalisierungspotenzialen ⇒ Produktivität ↓	ABC-, XYZ-, Wert-, Preisstrukturanalyse, Kennzahlen, Informationsmanagement (vgl. **HF11**)
		falsche/zu umfangreiche/ zu häufige Materialanalyse	Informationsgewinn rechtfertigt Aufwand nicht ⇒ Verschwendung von Ressourcen ⇒ Produktivität ↓	ABC-, XYZ-Analyse zur Schwerpunktbildung, dosierter Maßnahmeeinsatz
	Beschaffungsprinzip	Wahl eines ungeeigneten Beschaffungsprinzips	unzureichende Versorgungssicherheit bzw. überhöhte Bestände ⇒ Fehlmengen- bzw. Lagerhaltungskosten ↑ ⇒ Produktivität ↓	Bestimmung des geeigneten Beschaffungsprinzips (Vorratsbeschaffung, auftragsbezogene Einzelbeschaffung, fertigungssynchrone Beschaffung) durch ABC-, XYZ-Analyse, Berücksichtigung von JIT und Kanban

Tabelle 10a: Einflussfaktoren des Materialbedarfs auf die Produktivität (Teil 1)

	Einflussfaktoren	Fehlerquellen	Auswirkungen auf die Produktivität	Gestaltungsansätze/Instrumente
Materialanalyse	Make-or-Buy Entscheidung	zu hohe Fertigungstiefe	Ressourceneinsatz für Nichtkernkompetenzen, Verschenkung von Rationalisierungseffekten durch Outsourcing ⇒ Produktivität ↓	Stärken-Schwächen-Analyse, Bestimmung der Kernkompetenzen, Kooperationsformen, Stellung in der Zulieferpyramide (vgl. **HF02**), Preisstrukturanalyse
		zu geringe Fertigungstiefe	Verlust von Know-how, Verschenken von Wertschöpfungs- und Umsatzpotenzial ⇒ Produktivität ↓	
	Lieferanten-auswahl	Auswahl falscher/ ungeeigneter Lieferanten	Liefer-, Qualitäts-, Geheimhaltungsrisiken ⇒ Kosten ↑ ⇒ Produktivität ↓	Lieferantenbeurteilung (Kriterienkatalog), Lieferantenaudit, -partnerschaft
Materialbedarf	Bedarfs-ermittlung	Verfahren für Bedeutung des Materials zu aufwendig	Informationsgewinn rechtfertigt Aufwand nicht ⇒ Verschwendung von Ressourcen ⇒ Produktivität ↓	ABC-Analyse, Einsatz geeigneter Methoden: deterministisch (analytische/syntetische Erzeugnisstruktur, Gozinto-Graph), stochastisch (kleinste Quadrate, gleitender Mittelwert, exponentielle Glättung), heuristisch (Analog-, Intuitivschätzung)
		Wahl des ungeeigneten Verfahrens	ungenaue Bedarfsermittlung ⇒ Fehl- oder Überbestände ⇒ Kosten ↑ ⇒ Produktivität ↓	
	Sekundärbe-darfsermittlung	ungenaue Bestimmung des Primär-/Marktbedarfs	ungenaue Bedarfsermittlung ⇒ Fehl- oder Überbestände ⇒ Kosten ↑ ⇒ Produktivität ↓	Markt- und Absatzprognosen (vgl. **HF01** und **HF12**), Kundenauftragsverwaltung
		unzureichende Berücksichtigung der Lagerbestände, ungenaue Lagerdaten	ungenaue Bedarfsermittlung, falsche Bestellmengen ⇒ Fehl- oder Überbestände, Stillstands-/Terminrisiko ⇒ Kosten ↑ ⇒ Produktivität ↓	Methoden der Bestandsführung, Informationssysteme (vgl. **HF11**)
	Bestellmen-genermittlung	Verfahren für Bedeutung des Materials zu aufwendig	Informationsgewinn rechtfertigt Aufwand nicht ⇒ Verschwendung von Ressourcen ⇒ Produktivität ↓	ABC-Analyse, Einsatz geeigneter Methoden: Losgrößenformel, gleitendes Bestellmengenverfahren, Kostenvergleichsverfahren, Wagner-Whitin-Algorithmus
		Wahl des ungeeigneten Verfahrens	ungenaue Bestellmengenermittlung ⇒ Fehlbestellungen, Fehl- oder Überbestände, Stillstands-/Terminrisiko ⇒ Kosten ↑ ⇒ Produktivität ↓	
Materialbestand	Bestands-planung	zu niedriger Sicherheits-/ Meldebestand	Risiko von Fehlbeständen, Durchlaufzeitverlängerung, Fertigungsstillstand, Lieferunfähigkeit, Imageverlust ⇒ Kosten ↑, Umsatz ↓ ⇒ Produktivität ↓	Bestimmung des optimalen Sicherheits-/Meldebestandes (Verfahren des Operations Research), Berücksichtigung der Bedarfsprognosen (Menge, Schwankung) und der Wiederbeschaffungszeit
		zu hoher Sicherheits-/ Meldebestand	Lagerhaltungskosten, Kapitalbindung ⇒ Kosten ↑ ⇒ Produktivität ↓	
	Bestands-strategien	Wahl der falschen/ungeeigneten Bestandsstrategie	Bestellzeitpunkt zu früh/Bestellmenge zu hoch, Bestellzeitpunkt zu spät/ Bestellmenge zu niedrig ⇒ Fehl- oder Überbestände, Stillstands-/Terminrisiko ⇒ Kosten ↑ ⇒ Produktivität ↓	Bestimmung der kostenoptimalen Bestandsstrategie (Losgrößen-/Auffüllverfahren × Bestellrhythmus-/ Bestellpunktverfahren)

Tabelle 10b: Einflussfaktoren des Materialbedarfs auf die Produktivität (Teil 2)

	Einflussfaktoren	Fehlerquellen	Auswirkungen auf die Produktivität	Gestaltungsansätze/Instrumente
Materialbestand	Bestands-führung	ungenaue Mengenerfassung	fehlerhafte Nettobedarfsbestimmung ⇒ Fehlbestellungen, Fehl- oder Überbestände, Stillstands-/Terminrisiko ⇒ Kosten ↑ ⇒ Produktivität ↓	Skontrationsmethode, Inventur-methode, retrograde Methode, EDV-/ Informationssysteme (vgl. **HF11**)
		ungenaue Werterfassung	falsche/ungeeignete Wertansätze, ungeeignete Wahl der Verbrauchsfolgen ⇒ keine/falsche Verbrauchszuordnung ⇒ Verschenken von Einsparpotenzialen ⇒ Produktivität ↓	rechtliche Regelungen, Wertansätze (Anschaffungs-, Wiederbeschaffungs-, Tages-, Verrechnungswert), Verbrauchsfolgen (fifo, lifo hofo, lofo), gleitende Durchschnittsmethode
	Bestands-überwachung	schlechte Eingangsüber-wachung	Annahme falscher/minderwertiger Lieferungen, ungenaue Datenerfassung ⇒ Kosten ↑ ⇒ Produktivität ↓	Wareneingangs-, Lieferscheinprüfung, Datenerfassung (vgl. **HF11**)
		schlechte Entnahmeüber-wachung	Schwund, keine/falsche Verbrauchszuordnung ⇒ Verschen-ken von Einsparpotenzialen ⇒ Produktivität ↓	Materialentnahmescheine, Lagerbe-standsführung, Kontrollen
		schlechte Verfügbarkeits-überwachung	Falschmeldungen über Lagerbestand (Nettobedarfs-ermittlung) ⇒ Fehl- oder Überbestände, Stillstands-/ Terminrisiko ⇒ Kosten ↑ ⇒ Produktivität ↓	Lagerbestandsführung, Optimierung des Meldebestandes, Kontrollen
		schlechte Kennzahlenüber-wachung	kein Erkennen von Missständen, Verschenken von Rationalisierungseffekten ⇒ Produktivität ↓	Kennzahlenanalyse (Umschlagshäufig-keit, Reichweite), Analyse der Lagerhü-ter, Kosten- und Leistungsanalyse
	Material-entsorgung	unzureichende Abfallvermei-dung/-verminderung	fehlende frühzeitige Berücksichtigung material- und umwelt-bezogener Aspekte ⇒ hohe Abfallmengen, geringe Recyclingfähigkeit ⇒ Kosten ↑ ⇒ Produktivität ↓	bedarfsgerechte Konstruktion, Betrach-tung des gesamten Lebenszyklus (vgl. **HF03** und **HF16**), Wahl geeigneter Rohlinge und Fertigungsverfahren, Mehrfachnutzung
		falsche/ungeeignete Abfallbehandlung	Nichtbeachtung rechtlicher Vorschriften, Imageverluste, erhöhte Entsorgungskosten, Verschenken von Sekundärrohstoff-/ Recyclingerlösen ⇒ Produktivität ↓	Produktrecycling (Wieder-/Weiterver-wendung), Materialrecycling (Wieder-/ Weiterverwertung), energetische Ver-wertung, Deponierung (vgl. **HF07** und **HF16**)

Tabelle 10c: Einflussfaktoren des Materialbedarfs auf die Produktivität (Teil 3)

In den *Bildern 136 und 137* erfolgt die **Strukturierung des methodischen Entscheidungsprozesses aus Sicht des Materialbedarfs**.

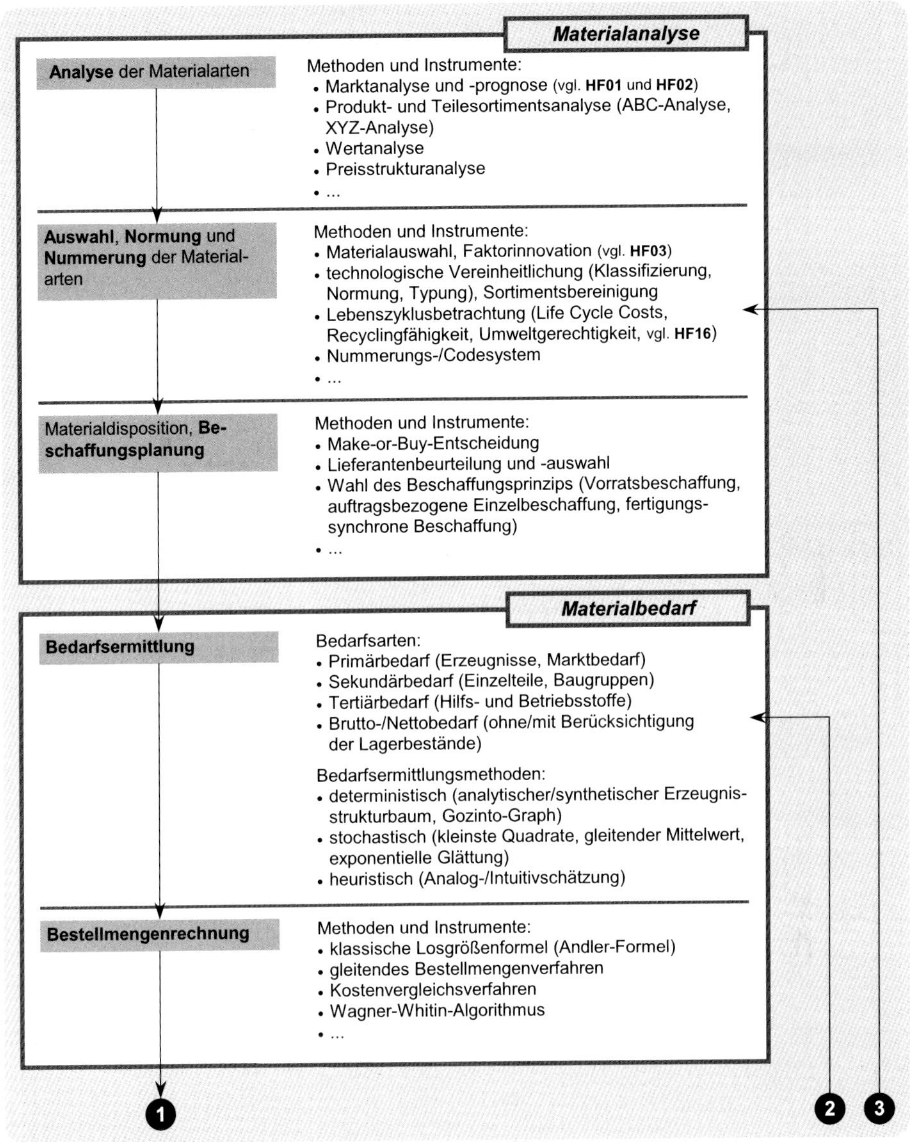

Bild 136: Strukturierung des methodischen Entscheidungsprozesses aus Sicht des Materialbedarfs (Teil 1)

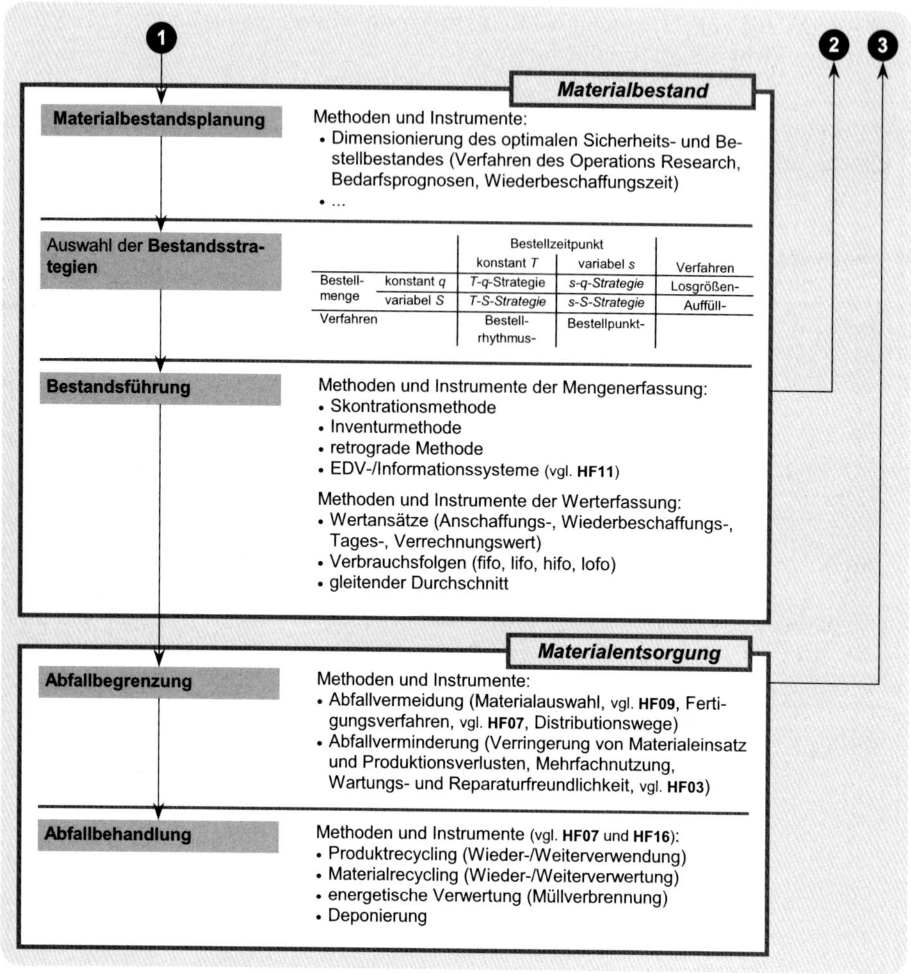

Bild 137: Strukturierung des methodischen Entscheidungsprozesses aus Sicht des Materialbedarfs (Teil 2)

4.2.7 Handlungsfeld 10: Durchlaufzeit

Durch die völlige Orientierung der Unternehmensaktivitäten an den Bedürfnissen der Kunden gewinnt der Faktor Zeit neben dem Preis und der Qualität des Outputs als Wettbewerbsfaktor zunehmend an Bedeutung.
Die **Durchlaufzeit** ist für den Wettbewerbsfaktor Zeit bestimmend. Sie umfasst die Zeit, die während der Herstellung eines Produktes vergeht. Darin eingeschlossen sind die Zeitgrößen für den **Arbeitsprozess** und die ablaufenden **natürlichen Prozesse** sowie **technisch-organisatorisch bedingte Zeiten der Prozessunterbrechungen**. Dazu gehören **Transport-, Kontroll- und Liegezeiten** (Warnecke [Produktionsbetrieb, S. 307 ff.]).

Die **Durchlaufzeit** wirkt bezüglich einer Steigerung der Produktivität in zwei Richtungen:
Durchlaufzeitverkürzungen reduzieren **Bestände** und damit die Kapitalbindung und sie verkürzen die **Lieferzeit**, wodurch komparative Konkurrenzvorteile erzielt werden.

Die Durchlaufzeit ist Ziel und gleichsam Ergebnis ökonomischen Handelns.
Eine Vielzahl von Faktoren beeinflusst ihre Länge. Dazu gehören das Beschaffungsprinzip, die Organisationsformen der Fertigung, die inner- und zwischenzyklische Parallelität durchgeführter Arbeiten, die organisatorische Bearbeitungsfolge u.a..
Die Art der Gestaltung dieser Faktoren und ihre Passgerechtigkeit zu den Anforderungen an den Produktionsprozess bestimmen maßgeblich die Produktivität.

Tabelle 11 verdeutlicht die **Einflussfaktoren der Durchlaufzeit auf die Produktivität.**

Interdependenzen der Durchlaufzeit mit anderen Arbeitspaketen

Einflussfaktoren	Fehlerquellen	Auswirkungen auf die Produktivität	Gestaltungsansätze/Instrumente
Beschaffungsprinzip	Wahl eines falschen/ungeeigneten Beschaffungsprinzips	unzureichende Versorgungssicherheit bzw. überhöhte Bestände $\Rightarrow$ Fehlmengen- bzw. Lagerhaltungskosten $\uparrow$, Durchlaufzeit $\uparrow$ $\Rightarrow$ Produktivität $\downarrow$	Bestimmung des geeigneten Beschaffungsprinzips durch ACB-, XYZ-Analyse, Berücksichtigung von JIT und Kanban (vgl. **HF09**)
TUL-Prozesse	nicht materialflussgerechte Fabrikplanung	Fehleinschätzung der Bedarfe (Betriebsmittel, Flächen, Personal, Transportaufkommen, Lager etc.) $\Rightarrow$ Fehldimensionierung der Logistiksysteme $\Rightarrow$ Produktivität $\downarrow$	genaue Bedarfsanalyse, Planungstechniken, Berücksichtigung logistischer Aspekte in allen Phasen (vgl. **HF17**)
	nicht materialflussgerechte Layoutplanung/Wahl der falschen Organisationsform	unzureichende Beachtung der Transportintensität, ungünstige Lage/unzureichende transporttechnische Erschließung der Fertigungsbereiche/Arbeitsplätze $\Rightarrow$ Mehrtransporte, lange Transportwege, Zwischenlagerung, steigende Durchlaufzeit $\Rightarrow$ Produktivität $\downarrow$	optimale Wahl der Organisationsformen für Haupt- und Dienstleistungs-/Hilfsprozesse (vgl. **HF14**)
zwischenzyklische Parallelität	hohe zwischenzyklische Parallelität	hohe Zyklusdauer durch gleichzeitige Fertigung unterschiedlicher Erzeugnisse $\Rightarrow$ hohe Durchlaufzeit, z.T. hohe Auslastung $\Rightarrow$ Produktivität $\downarrow$	genaue Bedarfs- und Zustandsanalyse, sinnvolle und aussagekräftige Auswahlverfahren zur Bestimmung des notwendigen PPS-Systems (Hard- und Software), Einsatz geeigneter PPS-Methoden und -Verfahren (vgl. **HF12** und **HF13**)
organisatorische Bearbeitungsreihenfolge	ungünstige organisatorische Bearbeitungsreihenfolge	lange Stillstands- und Wartezeiten bzw. Liegezeiten (Dilemma der Ablaufplanung), hohe Bestände, lange Durchlaufzeit, geringe Auslastung $\Rightarrow$ Produktivität $\downarrow$	
Bevorratungsebene	Bevorratungsebene zu früh	frühzeitige Differenzierung der Produkte, niedriger Vorfertigungsgrad, lange Reaktionszeit auf Kundenwünsche $\Rightarrow$ hohe Durchlaufzeit $\Rightarrow$ Produktivität $\downarrow$	optimale Wahl der Bevorratungsebene und des Variantenbestimmungspunktes (vgl. **HF12** und **HF13**)
	Bevorratungsebene zu spät	späte Differenzierung der Produkte, hoher Vorfertigungsgrad, hohe Bestände und Kapitalbindung $\Rightarrow$ Produktivität $\downarrow$	
Durchlaufzeitanalyse	nicht ausreichende Kenntnisse über Durchlaufzeit	Durchlaufzeit und ihre Struktur unzureichend bekannt $\Rightarrow$ fehlende Schwerpunktbildung, falsche Ableitung von Maßnahmen $\Rightarrow$ Produktivität $\downarrow$	Materialflussuntersuchung, Durchlaufzeitanalyse, Benchmarking, Ablauf- und Zeitstudien (vgl. **HF15**)

Tabelle 11a: Einflussfaktoren der Durchlaufzeit auf die Produktivität (Teil 1)

	Einflussfaktoren	Fehlerquellen	Auswirkungen auf die Produktivität	Gestaltungsansätze/Instrumente
Durchlaufzeitbestandteile	Durchführungszeit	mangelnde Verkürzung der Bearbeitungszeit	hoher Zeitbedarf für Haupttätigkeit, falsche Auswahl/Dimensionierung, fehlende Rationalisierung, falsche Konzentration auf Rationalisierung ⇒ Fertigungskosten ↑, Fehlinvestitionen ⇒ Produktivität ↓	bedarfsgerechte Betriebsmitteldimensionierung, Automatisierung, Wirtschaftlichkeitsrechnungen für Rationalisierungsmaßnahmen (vgl. **HF07**), BVW, Prozessinnovation, fertigungsgerechte Konstruktion (vgl. **HF03**), Standardisierung/Normung der Teile (vgl. **HF09**), organisatorische Maßnahmen (vgl. **HF12** und **HF13**)
		mangelnde Verkürzung der Rüstzeit	niedrige Wirtschaftlichkeit kleiner Lose, niedrige (Produktart-) Flexibilität ⇒ hohe Bestände, niedrige Durchlaufzeit ⇒ Produktivität ↓	
		mangelnde Verkürzung der Dauer natürlicher Prozesse	hoher Zeitbedarf für natürliche Prozesse, lange Lieferzeiten, lange Kapitalbindungsdauer ⇒ Produktivität ↓	Rationalisierung durch technische Lösungen zur Verkürzung der natürlichen Prozesse
	Übergangszeit (nicht wertschöpfende Tätigkeiten)	mangelnde Verkürzung der Transportzeit	unzureichende Beachtung des Materialflusses und der Transportintensität, ungünstige Lage (Layout) und transporttechnische Erschließung der Fertigungsbereiche/ Arbeitsplätze ⇒ Mehrtransporte, lange Transportwege, Zwischenlagerung, steigende Durchlaufzeit ⇒ Produktivität ↓	Materialflussuntersuchung, Fabrik- und Layoutplanung (innerbetriebliche Standortwahl, Flussprinzip), optimale Wahl der Organisationsform Organisationsformen für Haupt- und Dienstleistungs-/Hilfsprozesse (vgl. **HF14**)
		mangelnde Verkürzung der Kontrollzeit	zusätzliche Transporte und Lagerungen durch zentrale Qualitätskontrolle ⇒ Mehrkosten übersteigen Qualitätseffekt ⇒ Produktivität ↓	Lieferantenaudit/-partnerschaft (keine Eingangsprüfung, vgl. **HF02**), dezentrale/Selbstkontrolle durch Mitarbeiter, Vermeidung der Weitergabe fehlerhafter Teile, Optimierung der Qualitätskosten (vgl. **HF16**)
		zu starke Verkürzung der Kontrollzeit	unzureichende Kontrollen, Mängel/Fehler, Ausschuss ⇒ Retourkosten, Imageverlust, Umsatzeinbußen ⇒ Produktivität ↓	
		mangelnde Verkürzung der ablaufbedingten Liegezeit	Entstehen hoher Bestände, Kapitalbindungskosten, lange Durchlaufzeit, u.U. Stillstands- und Wartezeiten (Produktionsausfall) ⇒ Produktivität ↓	Abstimmung der Kapazitätseinheiten (Proportionalität, vgl. **HF14**), PPS-Methoden und -Verfahren (vgl. **HF12** und **HF13**)
		mangelnde Verkürzung der Lagerungszeit		Abbau von Lagerstufen, Optimierung der Lagerstandorte (vgl. **HF17**), Wahl der Bevorratungsebene (vgl. **HF12** und **HF13**)
		mangelnde Verkürzung der störungsbedingten Liegezeit		regelmäßige Wartung, vorbeugende Instandhaltung, Ersatzteillagerung, Redundanz (vgl. **HF07**), Qualifikation des Personals (vgl. **HF04**)
		mangelnde Verkürzung der menschlich bedingten Liegezeit		Maßnahmen der Arbeitsgestaltung/ -orgaisation (vgl. **HF06**), Verantwortungsbewusstsein und Motivation der Mitarbeiter (vgl. **HF04**)

Tabelle 11b: Einflussfaktoren der Durchlaufzeit auf die Produktivität (Teil 2)

Bild 138 **strukturiert den methodischen Entscheidungsprozess aus Sicht der Durchlaufzeit.**

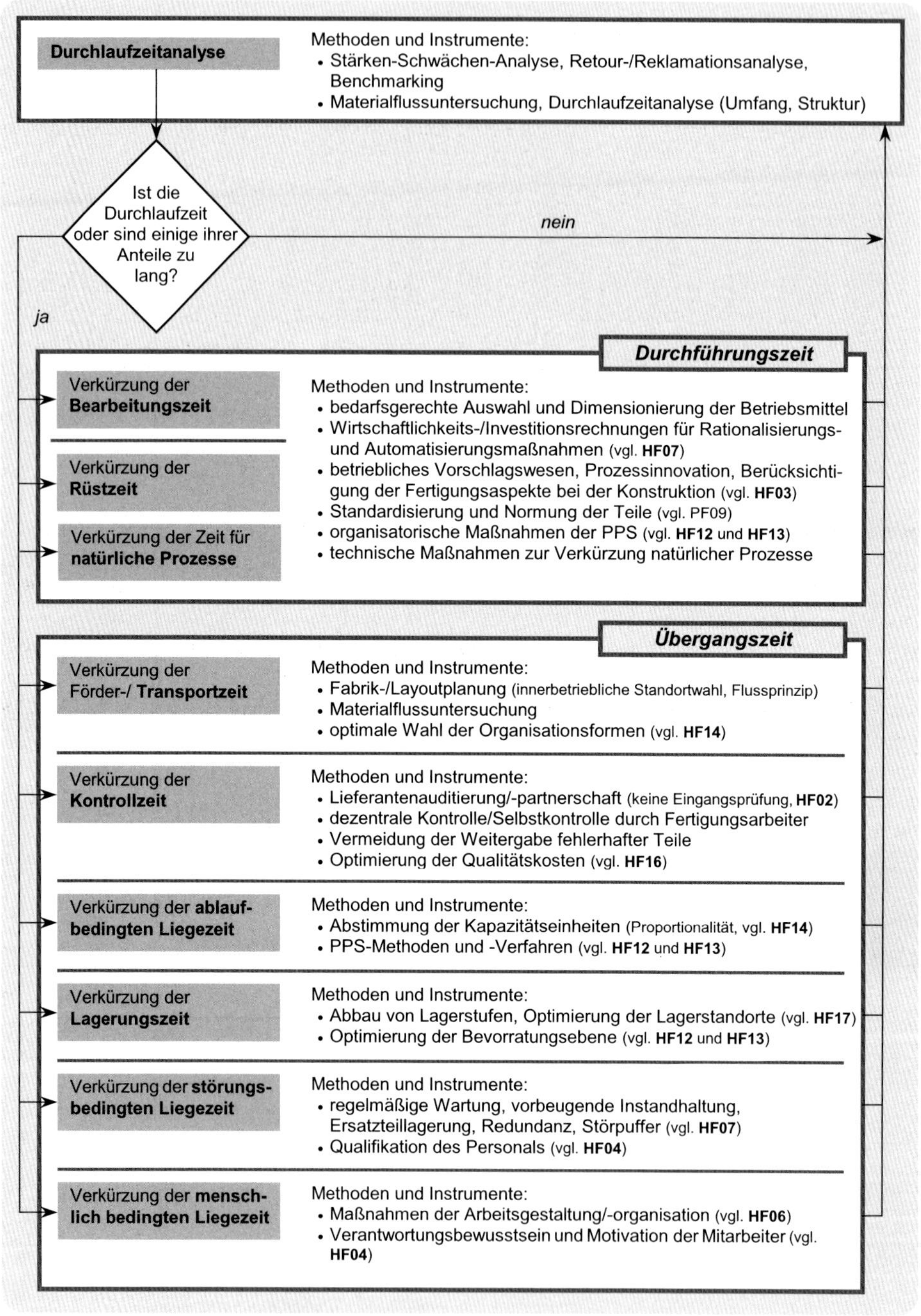

Bild 138: Strukturierung des methodischen Entscheidungsprozesses aus Sicht der Durchlaufzeit

4.3 Einflussfaktoren und methodische Lösungsansätze mit Wirkung auf den Throughput

4.3.1 Handlungsfeld 11: Informationsmanagement

Das Informationsmanagement eines Unternehmens besitzt eine zentrale Funktion für den Unternehmenserfolg.
Es stellt das entscheidende Instrumentarium für eine produktivitätsorientierte Wirkung der dispositiven Faktoren dar.

Das **Informationsmanagement** hat dafür zu sorgen, dass alle notwendigen Ziel- und Mittelentscheidungen auf der Grundlage einer abgestimmten, sachlich richtigen Informationsbereitstellung getroffen werden können. Dazu gehört, dass die benötigten Informationen termingerecht, qualitätsgerecht, adressatengerecht und in hoher Aktualität bereitgestellt werden.

Die Schaffung der dafür notwendigen Rahmenbedingungen in den Unternehmen beeinflusst wesentlich die Entwicklung der Produktivität.
Solche **Rahmenbedingungen** sind u.a. die **Informationsinfrastruktur** (Heinrich [Informationsmanagement, S. 20 ff.]), die Gestaltung des **Informationsflusses** (Rüttler [Information, S. 106]) und die Vernetzung der Stellen, die Sicherung der **Informationsbereitschaft** und der **Informationsfähigkeit**.
Es ist wesentlich bei der Gestaltung der Rahmenbedingungen, die Bedeutung der Information als kritischen Erfolgsfaktor im Wettbewerb zu erkennen und den notwendigen Handlungsbedarf abzuleiten. Das gilt besonders dann, wenn die eigene Position gegenüber dem Wettbewerber als eher schwächer eingestuft wird.

Tabelle 12 verdeutlicht die **Einflüsse, die das Informationsmanagement auf die Produktivität** ausübt.

	Einflussfaktoren	Fehlerquellen	Auswirkungen auf die Produktivität	Gestaltungsansätze/Instrumente
Informationsbedarf	Relevanz der Informationen	kein Bezug zum Unternehmenserfolg, kein Entscheidungsbezug für Adressaten	Beschaffung, Bereitstellung und Verteilung irrelevanter Informationen ⇒ Verschwendung von Arbeitskraft-/ EDV-Kapazität und Verbrauchsmaterial (Werkstoffe) ⇒ Produktivität ↓	Ableitung des Informationsbedarfs der einzelnen Mitarbeiter/Abteilungen ausgehend von der (funktionalen) Unternehmensstruktur (Stellenbeschreibung, Tätigkeitsprofil) nach Art, Zeit, Qualität und Form; Bewertung der Informationen nach ihrer Bedeutung für den Wettbewerbserfolg und ihrem Bezug zu den kritischen Erfolgsfaktoren des Unternehmens; Aufspürung und Beseitigung von Defiziten durch Analysen und daraus abgeleitete Maßnahmen der Informationsbeschaffung, -verarbeitung und -aufbereitung
			wichtige Informationen nicht beschafft, bereitgestellt oder verteilt ⇒ keine/ falsche Entscheidung, Fehlentwicklungen ⇒ Produktivität ↓	
	Periodizität/ Aktualität	Zeitabstand zu kurz/ Aktualität zu hoch	Informationsgewinn rechtfertigt Beschaffungs-, Verwaltungs- und Bearbeitungsaufwand nicht, Verschwendung von Ressourcen ⇒ Produktivität ↓	
		Zeitabstand zu lang/ Aktualität zu niedrig	Fehlentscheidungen/-steuerungen auf Grund fehlender/ veralteter Informationen ⇒ Fehlentwicklungen ⇒ Produktivität ↓	
	Zeitpunkt der Informations-bereitstellung	Information erfolgt zu früh	Gefahr des Vergessens/Verlegens/Veraltens bis zum Gebrauch der Information, Information voreilig ⇒ Rückfragen, Unsicherheiten, Bearbeitungsaufwand ⇒ Produktivität ↓	
		Information erfolgt zu spät	Lähmung der Entscheidungsfähigkeit, Verzögerungen, Verpassen von Chancen ⇒ Fehlentwicklungen ⇒ Produktivität ↓	
	Präsentations-form	nicht adressatengerecht	Information erreicht den Empfänger nicht (richtig) ⇒ Fehlentscheidungen/-entwicklungen ⇒ Produktivität ↓	
			Rückfragen erforderlich, Unsicherheiten, Bearbeitungsaufwand ⇒ Produktivität ↓	
Informationspotenzial	unternehmens-interne Ressourcen	unzureichende Nutzung der intern anfallenden Informationen	Identifikation der Stärken und Schwächen des Unternehmens erschwert, kein Ableiten/Ergreifen gezielter Maßnahmen zur Verstärkung positiver und zur Minderung negativer Tendenzen, Fehlallokation von Ressourcen ⇒ Produktivität ↓	Analyse und Optimierung des innerbetrieblichen Informationsflusses und der innerbetrieblichen Informationsversorgung auf Basis des ermittelten Informationsbedarfs
		defizitärer Informationsfluss		
		defizitäre Aufbereitung der internen Informationen		
	relevante Umwelt-informationen	wichtige Umweltinformationen nicht (richtig) wahrgenommen/aufbereitet/ genutzt	ökonomische, soziokulturelle, technische oder rechtliche Informationen nicht (ausreichend/richtig) berücksichtigt ⇒ Fehlentscheidungen/-steuerungen, Verschenken von Chancen ⇒ Produktivität ↓	Analyse der vorhandenen Umweltinformationen unter dem Blickwinkel ihres Einflusses auf den Unternehmenserfolg (vgl. **HF01**)

Tabelle 12a: Einflussfaktoren des Informationsmanagements auf die Produktivität (Teil 1)

	Einflussfaktoren	Fehlerquellen	Auswirkungen auf die Produktivität	Gestaltungsansätze/Instrumente
Informationspotenzial	Markt-, Branchen- und Wettbewerbsinformationen	entscheidungsrelevante Informationen nicht vorhanden/genutzt oder qualitativ nicht ausreichend	Entscheidungen gehen am Markt bzw. an Wettbewerbssituation vorbei ⇒ Fehlallokation von Ressourcen, Verschenken von Chancen, Übersehen von Fehlentwicklungen/ Risiken ⇒ Produktivität ↓	Analyse der vorhandenen Markt-, Branchen- und Wettbewerbsinformationen auf Basis des ermittelten Informationsbedarfs und Derivation von Handlungsanweisungen/-empfehlungen (vgl. **HF01** und **HF02**)
	Informationsquellen	Übergehen entscheidungsrelevanter Informationsquellen	entscheidungsrelevante Informationen fehlen ⇒ Fehlentscheidungen/-steuerungen möglich, Verschenken von Chancen ⇒ Produktivität ↓	Analyse der Informationsquellen und Ableitung von Handlungsanweisungen
		Überschätzen der Zuverlässigkeit von Informationsquellen	Entscheidungen auf Basis falscher/ungenauer Informationen ⇒ Fehlentscheidungen/-steuerungen möglich, Folgekosten ⇒ Produktivität ↓	
	Informationsbereitschaft	mangelnde Motivation/ Zufriedenheit der Mitarbeiter	Informationsweitergabe nicht/zu spät/in schlechter Qualität ⇒ Fehlentscheidungen/-entwicklungen, fehlende Informationskultur, niedrige Arbeitszufriedenheit der Mitarbeiter ⇒ Produktivität ↓	Analyse des Informationsverhaltens, der organisatorischen Bedingungen, des Informations- und Kommunikationsflusses, der betrieblichen Hauptaktivitäten und organisatorischen Abläufe (Geschäftsprozesse), Ableitung von Maßnahmen zur Optimierung des Informations- und Kommunikationsflusses (vgl. **HF04**)
		mangelnde organisatorische Voraussetzungen		
	Informationsfähigkeit (Technik)	hohe Störanfälligkeit des Informationsflusses	Verzögerungen, Verunsicherung, Rückfragen, Bearbeitungsaufwand zur Mängelbeseitigung ⇒ Informationsmöglichkeiten werden Bedarf/Erwartung nicht gerecht, Fehlentscheidungen/-steuerungen möglich, Folgekosten ⇒ Produktivität ↓	Analyse der am Markt angebotenen informationstechnischen Möglichkeiten und ihrer Eignung für die Unternehmenszwecke; Analyse des gegenwärtigen Anwendungszustandes von Informationstechnologien und der Nutzerzufriedenheit; Analyse der im Unternehmen vorhandenen Informationstechnik hinsichtlich technischer Leistungsmerkmale und ihres Bezuges zu den kritischen Erfolgsfaktoren des Unternehmens; bedarfsgerechte Dimensionierung (vgl. **HF07**), Mitarbeiterqualifikation (vgl. **HF04**)
		lange Informationsdurchlaufzeiten		
		ungeeignete/veraltete Informationstechnik		
		überdimensionierte Informationstechnik	umfangreiche Kapitaldienste für Investition, ungenutzte Kapazitäten, ungenutzte/nicht relevante Informationen (Zahlenfriedhöfe) ⇒ Produktivität ↓	

Tabelle 12b: Einflussfaktoren des Informationsmanagements auf die Produktivität (Teil 2)

Bilder 139 und 140 verdeutlichen die **Strukturierung des methodischen Entscheidungsprozesses im Rahmen des Informationsmanagements.**

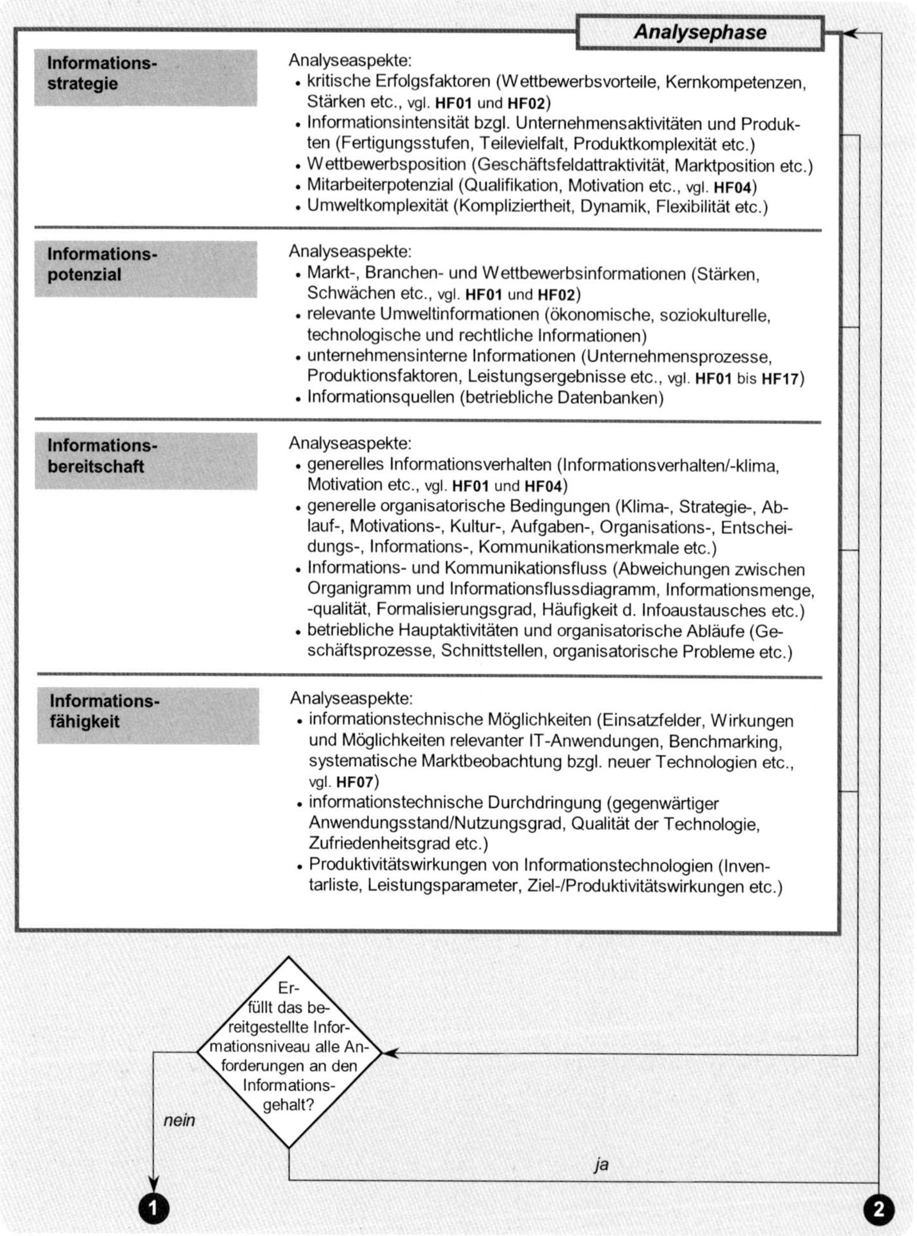

Bild 139: Strukturierung des methodischen Entscheidungsprozesses im Rahmen des Informationsmanagements (Teil 1)

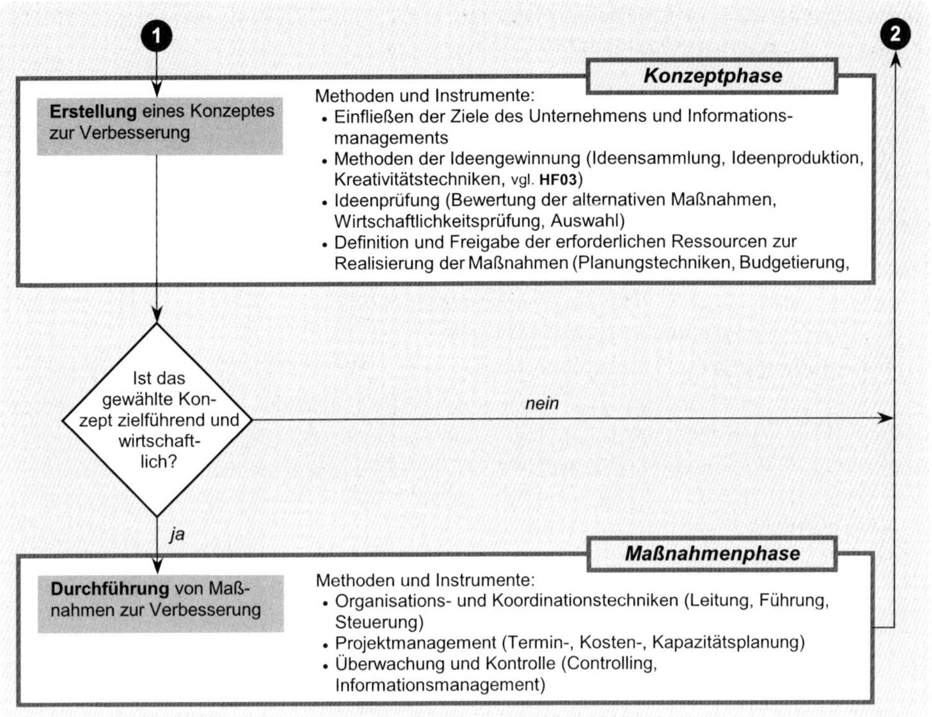

Bild 140: Strukturierung des methodischen Entscheidungsprozesses im Rahmen des Informationsmanagements (Teil 2)

4.3.2 Handlungsfeld 12: Produktionsplanung

Die Produktionsplanung und -steuerung sind Hauptaufgaben des Produktionsmanagements. Ihre hier vorgenommene Aufteilung in zwei Arbeitspakete hat ausschließlich methodische Gründe.
Das Produktionsmanagement ist aus der Phasenorientierung in das strategische, taktische und operative Produktionsmanagement gliederbar.

Das **strategische** und **taktische Produktionsmanagement** haben die Aufgabe, über längerfristige Zeitabschnitte Rahmenbedingungen für das operative Produktionsmanagement zu schaffen (Zäpfel [Management]).

Die Struktur der zu lösenden Aufgaben entspricht der Makrostruktur des Produktionsprozesses:

- strategisch/taktisch/operative **Programmplanung** (Output)
- strategisch/taktisch/operative **Potenzial- oder Faktorplanung** (Input)
- strategisch/taktisch/operative **Prozessplanung** (Throughput)

Die **strategisch/taktische Programmplanung**

- entwirft die Wettbewerbsstrategie
- plant die Ziele des Unternehmens
- analysiert Absatz- und Beschaffungsmärkte
- analysiert die Stärken und Schwächen des Unternehmens und
- plant die Produktfelder, auf denen das Unternehmen perspektivisch tätig sein wird.

Die **strategisch/taktische Faktorplanung**

- entwickelt Standortstrategien
- führt die Fabrikplanung durch
- plant die notwendige Entwicklung der Kapazität und
- plant die Werkstoff- und Energieabsicherung.

Die **strategisch/taktische Prozessplanung**

- entwirft auf der Grundlage der Kenntnis des Standes und der Entwicklungstendenzen der Produktionstechnik die Technologie- und Automatisierungsstrategie und
- plant die Entwicklung der Organisation der Fertigungsprozesse und der zu ihrer Unterstützung notwendigen fertigungsnahen industriellen Dienstleistungsprozesse (TUL, Instandhaltung u.a.).

Zwischen den zu lösenden Aufgaben existieren enge Wechselbeziehungen.

Das **operative Produktionsmanagement** plant die Durchführung und Steuerung tatsächlich ablaufender Produktionsprozesse.

Die **operative Programmplanung** bestimmt die Art und die Menge der zu produzierenden Produkte und definiert die Serien- und die Losgrößen.

Die **operative Faktorplanung** bestimmt den Werkstoff- und Teilebedarf als Sekundär- bzw. Tertiärbedarf, ermittelt Nettobedarfsgrößen und ihre Bedarfszeitpunkte und definiert die Aufgaben der Eigenproduktion und der Fremdbeschaffung. Sie plant die benötigten Arbeitskräfte und Betriebsmittel.

Die **operative Prozessplanung und -steuerung** führt die Kapazitäts- und Durchlaufterminierung durch, plant die Belastung der Kapazitätseinheiten, definiert die Reihenfolge abzuarbeitender Aufträge und steuert den Produktionsprozess.

Die Systematisierung der Aufgaben der operativen Produktionsplanung führt zur Bildung folgender Teilplanungsstufen (Nebl [Produktionswirtschaft, S. 448 ff.]):

(1) **Planung des Jahresproduktionsprogrammes**

Hier erfolgt die Festlegung, welche Erzeugnisarten mit welchen Stückzahlen und mit welcher Qualität im Planjahr zu produzieren sind.

(2) **Zeitliche Verteilung des Jahresproduktionsprogrammes**

Die Aufgabe besteht in der zeitlichen Verteilung der Erzeugnisstückzahlen des Jahres auf die definierten Zeitabschnitte einer Planperiode innerhalb des Jahres (z.B. Monate, Quartale, Dekaden).

(3) **Teilebedarfsermittlung**

Die Teilebedarfsermittlung hat die Aufgabe, die Erzeugnisse in ihre Baugruppen und Einzelteile aufzulösen und die Häufigkeit ihres Vorkommens im Erzeugnis zu ermitteln, sowie deren Bedarf pro Planperiode zu bestimmen.

(4) **Durchlaufplanung**

Hier erfolgt die zeitliche, aber terminlose Planung des Fertigungsablaufes der in der Planperiode zu produzierenden Erzeugnisse.

(5) **Terminplanung**

Die Terminplanung hat die Aufgabe, die in der Durchlaufplanung ermittelten terminlosen Zeitabläufe in terminierte Zeitabläufe umzurechnen.

(6) **Fertigungsauftragsbildung**

Die Fertigungsauftragsbildung beinhaltet die Festlegung darüber, welche Einzelteile und Baugruppen den Fertigungsprozess gemeinsam in Losen durchlaufen.

(7) **Belastungsplanung**

In der Belastungsplanung wird der technologisch bedingte und durch die Durchlaufterminierung terminlich fixierte Arbeitszeitaufwand (Kapazitätsbedarf) der zu produzierenden Fertigungsaufträge in einem gewählten Planabschnitt (Tag, Woche) dem in den Kapazitätseinheiten vorhandenen Kapazitätsangebot dieses Planabschnittes gegenübergestellt. Es findet eine Kapazitätsbilanzierung statt, in deren Folge ggf. Maßnahmen zur bedarfsgerechten Gestaltung der Kapazität eingeleitet werden, die eine Bedarfsabsicherung im Belastungszeitraum ermöglichen.

(8) **Reihenfolgeplanung**

Die Reihenfolgeplanung bestimmt, in welcher Reihenfolge vor einer Bearbeitungsstation auf ihre Bearbeitung wartende Fertigungsaufträge durch diese Bearbeitungsstation zu bearbeiten sind. Das Ergebnis der Reihenfolgeplanung ist die organisatorische Bearbeitungsfolge.

Tabelle 13 strukturiert **Einflussfaktoren der Produktionsplanung auf die Produktivität**.

	Einflussfaktoren	Fehlerquellen	Auswirkungen auf die Produktivität	Gestaltungsansätze/Instrumente
Programmplanung	Stufenplanungskonzept	gegenseitige Abhängigkeiten zwischen Teilplanungsstufen	gegenseitige Abhängigkeiten/ Interdependenzen nicht ausreichend beachtet, Optimierung von Teilbereichen ⇒ Fehlplanung/-steuerung ⇒ Produktivität ↓	parallele Planung (Überlappung), Schleifenprozess der Planung (Feedback), Rücksprünge
	Planung des Jahresproduktionsprogramms	falsche Definition der Geschäftsfelder, fehlende Produktentwicklung/-innovation	Fehlinvestitionen/Fehlallokation von Ressourcen, Umsatzrückgang/-einbruch ⇒ Produktivität ↓	Methoden der Geschäftsfelddefinition (vgl. **HF01**), Methoden der Produktentwicklung/ -innovation (vgl. **HF03**)
		unzuverlässige Absatzprognose	unzureichende Planungssicherheit ⇒ Fehlplanung/-steuerung, Fehlmengen/Lagerbestände ⇒ Produktivität ↓	Markt- und Absatzanalyse, Kundenbefragungen (vgl. **HF02**), Kundenauftragsverwaltung, Informationsmanagement (vgl. **HF02**)
		falsche Festlegung der zu fertigenden Erzeugnisse	unzureichende Berücksichtigung der Kapazitätssituation, keine engpassorientierte Festlegung des Produktionsprogramms ⇒ Fehlmengen, Verschenken von Deckungsbeitrags-/Gewinnpotenzial ⇒ Produktivität ↓	Kapazitätsbilanzierung (vgl. **HF05** und **HF08**), Deckungsbeitragsrechnung mit/ ohne Engpass, Lineare Optimierung
	zeitliche Verteilung des Jahresproduktionsprogramms	unzuverlässige Absatzprognose	unzureichende Planungssicherheit ⇒ Fehlplanung/-steuerung, Fehlmengen/Lagerbestände ⇒ Produktivität ↓	Markt- und Absatzanalyse, Kundenauftragsverwaltung, gleichmäßige Verteilung, Streifenprogramme, Blockung
		unzureichende Berücksichtigung der Engpässe	keine engpassorientierte Verteilung des Produktionsprogramms ⇒ Fehlmengen, Verschenken von Produktionspotenzial ⇒ Produktivität ↓	Kapazitätsbilanzierung, Blockung
Faktorplanung	Teilebedarfsermittlung	mangelhafter Zustand der Stücklistendaten	ungenaue Bestimmung des Bruttosekundärbedarfs ⇒ Fehlbestellungen, Fehlmengen/Lagerbestände ⇒ Produktivität ↓	Pflege der Datenbanken (vgl. **HF11**), Methoden der Bedarfsermittlung (vgl. **HF09**)
		mangelhafter Zustand der Lagerbestandsdaten	ungenaue Bestimmung des Nettobedarfs ⇒ Fehlbestellungen, Fehlmengen/Lagerbestände ⇒ Produktivität ↓	Pflege der Datenbanken (vgl. **HF11**), Methoden der Bestandsführung (vgl. **HF09**)
	Durchlaufplanung	fehlerhafte Ausgangsdaten (Zeiten, Ablauffolgen etc.)	logische Zuordnungsfehler, ungenaue Zeitplanung ⇒ Plandurchlaufzeiten entsprechen nicht der Realität, Fehlplanung/ -steuerung ⇒ Produktivität ↓	Zeitdauerbestimmung (vgl. **HF15**), Vorwärts-/ Rückwärtsplanung, Pflege der betrieblichen Datenbanken (vgl. **HF11**)
	Terminplanung	Termingerüst ohne Berücksichtigung der Engpässe	Terminverzug, Kompensationsmaßnahmen ⇒ Mehrkosten, Konventionalstrafen ⇒ Produktivität ↓	Vorwärts/-Rückwärtsterminierung, Kapazitätsbilanzierung
		geringe Planungssicherheit	Terminverzug, Kompensationsmaßnahmen/Risikorückstellungen ⇒ Konventionalstrafen, Mehrkosten ⇒ Produktivität ↓	Vorwärts/-Rückwärtsterminierung, Netzplantechnik, Kapazitätsbilanzierung, Bestellauslösung, Auftragsausschreibung

Tabelle 13a: Einflussfaktoren der Produktionsplanung auf die Produktivität (Teil 1)

	Einflussfaktoren	Fehlerquellen	Auswirkungen auf die Produktivität	Gestaltungsansätze/Instrumente
Faktorplanung	Fertigungs-auftrags-bildung	keine optimale/wirtschaftliche Losgröße	keine Bestimmung/Abweichung von der optimalen Losgröße ⇒ Verschenken von Rationalisierungspotenzial ⇒ Produktivität ↓	Verfahren zur Optimierung der Losgröße, Kalkulation der Abweichungskosten
		Losgrößenoptimierung ohne Berücksichtigung der Kapazitätssituation	Terminverzug, Abweichungen von der optimalen Losgröße, mangelnde Auslastung ⇒ Konventionalstrafen, Leerkosten ⇒ Produktivität ↓	Kapazitätsbilanzierung, Kostenkalkulation
Prozessplanung	Belastungs-planung	zu hohe Belastung von Kapazitätseinheiten	Kapazitätsbedarf ungedeckt, Produktionsaufgabe kann nicht zeitgerecht erfüllt werden ⇒ Terminverzug, Konventionalstrafen, Imageverlust ⇒ Produktivität ↓	Kapazitätsbilanzierung, bedarfsgerechte Gestaltung der Kapazität (vgl. **HF05** und **HF08**)
		geringe Belastung von Kapazitätseinheiten	geringe Auslastung der Kapazitäten ⇒ Leerkosten, Verschenkung von Produktionspotenzial ⇒ Produktivität ↓	
	Reihenfolge-planung	ungünstige organisatorische Reihenfolge	lange Durchlaufzeiten und niedrige Auslastung ⇒ Terminverzug, Imageverlust, Leerkosten ⇒ Produktivität ↓	Methoden der Reihenfolgeplanung (analytisch: Reihungsregeln; heuristisch: Prioritätsregeln, Näherungsverfahren; Simulation), PPS-Methoden und -Verfahren (vgl. **HF10** und **HF13**)

Tabelle 13b: Einflussfaktoren der Produktionsplanung auf die Produktivität (Teil 2)

Bild 141 strukturiert den **methodischen Entscheidungsprozess im Rahmen der Produktionsplanung**.

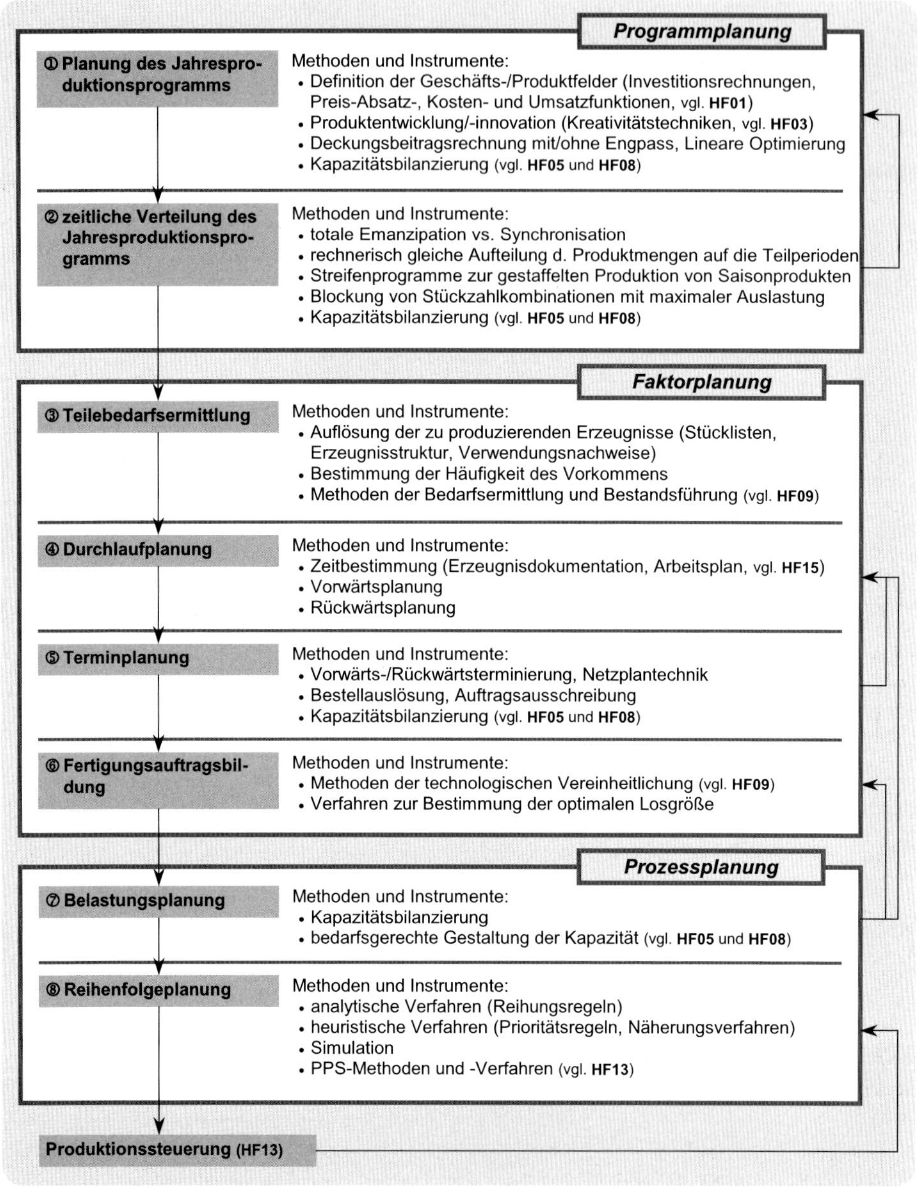

Bild 141: Strukturierung des methodischen Entscheidungsprozesses im Rahmen der Produktionsplanung

4.3.2 Handlungsfeld 13: Produktionssteuerung

Die **Produktionssteuerung** ist integraler Bestandteil der Produktionsplanung und -steuerung (PPS). Sie **veranlasst, überwacht** und **sichert** die **Durchführung der Produktionsaufgaben**.

Damit umfasst sie die Gesamtheit aller organisatorischer Arbeiten zur komplexen Auftragsabwicklung in Industrieunternehmen vom Beginn der Auftragsbearbeitung bis zum Versand des fertiggestellten Erzeugnisses. Die PPS ist eine äußerst anspruchsvolle dispositive Aufgabe des Unternehmens. *Bild 142* stellt den **Zusammenhang zwischen der Produktionsplanung und Produktionssteuerung als kybernetischen Regelkreis** dar.

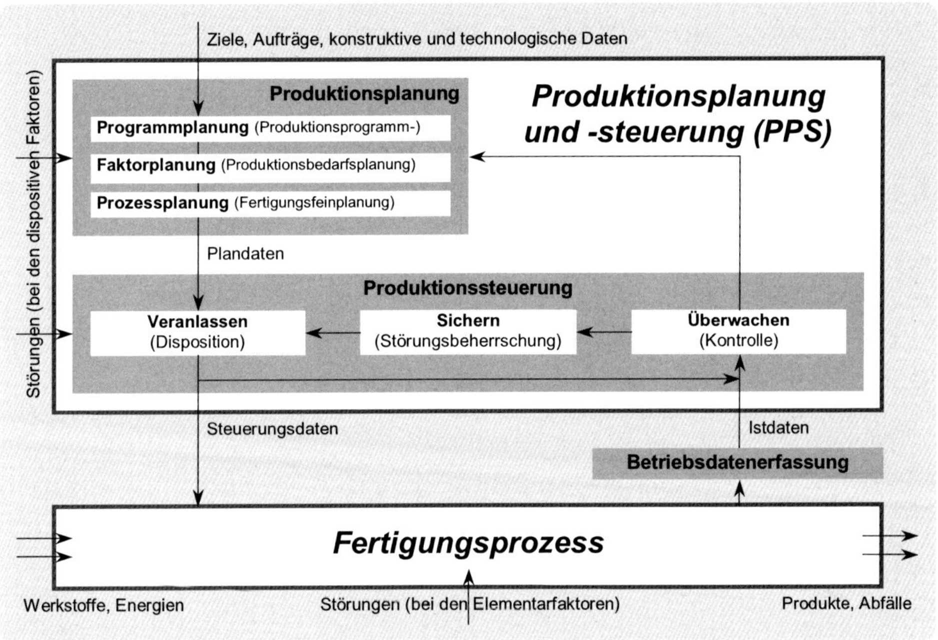

Bild 142: PPS als kybernetischer Regelkreis

Die Produktionssteuerung zielt auf einen positiven Beitrag zum Unternehmenserfolg ab.
Die in diesem Zusammenhang zu lösenden **produktionswirtschaftlichen Ziele** bestehen darin:

- eine geringe Durchlaufzeit zu erzielen, beziehungsweise eine **Verkürzung** vorhandener **Durchlaufzeiten** anzustreben,
- die **Bestände** an Materialien, Einzelteilen, Baugruppen und Fertigerzeugnissen zu minimieren und damit die **Kapitalbindung** und die daraus resultierenden Kosten **zu reduzieren**,
- eine **kostenoptimale Kapazitätsauslastung** der Maschinen und Anlagen zu erzielen.

Dazu bedient sich die PPS problemgerechter Methoden und Verfahren (Just-In-Time, Material Requirements Planning, Retrograde Terminierung, Belastungsorientierte Auftragsfreigabe (Wiendahl [Belastungsorientierte Fertigungssteuerung]), die von gegenwärtig existierenden

Wettbewerbsbedingungen ausgehend entwickelt wurden und zur Sicherung einer kundenfreundlichen und kostengünstigen Produktion eingesetzt werden. Diese Methoden und Verfahren sind die Grundlage für die auf dem Computermarkt angebotenen PPS-Systeme.
Das **Produktionscontrolling** hat die Aufgabe das Produktionsmanagement bei seinen operativen Entscheidungen zu unterstützen. Das betrifft insbesondere die Unterstützungsfunktion des Controlling.
Sie sichert die „Informationsversorgung, die Koordination von Planung, Steuerung und Kontrolle" unter Berücksichtigung der von differenzierten Organisationsformen der Fertigung ausgehenden Anforderungen (Müller [Produktionscontrolling, S. 7 ff.]).
Die Einflüsse, die **von der Produktionssteuerung auf die Produktivität** ausgehen, wurden in *Tabelle 14* strukturiert.

	Einflussfaktoren	Fehlerquellen	Auswirkungen auf die Produktivität	Gestaltungsansätze/Instrumente
Wettbewerbsfähigkeit	Kosten für ungenutztes Umlaufvermögen	hohe ablaufbedingte Liegezeit zu hohe Sicherheitsbestände	hohe Bestände ⇒ hohe Kapitalbindung im Umlaufvermögen, lange Durchlaufzeit, Terminverzug, Lieferschwierigkeiten ⇒ Produktivität ↓	Maßnahmen zur Verringerung der Durchlaufzeit, Liegezeiten und Bestände (vgl. **HF10**)
	Kosten für ungenutztes Anlagevermögen	hohe ablaufbedingte Warte- und Stillstandszeiten	niedrige Auslastung der Kapazitäten ⇒ hohe Kapitalbindung, Leerkosten ⇒ Produktivität ↓	Maßnahmen der bedarfsgerechten Gestaltung der Kapazität (vgl. **HF05** und **HF08**) und der Produktionsplanung (vgl. **HF12**)
		hohe Anzahl und Dauer der Rüstvorgänge	niedrige Auslastung der Kapazitäten, zahlreiche ablaufbedingte Unterbrechungen ⇒ Leerkosten ⇒ Produktivität ↓	Maßnahmen der Produktionsplanung (vgl. **HF12**) und zur Verkürzung der Rüstzeiten (Betriebsmittelauswahl, Rationalisierung, vgl. **HF07** und **HF10**)
	Lieferzeit	hohe Durchlaufzeit	hohe Kapitalbindung in Beständen, niedrige Termintreue durch Verzögerungen und Streuung der Durchlaufzeit ⇒ Mehrkosten, Imageverlust, Verschenken von Umsatzpotenzial ⇒ Produktivität ↓	Maßnahmen zur Verringerung der Durchlaufzeit (vgl. **HF10**), Bestimmung der Bevorratungsebene und des Variantenbestimmungspunktes
	Termintreue	hohe Streuung der Durchlaufzeit	keine Beherrschung der Terminsituation (Terminüber- und -unterschreitungen) ⇒ Mehrkosten durch Bestände oder Vertragsstrafen, Imageverlust, Verschenken von Umsatzpotenzial ⇒ Produktivität ↓	PPS-Methoden und -Verfahren (JIT, MRP, MRP II, MRP S, OPT, RT, BOA, Kanban, FZS), Datenqualität und -aktualität (vgl. **HF11**)
	Auskunftsbereitschaft	niedrige Qualität und Aktualität der Informationen	mangelnde Transparenz der ablaufenden Prozesse, Fehlentscheidungsrelevanter Informationen ⇒ Fehlentscheidungen/-steuerungen ⇒ Produktivität ↓	bedarfsgerechtes EDV-gestütztes PPS-System, Datenqualität und -aktualität (vgl. **HF11**), Monitoring (Wettbewerbsvorteil)
	Lieferbereitschaft	niedrige Effizienz des PPS-Systems	hohe Zeitverzögerung bei der Rückkopplung, Informationsniveau zur Erfüllung der Anforderungen nicht ausreichend ⇒ Fehlinvestition ⇒ Produktivität ↓	bedarfsgerechte Dimensionierung der PPS-Technik (vgl. **HF07**), Flexibilität
Veranlassen	Auftragsfreigabe	voreilige Auftragsfreigabe	Planung nicht abgeschlossen, Auftrag nicht an der Reihe ⇒ Fehlsteuerungen, Erhöhung der Bestände, Verlängerung der Warteschlangen/Durchlaufzeit ⇒ Produktivität ↓	PPS-Methoden und -Verfahren (insbesondere JIT, BOA, Kanban)
	Arbeitsbelegerstellung	fehlerhafte/ungenaue Daten und Unterlagen	Auftragsrealisierung und -überwachung erschwert ⇒ Fehlentscheidungen/-steuerungen ⇒ Produktivität ↓	Datenqualität und -aktualität (vgl. **HF11**), Produktionsvorbereitung (vgl. **HF15**)
	Verfügbarkeitsprüfung	Inputs nicht bedarfsgerecht verfügbar	Inputfaktoren nicht verfügbar ⇒ Liege- bzw. Warte-/Stillstandszeiten, Produktionsausfall ⇒ Produktivität ↓	Materialbereitstellung (vgl. **HF09**), Personaleinsatz (vgl. **HF04**), Betriebsmittelbeschaffung und -erhaltung (vgl. **HF07**), bedarfsgerechte Gestaltung der Kapazität (vgl. **HF05** und **HF08**)

Tabelle 14a: Einflussfaktoren der Produktionssteuerung auf die Produktivität (Teil 1)

	Einflussfaktoren	Fehlerquellen	Auswirkungen auf die Produktivität	Gestaltungsansätze/Instrumente
Veranlassen	Arbeitsverteilung	ungeeignete/unflexible Zuordnung der Arbeitsgänge zu den Arbeitsplätzen	nicht optimale/unflexible Verfahrenswahl, geringe Auslastung von Kapazitäten, Engpässe $\Rightarrow$ Mehrkosten, Verlängerung der Durchlaufzeit $\Rightarrow$ Produktivität $\downarrow$	Aktualisierung der Losgröße (Blockung, Splitten, Lostrennung, Überlappung), Änderung der organisatorischen Bearbeitungsreihenfolge (vgl. **HF12**), Beeinflussung der Kapazitätssituation (vgl. **HF05** und **HF08**), Beeinflussung der Liegezeiten durch Reduktion der Übergangszeiten (vgl. **HF10**)
		schlechte Termineinhaltung	Terminüber- und -unterschreitungen $\Rightarrow$ Mehrkosten, Imageverlust $\Rightarrow$ Produktivität $\downarrow$	
		niedrige Kapazitätsauslastung	zahlreiche ablaufbedingte Unterbrechungen $\Rightarrow$ Leerkosten $\Rightarrow$ Produktivität $\downarrow$	
Überwachen	Rückmeldung (Datenqualität und -aktualität)	fehlende/falsche/zu späte Informationen über Soll-Ist-Abweichungen	Zeitverzögerung, mangelnde Transparenz der ablaufenden Prozesse, Ungenauigkeiten/Fehlen entscheidungsrelevanter Informationen $\Rightarrow$ Fehlentscheidungen/-steuerungen $\Rightarrow$ Produktivität $\downarrow$	bedarfsgerechtes EDV-gestütztes PPS-System, Datenqualität und -aktualität (vgl. **HF11**), Monitoring (Wettbewerbsvorteil, vgl. **HF01** und **HF02**), Überwachung von Auftragsfortschritt, Kapazitäten, Werkstatt- und Kundenaufträgen
	Fortschrittsüberwachung	niedrige Auskunftsbereitschaft	mangelnde Transparenz der ablaufenden Prozesse $\Rightarrow$ Fehlentscheidungen/-steuerungen, Verschenkung von Differenzierungspotenzial $\Rightarrow$ Produktivität $\downarrow$	
Sichern	Störungserfassung und -analyse	unzureichende statistische Auswertung der Störungsdaten	mangelnde Transparenz des Störungsverhaltens der Prozesse, keine Prozessbeherrschung $\Rightarrow$ Auslassen von Rationalisierungen/ Verbesserungen $\Rightarrow$ Produktivität $\downarrow$	Betriebsdatenerfassung, Datenpflege, statistische Aufbereitung, Schwachstellenanalyse (Instandhaltung, vgl. **HF07**)
	Ursachenermittlung	inkonsequente/oberflächliche Ursachenermittlung	mangelnde Transparenz der Störungsursachen, keine Prozessbeherrschung $\Rightarrow$ Auslassen von Rationalisierungen/Verbesserungen/ Schwachstellenvermeidung $\Rightarrow$ Produktivität $\downarrow$	Schwachstellenanalyse, Fehlermöglichkeits- und -einflussanalyse (FMEA), Ishikawadiagramm (vgl. **HF07** und **HF16**)
	Maßnahmen zur Störungsbeherrschung	unwirksame/unwirtschaftliche Maßnahmen	Maßnahmen zeigen nicht gewünschten Erfolg bzw. Nutzen rechtfertigt Aufwand nicht $\Rightarrow$ keine Störungsbeherrschung, Mehrkosten $\Rightarrow$ Produktivität $\downarrow$	Maßnahmen der Arbeitsverteilung (Aktualisierung der Losgröße, Änderung der organisatorischen Bearbeitungsreihenfolge, Beeinflussung der Kapazitätssituation, Beeinflussung der Liegezeiten durch Reduktion der Übergangszeiten)
	Planänderungen	voreilige oder nicht erfolgende Planänderungen	keine Beherrschung der ablaufenden Prozesse, mangelnde Zielerreichung $\Rightarrow$ Mehrkosten $\Rightarrow$ Produktivität $\downarrow$	Rückkopplung zur Produktionsplanung (vgl. **HF12**), aktuelle Rückmeldung
PPS-System	technische Leistungsfähigkeit	unterdimensionierte Technik	System kann Anforderungen nicht erfüllen, keine Prozessbeherrschung, mangelnde Zielerreichung $\Rightarrow$ Mehrkosten durch Kompensationsmaßnahmen $\Rightarrow$ Produktivität $\downarrow$	Analyse des Informationsbedarfs (vgl. **HF11**), Schaffung der organisatorischen Voraussetzungen (vgl. **HF14**), bedarfsgerechte Dimensionierung der erforderlichen Hardware und EDV-Systeme (vgl. **HF07**)
		überdimensionierte Technik	ungenutzte Kapazitäten $\Rightarrow$ Mehrkosten für Kapitaldienste $\Rightarrow$ Produktivität $\downarrow$	

Tabelle 14b: Einflussfaktoren der Produktionssteuerung auf die Produktivität (Teil 2)

	Einflussfaktoren	Fehlerquellen	Auswirkungen auf die Produktivität	Gestaltungsansätze/Instrumente
PPS-System	Mitarbeiter-qualifikation	PPS-Mitarbeiter falsch/ unzureichend qualifiziert	falsche/zu niedrige Qualifikation der Disponenten, Leitstandsmitarbeiter und Meister ⇒ Fehlentscheidungen/ -steuerungen, Mehrkosten durch Kompensations-maßnahmen ⇒ Produktivität ↓	Personalbeschaffung/-auswahl, Personaleinsatz, Personalentwicklung (vgl. **HF04**)
	Planungssicherheit/Auskunfts-bereitschaft	unzureichende Datenqualität/Rückmeldung zur Erfüllung der Anforderungen	System kann Anforderungen nicht erfüllen, Zeitverzögerung, mangelnde Transparenz der ablaufenden Prozesse ⇒ Fehlentscheidungen/-steuerungen, Mehrkosten ⇒ Produktivität ↓	Analyse des Informationsbedarfs und bedarfsgerechte Bereitstellung der Daten (vgl. **HF11**), Betriebsdatenerfassung
	Ziele des PPS-System-einsatzes	falsche/überzogene Erwartungen	Wahl eines ungeeigneten PPS-Systems ⇒ Fehlentscheidungen bei der Investitionskalkulation, Mehrkosten ⇒ Produktivität ↓	realistische Bedarfsanalyse, Angebotsanforderung und -vergleich (vgl. **HF07** und **HF11**)

Tabelle 14c: Einflussfaktoren der Produktionssteuerung auf die Produktivität (Teil 3)

Im *Bild 143* wurde der **methodische Entscheidungsprozess im Rahmen der Produktionssteuerung** dargestellt.
Bild 144 verdeutlicht **wichtige Methoden der Produktionssteuerung sowie wichtige Einsatzkriterien**.

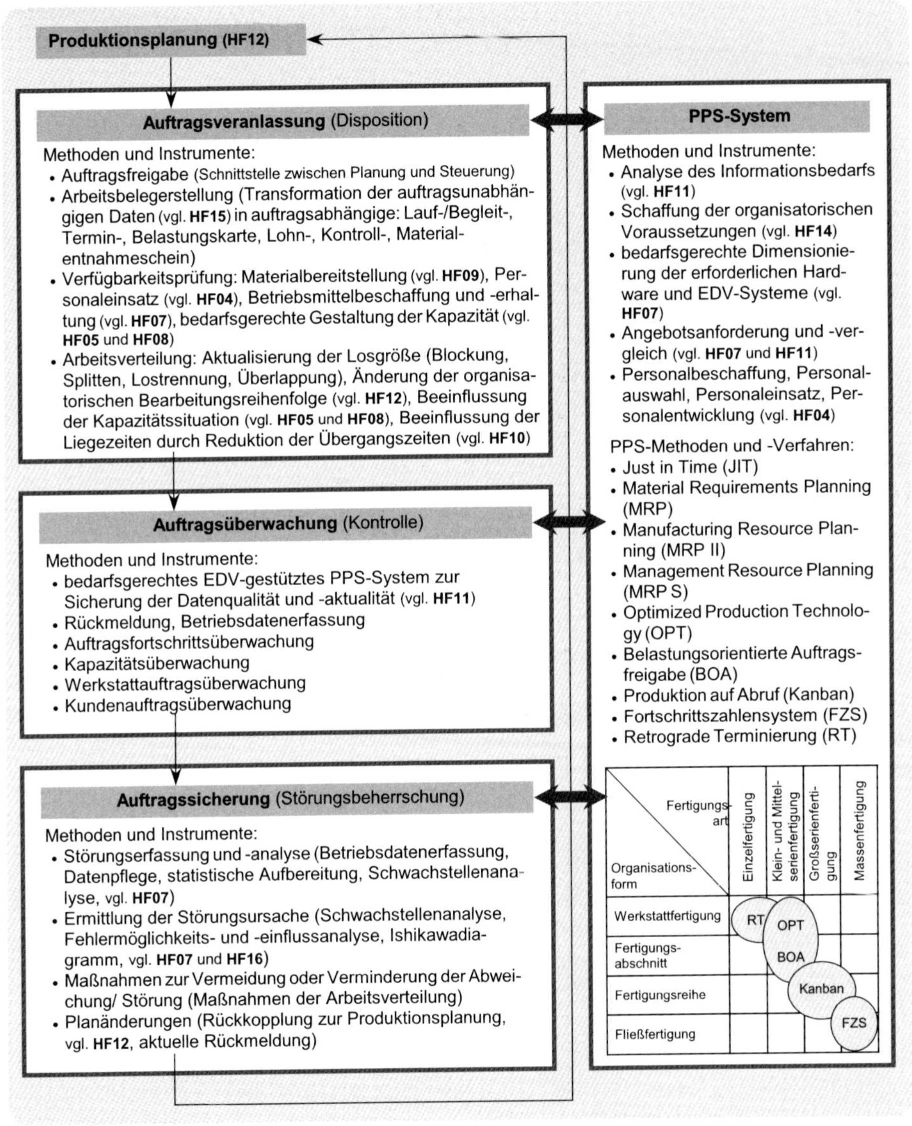

Bild 143: Strukturierung des methodischen Entscheidungsprozesses im Rahmen der Produktionssteuerung

Kriterien\Methode	OPT	BOA	Kanban	FZS
Merkmale	•Engpässe bestimmen Fertigungsablauf •Materialfluss, nicht Auslastung optimiert •Transportlose kleiner Fertigungslose möglich •Durchlaufzeiten sind Prozessergebnis	•Entscheidungskriterium ist Bestandshöhe •Nutzung der Trichterformel •zyklisches Verfahren (Planabschnitte) •deterministische Feinplanung entfällt	•Reihenprinzip, Puffer zwischen Stationen •selbststeuernde Regelkreise mit Kanban-Karten •Standardtransportbehälter •keine Rechentechnik	•Zählung der durchlaufenden Erzeugnisse an Kontrollstationen •aus zeitlichem Verlauf der Fortschrittszahlen und Differenz zu Plangrößen folgen Entscheidungen
Ablauf	•Analyse: Netz der Engpässe, der Nichtengpässe und mögliche Effekte mit OPT •Engpässe werden sicher gemacht und durch Vorwärtsterminierung ausgelastet •Rückwärtsterminierung der Nichtengpässe	•Durchlaufterminierung (Reihenfolge d. dringenden Aufträge) •Auftragsfreigabe (Prüfung der Kapazitätswirkung auf nötige Fertigungseinheiten, Freigabe, wenn Belastungsschranke nicht überschritten wird)	•Produktionsauslöser: Entnahme aus letztem Puffer •Anstoßfortpflanzung nach Pull-Prinzip •Material- und Informationsfluss entgegengesetzt •keine traditionelle Disposition	•Gliederung der Fertigung in Kontrollblöcke •Zählung und Kumulation der durchlaufenden Erzeugnisse •Fortschritt/Rückstand durch Vergleich mit Sollwerten der Mengen- und Zeitfunktion
Wirkungen	•Ermittlung eines optimalen Feinplanes •hoher Systemoutput •gute Termineinhaltung •kaum Dispositionsspielraum für Personal	•Senkung der Durchlaufzeit und Bestände •hohe Auslastung •relativ geringer technischer Aufwand •hohe Flexibilität •erweiterter Dispositionsspielraum	•schnelle Reaktion auf Bedarfe bei niedriger Prognostizierbarkeit (Lager nicht sinnvoll) •Verringerung von Durchlauf-/Lieferzeit •geringerer Steuerungsaufwand	•Materialfluss transparenter, Veränderungen von Bestand/ Vorlauf erkennbar •Senkung der Durchlaufzeit •Einsatz zur Materialflusssteuerung mgl.
Bedingungen	•Werkstattfertigung •relativ konstantes und bekanntes Produktprogramm •wenige, nicht wandernde Engpässe •hohe Datenqualität, leistungsfähige Rechentechnik	•Werkstattfertigung •einfache, kleine Einzelteile mit variierenden Verfahren und Reihenfolge •gut ausgelastete Kapazitäten mit Belastungsschranke •aktuelle Rückmeldung	•Reihenfertigung •einfache Standardteile •ständiger Bedarf, Zeitpunkte aber nicht vorausbestimmbar •Fertigungssystem überschaubar und übersichtlich (acht bis zehn Stationen)	•Fließfertigung •ein Produkt mit einfacher Struktur in großer Stückzahl •aktuelle Rückmeldedaten •Bestandsführung entfällt wegen aktueller Rückmeldung

Bild 144: Systematisierung ausgewählter Methoden der Produktionssteuerung

4.3.4 Handlungsfeld 14: Produktionsorganisation

Die **Produktionsorganisation** besitzt einen ausgeprägten Einfluss auf die Ergiebigkeit und die Produktivität von Produktionsprozessen.
Insbesondere die **Auswahl** und Gestaltung der **Organisationsformen** der **Teilefertigung** und **Montage** sowie der diese unterstützenden Organisationsformen fertigungsnaher industrieller **Dienstleistungen** sind wesentliche Einflussfaktoren (Runge [Organisationsformen]); (Nebl [Produktionswirtschaft, S. 69 ff.]).

Die **Auswahl von Organisationsformen** geschieht in Abhängigkeit von den Anforderungen, die Produktionsprogramme an den Produktionsprozess richten (Anforderungsprofil) (Poenicke [Beurteilung, S. 97 ff.]).
Die Bildung von Teileklassen mit weitestgehend einheitlichen Anforderungen vergrößert die zu produzierenden Stückzahlen, gestaltet den Übergang zu gegenstandsspezialisierten Organisationsformen und ist damit ein produktivitätsförderndes Moment.

Eine **nicht optimale Passgerechtigkeit** von Anforderungen an den Produktionsprozess und Organisationsformen des Produktionsprozesses (Fähigkeitsprofil) **verringert** zwangsläufig die zu erwartende **Produktivität** und damit die **Wettbewerbsfähigkeit**.

Jede **klassische Organisationsform** entsteht aus der Kombination eines räumlichen Organisationsprinzips mit einem zeitlichen Organisationsprinzip.

Das **räumliche Organisationsprinzip** bestimmt die Art der räumlichen Anordnung von Arbeitsplätzen/Bearbeitungsstationen im Produktionsprozess. Insbesondere differenzierte Mengen zu produzierender gleichartiger Produkte (Poenicke/Rimane [Räumliche Strukturen, S. 3 ff.]) erfordern unterschiedliche räumliche Gestaltungen.

Das **zeitliche Organisationsprinzip** kennzeichnet die jeweilige grundsätzliche Variante des Fertigungsablaufes und damit die Art der Teileweitergabe von Arbeitsplatz zu Arbeitsplatz im Verlaufe des Fertigungsprozesses (Nebl [Produktionswirtschaft, S. 305 ff.]).

Auch hier erfordert z.B. eine ständige Wiederholung gleichartiger technologischer Bearbeitungsfolgen infolge großer Fertigungsstückzahlen völlig andere Gestaltungsansätze als die Realisierung einmalig ablaufender Bearbeitungsfolgen.

Moderne Organisationsformen basieren auf den klassischen Organisationsformen. Sie besitzen identische räumliche und zeitliche Organisationsprinzipien und unterscheiden sich von den klassischen Organisationsformen durch differenzierte Niveaustufen des technischen Ausgestaltens der Bearbeitungs-, Transport-, Handhabungs- und Lagersysteme und damit der Mechanisierung und Automatisierung (Silberbach [Gestaltungskriterium, S. 115 ff.]).

Die Gestaltung von Organisationsformen fertigungsnaher industrieller Dienstleistungen folgt ähnlichen Gestaltungsgrundsätzen, die in unmittelbarem Zusammenhang zu den Organisationsformen der Fertigung zu sehen sind, für die die Dienstleistungen erbracht werden.

Die **Einflussfaktoren der Produktionsorganisation auf die Produktivität** werden in *Tabelle 15* dargestellt.

	Einflussfaktoren	Fehlerquellen	Auswirkungen auf die Produktivität	Gestaltungsansätze/Instrumente
Produktionsaufgabe	Vielfalt der zu fertigenden Produktarten	zu geringe Variantenvielfalt	zu geringer Absatz durch nicht erfüllte Kundenanforderungen ⇒ Produktivität ↓ (Absatzpotenzial verschenkt)	Analyse der Kundenanforderungen (vgl. **HF01**, **HF02** und **HF11**), Erfüllung von Kundenanforderungen bei gegebener Wirtschaftlichkeit (Wirtschaftlichkeitsanalyse), regelmäßige Überprüfung von Kundenanforderungen und Leistungsprogramm (Sortimentsbereinigung)
		zu große Variantenvielfalt	geringe Mengen je Variante und steigende Komplexitätskosten durch Koordinationsprobleme ⇒ Produktivität ↓	
	Menge der Erzeugnisse	zu geringe Menge durch mangelnde Standardisierung	unzureichende Auslastung von Betriebsmitteln ⇒ BM-Produktivität ↓	
	Fertigungsperspektive	zu geringe Perspektive, um Investition zu rechtfertigen	Auslastung von Spezialmaschinen nicht über Lebensdauer gewährleistet (keine Amortisation) ⇒ BM-Produktivität ↓	
Zusammenfassung zu Teileklassen	Vereinheitlichung der Teile	zu gering (kleine Teileklassen)	genaue fertigungstechnische Ähnlichkeit ⇒ gleiche Fertigungsverfahren, gleiche technologische Bearbeitungsfolge ⇒ Produktivität ↑; zu geringe Mengen (Wiederholhäufigkeit) für Auslastung einer eigenen Organisationsform ⇒ Produktivität ↓	Verwendung von Klassifizierungssystemen, Komplettbearbeitungsanalysen, Teileflussanalysen, Clusteranalysen (vgl. **HF09**); Überprüfung und Planung im Schleifenprozess unter Berücksichtigung von Auswirkungen auf benötigte Fertigungsverfahren (Verfahrenswechsel, vgl. **HF07**) und Kapazitätsbedarf (Arbeitsschritte teilen/zusammenfassen, vgl. **HF05**, **HF08** und **HF15**); Wirtschaftlichkeitsüberlegungen zur günstigsten Verfahrensvielfalt und Flexibilität (vgl. **HF01**)
		zu stark (große Teileklassen)	hohe Mengenanforderungen ⇒ Produktivität ↑ (economies of scale); hoher Steuerungsaufwand und steigende Durchlaufzeit durch variierende technologische Bearbeitungsfolge und Verfahrensvielfalt ⇒ Produktivität ↓	
	Vielfalt nötiger Fertigungsverfahren	zu geringe Vielfalt	Produktionsaufgabe kann nicht oder nur schlecht erfüllt werden ⇒ Produktivität ↓	
		zu hohe Vielfalt	funktionale Überdimensionierung ⇒ BM-Produktivität ↓	
	technologische Bearbeitungsfolge	stark variierende technologische Bearbeitungsfolge	hoher Steuerungsaufwand und steigende Durchlaufzeit ⇒ Produktivität ↓	
	Kapazitätsbedarf	zu gering	Kapazitätsbedarf der Teileklasse reicht zur akzeptablen Auslastung einer eigenen Organisationsform nicht aus ⇒ Produktivität ↓	
		zu hoch	Kapazitätsbedarf der Teileklasse übersteigt Kapazitätsangebot der Organisationsform ⇒ entstehende Freikapazitäten durch größere Dimensionierung oder Mischform ⇒ Produktivität ↓ (Absatzpotenzial verschenkt)	
	Schwankung der Kapazitätsausnutzung	starke Schwankung	geringe durchschnittliche Auslastung (Leerkapazitäten durch Dimensionierung am Spitzenbedarf) ⇒ AK- und BM-Produktivität ↓	
	Proportionalität	geringe Proportionalität	Engpässe und Leerkapazitäten ⇒ Produktivität ↓	

Tabelle 15a: Einflussfaktoren der Produktionsorganisation auf die Produktivität (Teil 1)

	Einflussfaktoren	Fehlerquellen	Auswirkungen auf die Produktivität	Gestaltungsansätze/Instrumente
Auswahl der Organisationsform	Auswahl einer nicht ptimalen OF	mangelnde Abstimmung der Anforderungs- und Fähigkeitsprofile (Kriterien s. OF)	suboptimale organisatorische Lösung ⇒ Mehraufwendungen zur Kompensation bzw. verminderte Leistungsfähigkeit ⇒ Produktivität ↓	genaue Bedarfs- (Anforderungsprofil) und Zustandsanalyse (Fähigkeitsprofil); Einsatz sinnvoller und aussagekräftiger Auswahlverfahren (z.B. erweiterte Wirtschaftlichkeitsanalyse)
	Mischformen	Mischformen als Folge fehlender Restrukturierungsmaßnahmen	Mischformen im Rahmen der Werkstattfertigung als Schritt in Richtung Gegenstandsspezialisierung ⇒ Durchlaufzeit ↓ ⇒ Produktivität ↑; Mischformen gegenstandspezialisierter Organisationsformen zur Ausnutzung freier Kapazitäten ⇒ Produktivität ↑; verminderte Leistungsfähigkeit der Mischformen gegenüber neustrukturierten Organisationsformen, Steuerungs- und Transportaufwand ⇒ Produktivität ↓	
	Abstimmung Haupt-/Dienstleistungsprozesse	für Hauptprozesse ungeeignete Organisationsformen der industriellen Dienstleistungsprozesse	Dienstleistung für Hauptprozess kann nicht in erforderlichem Maß erbracht werden ⇒ Ablaufstörungen oder Qualitätsmängel im Hauptprozess, Fehlleistungen der Dienstleistungs-/ Hilfsprozesse ⇒ Produktivität ↓	Koordination der Auswahl der Organisationsformen der Dienstleistungsprozesse mit denen der Hauptprozesse
Organisationsform	Zyklusdauer/ Durchlaufzeit	lange Durchlaufzeit (vgl. **HF10**)	Vielzahl von Unterbrechungen (Liege-, Warte- und Stillstandszeiten) ⇒ Kapitalbindung, Terminüberschreitungen ⇒ Produktivität ↓	genaue Bedarfs- (Anforderungsprofil) und Zustandsanalyse (Fähigkeitsprofil); Einsatz sinnvoller und aussagekräftiger Auswahlverfahren (z.B. erweiterte Wirtschaftlichkeitsanalyse); konsequente Umsetzung der Organisationsformen; regelmäßige Überprüfung und daraus abgeleitete bedarfsweise Bereinigung des Produktionsprogramms und Reorganisation
	Bestände	Bestände	Kapitalbindungskosten durch liegendes Umlaufvermögen ⇒ Produktivität ↓	
		zu niedrige Bestände	Versorgungsengpässe ⇒ Durchlaufzeit ↑ ⇒ Produktivität ↓	
	Transportaufwand	lange Transportwege, häufige Transporte (vgl. **HF17**)	suboptimale Organisation des Transportwesens ⇒ erhöhter Transportaufwand ⇒ Produktivität ↓	
	Investitionskosten/ Fixkosten	hoher Fixkostenblock	hohe Anfälligkeit gegenüber fallender Beschäftigung (fehlende Fixkostendegression, Fixkostenfalle, vgl. **HF07**) ⇒ Produktivität ↓	
	Betriebskosten/ variable Kosten	hohe Betriebs-/variable Kosten	nur geringe Degressionswirkungen bei Mengensteigerung, hohe Stückkosten ⇒ Produktivität ↓	
	Qualifikation des Personals	mangelnde Qualifikation (vgl. **HF04**)	Produktionsaufgabe kann nicht adäquat erfüllt werden ⇒ Fehlleistungen, Ausschuss, Bedienfehler ⇒ Produktivität ↓	
		Überqualifikation	zu hohe Personalkosten ⇒ Produktivität ↓	
	Automatisierung	zu geringe Automatisierung	Rationalisierungspotenziale nicht ausgeschöpft ⇒ Unterbrechungen, Steuerungsaufwand ⇒ Produktivität ↓	
		zu hohe Automatisierung	unnötig hohe Fixkostenbelastung bei Überdimensionierung ⇒ Produktivität ↓	

Tabelle 15b: Einflussfaktoren der Produktionsorganisation auf die Produktivität (Teil 2)

	Einflussfaktoren	Fehlerquellen	Auswirkungen auf die Produktivität	Gestaltungsansätze/Instrumente
Organisationsform	Flächenbedarf	hoher Flächenbedarf	Kosten für Flächenbelegung (Investition, Alternativnutzung) ⇒ Produktivität ↓	genaue Bedarfs- (Anforderungsprofil) und Zustandsanalyse (Fähigkeitsprofil); Einsatz sinnvoller und aussagekräftiger Auswahlverfahren (z.B. erweiterte Wirtschaftlichkeitsanalyse); konsequente Umsetzung der Organisationsformen; regelmäßige Überprüfung und daraus abgeleitete bedarfsweise Bereinigung des Produktionsprogramms und Reorganisation
	Fähigkeit zur Flexibilität	zu geringe Flexibilität	mangelhafte Anpassungsfähigkeit auf Umweltveränderungen ⇒ Investitionsbedarf für Reaktion ⇒ Produktivität ↓	
		zu hohe Flexibilität	nicht ausgeschöpfte Verfahrens- und Funktionsvielfalt ⇒ Fixkostenbelastung durch hohe Investition ⇒ Produktivität ↓	
	Fähigkeit zur Kontinuität	geringe Kontinuität	Unterbrechungen ⇒ Liegezeiten (Kapitalbindung), Warte-/Stillstandszeiten (niedrige Auslastung) ⇒ Produktivität ↓	
	Gebundenheit bzw. Verkettung der Betriebsmittel	zu hohe Gebundenheit	niedrige Flexibilität, hohe Abhängigkeit bei Störungen ⇒ Verfügbarkeit ↓ ⇒ Produktivität ↓	
		zu geringe Verkettung	niedrige Kontinuität, Verschenkung von Rationalisierungspotenzialen ⇒ Produktivität ↓	
Prozessablauf	Prozessgesetzmäßigkeiten	Disproportionen	fehlende Übereinstimmung zwischen Kapazitätsangebot von AK und BM einer Kapazitätseinheit, Kapazitätsangebot und -bedarf einer Kapazitätseinheit sowie Angebot und Bedarf aufeinanderfolgender Fertigungsstufen ⇒ Engpässe und Leerkapazitäten ⇒ Produktivität ↓ (vgl. **HF05** und **HF08**)	genaue Bedarfs- und Zustandsanalyse; Einsatz sinnvoller und aussagekräftiger Auswahlverfahren zur Bestimmung des notwendigen PPS-Systems (Hard- und Software); Einsatz geeigneter PPS-Methoden und -Verfahren (JIT, MRP, MRP II, MRP S, OPT, RT, BOA, Kanban, FZS) (vgl. **HF12** und **HF13**)
		hohe zwischenzyklische Parallelität (vgl. **HF10**)	hohe Zyklusdauer durch gleichzeitige Fertigung unterschiedlicher Erzeugnisse ⇒ hohe Durchlaufzeit, z.T. hohe Auslastung ⇒ Produktivität ↓	
		fehlendes Gleichmaß des Kapazitätseinsatzes	schwankender Prozessausstoß (niedrige Rhythmizität), ungleichmäßige Auslastung ⇒ Produktivität ↓	
		gestörter, ungleichmäßiger Prozessablauf	kein ununterbrochenes Wirken der Produktionsfaktoren (niedrige Kontinuität) ⇒ ungleichmäßige Auslastung ⇒ Produktivität ↓	
	Produktionsplanung und -steuerung (vgl. **HF12** und **HF13**)	zu niedriges PPS-Niveau, Einsatz falscher/ungeeigneter Methoden	hohe Bestände, niedrige Termintreue, hohe Durchlaufzeiten, überhöhte Lager- und Transportkosten, geringe Qualität von Produkten und Prozessen, niedrige Auslastung, geringe Flexibilität ⇒ Produktivität ↓	
		zu hohes PPS-Niveau	hohe Investitionskosten für überdimensioniertes System ⇒ Produktivität ↓	

Tabelle 15c: Einflussfaktoren der Produktionsorganisation auf die Produktivität (Teil 3)

Der **methodische Entscheidungsprozess zur Auswahl und Gestaltung von Organisationsformen** ist in den *Bildern 145 und 146* dokumentiert.

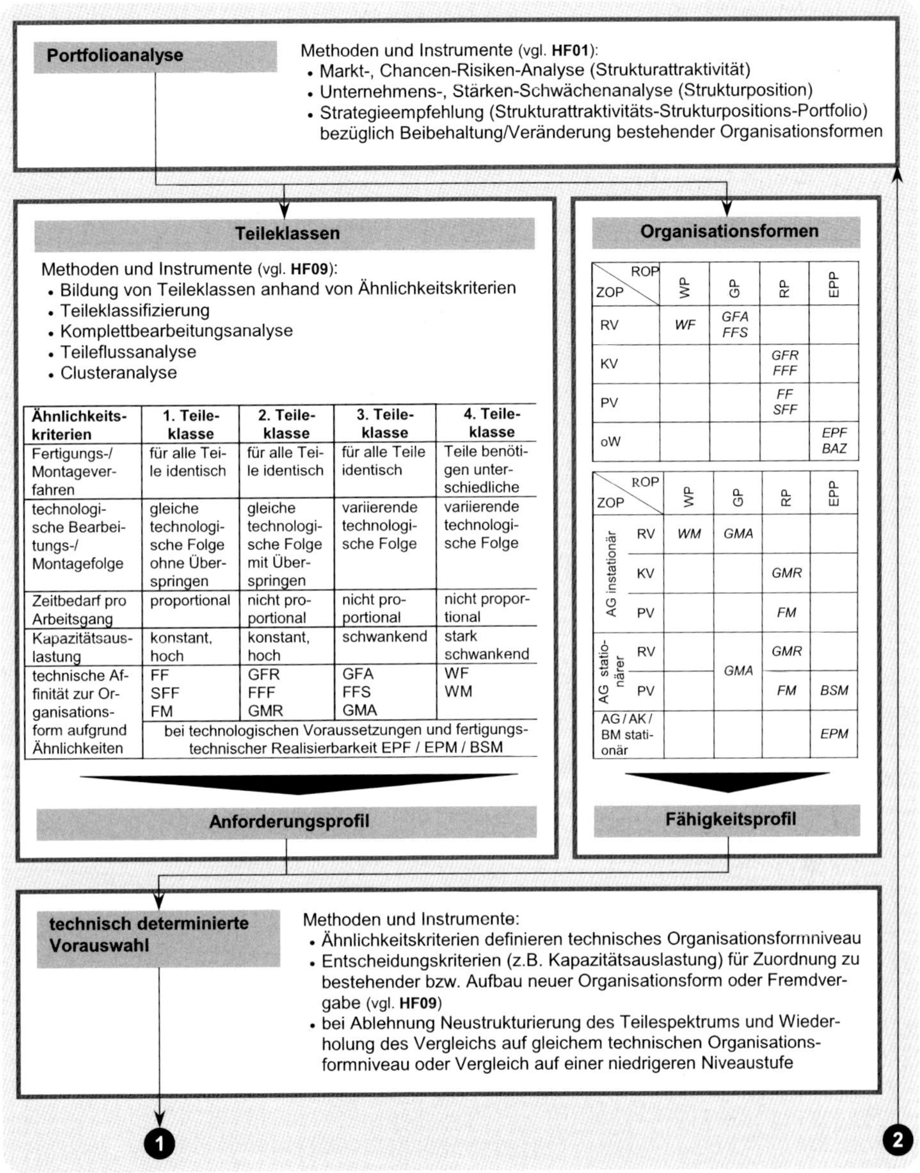

Bild 145: Strukturierung des methodischen Entscheidungsprozesses im Rahmen der Produktionsorganisation (Teil 1)

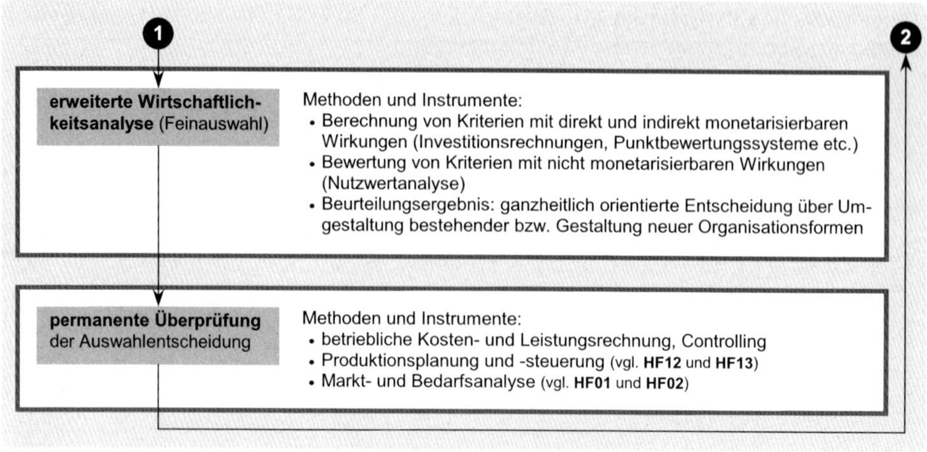

Bild 146: Strukturierung des methodischen Entscheidungsprozesses im Rahmen der Produktionsorganisation (Teil 2)

4.3.5 Handlungsfeld 15: Produktionsvorbereitung und -durchführung

In der Literatur erfolgt eine sehr unterschiedliche Aufgabenzuordnung zu diesem Schwerpunkt (Kern [Produktionswirtschaft, S. 317 ff.]); (Schweitzer [Industriebetriebslehre, S. 678]).
Für diese Ausführungen stellt die **technologische Planung** den **Betrachtungsgegenstand dieses Aufgabenpaketes** dar.
Ihre Hauptaufgabe besteht in der Erarbeitung des **Arbeitsplanes**. Die wesentlichen Informationen dazu liefern die aus dem Konstruktionsprozess stammenden **Zeichnungen** und **Stücklisten**.

Das zu fertigende Teilesortiment definiert die **Fertigungsaufgaben** des Unternehmens und damit die originären und dispositiven Anforderungen des Produktionsprogrammes an den Fertigungsprozess.

Rationalisierungseffekte sind durch Teileklassenbildungen realisierbar. Diese erfolgen auf der Grundlage konstruktiver (Formenschlüssel) oder technologischer Ähnlichkeit (Fertigungsverfahren, Bearbeitungsfolgen u.a.).
Die erzielbaren Effekte bestehen in der Vereinfachung und Vereinheitlichung von Fertigungsabläufen, im Übergang zu gegenstandsspezialisierten Organisationsformen, verbesserten Möglichkeiten der Mechanisierung und Automatisierung der Prozesse, der Rüstzeiteinsparung und der Fertigung großer Lose.
Der Arbeitsplan – das wichtigste Ergebnis dieses Arbeitspaketes – entsteht durch die Arbeitsplanung.

Der Arbeitsplan enthält für jedes Einzelteil:

- das einzusetzende Material
- die notwendigerweise durchzuführenden Arbeitsgänge
- die Reihenfolge der durchzuführenden Arbeitsgänge, also die technologische Bearbeitungsfolge
- die je Arbeitsgang einzusetzenden Fertigungsverfahren und die dazugehörigen Betriebsmittel
- die je Arbeitsgang benötigten Rüstzeiten und Zeiten je Einheit (Vorgabezeiten) sowie
- die Lohngruppe, die je Arbeitsgang für die Lohnberechnung anzuwenden ist.

Der **Arbeitsplan** ist das Bindeglied zwischen dem zu produzierenden Einzelteil, dem bereitzustellenden Material, dem einzusetzenden Betriebsmittel und den an die Arbeitskraft zu stellenden Qualifikationsanforderungen. Er definiert die anzustrebende Art der Kombination der Elementarfaktoren im Produktionsprozess.

Die Produktionsvorbereitung erbringt alle wesentlichen Informationen, die zur Produktionsdurchführung unerlässlich sind.

In *Tabelle 16* werden die **Einflussfaktoren der Produktionsvorbereitung und -durchführung auf die Produktivität** strukturiert.

	Einflussfaktoren	Fehlerquellen	Auswirkungen auf die Produktivität	Gestaltungsansätze/Instrumente
Voraussetzungen	Ergebnisse der Konstruktion	mangelhafte Zeichnungen und Stücklisten	Fehler bei der Teilebedarfsermittlung, Fehlbestellungen, Fehler beim Arbeitsplan für Eigenfertigungsteile $\Rightarrow$ Steuerungs- und Änderungsaufwand $\Rightarrow$ Produktivität $\downarrow$	bedarfsgerechte Konstruktion (vgl. **HF03**), Prüfung der Unterlagen, Abstimmungs-/Koordinationsgremium
	zu fertigendes Teilesortiment	keine Sortiments-bereinigung/Teileklassen-bildung	Teile nicht zusammengefasst $\Rightarrow$ Rationalisierungspotenziale verschenkt (Vereinfachung/Vereinheitlichung, gegenstands-spezialisierte Organisationsformen, Automatisierungs-möglichkeiten, Einsparung von Rüstzeit) $\Rightarrow$ Produktivität $\downarrow$	technologische Vereinheitlichung, Nummerung (Formenschlüssel, Teile-klassifizierung, Komplettbearbeitungs-analyse, Teileflussanalyse, Cluster-analyse) (vgl. **HF09** und **HF14**)
Arbeitsplanung	einzusetzendes Rohmaterial	zu hohe/geringe Anpassung an Fertigteil	erhöhte Beschaffungskosten durch höheren Vorfertigungs-grad/ hoher Verschnittanteil, schlechte Materialausnutzung $\Rightarrow$ Material-, Fertigungs-, Entsorgungskosten $\uparrow$ $\Rightarrow$ Produktivität $\downarrow$	Wertanalyse, Lieferantenvergleich/ -auswahl, Zuschnittoptimierung, Ver-wendung von Normteilen (vgl. **HF09**)
		zu hohe/niedrige Qualität bzgl. Kundenanforderungen	Kunde honoriert Mehrqualität nicht/ Kundenzufriedenheit nicht gegeben, Imageverlust, Ausschuss/ Nachbesserung, Entsorgung $\Rightarrow$ Material-/ Fehlerkosten $\uparrow$, Umsatz $\downarrow$ $\Rightarrow$ Produktivität $\downarrow$	Kundenbefragung, bedarfsgerechte Qualität (Optimierung der Qualitätskos-ten), Qualitätssicherungsmaßnahmen (vgl. **HF16**), Make-or-Buy-Entscheidung
	notwendige Arbeitsgänge	ungeeignete/unwirtschaft-liche Verfahren	Ableitung falscher Arbeitsgänge, Wahl von Fertigungsver-fahren, die Qualitäts-, Wirtschaftlichkeits- oder Modernitäts-anforderungen nicht erfüllen $\Rightarrow$ überhöhte Investitions-/ Be-triebskosten, unzureichende Funktionserfüllung $\Rightarrow$ Produktivität $\downarrow$	genaue Bedarfs- (Anforderungsprofil) und Funktionsanalyse (Fähigkeitsprofil) (vgl. **HF07**), Kostenanalysen, Verfahrensvergleich
	technologische Bearbeitungs-folge	nicht optimale Arbeitsgangfolge	Arbeitsgänge nicht in technologisch optimaler Reihenfolge $\Rightarrow$ Mehr-/Nacharbeiten $\Rightarrow$ Produktivität $\downarrow$	Arbeitsvorgangskataloge, Kalkulation alternativer Reihenfolgen, Berücksichti-gung der räumlichen BM-Aordnung, Materialflussoptimierungen, Umstellungen
		räumliche Anordnung nicht (genug) berücksichtigt	zusätzliche Transporte, zusätzliche Unterbrechungen $\Rightarrow$ Rationalisierungspotenziale verschenkt $\Rightarrow$ Produktivität $\downarrow$	
	einzusetzende Betriebsmittel	Zuweisung zu ungeeigne-ten/unwirtschaftlichen Betriebsmitteln	Erfüllung der Fertigungsaufgabe nicht (adäquat) möglich $\Rightarrow$ Mehr-/Nacharbeiten, niedrige Qualität, Umsatz $\downarrow$ $\Rightarrow$ Produktivität $\downarrow$	Maschinenkarten, Kapazitäts-bilanzierung (vgl. **HF12**)
		unflexible Vorgaben	unnötige Einschränkung des Dispositionsspielraumes der Produktionssteuerung $\Rightarrow$ Engpässe, Minderauslastung $\Rightarrow$ Produktivität $\downarrow$	Zuordnung zu Betriebsmittelkategorien, nicht zu einzelnen Maschinen, Spiel-raum bei Auftragsfreigabe (vgl. **HF13**)
	Vorgabezeiten	unrealistische Vorgabezeiten	Über-/Unterforderung der Mitarbeiter, Fehlplanung der Durchlaufzeit $\Rightarrow$ Produktivität $\downarrow$	Schnittwert-, Planzeitkataloge, Richtwerttabellen (vgl. **HF04** und **HF10**)
	Lohngruppe	falsche Lohnermittlung	zu hohe Personalkosten, unzureichende Bezahlung/ Demotivation $\Rightarrow$ Produktivität $\downarrow$	Arbeitswerte, Leistungs- und Lohndaten (vgl. **HF04**)

Tabelle 16: Einflussfaktoren der Produktionsvorbereitung und -durchführung auf die Produktivität

Eine Übersicht über die Schrittfolge des **methodischen Entscheidungsprozesses im Rahmen der Produktionsvorbereitung und -durchführung** wird im *Bild 147* gegeben.

Voraussetzungen

Zeichnung und **Stückliste**	Methoden und Instrumente: • bedarfsgerechte Konstruktion (vgl. **HF03**) • Prüfung der Unterlagen, Abstimmungs-/Koordinationsgremium • technologische Vereinheitlichung, Sortimentsbereinigung, Nummerung (vgl. **HF09** und **HF14**)

Produktionsvorbereitung

Auswahl des einzusetzenden **Rohmaterials**	Methoden und Instrumente (vgl. **HF09**): • Wertanalyse, Lieferantenvergleich/-auswahl, Faktorinnovation (vgl. **HF03**) • Zuschnittoptimierung, Verwendung von Normteilen
Ermittlung der notwendigen **Arbeitsgänge**	Methoden und Instrumente (vgl. **HF07**): • Bedarfs- (Anforderungsprofil) und Funktionsanalyse (Fähigkeitsprofil) • Kostenanalysen, Verfahrensvergleich
Bestimmung der **technologischen Bearbeitungsfolge**	Methoden und Instrumente: • Arbeitsvorgangskataloge, Kalkulation alternativer Reihenfolgen • Berücksichtigung der räumlichen Betriebsmittelanordnung, Umstellungen, Materialflussoptimierungen
Betriebsmittelzuordnung zu den Arbeitsgängen	Methoden und Instrumente: • Maschinenkarten, Kapazitätsbilanzierung (vgl. **HF12**) • Berücksichtigung gleicher Betriebsmittel einer Betriebsmittelkategorie, um Dispositionsspielraum der Auftragsfreigabe nicht unnötig einzuengen (vgl. **HF13**)
Ermittlung der **Vorgabezeiten**	Methoden und Instrumente: • Arbeits- und Zeitstudien (vgl. **HF06**) • Schnittwert-, Planzeitkataloge, Richtwerttabellen (vgl. **HF04** und **HF10**)
Bestimmung der **Lohngruppe**	Methoden und Instrumente (vgl. **HF04**): • Arbeitswerte • Leistungs- und Lohndaten

Produktionsdurchführung

Produktionsplanung und -steuerung (HF12/HF13)	Methoden und Instrumente: • Durchlauf-, Kapazitäts-, Arbeitsplatzbelegungsplanung (vgl. **HF12**) • Auftragsfreigabe, Prozessüberwachung und -steuerung (vgl. **HF13**)

Bild 147: Strukturierung des methodischen Entscheidungsprozesses im Rahmen der Produktionsvorbereitung und -durchführung

4.3.6 Handlungsfeld 16: Qualitäts- und Umweltmanagement

Das **Qualitätsmanagement** umfasst alle Tätigkeiten im Rahmen der Führungsaufgaben, die die Qualitätspolitik, die Qualitätsziele und die Verantwortung für die Qualität festlegen und diese durch die Qualitätsplanung, die Qualitätslenkung und Qualitätsprüfung unter Verwendung eines Qualitätsmanagementsystems verwirklichen.
Das **Umweltmanagement** integriert in alle Managementfunktionen und Unternehmensbereiche die Ökologie als wesentliche Komponente des betrieblichen Entscheidungsprozesses. Dabei geht es darum, über die gesamte Wertschöpfungskette und alle daran beteiligten Institutionen und Funktionalbereiche bei gleichzeitiger Verfolgung ökonomischer Ziele eine **Reduktion unerwünschter Umweltwirkungen** zu realisieren.

Beide Problemstellungen sind miteinander eng verwandt und gegenseitig integrierbar.
Sie besitzen Bedeutung für alle Teilbereiche der Makrostruktur des Produktionsprozesses und berühren sowohl die eingesetzten Elementarfaktoren als auch den Einsatz und die Wirkung der dispositiven Faktoren.

Sowohl die Qualität als auch die Umweltorientierung sind nur dann erreichbar, wenn sie alle **Funktionalbereiche**, alle **Hierarchieebenen** der Unternehmung und alle im Unternehmen handelnden **Personen** erfasst und einbezieht.
Dabei kommt der Unternehmensleitung eine besondere Bedeutung zu.
Sie trägt die Verantwortung dafür, dass die Qualitäts- und Umweltphilosophie im Unternehmen Fuß fasst und alle Bereiche und Mitarbeiter erreicht.

Sie setzt diese Philosophie durch ihre dispositive Tätigkeit

- im Prozess der Beschaffung der Inputfaktoren
- in der Kombination der Inputfaktoren im Throughput und
- im Output durch die Übergabe solcher Produkte an den Kunden, die höchsten Qualitäts- und Umweltanforderungen genügen

um.
Die Unternehmensleitung gestaltet in diesem Sinne **Qualitäts- und Umweltmanagementsysteme.** Durch die regelmäßige Durchführung von Audits (Prozess-, Produkt-, System-, Ökoaudit) stellt sie sicher, dass den qualitäts- und umweltbezogenen Tätigkeiten Kontinuität verliehen wird und positive Produktivitätswirkungen erzielt werden.

Tabelle 17 gibt einen Überblick über die **Einflussfaktoren, die aus der Sicht des Qualitäts- und Umweltmanagements auf die Produktivität wirken** und systematisiert Fehlerquellen sowie Problemlösungsansätze und die dafür einsetzbaren Instrumente.

	Einflussfaktoren	Fehlerquellen	Auswirkungen auf die Produktivität	Gestaltungsansätze/Instrumente
Unternehmensleitung	Leitung	unzureichende Einordnung der Qualitäts- und Umweltpolitik in die Zielhierarchie des Unternehmens	ungenügende Festschreibung der Qualitäts-/Umweltpolitik in den Unternehmenszielen, unzureichende Identifikation mit der Qualitäts-/Umweltpolitik ⇒ ungenügende/nicht konsequente Umsetzung ⇒ Produktivität ↓ (-bewusstsein)	Priorisierung des Qualitäts- und Umweltgedankens (Top-Down-Ansatz) (vgl. **HF01**)
		unzureichende Vermittlung/ Kommunikation der Qualitäts- und Umweltpolitik	Fehlen interner Kommunikationswege, unvollständige Information/Fehlinformation, emotionale Hemmschwellen ⇒ Widerstände, fehlgeleitete Ressourcen ⇒ Produktivität ↓	Vorbildfunktion der Unternehmensleitung (vgl. **HF01** und **HF11**)
		offene bzw. unzureichende Regelungen	ungeklärte Verantwortlichkeiten, unzureichende Regelung von Haftungsansprüchen ⇒ Kompetenzstreitigkeiten bzw. Nichtzuständigkeit ⇒ Produktivität ↓	klare Zuordnung von Aufgaben und Verantwortlichkeiten
		falscher Umgang mit Fehlern	unzureichende Ursachen-/ Fehlerkostenanalyse, Auftreten von Wiederholungsfehlern, Fehlerbeseitigung statt Fehlervermeidung ⇒ Produktivität ↓	definierter Umgang mit Fehlern, Fehlervermeidung statt -beseitigung, Kontrolle der Korrekturmaßnahmen
	Planung	falsche Einschätzung der Unternehmenssituation	Fehleinschätzung von Markt/Marktposition/Wettbewerbern/ Entwicklungen etc. ⇒ Fehlentscheidungen ⇒ Produktivität ↓	fundierte Markt-/Unternehmensanalyse, Benchmarking (vgl. **HF01**, **HF02** und **HF11**)
		unzureichende Personalplanung	Fehleinschätzung des qualitativen/quantitativen Personalbedarfs und des Schulungsbedarfs ⇒ Über-/Unterdeckung ⇒ Produktivität ↓	Definition von Anforderungsprofilen für Stellen, detaillierte Bedarfsermittlung (Beschaffung, Schulung, vgl. **HF04**)
		Fehlplanungen in den Funktionsbereichen	zu hohe Beschaffungs-/Finanzierungs-/Herstellungs-/ Entsorgungskosten etc. ⇒ Produktivität ↓	Ausschöpfung der spezifischen Instrumentarien und Koordination
	Organisation	unzureichende Dokumentation aller (QM-/UM-) Aktivitäten	keine eindeutige Kennzeichnung von Materialien/Produkten/ Dokumenten, Fehleinschätzung von Daten, mangelnde Transparenz und Rückverfolgbarkeit ⇒ Informationslücken ⇒ Produktivität ↓	konsequente und kontinuierliche Dokumentation aller Aktivitäten, Aktualisierung und Archivierung (vgl. **HF11**)
		unzureichendes Qualitäts- und Umweltbewusstsein der Mitarbeiter/Geschäftsleitung	zu geringe Eigenverantwortlichkeit für die Qualität von und Umweltschonung durch Produkte und Prozesse, fehlende Verbesserungsvorschläge ⇒ verschenktes Rationalisierungspotenzial ⇒ Produktivität ↓	Schulung des Qualitäts- und Umweltbewusstseins, Bindung an das Unternehmen, Unterstützung der Eigenverantwortlichkeit (vgl. **HF04**)
		mangelnde oder fehlende interne Kommunikation	Schnittstellen oder Hemmnisse innerhalb und zwischen den Hierarchieebenen ⇒ Reibungsverluste, mangelnde Ganzheitlichkeit der Ansätze ⇒ Produktivität ↓	offene Kommunikation der kurzen Wege, Koordination (vgl. **HF04** und **HF11**)

Tabelle 17a: Einflussfaktoren des Qualitäts- und Umweltmanagements auf die Produktivität (Teil 1)

	Einflussfaktoren	Fehlerquellen	Auswirkungen auf die Produktivität	Gestaltungsansätze/Instrumente
U.leitung	Kontrolle	mangelhafte Überwachung des Systems	fehlende Qualitäts- und Umweltmanagementbewertung (unregelmäßige Audits) ⇒ Systemverschlechterung, verschenktes Rationalisierungspotenzial, Risiko des Zertifikatsverlustes, Strafen ⇒ Produktivität ↓	kontinuierliche Überwachung und Überprüfung des QM-/UM-Systems (regelmäßige Audits)
		fehlende (Zwischen-) Prüfungen, ungenaue Prüfmittel	Mess-/ Prüffehler, Weitergabe fehlerhafter Teile ⇒ Kostenprogression ⇒ Produktivität ↓	angemessene Prüfungen, Überwachung der Prüfmittel (Kalibrierung)
Input	verminderte/ unzureichende Leistungsabgabe der Arbeitskräfte (vgl. **HF04**)	zu geringe bzw. nachlassende Leistungsfähigkeit	mangelnde Qualifikation, nachlassende Konstitutionsvoraussetzungen, mangelnde Arbeitsumweltvoraussetzungen, unzureichende Flexibilität ⇒ Nicht-/ Mindererfüllung der Arbeitsaufgabe ⇒ Produktivität ↓	Personalauswahl, Aus-, Fort- und Weiterbildung, Schaffung adäquater Arbeitsvoraussetzungen, Arbeits- und Pausengestaltung (vgl. **HF06**)
		zu geringe bzw. nachlassende Leistungsbereitschaft	zu geringe Arbeitszufriedenheit und Leistungsmotivation, monetäre Unzufriedenheit, emotionale Hemmschwellen ⇒ hohe Fluktuation und Absentismus, Nicht-/ Mindererfüllung der Arbeitsaufgabe ⇒ Produktivität ↓	inhaltliche Arbeitsgestaltung, Motivations- und Anreizsysteme, mitarbeitergerechte Führung/Betriebsklima (vgl. **HF01** und **HF06**)
		schlechtes Firmenimage, fehlende Loyalität	mangelnde Identifikation mit dem Unternehmen ⇒ niedrige Motivation/Eigenverantwortlichkeit ⇒ Produktivität ↓	Unternehmensphilosophie, -kultur, -klima, Bindung/Identifikation (vgl. **HF01**)
		geringe Eigenmotivation, geringes Qualitäts-/Umweltbewusstsein	mangelnder persönlicher Einsatz der MA, Verschenken von Rationalisierungs-/Verbesserungspotenzialen, fehlende Motivation für Qualitäts-/Umweltprogramme ⇒ Produktivität ↓	Qualifizierung, Mitarbeiterentwicklung, Kommunikation (vgl. **HF01**)
	verminderte/ unzureichende Leistungsabgabe der Betriebsmittel (vgl. **HF07**)	zu geringe bzw. nachlassende Leistungsfähigkeit	fehlerhafte Konstruktion, geringe Flexibilität, mangelhafte Technik/Technologie, Fehldimensionierung ⇒ Nicht-/ Mindererfüllung der Arbeitsaufgabe ⇒ Produktivität ↓	anforderungsgerechte Dimensionierung und Auswahl der Betriebsmittel
		geringe Verfügbarkeit, hohe Ausfallraten, Ungenauigkeit	Verschleiß, mangelhafte Wartung (Instandhaltung, Service), Ablauf der wirtschaftlichen Nutzungsdauer, Überalterung ⇒ Nicht-/Mindererfüllung der Arbeitsaufgabe ⇒ Produktivität ↓	Wartung und Instandhaltung zur Kompensation des Verschleißes, rechtzeitiger Ersatz durch neue Betriebsmittel
		Umweltverträglichkeit der Verfahren	hohe Kosten für End-of-the-Pipe-Technologien/Entsorgung, Verschenkung von Abfallvermeidungspotenzial ⇒ Produktivität ↓	integrierte Technologien, Verfahrens-/ Prozessinnovation (vgl. **HF03**)
	Werkstoffeigenschaften (vgl. **HF09**)	mangelnde Art, Anzahl und Qualität der Zulieferteile	fehlende/falsche Bereitstellung von Bedarfsgütern ⇒ Versorgungsengpässe/Produktionsstillstände ⇒ Produktivität ↓	bedarfsgerechte Bestellungen, Vertragsgestaltung
		Ausschuss-/Verschnittquote	unzureichende Übereinstimmung zwischen Rohling und Fertigteil ⇒ höherer Fertigungsaufwand, mehr Abfälle, höhere Entsorgungskosten ⇒ Produktivität ↓	optimale Werkstoff- und Rohlingsauswahl

Tabelle 17b: Einflussfaktoren des Qualitäts- und Umweltmanagements auf die Produktivität (Teil 2)

	Einflussfaktoren	Fehlerquellen	Auswirkungen auf die Produktivität	Gestaltungsansätze/Instrumente
Input	Material-bereitstellung (vgl. **HF10**)	nicht orts-/termingerechte Anlieferung	fehlende/ falsche Bereitstellung von Bedarfsgütern ⇒ Versorgungsengpässe/Produktionsstillstände ⇒ Produktivität ↓	Lieferantenpartnerschaft/ -zertifizierung (Verlagerung der Eingangsprüfung, vgl. **HF02**), Prozessverschlankung (Anzahl Lager, Bestände etc.)
		zu hoher Material- und Zeitaufwand	aufwendige Eingangskontrolle/Vertragsprüfung, großes Eingangslager ⇒ Ressourcenverschwendung, verschenkte Rationalisierungspotenziale ⇒ Produktivität ↓	
Throughput	Planung, Leitung, Organisation und Kontrolle des Zusam-menwirkens der Produk-tionsfaktoren (vgl. **HF12**, **HF13**, **HF14** und **HF15**)	Versorgungsengpässe	quantitative oder qualitative Versorgungsengpässe gehen auf Mängel bei den Inputfaktoren zurück (s.o.) ⇒ Produktivität ↓	Maßnahmen s.o.
		mangelnde Planung, Lenkung und Überwachung der F&E-Aktivitäten	unzureichende Betrachtung des gesamten Lebenszyklus und mangelnde Beachtung ökologischer Aspekte, Konstruktionsfehler ⇒ Fehler mit großer Hebelwirkung (Ansatzpunkte für Fehlervermeidung) ⇒ Produktivität ↓	FMEA, Umweltverträglichkeitsprüfung, Ishikawa-Diagramm etc. (vgl. **HF03**)
		mangelnde Produktionsvorbereitung und -durchführung	unzureichende Prozessorganisation/ -lenkung (technologische und organisatorische Bearbeitungsfolge, Durchlaufzeit, Lagerung, Transport etc.) ⇒ Fehler, Nacharbeit, Ausschuss ⇒ Produktivität ↓	Abstimmung/ Synchronisation der Prozesse, kontinuierliche Prozess-überwachung
Output	Unzufriedenheit des Kunden mit verminderter bzw. unzureichender Gebrauchs-tauglichkeit der Erzeugnisse	bereits vorliegende Fehler/ Schäden	Ursachen liegen im Input, im Throughput oder bei der Unternehmensleitung (s.o.) ⇒ Produktivität ↓	Maßnahmen s.o.
		mangelhafte Logistikleistung	Lagerungs- oder Transportschäden, Ersatzteilmangel, Terminverzug (Lieferzeit) ⇒ unzureichendes Qualitätsempfinden beim Kunden, Minder-/Fehlleistungen ⇒ Produktivität ↓	Logistikmanagement und Optimierung der Logistikleistung, Überprüfung (vgl. **HF17**)
		nicht ausreichender Kundendienst	Dienstleistungsdefizit (Bedienung, Beratung, Service, Wartung, Produktrücknahme), Nutzungsausfall ⇒ unzureichendes Qualitätsempfinden beim Kunden, Minder-/ Fehlleistungen, Umsatzeinbußen ⇒ Produktivität ↓	Bestimmung des optimalen Serviceumfanges/ -grades, Überprüfung der Qualitätsstandards, Schaffung von Differenzierungsvorteilen (vgl. **HF02**)
		Zuständigkeiten bei Rückmeldungen vom Kunden (Haftungsansprüche)	zu lange bzw. schlecht organisierte Kommunikationswege zwischen Unternehmen und Kunden ⇒ unzureichendes Qualitätsempfinden beim Kunden ⇒ Produktivität ↓	klare Zuständigkeiten, kurze Kommunikationswege (vgl. **HF11**)
		Umweltschäden	Umweltschäden bei Produktion, Distribution oder Nutzung des Produktes, unzureichende Recyclingfähigkeit ⇒ Zusatzkosten, unzureichendes Qualitätsempfinden beim Kunden ⇒ Produktivität ↓	Umweltverträglichkeitsprüfung, Produkthaftungsoptimierung, frühzeitige Berücksichtigung ökologischer Gesichtspunkte in F&E (vgl. **HF03**)

Tabelle 17c: Einflussfaktoren des Qualitäts- und Umweltmanagements auf die Produktivität (Teil 3)

	Einflussfaktoren	Fehlerquellen	Auswirkungen auf die Produktivität	Gestaltungsansätze/Instrumente
Output	Entsorgung	Sortenreinheit der Abfälle	ungeeignete/falsche Sammlung, Trennung und Aufbewahrung der Abfälle $\Rightarrow$ erhöhte Entsorgungskosten, verminderte Entsorgungserlöse $\Rightarrow$ Produktivität $\downarrow$	Sortentrennung, Verkauf von Sekundärrohstoffen (Erlöse), Wahl der optimalen Entsorgungsvariante (vgl. **HF07** und **HF09**)
Output	Entsorgung	Entsorgungsweg	Wahl des falschen/eines ungünstigen Entsorgungsweges $\Rightarrow$ Strafen, Imageverlust, erhöhte Entsorgungskosten, verminderte Entsorgungserlöse $\Rightarrow$ Produktivität $\downarrow$	Sortentrennung, Verkauf von Sekundärrohstoffen (Erlöse), Wahl der optimalen Entsorgungsvariante (vgl. **HF07** und **HF09**)
Output	Zertifizierung	keine/unzureichende Zertifizierung	notwendige Voraussetzung dafür, um als Lieferant überhaupt zugelassen zu werden $\Rightarrow$ eingeschränkte Absatzmöglichkeiten, verschenkte Umsatzpotenziale $\Rightarrow$ Produktivität $\downarrow$	Zertifizierung des Qualitätsmanagementsystems, regelmäßige Audits, kontinuierlicher Verbesserungsprozess (KVP)

Tabelle 17d: Einflussfaktoren des Qualitäts- und Umweltmanagements auf die Produktivität (Teil 4)

In den *Bildern 148 und 149* erfolgt die Strukturierung des **methodischen Entscheidungsprozesses im Rahmen des Qualitäts- und Umweltmanagements.**

Unternehmensleitung

Methoden und Instrumente:
- fundierte Markt-/Unternehmensanalyse, Benchmarking (vgl. **HF01**, **HF02** und **HF11**)
- Priorisierung des Qualitäts- und des Umweltgedankens (Top-Down-Ansatz) (vgl. **HF01**)
- Vorbildfunktion der Unternehmensleitung (vgl. **HF01** und **HF11**)
- klare Zuordnung von Aufgaben und Verantwortlichkeiten
- definierter Umgang mit Fehlern, Fehlervermeidung statt -beseitigung, Kontrolle der Korrekturmaßnahmen
- konsequente und kontinuierliche Dokumentation aller Aktivitäten, Aktualisierung und Archivierung (vgl. **HF11**)
- Schulung des Qualitäts- und Umweltbewusstseins, Bindung an das Unternehmen, Unterstützung der Eigenverantwortlichkeit (vgl. **HF04**)
- kontinuierliche Überwachung und Überprüfung des Qualitäts-/Umweltmanagementssystems (regelmäßige Audits)

Input

Methoden und Instrumente:
- Personalauswahl, Personalentwicklung, Schaffung adäquater Arbeitsvoraussetzungen, Arbeits- und Pausengestaltung (vgl. **HF04** und **HF06**)
- inhaltliche Arbeitsgestaltung, Motivations- und Anreizsysteme, mitarbeitergerechte Führung/Betriebsklima, Bindung/Identifikation (vgl. **HF01**)
- anforderungsgerechte Dimensionierung und Auswahl der Betriebsmittel (vgl. **HF07**), integrierte Technologien, Prozessinnovation (vgl. **HF03**)
- Wartung und Instandhaltung zur Kompensation des Verschleißes, rechtzeitiger Ersatz durch neue Betriebsmittel (vgl. **HF07**)
- bedarfsgerechte Bestellungen, Vertragsgestaltung, optimale Werkstoff- und Rohlingsauswahl (vgl. **HF09**)
- Lieferantenpartnerschaft/-zertifizierung (Verlagerung der Eingangsprüfung, vgl. **HF02**), Prozessverschlankung (Anzahl Lager, Bestände etc.)
- Planung, Leitung, Organisation und Kontrolle der Beschaffungs- und Einsatzvorgänge für die Inputfaktoren (dispositiver Faktor im Input)

Throughput

Methoden und Instrumente:
- Planung, Leitung, Organisation und Kontrolle des Zusammenwirkens der Produktionsfaktoren (dispositiver Faktor im Throughput, vgl. **HF12**, **HF13**, **HF14** und **HF15**)
- Planung, Lenkung und Überwachung der F&E-Aktivitäten, Betrachtung des gesamten Lebenszyklus und mangelnde Beachtung ökologischer Aspekte, Konstruktionsfehler (Ansatzpunkte für Fehlervermeidung, FMEA, Ishikawa-Diagramm, Umweltverträglichkeitsprüfung etc., vgl. **HF03**)
- Produktionsvorbereitung und -durchführung
- Abstimmung/Synchronisation der Prozesse, kontinuierliche Prozessüberwachung

1

Bild 148: Strukturierung des methodischen Entscheidungsprozesses im Rahmen des Qualitäts- und Umweltmanagements (Teil 1)

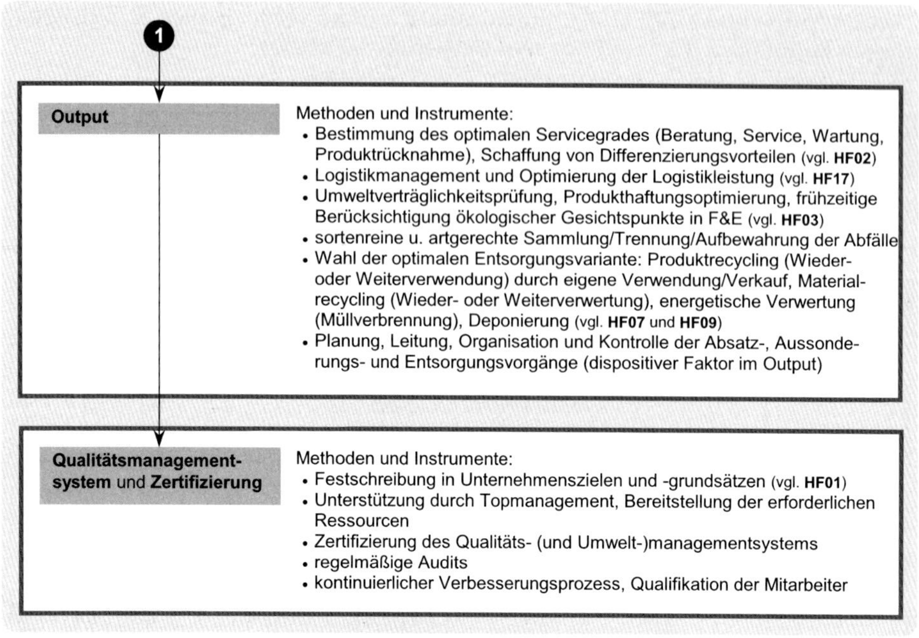

Bild 149: Strukturierung des methodischen Entscheidungsprozesses im Rahmen des Qualitäts- und Umweltmanagements (Teil 2)

4.3.7 Handlungsfeld 17: Logistikmanagement

Die Einflussfaktoren des Logistikmanagements auf die Produktivität ergeben sich hauptsächlich aus der Optimierung der gesamten Wertschöpfungskette.
Dabei spielen die:

- Beschaffungslogistik
- Produktionslogistik
- Absatzlogistik oder Distributionslogistik und
- Entsorgungslogistik

eine besondere Rolle *(vgl. Bild 150)*.
Zur Sicherung der Wettbewerbsfähigkeit muss auf veränderte Marktanforderungen mit einer entsprechenden Produkt- und Prozessdynamik reagiert werden. Dazu sind Ansätze, Methoden und Denkweisen erforderlich, die eine rationelle Beherrschung der Material- und Informationsflüsse zum und im Unternehmen ermöglichen. Dabei sind bereichsübergreifende, integrierende Betrachtungen und eine konsequente Prozessorientierung erforderlich.

In diesem Sinne ist unter dem Begriff **Logistik** eine integrierende, koordinierende Gesamtbetrachtung physischer, administrativer und dispositiver Aktivitäten zu verstehen. Ihre auf den Material- und Warenfluss konzentrierte **Koordinationsfunktion** besitzt dabei eine zentrale Bedeutung (Rimane [Produktionslogistik, S. 587 ff.]).

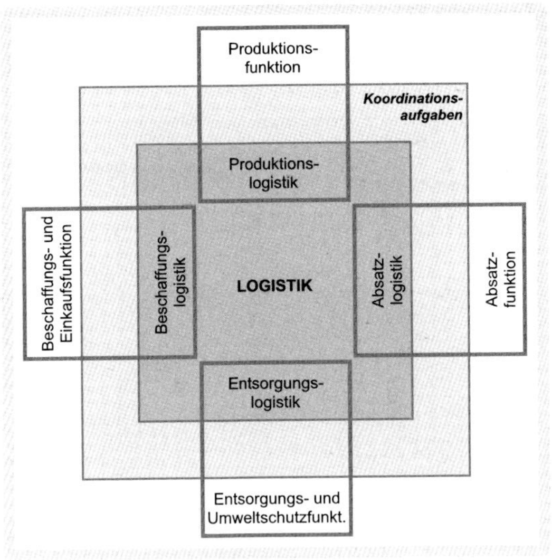

Bild 150: Funktionsorientierte Darstellung der Logistik

Die Koordination erfolgt einerseits zwischen den Lieferanten, dem Unternehmen und seinen Kunden. Diese wird als horizontale Koordination bezeichnet *(vgl. Bild 151)*.
Andererseits erfolgt die Koordination vertikal zwischen den Planungs-, Steuerungs- und Durchführungsebenen.

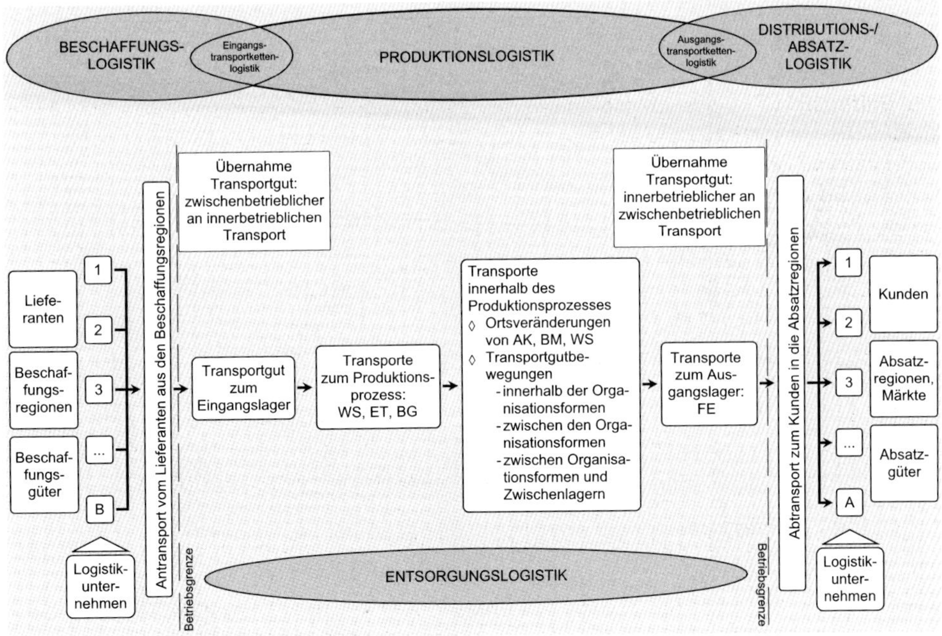

Bild 151: Horizontale Koordination der Logistik

In *Tabelle 18* werden die **Einflussfaktoren des Logistikmanagements auf die Produktivität** verdeutlicht. Sie ergeben sich hauptsächlich aus der Optimierung der gesamten Wertschöpfungskette.

Logistikmanagement: Einflussfaktoren	Fehlerquellen	Auswirkungen auf die Produktivität	Gestaltungsansätze/Instrumente
Festlegung der Logistikstrategie	Wahl einer falschen/ungeeigneten Logistikstrategie	schlechte Positionierung am Markt, Logistik kein positiver Wettbewerbsfaktor ⇒ Verschenkung von Umsatzpotenzialen, Wettbewerbsnachteile ⇒ Produktivität ↓	fundierte Analyse der Markt-/Unternehmenssituation (vgl. **HF01** und **HF02**), richtige Ableitung der Logistikstrategie
Beeinflussung der Produktgestaltung	keine logistikgerechte Gestaltung des Produktes	Mehraufwendungen für Handhabung, Transport, Lagerung oder Verpackung ⇒ zusätzliche Kosten ⇒ Produktivität ↓	Berücksichtigung logistischer Aspekte in allen Phasen, insb. in F&E (vgl. **HF03**)
	keine umweltgerechte Gestaltung des Produktes	Mehraufwendungen für Entsorgung und Recycling (eventuell Rücknahmeverpflichtung) ⇒ zusätzliche Kosten ⇒ Produktivität ↓	Berücksichtigung ökologischer Aspekte in allen Phasen, insb. F&E, Umweltverträglichkeitsprüfung (vgl. **HF03** und **HF16**)
	falsche Wahl des Variantenbestimmungspunktes	keine Beherrschung der Sortimentsbreite (zu hohe Variantenvielfalt) ⇒ hoher Steuerungs-, Handlings- und Rüstaufwand ⇒ Produktivität ↓	Vereinheitlichung von Einzelteilen/ Baugruppen, Verlagerung des Variantenbestimmungspunktes ans Ende der Wertschöpfungskette, fundierte Analyse und optimierte Wahl der Bevorratungsebene (vgl. **HF09** und **HF10**, **HF12** und **HF13**)
	falsche Festlegung der Bevorratungsebene	Bevorratungsebene zu früh ⇒ lange Lieferzeiten (Fertigung auf Abruf) ⇒ Produktivität ↓, Bevorratungsebene zu spät ⇒ hohe Bestände (Fertigwarenlager) ⇒ Produktivität ↓	
Beeinflussung der Prozessgestaltung	nicht materialflussgerechte Fabrikplanung	Fehleinschätzung der Bedarfe (Betriebsmittel, Flächen, Personal, Transportaufkommen etc.) ⇒ Fehldimensionierung der Logistiksysteme ⇒ Produktivität ↓	genaue Bedarfsanalyse, Planungstechniken, Berücksichtigung logistischer Aspekte in allen Phasen (vgl. **HF14**)
	keine umweltgerechte Gestaltung der Prozesse	Mehraufwendungen für Folgenbekämpfung anstatt Vermeidung (Emissions-, Lärmschutz, Klärung etc.) ⇒ zusätzliche Kosten ⇒ Produktivität ↓	Berücksichtigung ökologischer Aspekte in allen Phasen, Umweltverträglichkeitsprüfung (vgl. **HF16**)
	nicht materialflussgerechte Layoutplanung/Wahl der falschen Organisationsform	unzureichende Beachtung der Transportintensität, ungünstige Lage/ unzureichende transporttechnische Erschließung der Fertigungsbereiche/Arbeitsplätze ⇒ Mehrtransporte, lange Transportwege, steigende Durchlaufzeit ⇒ Produktivität ↓	optimale Wahl der Organisationsform (vgl. **HF14**)
	unzureichende Fertigungssegmentierung	zu große Losgrößen, zu hohe Rüstzeiten, zu geringe räumliche Konzentration der Betriebsmittel, zu geringer Geschlossenheitsgrad der Fertigungsbereiche ⇒ steigende Durchlaufzeit, zusätzliche Kosten ⇒ Produktivität ↓	Komplettbearbeitung in einer Organisationsform, Senkung der Rüstzeiten und dadurch Verkleinerung der wirtschaftlichen Losgröße
Gestaltung des Informationssystems	Unterdimensionierung	Erfüllung der Anforderungen (Informationsbereitschaft) nicht oder nicht vollständig ⇒ Informationslücken, Fehlentscheidungsrisiko, Unzufriedenheit der Kunden ⇒ Produktivität ↓	detaillierte Bedarfsanalyse, bedarfsgerechte Dimensionierung unter Berücksichtigung prognostizierter Entwicklungen (Zukunftsgerechtigkeit) (vgl. **HF11**)
	Überdimensionierung	zu geringe Auslastung, Vorhandensein nicht benötigter Komponenten ⇒ Kapitaldienst für Fehlinvestition ⇒ Produktivität ↓	

Tabelle 18a: Einflussfaktoren des Logistikmanagements auf die Produktivität (Teil 1)

	Einflussfaktoren	Fehlerquellen	Auswirkungen auf die Produktivität	Gestaltungsansätze/Instrumente
Logistikmanagement	Logistikkosten	ungeeignete/zu teure Einsatzfaktoren	zu hohe Kosten für Betriebsmittel, Personal, Werkstoffe, Energien oder Informationen ⇒ Produktivität ↓	genaue Bedarfsanalyse der Einsatzfaktoren und Prozesse, entsprechende Dimensionierung, Durchführung von Restrukturierungen/ Rationalisierungen
		nicht schlanke/unzweckmäßige Prozesse, fehldimensionierte Logistiksysteme	zu hohe Kosten für Lagerung, Transport, Umschlag, Kommissionierung oder Logistiksysteme ⇒ Produktivität ↓	
	Logistikleistung	unzureichende Grade der Zielerreichung	zu geringe Lieferzeit, -treue, -fähigkeit, -beschaffenheit, -flexibilität oder Informationsbereitschaft (s.o.) ⇒ Unzufriedenheit der Kunden, Umsatzeinbußen/ Konventionalstrafen ⇒ Produktivität ↓	Ausrichtung aller Ressourcen/ Aktivitäten auf die Ziele, Verschlankung der Prozesse, Rationalisierungsmaßnahmen, Informationssystem
Beschaffungslogistik	Bestände	zu hohe Bestände	Kapitalbindungskosten, Veraltungs-/ Verderbsrisiko ⇒ erhöhte Kosten ⇒ Produktivität ↓	Methoden und Instrumente der Materialwirtschaft (vgl. **HF09**)
		zu geringe Bestände	Versorgungsengpässe/Fehlmengen, Stillstandsrisiken in der Fertigung ⇒ erhöhte Kosten ⇒ Produktivität ↓	
		unpräzise Bestandsführung (vgl. **HF11**)	keine präzise Nettobedarfsermittlung möglich, zu hohe/niedrige Bestellung möglich ⇒ erhöhte Kosten durch hohe Lagerbestände/Fehlmengen ⇒ Produktivität ↓	
	Lieferantenauswahl	Auswahl ungeeigneter/ unzuverlässiger Lieferanten	überteuerte, unzuverlässige oder nicht qualitätsgerechte Lieferung ⇒ Beeinträchtigung der Versorgungssicherheit, Mehrkosten ⇒ Produktivität ↓	
	Bestellung (Sicherung d. Lieferbereitschaft)	Fehlbestellung (ungenaue Nettobedarfsermittlung, falsche Terminierung etc.)	zu hohe/niedrige Bestellung oder falscher Bestellzeitpunkt ⇒ erhöhte Kosten durch hohe Lagerbestände/Fehlmengen ⇒ Produktivität ↓	
	Warenannahme und Einlagerung	unzureichende Überprüfung/ Qualitätskontrolle	Übernahme von fehlerhaften/ qualitativ minderwertigen/ falschen Lieferungen ⇒ Mehr-/Fehlausgabe ⇒ Produktivität ↓	
		ungenaue Erfassung/ Registrierung (vgl. **HF11**)	ungenaue Bestandsdaten ⇒ Informationslücken, Fehlentscheidungsrisiko ⇒ Produktivität ↓	
		nicht artgerechte Einlagerung	Beschädigungen, Verderbsrisiko, Bedrohungen durch Gefahrgüter ⇒ erhöhte Kosten ⇒ Produktivität ↓	
ProduktionsL	Planung der Produktionsmengen	ungenaue Planungsdaten/ -ergebnisse (vgl. **HF11**)	Fehlplanung ⇒ erhöhte Kosten durch hohe Lagerbestände/ Fehlmengen an Fertigprodukten, Unzufriedenheit beim Kunden ⇒ Produktivität ↓	detaillierte Marktanalyse und Bedarfsprognose (vgl. **HF02** und **HF12**)
	Bruttobedarfsermittlung (Einzelteile/BG)	fehlerhafte Stücklisten, falsche Bedarfsprognosen	ungenaue Bruttobedarfszahlen/-termine ⇒ erhöhte Kosten durch hohe Lagerbestände/Fehlmengen an Einzelteilen und Baugruppen ⇒ Produktivität ↓	exakte Dokumentation und Listenführung, möglichst genaue Prognosedaten (vgl. **HF11** und **HF12**)

Tabelle 18b: Einflussfaktoren des Logistikmanagements auf die Produktivität (Teil 2)

	Einflussfaktoren	Fehlerquellen	Auswirkungen auf die Produktivität	Gestaltungsansätze/Instrumente
Produktionslogistik	Feinplanung u. Steuerung des Fert.ablaufs	Fehlplanung/-terminierung	Stockungen im Fertigungsablauf, Fehlproduktion, mangelnde Bedarfsbefriedigung ⇒ verminderte Kontinuität, Versorgungsengpässe ⇒ Produktivität ↓	Einsatz von BDE sowie modernen PPS-Systemen und -Methoden (vgl. **HF12** und **HF13**)
	Bereitstellung, Transport	unzureichende Versorgungssicherheit der Produktion	Stockungen im Fertigungsablauf, Stillstand der Betriebsmittel ⇒ verminderte Kontinuität, Versorgungsengpässe ⇒ Produktivität ↓	genaue Bedarfsplanung, Termin- und Sendungsverfolgung
	Zwischen-lagerung	zu große Zwischenlager	hohe Bestände, lange Liege- und Durchlaufzeiten ⇒ verminderte Kontinuität, Kapitalbindungskosten ⇒ Produktivität ↓	bedarfsgerechte Dimensionierung der Lager, Übergang zur lagerarmen Fertigung (vgl. **HF09**)
Distributionslogistik	Bereitstellung/ Lagerung der Produkte	zu hohe Bestände an Fertigerzeugnissen	hohe Bestände, lange Durchlauf- und Lieferzeiten ⇒ Kapitalbindungskosten ⇒ Produktivität ↓	Planung des Produktionsprogramms entsprechend dem Marktbedarf (Auftragsfertigung), entsprechende Dimensionierung der Lager
		zu geringe Bestände an Fertigerzeugnissen	verringerte Lieferbereitschaft/-flexibilität ⇒ Fehlmengen-kosten, Unzufriedenheit beim Kunden ⇒ Produktivität ↓	
	Kommissionie-rung und Verpackung	falsche Kommissionierung	Fehllieferung ⇒ Unzufriedenheit des Kunden, Retourkosten ⇒ Produktivität ↓	Informationssystem, Kontrollsystem (vgl. **HF11**)
		unzweckmäßige Verpackung	Verunreinigung des Erzeugnisses/der Umwelt, Beschädigung beim Transport/ Umschlag ⇒ Mehrkosten, Retouren ⇒ Produktivität ↓	Berücksichtigung logistischer Aspekte in allen Phasen (Verpackungsplanung, Prozessgestaltung, vgl. **HF03**)
	Transport-planung und Transport	schlechte Routenplanung	lange Transportwege, unzureichende Auslastung der Transportmittel ⇒ Mehrkosten ⇒ Produktivität ↓	rechnergestützte Ermittlung optimaler Routen (Weg, Kapazität), Wahl der geeigneten und kostengünstigsten Transportvariante
		unzweckmäßiger Transport	Beschädigung der Transportgüter, Wahl zu teurer Verkehrsträger ⇒ Mehrkosten, Retouren ⇒ Produktivität ↓	
	Lageranzahl und -standorte	zu viele Lager	hohe Investitions- und Unterhaltskosten, geringe Aus-lastung, hohe Bestände ⇒ Mehrkosten ⇒ Produktivität ↓	bedarfsgerechte Dimensionierung, Reduktion der Lagerstandorte (Zentralisierung), Wahl eines geeigneten Standortes (Methoden der Standortwahl)
		ungünstiger Standort	schlechte Verkehrsanbindung, zu wenige angeschlossene Verkehrsträger, lange Transportwege ⇒ Mehrkosten ⇒ Produktivität ↓	
	Wahl des Absatzkanals	schlechte Wahl des Absatzkanals	zu große Entfernung zum Kunden, zu viele Zwischenstufen, überhöhte Kosten durch Eigenleistung bei unausgelasteten Kapazitäten ⇒ Mehrkosten, keine Kundenzufriedenheit, Verschenkung von Rationalisierungspotenzialen ⇒ Produktivität ↓	Gegenüberstellung der alternativen Absatzkanäle oder sinnvoller Kombinationen (Kosten, Kundennähe etc.), Nutzwertanalyse (vgl. **HF02**)

Tabelle 18c: Einflussfaktoren des Logistikmanagements auf die Produktivität (Teil 3)

	Einflussfaktoren	Fehlerquellen	Auswirkungen auf die Produktivität	Gestaltungsansätze/Instrumente
Entsorgungslogistik	Sammlung, sortenreine Trennung und artgerechte Lagerung der Abfälle	Sammlung an unzweckmäßigen Orten/in ungeeigneten Behältnissen	Versperrungen der Transportwege, Gefährdungen/ Schädigungen des Umfeldes ⇒ Behinderungen, Mehrkosten ⇒ Produktivität ↓	Festlegung und Ausweis der Sammelpunkte/Lager entsprechend der Gefahrenklasse, Sicherung der Sortenreinheit durch getrennte Sammelsysteme und Behälter (u.U. Trennungsprozess) (vgl. **HF16**)
		Sortenreinheit der Abfälle	Verschenkung höherer Erlöse für sortenreine Sekundärrohstoffe, höhere Kosten wegen teurerer Entsorgung für verunreinigte Stoffe ⇒ Mehrkosten, Erlöseinbußen ⇒ Produktivität ↓	
	Transport	schlechte Routenplanung	lange Transportwege, unzureichende Auslastung der Transportmittel ⇒ Mehrkosten ⇒ Produktivität ↓	rechnergestützte Ermittlung optimaler Routen (Weg, Kapazität), Wahl der geeigneten und kostengünstigsten Transportvariante
		unzweckmäßiger Transport	Schädigungsgefahr für Mensch und Umwelt, Wahl ungeeigneter Verkehrsträger ⇒ Mehrkosten, Strafen ⇒ Produktivität ↓	
	Einhaltung von Umweltschutzvorschriften	unzureichende Einhaltung/ Kontrolle der Umweltschutzbestimmungen	gesundheitliche Schädigung der Mitarbeiter, Risiko von Strafen, Imageverluste ⇒ zusätzliche Kosten, Umsatzentgang ⇒ Produktivität ↓	Methoden und Instrumente des Umweltmanagement (vgl. **HF16**)

Tabelle 18d: Einflussfaktoren des Logistikmanagements auf die Produktivität (Teil 4)

Bild 152 strukturiert den **methodischen Entscheidungsprozess im Rahmen des Logistikmanagements.**

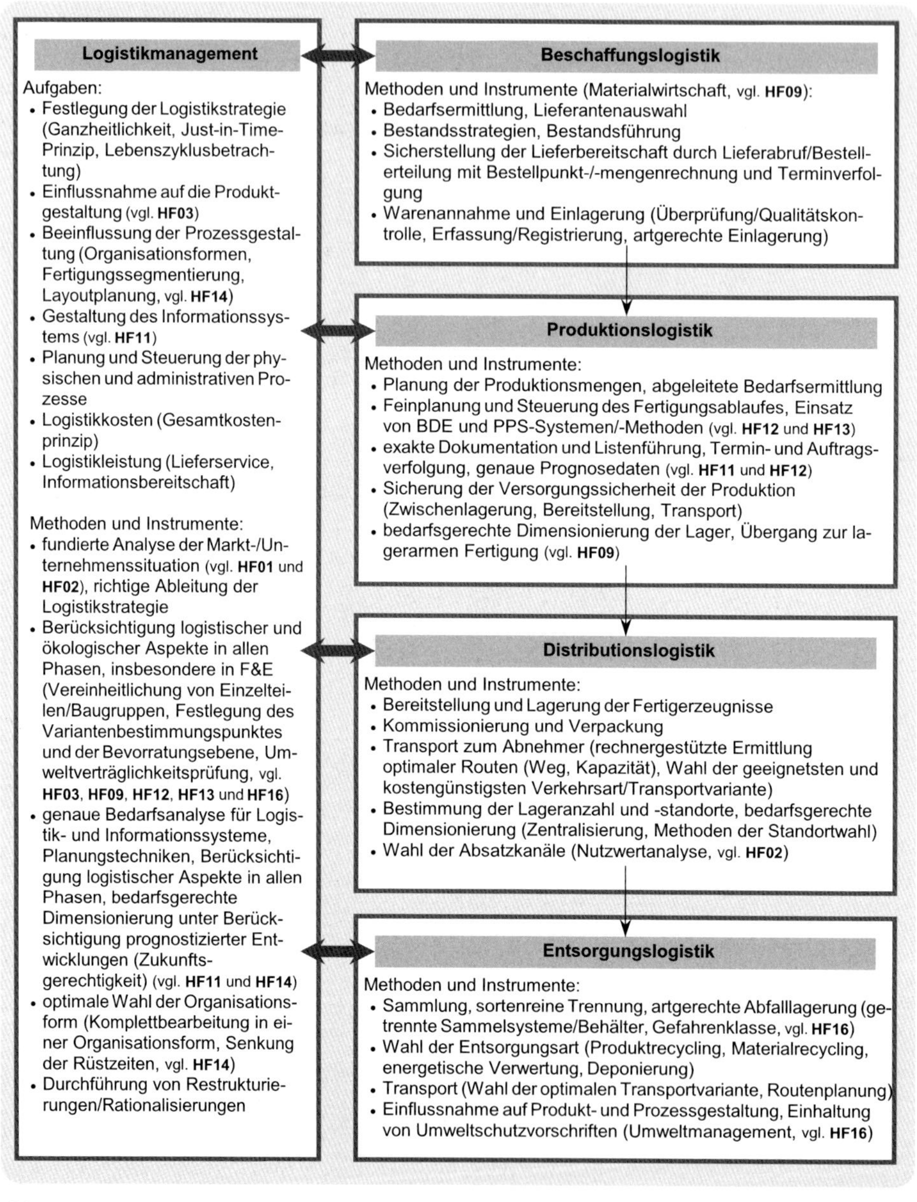

Bild 152: Strukturierung des methodischen Entscheidungsprozesses im Rahmen des Logistikmanagements

4.4 Wechselbeziehungen und Interdependenzen der Handlungsfelder

Die in den analysierten Unternehmen aufgezeigten Handlungsfelder sind mit Hilfe der dargestellten **Einflussfaktoren** und **Entscheidungsalgorithmen** tief zu analysieren, um Entscheidungen abzuleiten, die die Potenzialerschließung ermöglichen. Dabei handelt es sich um die Ableitung konkreter Maßnahmen, die im Rahmen einer Lösungskonzeption umgesetzt werden sollen.

Die Zusammenfassung aller Maßnahmen über alle identifizierten Handlungsfelder führt zur **Generierung der Maßnahmepläne des Produktivitätsmanagements.**

Die Aufgabenpakete zur Steigerung der Produktivität sind in der Regel verschiedenen Funktionsbereichen der Unternehmen zuzuordnen. Das birgt in sich die **Gefahr einer isolierten Betrachtung** einzelner Handlungsfelder im Komplex der insgesamt im Unternehmen vorhandenen Handlungsoptionen.
Aus diesem Grund ist es unerlässlich die **Interdependenzen zwischen** den **Handlungsfeldern** zu analysieren und darzustellen.
Diese Darstellung der Wechselbeziehungen basiert auf Forschungsleistungen von Prüß (Prüß [Produktivitätsmanagement, S. 171 ff.]).

Die **Interdependenzen** bestehen darin, dass Entscheidungen und Maßnahmen zur **Gestaltung eines Handlungsfeldes** zu **Konsequenzen für die Gestaltung anderer Handlungsfelder** führen können.

Solche Wechselbeziehungen sind durch das Produktivitätsmanagement zu berücksichtigen, damit keine Produktivitätspotenziale verschenkt werden.
Die Wechselbeziehungen zwischen den Handlungsfeldern eröffnen zum Teil die **Möglichkeit der Substitution von Maßnahmen** und Maßnahmekomplexen.

Durch die **bestmögliche Kombination** von **Maßnahmen** (auf der Basis identifizierter Einflussfaktoren) mit den einzusetzenden **Instrumenten** ist eine **positive Entwicklung der Produktivität** zu erzielen.

Bereits bei der tabellarischen Zusammenfassung der je Handlungsfeld wirkenden Einflussfaktoren wurde auf Wechselbeziehungen zu anderen Handlungsfeldern hingewiesen (durch den in Klammern gesetzten Hinweis: vgl. HF Nr.)
Bild 153 systematisiert die Beziehungen und verdeutlicht vereinfacht die **Intensität der Wechselwirkung**. Nicht belegte Felder dokumentieren nicht vorhandene Beziehungen.

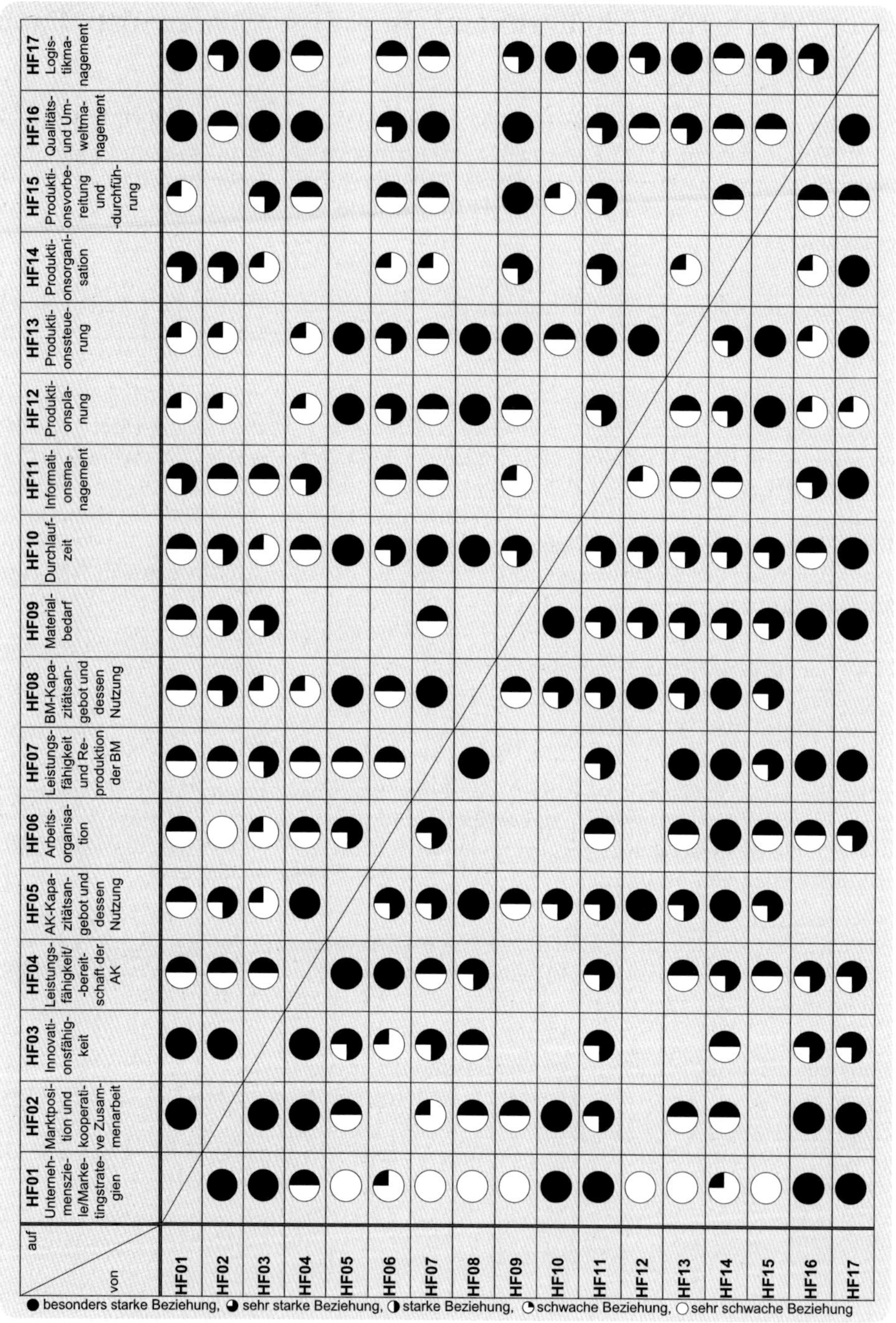

Bild 153: Systematik und Intensität der Interdependenzen zwischen den Handlungsfeldern des Produktivitätsmanagements

Aus der Betrachtung der Wirkungszusammenhänge anhand dieser ersten Systematik lassen sich folgende **Schlussfolgerungen** ziehen:

(1) Jedes **Handlungsfeld** des Produktivitätsmanagements steht mit anderen Handlungsfeldern in **Wechselwirkung.** Demnach kann keines isoliert von den anderen betrachtet und optimiert werden.

(2) Der Grad der **Vernetzung** zwischen den Handlungsfeldern ist sehr unterschiedlich. Es kristallisieren sich einige Handlungsfelder heraus, die aufgrund ihrer vielfältigen und starken Wirkungen auf andere Handlungsfelder eine **zentrale Rolle** bei der positiven Beeinflussung der Produktivität einnehmen (z.B. **Produktionsorganisation**, *vgl. HF14*). Andere dagegen sind im Wesentlichen nur in Richtung einer Wirkungskette angelegt und damit weniger komplex (z.B. Materialbedarf, *vgl. HF09*).

(3) Auch die **Intensität einer Wirkungsbeziehung** zwischen zwei Handlungsfeldern differiert zumeist in Abhängigkeit von der Wirkungsrichtung. Der Einfluss des einen auf das andere Handlungsfeld ist also häufig stärker als im umgekehrten Fall (*vgl. HF01*).

(4) Das **Handlungsfeld mit den meisten und am weitesten verzweigten Beziehungen ist das Informationsmanagement** (*vgl. HF11*). Da das Informationssystem die Informationsgrundlage für alle Entscheidungen im Rahmen des Produktivitätsmanagements bereitstellt, übt es über deren Qualität und Aktualität einen starken Einfluss auf alle anderen Handlungsfelder aus.

(5) Die **Durchlaufzeit ist das Handlungsfeld mit den meisten kausalen Einflüssen** anderer Handlungsfelder (*vgl. HF10*). Sie ergibt sich demnach als Resultierende vieler Wirkungsmechanismen und Einflussgrößen. Aufgrund ihrer besonderen Bedeutung für den Kundennutzen kann die Kenntnis dieser Zusammenhänge entscheidend für den Unternehmenserfolg sein.

(6) Auch die **strategischen Erfolgsfaktoren** eines Unternehmens lassen sich anhand der Systematik eindeutig ableiten (*HF01-Spalte*): die Marktposition und die Stellung in der Zulieferpyramide, das Logistikmanagement und die Durchlaufzeit, die Innovationskraft, das Informationsmanagement sowie das Qualitäts- und Umweltmanagement. Das Mitarbeiterpotenzial stellt ebenfalls einen nicht zu unterschätzenden Wettbewerbsfaktor dar.

Die **Handlungsfelder**, deren **Interdependenzen** zu anderen Handlungsfeldern sehr **breit strukturiert** sind (HF10, HF11, HF14), besitzen für das Produktivitätsmanagement eine **besondere Bedeutung.**
Sie wurden bereits in der Praxisanalyse (vgl. Abschnitt 3) als besonders bedeutsam herausgestellt.
Die **Art und Weise** der festgestellten **Interdependenzen** lässt sich in **vier Kategorien** unterteilen *(vgl. Bild 154):*

- Einflussnahme bzw. gegenseitige Bedingtheit
- Hierarchische Abhängigkeit
- Komplementärer Zusammenhang
- Substitutives Verhältnis.

Wechselbeziehungen, die sich durch **Einflussnahme** bzw. **gegenseitiger Bedingtheit** charakterisieren lassen (z.B. Qualitäts- und Umweltmanagement (HF16), Logistikmanagement (HF17) und Bedarfsgerechtigkeit (Dimensionierung, Gestaltung und Auswahl (HF03, H04 und H07))), dienen der Umsetzung des Lebenszykluskonzeptes und des Prozessgedankens als zwei Ausprägungen einer ganzheitlichen Denk- und Handlungsweise.

Dabei geht es darum, potenzielle, zum Teil langfristige Auswirkungen auf folgende Prozessstufen oder Phasen des Lebenszyklus möglichst frühzeitig zu berücksichtigen (Fehlervermeidung) und somit häufig teureren Maßnahmen zur Kompensation (Fehlerbehebung) vorzubeugen.

Beziehungen einer **hierarchischen Abhängigkeit** zwischen den Handlungsfeldern (z.B. H01 → H02 →, ..., H14 → H12/13) resultieren aus der unterschiedlichen Zugehörigkeit der verschiedenen Handlungsfelder zum strategischen, taktischen und operativen Management.

In der Regel werden ausgehend von der strategischen Komponente Ziele und Rahmenbedingungen determiniert. Diese untersetzt das taktische Management und präzisiert sie dadurch. Im operativen Bereich ist unter Berücksichtigung der vorgegebenen Rahmenbedingungen über den konkreten Maßnahmeneinsatz zu entscheiden.

Das Kapazitätsangebot des Potenzialfaktors Arbeitskraft (HF05) steht im **komplementären Zusammenhang** zum Nutzungspotenzial der Betriebsmittel (HF08). In Abhängigkeit von den Substitutionsstufen menschlicher Arbeit durch Maschinenarbeit nimmt der Einfluss der Arbeitskraft ausgehend vom mechanisierten Handprozess bis zum vollautomatischen Prozess ab, der des Betriebsmittels aber zu.

Wirken beide Potenzialfaktoren kapazitätsbildend, bestimmt der Engpassfaktor das Kapazitätsangebot. Nur ein gemeinsames Wirken von Arbeitskräften und Betriebsmitteln kann demnach zur Erfüllung der Produktionsaufgabe führen.

Wirkungsbeziehungen, die ein **substitutives Verhältnis** zwischen den Handlungsfeldern darstellen, bestehen vorwiegend auf der operativen Maßnahmenebene. So können Maßnahmen zur bedarfsgerechten Gestaltung der Kapazität in vielen Fällen wahlweise mit Hilfe von Aktionen und Handlungsweisen der Personalwirtschaft (HF05 und HF06), der Anlagenwirtschaft (HF07 und HF08) oder der Organisation (HF12 und HF13) durchgeführt werden.

Aufgrund der **Kenntnis** der **inneren Gesetzmäßigkeiten** und der **Substitutionsbeziehungen** können aus der **Wirkungsweise** der zahlreichen und **vielfältigen Einflussfaktoren die Wirkungsketten erweitert und detailliert werden**. Durch auf diese Art und Weise erlangte Transparenz der Wechselbeziehungen zwischen den Handlungsfeldern ist es möglich, die **wirksamste Kombination von Maßnahmen** zur Erschließung eines Potenzials und zur Steigerung der Produktivität auszuwählen. Über die Berücksichtigung der **Rückkopplungen** hinausgehend bietet sich die Möglichkeit zum **proaktiven Eingreifen des Produktivitätsmanagements** auf allen Stufen, um Fehlentwicklungen frühzeitig entgegen zu steuern.

Art der Interdependenzen	Einflussnahme bzw. ggs. Bedingtheit	Hierarchische Abhängigkeit	Komplementärer Zusammenhang	Substitutives Verhältnis
Kennzeichnung	• Umsetzung des Lebenszykluskonzeptes und des Prozessdenkens • Langfristige Berücksichtigung von Auswirkungen auf Phasen des Lebenszykluses Fehlervermeidung vor Fehlerbehebung	Abhängigkeiten resultieren aus der unterschiedlichen Zugehörigkeit der Arbeitspakete zum strategischen, taktischen oder operativen Management	Das Zusammenwirken von Handlungsfeldern ist die Grundlage für die Zielerreichung	• Operative Maßnahmenebene • Der Einsatz unterschiedlicher Maßnahmen führt zur Erreichung desselben Zieles
Beispiele	• Qualitäts- und Umweltmanagement (HF16) • Logistikmanagement (HF17) • Bedarfsgerechtigkeit (HF03,04,07)	• langfristige Unternehmensziele (HF01) • Strategien (HF02) • Produktionsorganisation (HF14) • PPS (HF12,13)	Das Kapazitätsangebot der Arbeitskraft (HF05) steht in komplementärem Zusammenhang zum Wertschöpfungspotenzial der Betriebsmittel (HF08)	Kapazitätsgestaltung wechselseitig durch • Personalwirtschaft (HF05,06) • Anlagenwirtschaft (HF07,08) • Organisation (HF12,13)

Bild 154: Arten von Interdependenzen zwischen Handlungsfeldern

In den nachfolgenden *Bildern 155 bis 171* wurden **Interdependenzen** aus der Sicht jedes Handlungsfeldes dargestellt.

Dabei wurden **zwei Wirkungsrichtungen** untersucht:

- die **Wirkung des betrachteten Handlungsfeldes auf alle anderen Handlungsfelder** und
- die **Wirkung aller anderen Handlungsfelder auf das betrachtete Handlungsfeld**

Die Analyse der Wirkungsbeziehungen jeder Richtung führt zur Darstellung jeweils einer **Interdependenzmatrix.**
Die Darstellungen gehen von den Intensitäten der Beziehungen aus.

HF01 Langfristige Unternehmensziele/Marketingstrategien	HF02 Marktposition und kooperative Zusammenarbeit	HF03 Innovationsfähigkeit	HF04 Leistungsfähigkeit/-bereitschaft der Arbeitskräfte	HF05 AK-Kapazitätsangebot und dessen Nutzung	HF06 Arbeitsorganisation	HF07 Leistungsfähigkeit und Reproduktion der Anlagen	HF08 BM-Kapazitätsangebot und dessen Nutzung	HF09 Materialbedarf	HF10 Durchlaufzeit	HF11 Informationsmanagement	HF12 Produktionsplanung	HF13 Produktionssteuerung	HF14 Produktionsorganisation	HF15 Produktionsvorbereitung und -durchführung	HF16 Qualitäts- und Umweltmanagement	HF17 Logistikmanagement
	●	●	◑	◑	◑	◑	◑	◑	◑	◕	◔	◔	◕	◔	●	●
HF01 Langfristige Unternehmensziele und Marketingstrategien beeinflussen die anderen Problemfelder...	Ziele/Strategien sind unmittelbarer Ausgangspunkt für Marktposition und kooperative Zusammenarbeit (Marktteilnehmerstrategien).	Ziele/Strategien definieren unmittelbar Anforderungen an Niveau der Innovationsfähigkeit, Klima beeinflusst Anzahl und Qualität der Ideen.	Ziele/Strategien und Personalpolitik definieren Anforderungen an Arbeitskräfte und beeinflussen Klima und Motivation (Humanziele).	Ziele/Strategien definieren mittelbar Anforderungen an Qualifikationsniveau der AK und Grad der Kapazitätsausnutzung (Sachziele).	Ziele/Strategien definieren mittelbar Anforderungen an Arbeitsorganisation (Humanziele).	Ziele/Strategien definieren mittelbar Anforderungen an Leistungsvermögen und Verfügbarkeit der BM (Sachziele).	Ziele/Strategien definieren mittelbar Anforderungen an Grad der Kapazitätsausnutzung (Sachziele).	Ziele/Strategien definieren mittelbar Anforderungen an Qualität der Werkstoffe und Versorgungssicherheit (Sachziele).	Ziele/Strategien definieren mittelbar Anforderungen an Niveau und Struktur der Durchlaufzeit.	Ziele/Strategien definieren unmittelbar Anforderungen Niveau des Informationsmanagements als Basis aller Entscheidungen.	Ziele/Strategien sind Orientierung für die Ableitung von Zielen und Maßnahmen der Produktionsplanung.	Ziele/Strategien sind Orientierung für die Ableitung von Zielen und Maßnahmen der Produktionssteuerung.	Ziele/Strategien definieren Produktionsprogramm und dadurch Anforderungen an Art und technisches Niveau der Organisationsformen.	Ziele/Strategien sind Orientierung für die Ableitung von Zielen und Maßnahmen der Produktionsvorbereitung und -durchführung.	Ziele/Strategien sind unmittelbarer Ausgangspunkt für Qualitäts- und Umweltstrategie (Kommunikation, Priorisierung).	Ziele/Strategien sind unmittelbarer Ausgangspunkt für die Logistikstrategie.
	●	●	◑	○	◔	○	○	○	●	●	○	○	◔	○	●	●
HF01 Langfristige Unternehmensziele und Marketingstrategien werden von den anderen Problemfeldern beeinflusst...	Marktposition/Kooperation beeinflussen unmittelbar Strategieoptionen und Zielanpassung.	Innovationsfähigkeit beeinflusst unmittelbar Strategieoptionen und Ziele.	AK-Leistungsfähigkeit/-bereitschaft beeinflussen mittelbar Strategieoptionen und Ziele.	Rückkopplung zwecks Kontrolle und Zielanpassung.	Rückkopplung zwecks Kontrolle und Zielanpassung, Beeinflussung von Motivation und Klima.	BM-Leistungsvermögen /-Verfügbarkeit beeinflussen mittelbar Strategieoptionen und Ziele.	Rückkopplung zwecks Kontrolle und Zielanpassung.	WS-Qualität/-Versorgungssicherheit beeinflussen mittelbar Strategieoptionen und Ziele.	Niveau/Struktur der Durchlaufzeit beeinflussen mittelbar Strategieoptionen und Ziele (Wettbewerbsfaktor).	Informationssystem liefert Entscheidungsgrundlage, koordiniert Maßnahmen bzgl. Ziele (Unterstützung der Führung), Wettbewerbsfaktor.	Rückkopplung zwecks Kontrolle und Zielanpassung.	Rückkopplung zwecks Kontrolle und Zielanpassung.	Art/Niveau der Organisationsformen beeinflussen mittelbar Strategieoptionen und Ziele.	Rückkopplung zwecks Kontrolle und Zielanpassung.	Qualitäts- und Umweltstrategie beeinflussen unmittelbar Strategieoptionen und Zielanpassung (Wettbewerbsfaktor).	Logistikstrategie beeinflusst unmittelbar Strategieoptionen und Zielanpassung (Wettbewerbsfaktor).

● besonders starke Beziehung, ◕ sehr starke Beziehung, ◑ starke Beziehung, ◔ schwache Beziehung, ○ sehr schwache Beziehung

Bild 155: Interdependenzen aus Sicht der langfristigen Unternehmensziele und Marketingstrategien (HF01)

HF02 Marktposition und kooperative Zusammenarbeit	**HF01** Langfristige Unternehmensziele/Marketingstrategien	**HF03** Innovationsfähigkeit	**HF04** Leistungsfähigkeit/-bereitschaft der Arbeitskräfte	**HF05** AK-Kapazitätsangebot und dessen Nutzung	**HF06** Arbeitsorganisation	**HF07** Leistungsfähigkeit und Reproduktion der Anlagen	**HF08** BM-Kapazitätsangebot und dessen Nutzung	**HF09** Materialbedarf	**HF10** Durchlaufzeit	**HF11** Informationsmanagement	**HF12** Produktionsplanung	**HF13** Produktionssteuerung	**HF14** Produktionsorganisation	**HF15** Produktionsvorbereitung und -durchführung	**HF16** Qualitäts- und Umweltmanagement	**HF17** Logistikmanagement
HF02 Marktposition und kooperative Zusammenarbeit beeinflussen die anderen Problemfelder...	● Marktposition/Kooperation beeinflussen unmittelbar Strategieoptionen und Zielanpassung.	● Marktposition bestimmt Innovationsbedarf und Markteinführung, Kooperation beeinflusst Innovationspotenzial.	◑ Marktposition/Kooperation beeinflussen Attraktivität/Image auf Arbeitsmarkt und Anforderungsprofile an AK (Auswahl, Entwicklung).	◕ Kooperation beeinflusst unmittelbar Fertigungstiefe und Kapazitätsbedarf.	○ Marktposition/Kooperation beeinflussen Arbeitsorganisation indirekt (Zeitregime).	◑ Marktposition/Kooperation beeinflussen Anforderungsprofile an BM.	◕ Kooperation beeinflusst unmittelbar Fertigungstiefe und Kapazitätsbedarf.	◕ Marktposition beeinflusst Einkaufspreis, Kooperation Fertigungstiefe und Lagerbestände.	◕ Kooperation beeinflusst unmittelbar Fertigungstiefe und Durchlaufzeit.	◑ Marktposition/Kooperation beeinflussen Komplexität des Informationssystems (Koordinationsbedarf).	◔ Marktposition/Kooperation beeinflussen mittelbar Planung und zeitliche Verteilung des Jahresproduktionsprogramms.	◔ Kooperation beeinflusst unmittelbar den Steuerungsaufwand (Koordinationsbedarf).	◕ Marktposition/Kooperation beeinflussen über Produktionsprogramm mittelbar Fertigungstiefe, Art und Niveau der Organisationsformen.	kein Einfluss	◑ Marktposition/Kooperation haben Rückwirkungen auf Qualitäts- und Umweltstrategie (Lieferantenaudit).	◕ Marktposition/Kooperation haben Rückwirkungen auf Logistikstrategie (Lieferantenbeziehungen).
HF02 Marktposition und kooperative Zusammenarbeit werden von den anderen Problemfeldern beeinflusst...	● Ziele/Strategien sind unmittelbarer Ausgangspunkt für Marktposition und kooperative Zusammenarbeit (Marktteilnehmerstrategien).	● Innovationsfähigkeit beeinflusst Differenzierungspotenzial.	● AK-Leistungsfähigkeit/-bereitschaft beeinflussen unmittelbar Ressourcenstärke und Know-how.	◑ AK-Kapazitätsangebot und -nutzung beeinflussen Arbeitsteilung/Fertigungstiefe und Kooperation.	kein Einfluss	◔ BM-Leistungsvermögen beeinflusst unmittelbar Ressourcen- und Technologiestärke.	◑ Kapazitätsangebot und -nutzung beeinflussen Arbeitsteilung/Fertigungstiefe und Kooperation.	◑ WS-Qualität/-Versorgungssicherheit beeinflussen mittelbar Ressourcenstärke und Know-how.	● Niveau/Struktur der Durchlaufzeit beeinflussen Differenzierungspotenzial (Wettbewerbsfaktor).	◕ Informationssystem liefert Entscheidungsgrundlage, koordiniert Maßnahmen bzgl. Ziele (Unterstützung der Führung), Wettbewerbsfaktor.	kein Einfluss	◑ Auskunftsbereitschaft (Monitoring) stellt Differenzierungspotenzial dar (vgl. Informationsmanagement).	◑ Art/Niveau der Organisationsformen beeinflussen Ressourcenstärke (dispositiver Faktor) und Optionen der Zusammenarbeit.	kein Einfluss	● Qualitäts- und Umweltstrategie beeinflussen Differenzierungspotenzial (Wettbewerbsfaktor), Kooperation (Lieferantenaudit).	● Logistikstrategie beeinflusst Differenzierungspotenzial (Wettbewerbsfaktor) und Zusammenarbeit (Fertigungstiefe).

● besonders starke Beziehung, ◕ sehr starke Beziehung, ◑ starke Beziehung, ◔ schwache Beziehung, ○ sehr schwache Beziehung

Bild 156: Interdependenzen aus Sicht der Marktposition und der kooperativen Zusammenarbeit (HF02)

HF03 Innovationsfähigkeit	HF01 Langfristige Unternehmensziele/Marketingstrategien	HF02 Marktposition und kooperative Zusammenarbeit	HF04 Leistungsfähigkeit/-bereitschaft der Arbeitskräfte	HF05 AK-Kapazitätsangebot und dessen Nutzung	HF06 Arbeitsorganisation	HF07 Leistungsfähigkeit und Reproduktion der Anlagen	HF08 BM-Kapazitätsangebot und dessen Nutzung	HF09 Materialbedarf	HF10 Durchlaufzeit	HF11 Informationsmanagement	HF12 Produktionsplanung	HF13 Produktionssteuerung	HF14 Produktionsorganisation	HF15 Produktionsvorbereitung und -durchführung	HF16 Qualitäts- und Umweltmanagement	HF17 Logistikmanagement
HF03 Innovationsfähigkeit beeinflusst die anderen Problemfelder...	●	●	◑	◔	◔	◕	◔	◕	◔	◑			◔	◕	●	●
	Innovationsfähigkeit beeinflusst unmittelbar Strategieoptionen und Ziele.	Innovationsfähigkeit beeinflusst Differenzierungspotenzial.	Innovationsbedarf definiert Anforderungsprofile an AK (Auswahl, Entwicklung).	Prozessinnovation kann mittelbar Kapazitätsbedarf senken.	Prozessinnovation kann zu neuen Konzepten der Arbeitsorganisation führen.	Prozess-/Verfahrensinnovation können zu neuen/verbesserten Verfahren/BM führen.	Prozessinnovation kann mittelbar Kapazitätsbedarf senken.	Faktorinnovation kann zu höherer Qualität oder niedrigeren Kosten führen.	Prozessinnovation kann Durchlaufzeit senken.	Innovationsmanagement definiert Anforderungen an Informationssystem (Ideensammlung, Prognosen).	kein Einfluss	kein Einfluss	Prozessinnovation beeinflusst mittelbar Art und Niveau der Organisationsformen (Restrukturierung/-organisation).	Verfahrens-/Faktorinnovation ermöglichen neue Prozesse, Erzeugnisdokumentation ist Grundlage der Planung.	Innovation ermöglicht Differenzierung im Rahmen der Qualitäts- und Umweltstrategie (Verfahrensverbesserung, Faktorinnovation).	Innovation ermöglicht Differenzierung im Rahmen der Logistikstrategie.
HF03 Innovationsfähigkeit wird von den anderen Problemfeldern beeinflusst...	●	●	●	◕	◔	◕	◑			◕			◑		◕	◕
	Ziele/Strategien definieren unmittelbar Anforderungen an Niveau der Innovationsfähigkeit, Klima beeinflusst Anzahl und Qualität der Ideen.	Marktposition bestimmt Innovationsbedarf und Markteinführung, Kooperation beeinflusst Innovationspotenzial.	Know-how und Kreativität der Arbeitskräfte beeinflussen unmittelbar Anzahl und Qualität der gewonnenen Ideen.	Forschungskapazität (manpower) bestimmt Innovationspotenzial.	Arbeitsorganisation beeinflusst mittelbar Kreativität und Motivation.	Anlagenwirtschaft stellt Anforderungen an Projektierung/Konstruktion (Lebenszykluskonzept: Instandhaltbarkeit, Recyclingfähigkeit).	Forschungskapazität (z.B. Rechenkapazität, CAD/CAM) bestimmt Innovationspotenzial mit.	kein Einfluss	kein Einfluss	Informationssystem befriedigt hohen Informationsbedarf (in-/externe Quellen) für Ideensammlung.	kein Einfluss	kein Einfluss	Organisation der F&E beeinflusst Entwicklungsgeschwindigkeit (Simultaneous Engineering).	kein Einfluss	Qualitäts- und Umweltmanagement nehmen Einfluss auf Produkt-/Prozessentwicklung (qualitäts-/umweltgerecht).	Logistikmanagement nimmt Einfluss auf Produkt-/Prozessentwicklung (logistikgerecht).

● besonders starke Beziehung, ◕ sehr starke Beziehung, ◑ starke Beziehung, ◔ schwache Beziehung, ○ sehr schwache Beziehung

Bild 157: Interdependenzen aus Sicht der Innovationsfähigkeit (HF03)

HF04 Leistungsfähigkeit/ -bereitschaft der Arbeitskräfte	HF01 Langfristige Unternehmensziele/Marketingstrategien	HF02 Marktposition und kooperative Zusammenarbeit	HF03 Innovationsfähigkeit	HF05 AK-Kapazitätsangebot und dessen Nutzung	HF06 Arbeitsorganisation	HF07 Leistungsfähigkeit und Reproduktion der Anlagen	HF08 BM-Kapazitätsangebot und dessen Nutzung
HF04 Leistungsfähigkeit und Leistungsbereitschaft der Arbeitskräfte beeinflussen die anderen Problemfelder...	◑ AK-Leistungsfähigkeit/ -bereitschaft beeinflussen mittelbar Strategieoptionen und Ziele.	● AK-Leistungsfähigkeit/ -bereitschaft beeinflussen unmittelbar Ressourcenstärke und Know-how.	● Know-how und Kreativität der Arbeitskräfte beeinflussen unmittelbar Anzahl und Qualität der gewonnenen Ideen.	● AK-Leistungsfähigkeit/ -bereitschaft beeinflussen unmittelbar Kapazitätsangebot der Arbeitskräfte (Auswahl/ Entwicklung, Einsatz).	◑ AK-Leistungsfähigkeit/ -bereitschaft definiert Anforderungen an Arbeitsorganisation (Mitarbeiterbedürfnisse).	◑ AK-Leistungsfähigkeit/ -bereitschaft beeinflusst mittelbar Leistungsabgabe und Verfügbarkeit der BM.	◔ AK-Leistungsfähigkeit/ -bereitschaft beeinflusst mittelbar Kapazitätsausnutzung der BM.
HF01 Leistungsfähigkeit und Leistungsbereitschaft der Arbeitskräfte werden von den anderen Problemfeldern beeinflusst...	◑ Ziele/Strategien und Personalpolitik definieren Anforderungen an Arbeitskräfte und beeinflussen Klima und Motivation (Humanziele).	◑ Marktposition/Kooperation beeinflussen Attraktivität/ Image auf Arbeitsmarkt und Anforderungsprofile an AK (Auswahl, Entwicklung).	◑ Innovationsbedarf definiert Anforderungsprofile an AK (Auswahl, Entwicklung).	● Kapazitätsbedarf ist Ausgangspunkt der Personalbedarfsermittlung, Anforderungsprofil (Grundlage für Auswahl/ Entwicklung).	● Arbeitsplatzgestaltung ist Grundlage der Leistungsabgabe, Arbeitsorganisation beeinflusst Motivation.	◑ BM können AK substituieren, BM definieren Anforderungen an AK und beeinflussen Arbeitsumweltvoraussetzungen und Ästhetik.	◕ BM definieren Anforderungen an Qualifikationsniveau der AK.

HF04 Leistungsfähigkeit/ -bereitschaft der Arbeitskräfte	HF09 Materialbedarf	HF10 Durchlaufzeit	HF11 Informationsmanagement	HF12 Produktionsplanung	HF13 Produktionssteuerung	HF14 Produktionsorganisation	HF15 Produktionsvorbereitung und -durchführung	HF16 Qualitäts- und Umweltmanagement	HF17 Logistikmanagement
HF04 Leistungsfähigkeit und Leistungsbereitschaft der Arbeitskräfte beeinflussen die anderen Problemfelder...	kein Einfluss	◑ Leistungsfähigkeit/ -bereitschaft beeinflussen Niveau/ Struktur der DLZ (Störungen), Personalentwicklung (Verantwortung, Motivation).	◕ Anforderungen an Infosystem (Datenbeschaffung, Kommunikationsverhalten), MA-Potenzial/-motivation beeinflusst Informationsbereitschaft.	◔ AK-Leistungsfähigkeit/ -bereitschaft gehen in Potenzialplanung ein.	◔ Leistungsfähigkeit/ -bereitschaft beeinflussen Optionen der Produktionssteuerung (Einsatzflexibilität, Personalentw.), Verfügbarkeit/ Einsatz.	kein Einfluss	◑ AK-Leistungsfähigkeit/ -bereitschaft haben Einfluss auf die Festlegung von Vorgabezeiten und Lohngruppenbestimmung.	● Leistungsfähigkeit/ -bereitschaft beeinflussen unmittelbar Niveau des QM/ UM (Inputqualität, Mitarbeiterschulung: Q-/U-Bewusstsein).	◑ AK-Leistungsfähigkeit/ -bereitschaft beeinflussen unmittelbar Niveau des Logistikmanagements (Servicebewusstsein).
HF01 Leistungsfähigkeit und Leistungsbereitschaft der Arbeitskräfte werden von den anderen Problemfeldern beeinflusst...	kein Einfluss	kein Einfluss	◕ Infosystem befriedigt Informationsbedarf der Personalwirtschaft (Bedarf, Auswahl, Einsatz, Entwicklung, Verwaltung), beeinflusst Informationskultur.	kein Einfluss	◑ Produktionssteuerung definiert Anforderungen an AK (Flexibilität).	◕ Produktionsorganisation beeinflusst Arbeitsorganisation und Motivation.	◑ Vorgabe-/ Erholzeiten beeinflussen Leistungsfähigkeit/ -bereitschaft der AK, Reduzierung von Lernverlusten durch Vorbereitung.	◕ Qualitäts- und Umweltmanagement definieren Anforderungen an AK (Qualitäts-/ Umweltbewusstsein, Eigenverantwortlichkeit).	◕ Logistikmanagement definiert Anforderungen an AK (System-/ Totalkosten-/Service-/Effizienzdenken).

● besonders starke Beziehung, ◕ sehr starke Beziehung, ◑ starke Beziehung, ◔ schwache Beziehung, ○ sehr schwache Beziehung

Bild 158: Interdependenzen aus Sicht der Leistungsfähigkeit und Leistungsbereitschaft der Arbeitskräfte (HF04)

HF05 AK-Kapazitätsangebot und dessen Nutzung	**HF01** Langfristige Unternehmensziele/Marketingstrategien	**HF02** Marktposition und kooperative Zusammenarbeit	**HF03** Innovationsfähigkeit	**HF04** Leistungsfähigkeit/-bereitschaft der Arbeitskräfte	**HF06** Arbeitsorganisation	**HF07** Leistungsfähigkeit und Reproduktion der Anlagen	**HF08** BM-Kapazitätsangebot und dessen Nutzung	**HF09** Materialbedarf	**HF10** Durchlaufzeit	**HF11** Informationsmanagement	**HF12** Produktionsplanung	**HF13** Produktionssteuerung	**HF14** Produktionsorganisation	**HF15** Produktionsvorbereitung und -durchführung	**HF16** Qualitäts- und Umweltmanagement	**HF17** Logistikmanagement
HF05 AK-Kapazitätsangebot und dessen Nutzung beeinflussen die anderen Problemfelder...	○ Rückkopplung zwecks Kontrolle und Zielanpassung.	◑ AK-Kapazitätsangebot und -nutzung beeinflussen Arbeitsteilung/Fertigungstiefe und Kooperation.	◕ Forschungskapazität (manpower) bestimmt Innovationspotenzial.	● Kapazitätsbedarf ist Ausgangspunkt der Personalbedarfsermittlung, Anforderungsprofil (Grundlage für Auswahl/ Entwicklung).	◕ Quantitatives/qualitatives Kapazitätsangebot definieren Handlungsoptionen für Arbeitszeitgestaltung und Arbeitsstrukturierung.	◑ Qualitatives AK-Kapazitätsangebot schränkt Auswahlmöglichkeiten bei Verfahren/BM ein.	● Kombination der Potenzialfaktoren bestimmt Kapazität der Kapazitätseinheit.	kein Einfluss	● Kapazitätsangebot bestimmt unmittelbar Niveau der Durchlaufzeit, Zielkonflikt mit Kapazitätsauslastung (Dilemma der Ablaufplanung).	kein Einfluss	● Kapazitätsangebot ist Grundlage der Produktionsdurchführung, Kapazitätsbilanzierung Hauptmethode der Produktionsplanung.	● Kapazitätssituation ist Grundlage der Auftragsveranlassung (Verfügbarkeitsprüfung).	kein Einfluss	kein Einfluss	kein Einfluss	kein Einfluss
HF05 AK-Kapazitätsangebot und dessen Nutzung werden von den anderen Problemfeldern beeinflusst...	◑ Ziele/Strategien definieren mittelbar Anforderungen an Qualifikationsniveau der AK und Grad der Kapazitätsausnutzung (Sachziele).	◕ Kooperation beeinflusst unmittelbar Fertigungstiefe und Kapazitätsbedarf.	◔ Prozessinnovation kann mittelbar Kapazitätsbedarf senken.	● AK-Leistungsfähigkeit/-bereitschaft beeinflussen unmittelbar Kapazitätsangebot der Arbeitskräfte (Auswahl/ Entwicklung, Einsatz).	◕ Arbeitszeitgestaltung bestimmt zeitliche Flexibilität des AK-Kapazitätsangebots.	◕ BM definieren qualitative und quantitative Anforderungen an Kapazität der AK.	● Kombination der Potenzialfaktoren bestimmt Kapazität der Kapazitätseinheiten.	◑ Technologische Vereinheitlichung und Teileklassifizierung beeinflussen Kapazitätsbedarf.	◕ Durchlaufzeit und Kapazitätsauslastung bedingen Dilemma der Ablaufplanung.	◕ Informationssystem liefert zuverlässige und aktuelle Rückmeldungsdaten für Kapazitätsbilanzierung (BDE).	● Produktionsplanung determiniert Kapazitätsbedarf (Produktionsprogramm, Fertigungsauftragsbildung) und Prozessgesetzmäßigkeiten.	◕ Arbeitsverteilung und Prozessgesetzmäßigkeiten (Kontinuität, Parallelität) beeinflussen Kapazitätssituation.	● Organisationsform stellt Anforderungen an Kapazitätsausstattung/-proportionalität.	◕ Vorgabezeiten/ Lohngruppe definieren Anforderungen an AK-Kapazität.	kein Einfluss	kein Einfluss

● besonders starke Beziehung, ◕ sehr starke Beziehung, ◑ starke Beziehung, ◔ schwache Beziehung, ○ sehr schwache Beziehung

Bild 159: Interdependenzen aus Sicht des arbeitskräfteseitigen Kapazitätsangebotes und dessen Nutzung (HF05)

HF06 Arbeitsgestaltung	**HF01** Langfristige Unternehmensziele/Marketingstrategien	**HF02** Marktposition und kooperative Zusammenarbeit	**HF03** Innovationsfähigkeit	**HF04** Leistungsfähigkeit/-bereitschaft der Arbeitskräfte	**HF05** AK-Kapazitätsangebot und dessen Nutzung	**HF07** Leistungsfähigkeit und Reproduktion der Anlagen	**HF08** BM-Kapazitätsangebot und dessen Nutzung	**HF09** Materialbedarf	**HF10** Durchlaufzeit	**HF11** Informationsmanagement	**HF12** Produktionsplanung	**HF13** Produktionssteuerung	**HF14** Produktionsorganisation	**HF15** Produktionsvorbereitung und -durchführung	**HF16** Qualitäts- und Umweltmanagement	**HF17** Logistikmanagement
	◔		◔	●	◕	◑	◑		◕	◑	◕	◕	◔	◑	◕	◑
HF06 Arbeitsorganisation beeinflusst die anderen Problemfelder...	Rückkopplung zwecks Kontrolle und Zielanpassung, Beeinflussung von Motivation und Klima.	kein Einfluss	Arbeitsorganisation beeinflusst mittelbar Kreativität und Motivation.	Arbeitsplatzgestaltung ist Grundlage der Leistungsabgabe, Arbeitsorganisation beeinflusst Motivation.	Arbeitszeitgestaltung bestimmt zeitliche Flexibilität des AK-Kapazitätsangebots.	Arbeitsplatzgestaltung beeinflusst BM-Auswahl (Technik, Ergonomie, Sicherheit).	Arbeitszeitgestaltung bestimmt mögliche Maschinenlaufzeit.	kein Einfluss	Flexible Arbeitszeit/Arbeitsstrukturierung beeinflussen Verbesserungsmöglichkeiten der Durchlaufzeit (menschlich bedingte Liegezeit).	Arbeitsplatzgestaltung definiert Anforderungen an Informationssystem (informationstechnische Gestaltung).	Arbeitsorganisation liefert Bedingungen für Produktionsplanung (organisatorische Gestaltung).	Arbeitsorganisation liefert Bedingungen für Produktionssteuerung (organisatorische Gestaltung).	Organisatorische Gestaltung beeinflusst Wahl der Organisationsform (Gruppenarbeit).	Arbeitsorganisation liefert Bedingungen für Produktionsdurchführung (PPS).	Adäquate Arbeitsvoraussetzungen/-bedingungen sind Grundlage der Qualität und Umweltgerechtheit.	Arbeitsplatzgestaltung liefert Anforderungen an Produktionslogistik.
	◑	○	◔	◑	◕	◕				◑		◑	●	◑	◑	◕
HF06 Arbeitsorganisation wird von den anderen Problemfeldern beeinflusst...	Ziele/Strategien definieren mittelbar Anforderungen an Arbeitsorganisation (Humanziele).	Marktposition/Kooperation beeinflussen Arbeitsorganisation indirekt (Zeitregime).	Prozessinnovation kann zu neuen Konzepten der Arbeitsorganisation führen.	AK-Leistungsfähigkeit/-bereitschaft definiert Anforderungen an Arbeitsorganisation (Mitarbeiterbedürfnisse).	Quantitatives/qualitatives Kapazitätsangebot definieren Handlungsoptionen für Arbeitszeitgestaltung und Arbeitsstrukturierung.	BM bestimmen technisch-technologische/sicherheitstechnische/anthropometrische Arbeitsplatzgestaltung.	kein Einfluss	kein Einfluss	kein Einfluss	Informationsmanagement determiniert informationstechnische Gestaltung.	kein Einfluss	Produktionssteuerung definiert Anforderungen an Arbeitszeitgestaltung (Flexibilität).	Organisationsform definiert Rahmen für organisatorische Gestaltung, Zeitregime und Arbeitsstrukturierung.	Vorgabezeiten begrenzen Möglichkeiten/stellen Anforderungen an Arbeitszeitgestaltung.	Qualität und Umweltgerechtheit definieren Anforderungen an Arbeitsplatzgestaltung (Technik, Sicherheit).	Logistikgerechtheit definiert Anforderungen an Arbeitsplatzgestaltung (materialflussgerecht), beeinflusst Arbeitsteilung (Fertigungstiefe).

● besonders starke Beziehung, ◕ sehr starke Beziehung, ◑ starke Beziehung, ◔ schwache Beziehung, ○ sehr schwache Beziehung

Bild 160: Interdependenzen aus Sicht der Arbeitsorganisation (HF06)

HF07 Leistungsfähigkeit und Reproduktion der Anlagen	**HF01** Langfristige Unternehmensziele/Marketingstrategien	**HF02** Marktposition und kooperative Zusammenarbeit	**HF03** Innovationsfähigkeit	**HF04** Leistungsfähigkeit/ -bereitschaft der Arbeitskräfte	**HF05** AK-Kapazitätsangebot und dessen Nutzung	**HF06** Arbeitsorganisation	**HF08** BM-Kapazitätsangebot und dessen Nutzung	**HF09** Materialbedarf	**HF10** Durchlaufzeit	**HF11** Informationsmanagement	**HF12** Produktionsplanung	**HF13** Produktionssteuerung	**HF14** Produktionsorganisation	**HF15** Produktionsvorbereitung und -durchführung	**HF16** Qualitäts- und Umweltmanagement	**HF17** Logistikmanagement
	○	◔	◕	◑	◕	◕	●	◑	●	◑	◑	◑	◔	◑	●	◑
HF07 Leistungsfähigkeit und Reproduktion der Anlagen beeinflussen die anderen Problemfelder...	BM-Leistungsvermögen/ -Verfügbarkeit beeinflussen mittelbar Strategieoptionen und Ziele.	BM-Leistungsvermögen beeinflusst unmittelbar Ressourcen- und Technologiestärke.	Anlagenwirtschaft stellt Anforderungen an Projektierung/Konstruktion (Lebenszykluskonzept: Instandhaltbarkeit, Recyclingfähigkeit).	BM können AK substituieren, BM definieren Anforderungen an AK und beeinflussen Arbeitsumweltvoraussetzungen und Ästhetik).	BM definieren qualitative und quantitative Anforderungen an Kapazität der AK.	BM bestimmen technisch-technologische/sicherheitstechnische/anthropometrische Arbeitsplatzgestaltung.	Leistungsfähigkeit/ Verfügbarkeit der BM determiniert qualitatives/quantitatives Kapazitätsangebot (Investition, IH, Aussonderung).	Qualitative Flexibilität bestimmt Einsatzmöglichkeiten alternativer Werkstoffe.	Leistungsfähigkeit/ Verfügbarkeit beeinflussen Niveau/ Struktur der DLZ (Bearbeitungs-/ Rüstzeit), Instandhaltung (Störungsstillstände).	BM beeinflussen Informationsfähigkeit (informationstechnische Möglichkeiten).	Verfahrensvielfalt bestimmt Dispositionsspielraum der Produktionsplanung.	BM-Beschaffung/ -Erhaltung sind Grundlage der Verfügbarkeit (-sprüfung), Automatisierung beeinflusst Steuerungsaufwand/PPS-System.	Organisationsformen der Instandhaltung haben Rückwirkungen auf Organisationsformen der Fertigung und Montage.	Verfahrensvielfalt bestimmt Dispositionsspielraum der Produktionsvorbereitung und -durchführung.	BM-Eigenschaften beeinflussen unmittelbar Inputqualität und Umweltgerechtigkeit/Entsorgung, IH determiniert Sicherheit/ Qual. der Fertigung.	BM-Eigenschaften beeinflussen Möglichkeiten der Produktionslogistik (Verkettung, Schnittstellen).
	◑	◑	◕	◑	◑	◑	●			◕		●	●	◕	●	●
HF07 Leistungsfähigkeit und Reproduktion der Anlagen werden von den anderen Problemfeldern beeinflusst...	Ziele/Strategien definieren mittelbar Anforderungen an Leistungsvermögen und Verfügbarkeit der BM (Sachziele).	Marktposition/Kooperation beeinflussen Anforderungsprofile an BM.	Prozess-/ Verfahrensinnovation können zu neuen/verbesserten Verfahren/ BM führen.	AK-Leistungsfähigkeit/ -bereitschaft beeinflusst mittelbar Leistungsabgabe und Verfügbarkeit der BM.	Qualitatives AK-Kapazitätsangebot schränkt Auswahlmöglichkeiten bei Verfahren/ BM ein.	Arbeitsplatzgestaltung beeinflusst BM-Auswahl (Technik, Ergonomie, Sicherheit).	Kapazitätssituation determiniert Investitions-/Instandhaltungs-/ Erneuerungsbedarf.	kein Einfluss	kein Einfluss	Informationssystem befriedigt Informationsbedarf der Anlagenwirtschaft (Entscheidungsgrundlage, Koordination, Controlling).	kein Einfluss	Produktionssteuerung definiert Anforderungen an BM (Automatisierung, Integration), gestaltet Nutzungsphase.	Organisationsform definiert Anforderungen an Auswahl (Integration, Verkettung, Automatisierung) und Organisationsformen der Hilfsprozesse.	Notwendige Arbeitsgänge definieren Anforderungen an Investition/Modernisierung.	Qualitäts- und Umweltmanagement definieren Anforderungen an BM (Qualität/Umweltgerechtheit), Einschränkungen bei Auswahl.	Logistikgerechtheit ist allen Planungen immanent (ganzheitlicher Ansatz), Einschränkungen bei BM-Auswahl.

● besonders starke Beziehung, ◕ sehr starke Beziehung, ◑ starke Beziehung, ◔ schwache Beziehung, ○ sehr schwache Beziehung

Bild 161: Interdependenzen aus Sicht der Leistungsfähigkeit und der Reproduktion der Anlagen (HF07)

HF08 BM-Kapazitätsangebot und dessen Nutzung	**HF01** Langfristige Unternehmensziele/Marketingstrategien	**HF02** Marktposition und kooperative Zusammenarbeit	**HF03** Innovationsfähigkeit	**HF04** Leistungsfähigkeit/ -bereitschaft der Arbeitskräfte	**HF05** AK-Kapazitätsangebot und dessen Nutzung	**HF06** Arbeitsorganisation	**HF07** Leistungsfähigkeit und Reproduktion der Anlagen	**HF09** Materialbedarf	**HF10** Durchlaufzeit	**HF11** Informationsmanagement	**HF12** Produktionsplanung	**HF13** Produktionssteuerung	**HF14** Produktionsorganisation	**HF15** Produktionsvorbereitung und -durchführung	**HF16** Qualitäts- und Umweltmanagement	**HF17** Logistikmanagement
HF08 BM-Kapazitätsangebot und dessen Nutzung beeinflussen die anderen Problemfelder...	○ Rückkopplung zwecks Kontrolle und Zielanpassung.	◑ Kapazitätsangebot und -nutzung beeinflussen Arbeitsteilung/Fertigungstiefe und Kooperation.	◑ Forschungskapazität (z.B. Rechenkapazität, CAD/CAM) bestimmt Innovationspotenzial mit.	◕ BM definieren Anforderungen an Qualifikationsniveau der AK.	● Kombination der Potenzialfaktoren bestimmt Kapazität der Kapazitätseinheiten.	kein Einfluss	● Kapazitätssituation determiniert Investitions-/Instandhaltungs-/ Erneuerungsbedarf.	kein Einfluss	● Kapazitätsangebot bestimmt unmittelbar Niveau der Durchlaufzeit, Zielkonflikt mit Kapazitätsauslastung (Dilemma der Ablaufplanung).	kein Einfluss	● Kapazitätsangebot ist Grundlage der Produktionsdurchführung, Kapazitätsbilanzierung Hauptmethode der Produktionsplanung.	● Kapazitätssituation ist Grundlage der Auftragsveranlassung (Verfügbarkeitsprüfung).	kein Einfluss	kein Einfluss	kein Einfluss	kein Einfluss
HF08 BM-Kapazitätsangebot und dessen Nutzung werden von den anderen Problemfeldern beeinflusst...	◑ Ziele/Strategien definieren mittelbar Anforderungen an Grad der Kapazitätsausnutzung (Sachziele).	◕ Kooperation beeinflusst unmittelbar Fertigungstiefe und Kapazitätsbedarf.	◔ Prozessinnovation kann mittelbar Kapazitätsbedarf senken.	◔ AK-Leistungsfähigkeit/ -bereitschaft beeinflusst mittelbar Kapazitätsausnutzung der BM.	● Kombination der Potenzialfaktoren bestimmt Kapazität der Kapazitätseinheit.	◑ Arbeitszeitgestaltung bestimmt mögliche Maschinenlaufzeit.	● Leistungsfähigkeit/ Verfügbarkeit der BM determinieren qualitatives und quantitatives Kapazitätsangebot (Investition, IH, Aussonderung).	◑ Technologische Vereinheitlichung und Teileklassifizierung beeinflussen Kapazitätsbedarf.	◕ Durchlaufzeit und Kapazitätsauslastung bedingen Dilemma der Ablaufplanung.	◕ Informationssystem liefert zuverlässige und aktuelle Rückmeldungsdaten für Kapazitätsbilanzierung (BDE).	● Produktionsplanung determiniert Kapazitätsbedarf (Produktionsprogramm, Fertigungsauftragsbildung) und Prozessgesetzmäßigkeiten.	◕ Arbeitsverteilung und Prozessgesetzmäßigkeiten (Kontinuität, Parallelität) beeinflussen Kapazitätssituation.	● Organisationsform stellt Anforderungen an Kapazitätsausstattung/ -proportionalität und bestimmt Eingliederung der BM (Layout/Anordnung).	◕ Notwendige Arbeitsgänge definieren Anforderungen an BM-Kapazität (Arbeitsplan).	kein Einfluss	kein Einfluss

● besonders starke Beziehung, ◕ sehr starke Beziehung, ◑ starke Beziehung, ◔ schwache Beziehung, ○ sehr schwache Beziehung

Bild 162: Interdependenzen aus Sicht des betriebsmittelseitigen Kapazitätsangebotes und dessen Nutzung (HF08)

HF09 Materialbedarf	**HF01** Langfristige Unternehmensziele/Marketingstrategien	**HF02** Marktposition und kooperative Zusammenarbeit	**HF03** Innovationsfähigkeit	**HF04** Leistungsfähigkeit/-bereitschaft der Arbeitskräfte	**HF05** AK-Kapazitätsangebot und dessen Nutzung	**HF06** Arbeitsorganisation	**HF07** Leistungsfähigkeit und Reproduktion der Anlagen	**HF08** BM-Kapazitätsangebot und dessen Nutzung	**HF10** Durchlaufzeit	**HF11** Informationsmanagement	**HF12** Produktionsplanung	**HF13** Produktionssteuerung	**HF14** Produktionsorganisation	**HF15** Produktionsvorbereitung und -durchführung	**HF16** Qualitäts- und Umweltmanagement	**HF17** Logistikmanagement
	○	◐			◐			◐	◕	◔	◐	●	◕	●	●	◕
HF09 Materialbedarf beeinflusst die anderen Problemfelder...	WS-Qualität/-Versorgungssicherheit beeinflussen mittelbar Strategieoptionen und Ziele.	WS-Qualität/-Versorgungssicherheit beeinflussen mittelbar Ressourcenstärke und Know-how.	kein Einfluss	kein Einfluss	Technologische Vereinheitlichung und Teileklassifizierung beeinflussen Kapazitätsbedarf.	kein Einfluss	kein Einfluss	Technologische Vereinheitlichung und Teileklassifizierung beeinflussen Kapazitätsbedarf.	Beschaffungsprinzip beeinflusst Durchlaufzeit, Standardisierung/Normung Durchführungszeit (Bearbeitungs-/Rüstzeit).	Technologische Vereinheitlichung/Sortimentsbereinigung verringert Informationsbedarf.	Teilesortiment und Bestände gehen in Potenzialplanung ein.	Materialverfügbarkeit ist Voraussetzung für Auftragsveranlassung.	Technologische Vereinheitlichung beeinflusst Organisationsformwahl (Kapazitätsbedarf der Teileklassen).	Faktorinnovation/Teilesortiment bestimmen Dispositionsspielraum für Materialauswahl, Versorgungssicherheit sichert Durchführung.	WS beeinflussen unmittelbar Inputqualität und Recyclingfähigkeit/Entsorgungsaufwand (Abfallvermeidung).	WS beeinflussen unmittelbar Niveau und Umfang der Beschaffungslogistik.
	◐	◕	◕				◐		●	◕	◕	◕	◕	◕	●	●
HF09 Materialbedarf wird von den anderen Problemfeldern beeinflusst...	Ziele/Strategien definieren mittelbar Anforderungen an Qualität der Werkstoffe und Versorgungssicherheit (Sachziele).	Marktposition beeinflusst Einkaufspreis, Kooperation Fertigungstiefe und Lagerbestände.	Faktorinnovation kann zu höherer Qualität oder niedrigeren Kosten führen.	kein Einfluss	kein Einfluss	kein Einfluss	Qualitative Flexibilität bestimmt Einsatzmöglichkeiten alternativer Werkstoffe.	kein Einfluss	Kurze Durchlaufzeit verringert Bestände.	Informationssystem liefert zuverlässige und aktuelle Rückmeldungsdaten für Bedarfsermittlung/Bestandsführung.	Teilebedarfsermittlung determiniert Materialbedarf, PPS beeinflusst Bevorratungsebene.	Produktionssteuerung beeinflusst Lagerbestände.	Produktionsorganisation beeinflusst Teileklassenbildung und Anzahl der Zwischenlager.	Auswahl des Rohmaterials determiniert Materialbedarf.	Qualitäts- und Umweltmanagement definieren Anforderungen an WS-Auswahl (Qualitäts-/Umweltgerechtheit).	LM definiert Anforderungen an WS-Auswahl (Logistikgerechtheit) und beeinflusst Bestände/Fertigungstiefe (Beschaffungslogistik).

● besonders starke Beziehung, ◕ sehr starke Beziehung, ◐ starke Beziehung, ◔ schwache Beziehung, ○ sehr schwache Beziehung

Bild 163: Interdependenzen aus Sicht des Materialbedarfs (HF09)

HF10 Durchlaufzeit	**HF01** Langfristige Unternehmensziele/Marketingstrategien	**HF02** Marktposition und kooperative Zusammenarbeit	**HF03** Innovationsfähigkeit	**HF04** Leistungsfähigkeit/-bereitschaft der Arbeitskräfte	**HF05** Arbeitskraft-Kapazitätsangebot und dessen Nutzung	**HF06** Arbeitsorganisation	**HF07** Leistungsfähigkeit und Reproduktion der Anlagen	**HF08** BM-Kapazitätsangebot und dessen Nutzung	**HF09** Materialbedarf	**HF11** Informationsmanagement	**HF12** Produktionsplanung	**HF13** Produktionssteuerung	**HF14** Produktionsorganisation	**HF15** Produktionsvorbereitung und -durchführung	**HF16** Qualitäts- und Umweltmanagement	**HF17** Logistikmanagement
HF10 Durchlaufzeit beeinflusst die anderen Problemfelder...	● Niveau/Struktur der Durchlaufzeit beeinflussen mittelbar Strategieoptionen und Ziele (Wettbewerbsfaktor).	● Niveau/Struktur der Durchlaufzeit beeinflussen Differenzierungspotenzial (Wettbewerbsfaktor).	kein Einfluss	kein Einfluss	◕ Durchlaufzeit und Kapazitätsauslastung bedingen Dilemma der Ablaufplanung.	kein Einfluss	kein Einfluss	◕ Durchlaufzeit und Kapazitätsauslastung bedingen Dilemma der Ablaufplanung.	● Kurze Durchlaufzeit verringert Bestände.	kein Einfluss	kein Einfluss (Vorgabezeiten sind Grundlage der Terminplanung, Durchlaufzeiten Ergebnis).	◑ Durchlaufzeitabweichungen erfordern Maßnahmen zur Störungsbeherrschung.	kein Einfluss	◔ Erfahrungswerte der Durchlaufzeit können bei Ermittlung der Vorgabezeiten helfen.	kein Einfluss	● Durchlaufzeit bestimmt Lieferzeit (Differenzierungspotenzial der Distributionslogistik).
HF10 Durchlaufzeit wird von den anderen Problemfeldern beeinflusst...	◑ Ziele/Strategien definieren mittelbar Anforderungen an Niveau und Struktur der Durchlaufzeit.	◕ Kooperation beeinflusst unmittelbar Fertigungstiefe und Durchlaufzeit.	◔ Prozessinnovation kann Durchlaufzeit senken.	◑ AK-Leistungsfähigkeit/-bereitschaft beeinflussen Niveau/Struktur der DLZ (Störungen), Pers. entwicklung (Verantwortung, Motivation).	● Kapazitätsangebot bestimmt unmittelbar Niveau der Durchlaufzeit, Zielkonflikt mit Kapazitätsauslastung (Dilemma der Ablaufplanung).	◕ Flexible Arbeitszeit/Arbeitsstrukturierung beeinflussen Verbesserungsmöglichkeiten der Durchlaufzeit (menschlich bedingte Liegezeit).	● BM-leistungsfähigkeit/-verfügbarkeit beeinflussen Niveau und Struktur der DLZ (Bearbeitungs-/Rüstzeit), Instandhaltung (Störungen).	● Kapazitätsangebot bestimmt unmittelbar Niveau der Durchlaufzeit, Zielkonflikt mit Kapazitätsauslastung (Dilemma der Ablaufplanung).	◕ Beschaffungsprinzip beeinflusst Durchlaufzeit, Standardisierung/Normung Durchführungszeit (Bearbeitungs-/Rüstzeit).	◕ Informationssystem stellt entscheidungsrelevante Informationen bereit (Vermeidung ablaufbedingter Unterbrechungen).	◕ DLZ ist Ergebnis der Durchlaufplanung, PPS beeinflusst maßgeblich Übergangszeitanteil/organisatorische Bearbeitungsfolge (Liegen), Parallelität.	◕ PPS beeinflusst Übergangszeit (ablaufbedingte Liegezeit, Lagerungszeit), organisatorische Bearbeitungsfolge, Bevorratungsebene.	◕ Niveau der Organisationsform bestimmt Layout/Kontinuität der Fertigung (Flussorientierung) und damit Durchlaufzeit (Transport-/Liegezeit).	◕ Technologische Bearbeitungsfolge/Vorgabezeiten beeinflussen unmittelbar Höhe der Durchlaufzeit (Arbeitsplan).	◑ Qualitäts-/Kontrollniveau beeinflusst Übergangszeit (Kontrollzeit) und Ausschuss-/Nacharbeitsquote.	● Logistikmanagement beeinflusst Übergangszeitanteil (Prozessoptimierung: Kontroll-, Lagerungszeit) und Lagerstufen/-standorte.

● besonders starke Beziehung, ◕ sehr starke Beziehung, ◑ starke Beziehung, ◔ schwache Beziehung, ○ sehr schwache Beziehung

Bild 164: Interdependenzen aus Sicht der Durchlaufzeit (HF10)

HF11 Informationsmanagement	HF01 Langfristige Unternehmensziele/Marketingstrategien	HF02 Marktposition und kooperative Zusammenarbeit	HF03 Innovationsfähigkeit	HF04 Leistungsfähigkeit/-bereitschaft der Arbeitskräfte	HF05 AK-Kapazitätsangebot und dessen Nutzung	HF06 Arbeitsorganisation	HF07 Leistungsfähigkeit und Reproduktion der Anlagen	HF08 BM-Kapazitätsangebot und dessen Nutzung	HF09 Materialbedarf	HF10 Durchlaufzeit	HF12 Produktionsplanung	HF13 Produktionssteuerung	HF14 Produktionsorganisation	HF15 Produktionsvorbereitung und -durchführung	HF16 Qualitäts- und Umweltmanagement	HF17 Logistikmanagement
HF11 Informationsmanagement beeinflusst die anderen Problemfelder...	● Infosystem liefert Grundlage für Entscheidung (Analyse/Prognose), passt Maßnahmen bzgl. Ziele an (Unterstützung d. Führung), Wettbewerbsfaktor.	◕ Infosystem liefert Entscheidungsgrundlage, koordiniert Maßnahmen bzgl. Ziele (Unterstützung der Führung), Wettbewerbsfaktor.	◕ Informationssystem befriedigt hohen Informationsbedarf (in-/externe Quellen) für Ideensammlung.	◕ Infosystem befriedigt Informationsbedarf der Personalwirtschaft (Bedarf, Auswahl, Einsatz, Entwicklung, Verwaltung), beeinflusst Informationskultur.	◕ Informationssystem liefert zuverlässige und aktuelle Rückmeldungsdaten für Kapazitätsbilanzierung (BDE).	◑ Informationsmanagement determiniert informationstechnische Gestaltung.	◕ Informationssystem befriedigt Informationsbedarf der Anlagenwirtschaft (Entscheidungsgrundlage, Koordination, Controlling).	◕ Informationssystem liefert zuverlässige und aktuelle Rückmeldungsdaten für Kapazitätsbilanzierung (BDE).	◕ Informationssystem liefert zuverlässige und aktuelle Rückmeldungsdaten für Bedarfsermittlung/Bestandsführung.	◕ Informationssystem stellt entscheidungsrelevante Informationen bereit (Vermeidung ablaufbedingter Unterbrechungen).	◕ Informationssystem liefert zuverlässige und aktuelle Daten (Kapazitäten, Bestände) für Produktionsplanung.	● Informationssystem verwaltet Datenbanken und liefert zuverlässige und aktuelle Rückmeldungsdaten über Prozessverlauf (BDE).	◕ Informationssystem liefert Entscheidungsgrundlage für Organisationsformwahl und Rückmeldungsdaten für permanente Überprüfung.	◕ Informationssystem liefert und verwaltet notwendige Daten.	◕ Informationssystem dokumentiert Prozesse und kommuniziert Qualitäts-/Umweltgedanken/-politik.	● Informationen determinieren physische Prozesse (Dokumentations-/Steuerungsfunktion), Informationen ersetzen Bestände.
HF11 Informationsmanagement wird von den anderen Problemfeldern beeinflusst...	◕ Ziele/Strategien definieren unmittelbar Anforderungen Niveau des Informationsmanagements als Basis aller Entscheidungen.	◑ Marktposition/Kooperation beeinflussen Komplexität des Informationssystems (Koordinationsbedarf).	◑ Innovationsmanagement definiert Anforderungen an Informationssystem (Ideensammlung, Prognosen).	◕ Definition von Anforderungen an Infosystem (Daten, Kommunikationsverhalten), Mitarbeiterpotenzial/-motivation beeinflusst Infobereitschaft.	kein Einfluss	◑ Arbeitsplatzgestaltung definiert Anforderungen an Informationssystem (informationstechnische Gestaltung).	◑ BM beeinflussen Informationsfähigkeit (informationstechnische Möglichkeiten).	kein Einfluss	◔ Technologische Vereinheitlichung/Sortimentsbereinigung verringert Informationsbedarf.	kein Einfluss	◔ Organisatorische Bearbeitungsfolge und Bevorratungsebene beeinflussen Informationsaufwand.	◑ PPS-System definiert Anforderungen an Informationssystem (Informationsbedarf/-aktualität/-qualität).	◑ Art/Niveau der Organisationsform determinieren Komplexität des Informationssystems (Zwangssteuerung, Automatisierung).	kein Einfluss	◕ Qualitäts- und Umweltmanagement definieren Anforderungen an Informationssystem (Dokumentation).	● Logistikmanagement definiert Anforderungen an Informationssystem (Dokumentation, Koordination).

● besonders starke Beziehung, ◕ sehr starke Beziehung, ◑ starke Beziehung, ◔ schwache Beziehung, ○ sehr schwache Beziehung

Bild 165: Interdependenzen aus Sicht des Informationsmanagements (HF11)

HF12 Produktionsplanung	**HF01** Langfristige Unternehmensziele/Marketingstrategien	**HF02** Marktposition und kooperative Zusammenarbeit	**HF03** Innovationsfähigkeit	**HF04** Leistungsfähigkeit/-bereitschaft der Arbeitskräfte	**HF05** AK-Kapazitätsangebot und dessen Nutzung	**HF06** Arbeitsorganisation	**HF07** Leistungsfähigkeit und Reproduktion der Anlagen	**HF08** BM-Kapazitätsangebot und dessen Nutzung	**HF09** Materialbedarf	**HF10** Durchlaufzeit	**HF11** Informationsmanagement	**HF13** Produktionssteuerung	**HF14** Produktionsorganisation	**HF15** Produktionsvorbereitung und -durchführung	**HF16** Qualitäts- und Umweltmanagement	**HF17** Logistikmanagement
HF12 Produktionsplanung beeinflusst die anderen Problemfelder...	○ Rückkopplung zwecks Kontrolle und Zielanpassung.	kein Einfluss	kein Einfluss	kein Einfluss	● Produktionsplanung determiniert Kapazitätsbedarf (Produktionsprogramm, Fertigungsauftragsbildung) und Prozessgesetzmäßigkeiten.	kein Einfluss	kein Einfluss	● Produktionsplanung determiniert Kapazitätsbedarf (Produktionsprogramm, Fertigungsauftragsbildung) und Prozessgesetzmäßigkeiten.	◕ Teilebedarfsermittlung determiniert Materialbedarf, PPS beeinflusst Bevorratungsebene.	◕ DLZ ist Ergebnis der Durchlaufplanung, PPS beeinflusst maßgeblich Übergangszeit/org. Bearbeitungsfolge, Parallelität, Bevorratungsebene.	◔ Organisatorische Bearbeitungsfolge und Bevorratungsebene beeinflussen Informationsaufwand.	● Produktionsplanung ist die Grundlage der Produktionssteuerung.	kein Einfluss	kein Einfluss	◑ PPS beeinflusst Prozessverhalten/-verlauf (Qualität/Umwelt).	◕ Terminplanung beeinflusst Lieferzeitpunkt und Umfang der Produktionslogistik.
HF12 Produktionsplanung wird von den anderen Problemfeldern beeinflusst...	◔ Ziele/Strategien sind Orientierung für die Ableitung von Zielen und Maßnahmen der Produktionsplanung.	◔ Marktposition/Kooperation beeinflussen mittelbar Planung und zeitliche Verteilung des Jahresproduktionsprogramms.	kein Einfluss	◔ AK-Leistungsfähigkeit/-bereitschaft gehen in Potenzialplanung ein.	● Kapazitätsangebot ist Grundlage der Produktionsdurchführung, Kapazitätsbilanzierung Hauptmethode der Produktionsplanung.	◕ Arbeitsorganisation liefert Bedingungen für Produktionsplanung (organisatorische Gestaltung).	◑ Verfahrensvielfalt bestimmt Dispositionsspielraum der Produktionsplanung.	● Kapazitätsangebot ist Grundlage der Produktionsdurchführung, Kapazitätsbilanzierung Hauptmethode der Produktionsplanung.	◑ Teilesortiment und Bestände gehen in Potenzialplanung ein.	kein Einfluss (Vorgabezeiten sind Grundlage der Terminplanung, Durchlaufzeiten Ergebnis).	◕ Informationssystem liefert zuverlässige und aktuelle Daten (Kapazitäten, Bestände) für Produktionsplanung.	◑ Produktionssteuerung hat Rückkopplung zur Produktionsplanung (Planänderung).	◕ Produktionsorganisation bestimmt Rahmenbedingungen für Produktionsplanung.	● Arbeitsplan ist Voraussetzung für Produktionsplanung (und -durchführung, PPS).	◔ Qualität und Umweltgerechtheit definieren Anforderungen an Produktionsplanung.	◔ Logistikgerechtheit ist allen Planungen immanent (ganzheitlicher Ansatz, Produktionslogistik).

● besonders starke Beziehung, ◕ sehr starke Beziehung, ◑ starke Beziehung, ◔ schwache Beziehung, ○ sehr schwache Beziehung

Bild 166: Interdependenzen aus Sicht der Produktionsplanung (HF12)

HF13 Produktionssteuerung	**HF01** Langfristige Unternehmensziele/Marketingstrategien	**HF02** Marktposition und kooperative Zusammenarbeit	**HF03** Innovationsfähigkeit	**HF04** Leistungsfähigkeit/-bereitschaft der Arbeitskräfte	**HF05** AK-Kapazitätsangebot und dessen Nutzung	**HF06** Arbeitsorganisation	**HF07** Leistungsfähigkeit und Reproduktion der Anlagen	**HF08** BM-Kapazitätsangebot und dessen Nutzung	**HF09** Materialbedarf	**HF10** Durchlaufzeit	**HF11** Informationsmanagement	**HF12** Produktionsplanung	**HF14** Produktionsorganisation	**HF15** Produktionsvorbereitung und -durchführung	**HF16** Qualitäts- und Umweltmanagement	**HF17** Logistikmanagement
	○	◑		◑	◕	◑	●	◕	◕	◕	◑	◑	◔		◕	●
HF13 Produktionssteuerung beeinflusst die anderen Problemfelder...	Rückkopplung zwecks Kontrolle und Zielanpassung.	Auskunftsbereitschaft (Monitoring) stellt Differenzierungspotenzial dar (vgl. Informationsmanagement).	kein Einfluss	Produktionssteuerung definiert Anforderungen an AK (Flexibilität).	Arbeitsverteilung und Prozessgesetzmäßigkeiten (Kontinuität, Parallelität) beeinflussen Kapazitätssituation.	Produktionssteuerung definiert Anforderungen an Arbeitszeitgestaltung (Flexibilität).	Produktionssteuerung definiert Anforderungen an BM (Automatisierung, Integration), gestaltet Nutzungsphase.	Arbeitsverteilung und Prozessgesetzmäßigkeiten (Kontinuität, Parallelität) beeinflussen Kapazitätssituation.	Produktionssteuerung beeinflusst Lagerbestände.	PPS beeinflusst unmittelbar die Übergangszeit (ablaufbedingte Liege-, Lagerungszeit), organisatorische Bearbeitungsfolge, Bevorratungsebene.	PPS-System definiert Anforderungen an Informationssystem (Informationsbedarf/-aktualität/-qualität).	Produktionssteuerung hat Rückkopplung zur Produktionsplanung (Planänderung).	Produktionssteuerung ermittelt organisatorische Schwachstellen (Rückkopplung).	kein Einfluss	PPS beeinflusst Prozessverhalten/-verlauf (Qualität/Umwelt).	PPS beeinflusst Produktionslogistik (Ablauf, Lagerzahl/-bestand), Bevorratungsebene/Punkt der Variantenbestimmung, Termintreue, Auskunft.
	◔	◔		◔	●	◕	◑	●	●	◑	●	●	◕	●	◔	●
HF13 Produktionssteuerung wird von den anderen Problemfeldern beeinflusst...	Ziele/Strategien sind Orientierung für die Ableitung von Zielen und Maßnahmen der Produktionssteuerung.	Kooperation beeinflusst unmittelbar den Steuerungsaufwand (Koordinationsbedarf).	kein Einfluss	AK-Leistungsfähigkeit/-bereitschaft beeinflussen mittelbar Optionen der PPS (Einsatzflexibilität, Personalentwicklung), Verfügbarkeit.	Kapazitätssituation ist Grundlage der Auftragsveranlassung (Verfügbarkeitsprüfung).	Arbeitsorganisation liefert Bedingungen für Produktionssteuerung (organisatorische Gestaltung).	BM-Beschaffung/-erhaltung sind Grundlage der Verfügbarkeit, Automatisierung beeinflusst Steuerungsaufwand und PPS-System.	Kapazitätssituation ist Grundlage der Auftragsveranlassung (Verfügbarkeitsprüfung).	Materialverfügbarkeit ist Voraussetzung für Auftragsveranlassung.	Durchlaufzeitabweichungen erfordern Maßnahmen zur Störungsbeherrschung.	Informationssystem verwaltet Datenbanken und liefert zuverlässige und aktuelle Rückmeldungsdaten über Prozessverlauf (BDE).	Produktionsplanung ist die Grundlage der Produktionssteuerung.	Art/Niveau der Organisationsform schaffen org. Voraussetzungen, determinieren Komplexität des PPS-Systems (Automatisierung).	Produktionsvorbereitung stellt Unterlagen bereit (Belegerstellung) und beeinflusst Dispositionsspielraum/Flexibilität der PPS (BM-Zuordnung).	Qualität und Umweltgerechtigkeit definieren Anforderungen an Produktionssteuerung.	Definition von Anforderungen an PPS-System, Punkt der Variantenbestimmung /Bevorratungsebene, Sicherung der Bereitstellung/Kontinuität.

● besonders starke Beziehung, ◕ sehr starke Beziehung, ◑ starke Beziehung, ◔ schwache Beziehung, ○ sehr schwache Beziehung

Bild 167: Interdependenzen aus Sicht der Produktionssteuerung (HF13)

HF14 Produktionsorganisation	**HF01** Langfristige Unternehmensziele/Marketingstrategien	**HF02** Marktposition und kooperative Zusammenarbeit	**HF03** Innovationsfähigkeit	**HF04** Leistungsfähigkeit/ -bereitschaft der Arbeitskräfte	**HF05** AK-Kapazitätsangebot und dessen Nutzung	**HF06** Arbeitsorganisation	**HF07** Leistungsfähigkeit und Reproduktion der Anlagen	**HF08** BM-Kapazitätsangebot und dessen Nutzung	**HF09** Materialbedarf	**HF10** Durchlaufzeit	**HF11** Informationsmanagement	**HF12** Produktionsplanung	**HF13** Produktionssteuerung	**HF15** Produktionsvorbereitung und -durchführung	**HF16** Qualitäts- und Umweltmanagement	**HF17** Logistikmanagement
	◔	◑	◑	◕	●	●	●	●	◕	◕	◑	◕	◕	◑	◑	◑
HF14 Produktionsorganisation beeinflusst die anderen Problemfelder...	Art/Niveau der Organisationsformen beeinflussen mittelbar Strategieoptionen und Ziele.	Art/Niveau der Organisationsformen beeinflussen Ressourcenstärke (dispositiver Faktor) und Optionen der Zusammenarbeit.	Organisation der F&E beeinflusst Entwicklungsgeschwindigkeit (Simultaneous Engineering).	Produktionsorganisation beeinflusst Arbeitsorganisation und Motivation.	Organisationsform stellt Anforderungen an Kapazitätsausstattung/-proportionalität.	Organisationsform definiert Rahmen für organisatorische Gestaltung, Zeitregime und Arbeitsstrukturierung.	Organisationsform definiert Anforderungen an BM-Auswahl (Integration, Verkettung, Automatisierung)/Organisationsformen der Hilfsprozesse.	Organisationsform stellt Anforderungen an Kapazitätsausstattung/-proportionalität und bestimmt Eingliederung der BM (Layout/Anordnung).	Produktionsorganisation beeinflusst Teileklassenbildung und Anzahl der Zwischenlager.	Niveau der Organisationsform bestimmt Layout/Kontinuität der Fertigung (Flussorientierung) und damit Durchlaufzeit (Transport-/Liegezeit).	Art/Niveau der Organisationsform determinieren Komplexität des Informationssystems (Zwangssteuerung, Automatisierung).	Produktionsorganisation bestimmt Rahmenbedingungen für Produktionsplanung.	Art/Niveau der Organisationsform schaffen org. Voraussetzungen, und determinieren Komplexität des PPS-Systems (Automatisierung).	Produktionsorganisation bestimmt mittelbar Rahmenbedingungen für Produktionsvorbereitung und -durchführung.	Produktionsorganisation beeinflusst Qualität/Umweltgerechtheit der Faktorkombination (Throughput).	Produktionsorganisation beeinflusst Produktionslogistik (Anzahl der Zwischenlager, Verkettung, Materialfluss).
	◕	◕	◔			◔	◔		◕		◕		◔		◔	●
HF14 Produktionsorganisation wird von den anderen Problemfeldern beeinflusst...	Ziele/Strategien definieren Produktionsprogramm und dadurch Anforderungen an Art und technisches Niveau der Organisationsformen.	Marktposition/Kooperation beeinflussen über Produktionsprogramm mittelbar Fertigungstiefe, Art und Niveau der Organisationsformen.	Prozessinnovation beeinflusst mittelbar Art und Niveau der Organisationsformen (Restrukturierung/-organisation).	kein Einfluss	kein Einfluss	Organisatorische Gestaltung beeinflusst Wahl der Organisationsform (Gruppenarbeit).	Organisationsformen der Instandhaltung haben Rückwirkungen auf Organisationsformen der Fertigung und Montage.	kein Einfluss	Technologische Vereinheitlichung beeinflusst Organisationsformwahl (Kapazitätsbedarf der Teileklassen).	kein Einfluss	Informationssystem liefert Entscheidungsgrundlage für Organisationsformwahl und Rückmeldungsdaten für permanente Überprüfung.	kein Einfluss	Produktionssteuerung ermittelt organisatorische Schwachstellen (Rückkopplung).	kein Einfluss	Qualität und Umweltgerechtigkeit definieren Anforderungen an Produktionsorganisation.	Logistik beeinflusst Layoutplanung/Organisationsformwahl (Rationalisierung/Optimierung), TUL-Organisationsformen haben Rückwirkungen.

● besonders starke Beziehung, ◕ sehr starke Beziehung, ◑ starke Beziehung, ◔ schwache Beziehung, ○ sehr schwache Beziehung

Bild 168: Interdependenzen aus Sicht der Produktionsorganisation (HF14)

HF15 Produktionsvorbereitung und -durchführung	HF01 Langfristige Unternehmensziele/Marketingstrategien	HF02 Marktposition und kooperative Zusammenarbeit	HF03 Innovationsfähigkeit	HF04 Leistungsfähigkeit/-bereitschaft der Arbeitskräfte	HF05 AK-Kapazitätsangebot und dessen Nutzung	HF06 Arbeitsorganisation	HF07 Leistungsfähigkeit und Reproduktion der Anlagen	HF08 BM-Kapazitätsangebot und dessen Nutzung	HF09 Materialbedarf	HF10 Durchlaufzeit	HF11 Informationsmanagement	HF12 Produktionsplanung	HF13 Produktionssteuerung	HF14 Produktionsorganisation	HF16 Qualitäts- und Umweltmanagement	HF17 Logistikmanagement
	○			◑	◕	◑	◕	◕	◕	◕		●	●		◑	◕
HF15 Produktionsvorbereitung und -durchführung beeinflussen die anderen Problemfelder...	Rückkopplung zwecks Kontrolle und Zielanpassung.	kein Einfluss	kein Einfluss	Vorgabe-/Erholzeiten beeinflussen Leistungsfähigkeit/-bereitschaft der AK, Reduzierung von Lernverlusten durch Vorbereitung.	Vorgabezeiten/Lohngruppe definieren Anforderungen an AK-Kapazität.	Vorgabezeiten begrenzen Möglichkeiten/stellen Anforderungen an Arbeitszeitgestaltung.	Notwendige Arbeitsgänge definieren Anforderungen an Investition/Modernisierung.	Notwendige Arbeitsgänge definieren Anforderungen an BM-Kapazität (Arbeitsplan).	Auswahl des Rohmaterials determiniert Materialbedarf.	Technologische Bearbeitungsfolge/Vorgabezeiten beeinflussen unmittelbar Höhe der Durchlaufzeit (Arbeitsplan).	kein Einfluss	Arbeitsplan ist Voraussetzung für Produktionsplanung (und -durchführung, PPS).	Produktionsvorbereitung stellt Unterlagen bereit (Belegerstellung) und beeinflusst Dispositionsspielraum/ Flexibilität der PPS (BM-Zuordnung).	kein Einfluss	Produktionsvorbereitung bestimmt Niveau des Prozessablaufes.	Technische Bearbeitungsfolge beeinflusst Logistikaufwand.
	◔		◕	◑		◑	◑		●	◔	◕			◑	◑	◑
HF15 Produktionsvorbereitung und -durchführung werden von den anderen Problemfeldern beeinflusst...	Ziele/Strategien sind Orientierung für die Ableitung von Zielen und Maßnahmen der Produktionsvorbereitung und -durchführung.	kein Einfluss	Verfahrens-/Faktorinnovation ermöglichen neue Prozesse, Erzeugnisdokumentation ist Grundlage der Planung.	AK-Leistungsfähigkeit/-bereitschaft haben Einfluss auf die Festlegung von Vorgabezeiten und Lohngruppenbestimmung.	kein Einfluss	Arbeitsorganisation liefert Bedingungen für Produktionsdurchführung (PPS).	Verfahrensvielfalt bestimmt Dispositionsspielraum der Produktionsvorbereitung und -durchführung.	kein Einfluss	Faktorinnovation/Teilesortiment bestimmen Dispositionsspielraum für Materialauswahl, Versorgungssicherheit sichert Durchführung.	Erfahrungswerte der Durchlaufzeit können bei Ermittlung der Vorgabezeiten helfen.	Informationssystem liefert und verwaltet notwendige Daten.	kein Einfluss	kein Einfluss	Produktionsorganisation bestimmt mittelbar Rahmenbedingungen für Produktionsvorbereitung und -durchführung.	Qualität und Umweltgerechtigkeit sind allen Planungen immanent (Rohstoffauswahl, BM-Zuordnung).	Übergangs-/Transportzeiten beeinflussen Ermittlung der Vorgabezeiten.

● besonders starke Beziehung, ◕ sehr starke Beziehung, ◑ starke Beziehung, ◔ schwache Beziehung, ○ sehr schwache Beziehung

Bild 169: Interdependenzen aus Sicht der Produktionsvorbereitung und -durchführung (HF15)

HF16 Qualitäts- und Umweltmanagement	**HF01** Langfristige Unternehmensziele/Marketingstrategien	**HF02** Marktposition und kooperative Zusammenarbeit	**HF03** Innovationsfähigkeit	**HF04** Leistungsfähigkeit/-bereitschaft der Arbeitskräfte	**HF05** AK-Kapazitätsangebot und dessen Nutzung	**HF06** Arbeitsorganisation	**HF07** Leistungsfähigkeit und Reproduktion der Anlagen	**HF08** BM-Kapazitätsangebot und dessen Nutzung	**HF09** Materialbedarf	**HF10** Durchlaufzeit	**HF11** Informationsmanagement	**HF12** Produktionsplanung	**HF13** Produktionssteuerung	**HF14** Produktionsorganisation	**HF15** Produktionsvorbereitung und -durchführung	**HF17** Logistikmanagement
HF16 Qualitäts- und Umweltmanagement beeinflussen die anderen Problemfelder...	●	●	◕	◕		◑	●		●	◑	◕	◔	◔	◔	◑	◕
	Qualitäts- und Umweltstrategie beeinflussen unmittelbar Strategieoptionen und Zielanpassung (Wettbewerbsfaktor).	Qualitäts- und Umweltstrategie beeinflussen Differenzierungspotenzial (Wettbewerbsfaktor), Kooperation (Lieferantenaudit).	Qualitäts- und Umweltmanagement nehmen Einfluss auf Produkt-/Prozessentwicklung (qualitäts-/umweltgerecht).	Qualitäts- und Umweltmanagement definieren Anforderungen an AK (Qualitäts-/ Umweltbewusstsein, Eigenverantwortlichkeit).	kein Einfluss	Qualität und Umweltgerechtheit definieren Anforderungen an Arbeitsplatzgestaltung (Technik, Sicherheit).	Qualitäts- und Umweltmanagement definieren Anforderungen an BM (Qualität/Umweltgerechtheit), Einschränkungen bei Auswahl.	kein Einfluss	Qualitäts- und Umweltmanagement definieren Anforderungen an WS-Auswahl (Qualitäts-/Umweltgerechtheit).	Qualitäts-/ Kontrollniveau beeinflusst Übergangszeit (Kontrollzeit) und Ausschuss-/ Nacharbeitsquote.	Qualitäts- und Umweltmanagement definieren Anforderungen an Informationssystem (Dokumentation).	Qualität und Umweltgerechtheit definieren Anforderungen an Produktionsplanung.	Qualität und Umweltgerechtheit definieren Anforderungen an Produktionssteuerung.	Qualität und Umweltgerechtheit definieren Anforderungen an Produktionsorganisation.	Qualität und Umweltgerechtheit sind allen Planungen immanent (Rohstoffauswahl, BM-Zuordnung).	Qualitäts- und Umweltmanagement beeinflussen Niveau der Logistikleistung und der Entsorgungslogistik.
HF16 Qualitäts- und Umweltmanagement werden von den anderen Problemfeldern beeinflusst...	●	◑	●	●		◕	●		●		◕	◑	◕	◑	◑	●
	Ziele/Strategien sind unmittelbarer Ausgangspunkt für Qualitäts- und Umweltstrategie (Kommunikation, Priorisierung).	Marktposition/Kooperation haben Rückwirkungen auf Qualitäts- und Umweltstrategie (Lieferantenaudit).	Innovation ermöglicht Differenzierung im Rahmen der Qualitäts- und Umweltstrategie (Verfahrensverbesserung, Faktorinnovation).	Leistungsfähigkeit/-bereitschaft beeinflussen unmittelbar Niveau des QM/ UM (Inputqualität, Schulung: Qualitäts-/ Umweltbewusstsein).	kein Einfluss	Adäquate Arbeitsvoraussetzungen/-bedingungen sind Grundlage der Qualität und Umweltgerechtheit.	BM-Eigenschaften beeinflussen unmittelbar Inputqualität und Umweltgerechtheit/Entsorgung, IH determiniert Sicherheit/ Qual. der Fertigung.	kein Einfluss	WS beeinflussen unmittelbar Inputqualität und Recyclingfähigkeit/Entsorgungsaufwand (Abfallvermeidung).	kein Einfluss	Informationssystem dokumentiert Prozesse und kommuniziert Qualitäts-/Umweltgedanken/-politik.	PPS beeinflusst Prozessverhalten/-verlauf (Qualität/ Umwelt).	PPS beeinflusst Prozessverhalten/-verlauf (Qualität/ Umwelt).	Produktionsorganisation beeinflusst Qualität/ Umweltgerechtheit der Faktorkombination (Throughput).	Produktionsvorbereitung bestimmt Niveau des Prozessablaufes.	Logistikleistung/ Niveau der Entsorgungslogistik (Sammlung, Trennung) beeinflussen Niveau des Qualitäts-/ Umweltmanagements.

● besonders starke Beziehung, ◕ sehr starke Beziehung, ◑ starke Beziehung, ◔ schwache Beziehung, ○ sehr schwache Beziehung

Bild 170: Interdependenzen aus Sicht des Qualitäts- und Umweltmanagements (HF16)

HF17 Logistikmanagement	HF01 Langfristige Unternehmensziele/Marketingstrategien	HF02 Marktposition und kooperative Zusammenarbeit	HF03 Innovationsfähigkeit	HF04 Leistungsfähigkeit/-bereitschaft der Arbeitskräfte	HF05 AK-Kapazitätsangebot und dessen Nutzung	HF06 Arbeitsorganisation	HF07 Leistungsfähigkeit und Reproduktion der Anlagen	HF08 BM-Kapazitätsangebot und dessen Nutzung
HF17 Logistikmanagement beeinflusst die anderen Problemfelder...	● Logistikstrategie beeinflusst unmittelbar Strategieoptionen und Zielanpassung (Wettbewerbsfaktor).	● Logistikstrategie beeinflusst Differenzierungspotenzial (Wettbewerbsfaktor) und Zusammenarbeit (Fertigungstiefe).	◕ Logistikmanagement nimmt Einfluss auf Produkt-/Prozessentwicklung (logistikgerecht).	◕ Logistikmanagement definiert Anforderungen an AK (System-/Totalkosten-/Service-/Effizienzdenken).	kein Einfluss	◕ Logistikgerechtheit definiert Anforderungen an Arbeitsplatzgestaltung (materialflussgerecht), beeinflusst Arbeitsteilung (Fertigungstiefe).	● Logistikgerechtheit ist allen Planungen immanent (ganzheitlicher Ansatz), Einschränkungen bei BM-Auswahl.	kein Einfluss
HF17 Logistikmanagement wird von den anderen Problemfeldern beeinflusst...	● Ziele/Strategien sind unmittelbarer Ausgangspunkt für die Logistikstrategie.	◕ Marktposition/Kooperation haben Rückwirkungen auf Logistikstrategie (Lieferantenbeziehungen).	● Innovation ermöglicht Differenzierung im Rahmen der Logistikstrategie.	◑ AK-Leistungsfähigkeit/-bereitschaft beeinflussen unmittelbar Niveau des Logistikmanagements (Servicebewusstsein).	kein Einfluss	◑ Arbeitsplatzgestaltung liefert Anforderungen an Produktionslogistik.	◑ BM-Eigenschaften beeinflussen Möglichkeiten der Produktionslogistik (Verkettung, Schnittstellen).	kein Einfluss

HF17 Logistikmanagement	HF09 Materialbedarf	HF10 Durchlaufzeit	HF11 Informationsmanagement	HF12 Produktionsplanung	HF13 Produktionssteuerung	HF14 Produktionsorganisation	HF15 Produktionsvorbereitung und -durchführung	HF16 Qualitäts- und Umweltmanagement
HF17 Logistikmanagement beeinflusst die anderen Problemfelder...	● LM definiert Anforderungen an WS-Auswahl (Logistikgerechtheit) und beeinflusst Bestände und Fertigungstiefe (Beschaffungslogistik).	● Logistikmanagement beeinflusst Übergangszeitanteil (Prozessoptimierung: Kontroll-, Lagerungszeit) und Lagerstufen/-standorte.	● Logistikmanagement definiert Anforderungen an Informationssystem (Dokumentation, Koordination).	◔ Logistikgerechtigkeit ist allen Planungen immanent (ganzheitlicher Ansatz, Produktionslogistik).	● Definition von Anforderungen an PPS-System, Punkt der Variantenbestimmung/ Bevorratungsebene, Sicherung der Bereitstellung/Kontinuität.	● Logistik beeinflusst Layoutplanung/Organisationsformwahl (Rationalisierung/Optimierung), TUL-Organisationsformen haben Rückwirkungen.	◑ Über-gangs-/Transportzeiten beeinflussen Ermittlung der Vorgabezeiten.	● Logistikleistung/Niveau der Entsorgungslogistik (Sammlung, Trennung) beeinflussen Niveau des Qualitäts-/Umweltmanagements.
HF17 Logistikmanagement wird von den anderen Problemfeldern beeinflusst...	◕ WS beeinflussen unmittelbar Niveau und Umfang der Beschaffungslogistik.	● Durchlaufzeit bestimmt Lieferzeit (Differenzierungspotenzial der Distributionslogistik).	● Informationen determinieren physische Prozesse (Dokumentations-/Steuerungsfunktion), Informationen ersetzen Bestände.	◕ Terminplanung beeinflusst Lieferzeitpunkt und Umfang der Produktionslogistik.	● PPS beeinflusst Produktionslogistik (Ablauf, Lagerzahl/-bestand), Bevorratungsebene/Punkt der Variantenbestimmung, Termintreue, Auskunft.	◑ Produktionsorganisation beeinflusst Produktionslogistik (Anzahl der Zwischenlager, Verkettung, Materialfluss).	◕ Technologische Bearbeitungsfolge beeinflusst Logistikaufwand.	◕ Qualitäts- und Umweltmanagement beeinflussen Niveau der Logistikleistung und der Entsorgungslogistik.

● besonders starke Beziehung, ◕ sehr starke Beziehung, ◑ starke Beziehung, ◔ schwache Beziehung, ○ sehr schwache Beziehung

Bild 171: Interdependenzen aus Sicht des Logistikmanagements (HF17)

5 Erfahrungen aus den Umsetzungsmaßnahmen und der Projektevaluierung

5.1 Realisierte Maßnahmen zur Produktivitätssteigerung

Zwischen dem Erkennen von potenziellen Handlungsfeldern, der betrieblichen Schwerpunktsetzung bis hin zur praktischen betrieblichen Umsetzung konkreter Maßnahmen gibt es in der Praxis üblicherweise größere Differenzen.
Mit der intensiven und durchgängigen Begleitung der am Projekt beteiligten Unternehmen durch das Projektteam konnte eine hohe Umsetzungsrate erreicht werden.

Die wesentlichen Kriterien zur Umsetzungsorientierung in den beteiligten Unternehmen sind:

- der transparente Vergleich der „eigenen" Unternehmensorganisation und deren Ergiebigkeit mit „anderen vergleichbaren" Unternehmensorganisationen,
- die transparente Ableitung der potenziellen Handlungsfelder aus dem Best Productivity Practice-Konzept,
- die aktive Einbindung in die Bewertung der Prioritäten und betriebliche Schwerpunktsetzung,
- das Erkennen der praktischen Realisierbarkeit der Best Productivity Practice in „vergleichbaren" Unternehmen,
- die Umsetzungsunterstützung durch Fachexperten und Projektmanager gerade in der Startphase der Projektrealisierung.

In 78 Prozent aller am Projekt beteiligten Unternehmen wurden Maßnahmen zur kurzfristigen Erschließung von Produktivitätspotenzialen eingeplant und vorbereitet.
In 22 Prozent war aus gesellschaftsrechtlichen Gründen keine Umsetzung möglich. Unter Ausklammerung dieser Unternehmen haben 75 Prozent der beteiligten Unternehmen bis zum heutigen Zeitpunkt konkrete, direkt im Zusammenhang mit dem Projekt stehende Maßnahmen realisiert.

In der praktischen Umsetzung sind für jedes beteiligte Unternehmen firmenindividuelle Benchmarking- und Best Productivity Practice-Berichte erarbeitet worden.
In diesen firmenindividuellen Auswertungen werden die Stärken und Schwächen sowie die identifizierten Potenzialfelder aus Sicht des Benchmarkingteams systematisiert.
Diese Aufbereitungen sind die Basis für einen in jedem Unternehmen durchgeführten Produktivitätsworkshop, in dem die Analyseergebnisse dem Unternehmen vorgestellt wurden.
Die Besetzung dieses Workshops war je Unternehmen individuell festzulegen. Ein kleiner Teilnehmerkreis ermöglichte eine intensivere Diskussion in der Tiefe und ein größerer Teilnehmerkreis eine breite Information und Mitarbeitereinbindung.

Die Teilnehmerzahlen in den Firmenworkshops lagen zwischen 3 und 20 Mitarbeitern. In den „Auftaktworkshops" wurde vorzugsweise das obere und mittlere Management und der Betriebsrat eingebunden. Die wesentlichen Inhalte der unternehmensbezogenen Produktivitätsworkshops sind in *Bild 172* zusammengefasst. Die Ergebnisse der Produktivitätsworkshops wurden in einem Workshopprotokoll mit entsprechenden Maßnahmevorschlägen dokumentiert.

Workshop-Ablauf

- Zielsetzung des Projektes "Erschließung und Umsetzung von Produktivitätspotenzialen“
- branchenbezogene Benchmarkingauswertung
- firmenbezogene Benchmarkingauswertung
- branchenbezogene Best Productivity Practice-Auswertung
- firmenbezogene Best Productivity Practice-Auswertung
- firmenbezogene Stärken- und Schwächenanalyse
- Bewertung der Potenzialfelder zur Steigerung der Produktivität
- Ableitung von Maßnahmeschwerpunkten
- Diskussion der Ergebnisse
- Festlegung Maßnahmeplan (optional)

Bild 172: Inhalte der unternehmensbezogenen Workshops

In jedem der beteiligten Unternehmen konnten über diesen methodischen Ansatz Potenzialfelder zur Produktivitätssteigerung abgeleitet werden. Das galt auch für die Best Productivity Practice-Unternehmen.
Dies ist insbesondere möglich durch die differenzierte Betrachtung der Produktivität (Arbeitskräfte-, Betriebsmittel-, Werkstoff- und Gesamtproduktivität) und die Tatsache, dass kein Unternehmen in allen vier analysierten Kennzahlensegmenten Bestwerte erreichen konnte.
Das bedeutet, dass auch Best Productivity Practice-Unternehmen Potenziale zur Produktivitätssteigerung besitzen und dass auch für hochproduktive Unternehmen ein Best Productivity Practice-Vergleich Anregungen und Hilfestellungen zur Erschließung von Produktivitätspotenzialen bietet.

Über alle 60 beteiligte Unternehmen sind insgesamt 623 Handlungsfelder als mögliche Gestaltungsbereiche zur Steigerung der Produktivität identifiziert worden *(vgl. Bild 120*).
Es ist festzustellen, dass die aus betrieblicher Sicht z.T. große Anzahl von Schwerpunktsetzungen nicht vollständig in die Realisierung übernommen werden konnten.

Insbesondere aus Gründen der **eingeschränkten Verfügbarkeit von Ressourcen** (Personal- und Finanzressourcen) in Klein- und Mittelstandsbetrieben in Mecklenburg-Vorpommern ist die Anzahl der zeitnah zu **realisierenden Maßnahmen** zur Erschließung von erkannten Produktivitätspotenzialen **begrenzt**, so dass eine Eingrenzung auf besonders produktivitätswirksame Felder erforderlich ist.

Jedes Unternehmen identifizierte i.d.R. ein bis vier für die Erschließung von Produktivitätspotenzialen besonders relevante Handlungsfelder.

Auf Basis der in den Workshopprotokollen definierten Ergebnisse und Festlegungen wurden die Handlungsfelder innerbetrieblich soweit spezifiziert, dass daraus konkrete Aufgabenstellungen für Maßnahmen zur Produktivitätssteigerung ableitbar wurden.

Die Notwendigkeit, einzelne Unternehmen in diesem Prozess der Ideenfindung und Ableitung der Aufgabenstellung zu unterstützen, war sehr differenziert. Im konkreten Fall ist festzustellen, dass externe Führung und Unterstützung diesen Prozess deutlich beschleunigen kann.

Für jedes beteiligte Unternehmen und für jedes priorisierte Handlungsfeld wurde eine konkrete Aufgabenstellung zur Erschließung und Umsetzung von Produktivitätspotenzialen erarbeitet.

Verdichtet über alle Projektteilnehmer ergaben sich aus den definierten 17 Arbeitspaketen sechs Schwerpunkthandlungsfelder zur Produktivitätssteigerung in den beteiligten Unternehmen (*vgl. Bild 173*).

Schwerpunkthandlungsfelder	Rangplatz
• Produktionsorganisation	1
• Informationsmanagement	2
• Arbeitskräfteleistungsfähigkeit /-bereitschaft	3
• Arbeitskräftekapazität	4
• Marktpositionierung	5
• Produktionsplanung und -steuerung	6

Bild 173: Schwerpunkthandlungsfelder nach Prioritätensetzung aus Sicht der Umsetzungsplanung

Diese unternehmensbezogenen Aktivitäten wurden ergänzt um firmenübergreifende, schwerpunktbezogene Best Productivity Practice-Workshops, in denen sich Unternehmen mit ähnlichen oder gleichen Schwerpunkthandlungsfeldern an einem Erfahrungsaustausch zum „Lernen von den Besten“ beteiligten.
Auch über diesen Transferweg konnten Ideen zur Produktivitätssteigerung generiert oder konkretisiert werden.
Ein Erfahrungstransfer zwischen den beteiligten Unternehmen und den darüber hinaus interessierten Fachkreisen war für die Dynamik der Prozesse besonders hilfreich und wurde z.B. in folgenden Formen realisiert:

- Erfahrungsaustausch in Arbeitskreisen
- Vortragsreihen
- Fachpublikationen
- Branchenworkshops.

Diese Umsetzungsdynamik dokumentiert sich in der Anzahl der über die Projektlaufzeit realisierten Produktivitätssteigerungsprojekte (vgl. *Bild 174*).

Bild 174: Entwicklung der Unternehmensbeteiligung an Umsetzungsprojekten

In Folge unternehmensindividueller Produktivitätsworkshops im Zeitraum von Oktober 2000 bis November 2003 wurden 54 Unternehmensprojekte in die Realisierungsphase überführt. Das verdeutlicht die Praxis- und Umsetzungsorientierung des Best Productivity Practice-Ansatzes.

Wesentliche Triebkraft und Erfolgsgarant war die breite Beteiligung der Mitarbeiter in den Unternehmen.
Durch die Projektkonzeption gelang es im Idealfall sehr früh, die Mitarbeiter im Rahmen der Produktivitätsworkshops einzubinden, zu interessieren und zur Mitwirkung zu motivieren.
Insgesamt war eine große Bereitschaft der Mitarbeiter festzustellen, wenn konkrete Aufgaben zur Produktivitätssteigerung arbeitsplatzbezogen zu realisieren waren. Diese Bereitschaft stieg sprunghaft an, wenn erkannt wurde, dass Produktivitätssteigerung nicht bedeutet, die Mitarbeiteranzahl zu reduzieren oder die individuelle Arbeitsgeschwindigkeit zu erhöhen.

Insgesamt wurden über die Projektlaufzeit bisher über 1000 Mitarbeiter aus den beteiligten Unternehmen in Qualifizierungsprojekte zur Steigerung der Produktivität eingebunden *(Bild 175)*. Die breite Einbindung der Mitarbeiter lässt erwarten, dass die Weiterbildungs- und Umsetzungsdynamik auch über das Projektende hinaus weitere Aktivitäten zur Steigerung der Produktivität in den Unternehmen erzeugt und damit eine nachhaltige Wirkung der „Hilfe zur Selbsthilfe“ gewährleistet ist. Das Spektrum der im Rahmen des Projektes identifizierten und priorisierten Handlungsfelder war sehr breit gegliedert.

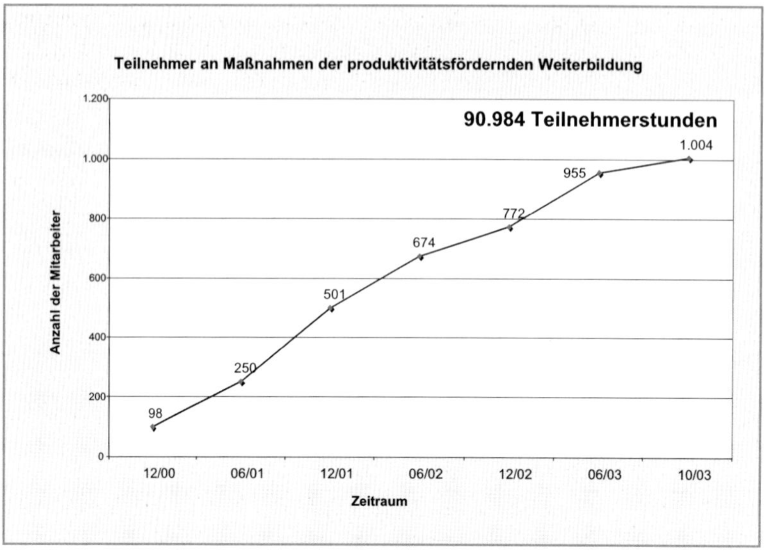

Bild 175: Entwicklung der Mitarbeiterbeteiligung an Qualifizierungsprojekten

Im Verhältnis zu den 135 über das Best Productivity Practice-Konzept identifizierten Potenzialfeldern war ein Realisierungsanteil von 54 Produktivitätssteigerungsmaßnahmen (40 Prozent) im Rahmen der Projektlaufzeit positiv zu bewerten.
Dies bedeutet aber auch, dass weitere Potenzialfelder zur Steigerung der Produktivität bereits definiert sind und bei Ressourcenverfügbarkeit sofort erschlossen werden können.

Insgesamt wurde die aus Sicht des Projektteams hohe Umsetzungsrate von Maßnahmen insbesondere durch die Gestaltung geeigneter Rahmenbedingungen seitens der Wirtschaftspolitik und der Arbeitsmarktpolitik des Landes Mecklenburg-Vorpommern sowie der Europäischen Union begünstigt. Ohne diese Unterstützung wäre es nicht realistisch gewesen, eine so breite Umsetzung in den am Projekt beteiligten Klein- und Mittelbetrieben zu erwarten.

Bei den bisher umgesetzten Maßnahmen liegen die Schwerpunkte auf den Gebieten:

- Produktionsorganisation, Prozessorientierung, Qualitätsmanagement
- Leistungsfähigkeit, Leistungsbereitschaft der Arbeitskräfte
- Informationsmanagement
- Produktionsplanung und -steuerung
- Materialflussgestaltung, Materialwirtschaft, Logistik
- Kunden- und Mitarbeiterorientierung,

wobei eine große Anzahl weiterer Handlungsfelder realisiert wurde.

Im Kapitel 1.4.4 wurde auf die Notwendigkeit einer breiten internen Fach- und Methodenqualifikation der beteiligten Mitarbeiter hingewiesen und das Ebenenmodell mit einem Bildungsansatz dargestellt. Dieses Konzept konnte begleitend zur Projektlaufzeit entwickelt und erprobt werden. Erste wesentliche Ergebnisse aus dem Konzept der produktivitätsfördernden Fortbildung sind aus aktueller Sicht zu verallgemeinern. Nicht zuletzt wegen der notwendigen breiten Einbindung der Mitarbeiter in die Umsetzungsmaßnahmen ist für die Erschließung von Produktivitätspotenzialen von Vorteil, wenn ein Großteil der Unternehmensmitarbeiter in das Bildungsprogramm einbezogen werden kann.

In der metallverarbeitenden Industrie Mecklenburg-Vorpommerns und insbesondere in den beteiligten Unternehmen sind ca. 70 % der Beschäftigten in gewerblichen Strukturen tätig.
Die an der Umsetzung von Maßnahmen beteiligten Mitarbeiter sollten über soziale und methodische Kompetenzen verfügen.

Dazu gehören:

- Grundkenntnisse des Produktivitätsbegriffes
- Kooperationsbereitschaft
- Kreativität
- Motivationsfähigkeit
- Wirtschaftlichkeitsdenken
- Teamfähigkeit.

Zur Anpassung der Fähigkeiten an das erweiterte Anforderungsprofil sind gezielte und auf die jeweiligen Bedürfnisse der am Programm beteiligten Personengruppen abgestimmte Ausbildungsmaßnahmen erforderlich.
Im Durchschnitt muss davon ausgegangen werden, dass für diese Zielgruppe ca. 40 bis 80 Seminarstunden projektbegleitend zu realisieren sind.

Der Angestelltenbereich der beteiligten klein- und mittelständischen Unternehmen besteht zu 70 % aus Mitarbeitern, die im technisch-planerischen (Konstrukteure, Arbeitsplaner, Kalkulatoren) oder organisatorisch-dispositiven Bereichen (Einkauf, Disposition, Produktionssteuerung, Logistik) tätig sind.

Auch für diese Mitarbeiter gelten ähnliche spezifische Anforderungen, die sie zu Umsetzungshandlungen befähigen. Dazu gehören besondere Kenntnisse:

- zum Produktivitätsmanagement
- zur Datenermittlung und Datenanalyse
- zur Schwachstellenanalyse
- zu Problemlösungs- und Moderationstechniken
- zu Grundlagen der Mitarbeiterführung
- zum Konfliktmanagement
- zur Motivationsfähigkeit
- zur Kooperationsbereitschaft und Einfühlungsvermögen
- zur Wirkung dispositiver Faktoren auf die Produktivität.

Es ist davon auszugehen, dass für diese Zielgruppe ca. 100 bis 160 Seminarstunden zur Erwerbung o.g. Kompetenzen projektbegleitend zu realisieren sind.
Der Bildungsbedarf ist möglichst in zeitlicher Nähe zum Projektablauf bedarfs- und zielgruppenorientiert zu ermitteln und arbeitsplatz- und aufgabenbezogen zu realisieren. Der in diesem Zusammenhang erkennbare Bildungsbedarf der Mitarbeiter kann bei ähnlichen Potenzialfeldern und Handlungsoptionen auch unternehmensübergreifend erfasst und gebündelt werden. Dabei muss ein auf die Bedürfnisse zugeschnittenes, individuelles Fortbildungsprogramm entwickelt und inhaltlich mit den Unternehmen abgestimmt werden.

Das hohe Engagement der Mitarbeiter zur Umsetzung von produktivitätssteigernden Maßnahmen in den beteiligten Unternehmen ist möglicherweise ein weiteres Indiz für die Praktikabilität des Projektansatzes und die motivierende Transparenz der Entscheidungsalternativen.

5.2 Ergebnisse der Projektevaluierung

Die hohe Übereinstimmung zwischen **Analyse- und Realisierungsergebnis** wird als Bestätigung für den systematischen Projektansatz gewertet.
Sowohl in der Breite der potenziellen Handlungsfelder als auch in der Verdichtung und Schwerpunktsetzung entspricht das Modell den praktischen Anforderungen.

Diese Einschätzung wird durch die Ergebnisse einer durch das Wirtschaftsministerium durchgeführten Projektevaluierung bestärkt.

Zielstellung dieser Evaluierung ist die Bewertung des Modellansatzes durch die beteiligten Unternehmen und eine Einschätzung der Übertragbarkeit der Vorgehensweise auf andere Unternehmen, möglicherweise auch auf andere Branchen.

Die Ergebnisse dieser projektbegleitenden Evaluierung werden auszugsweise in den nachfolgenden Bildern *(vgl. Bilder 176 – 182)* dargestellt.

1. Evaluierungsfrage:
Der Projektansatz, über das entwickelte Produktivitätsbenchmarking einen realen Produktivitätsvergleich innerhalb der Branche zu ermöglichen ...

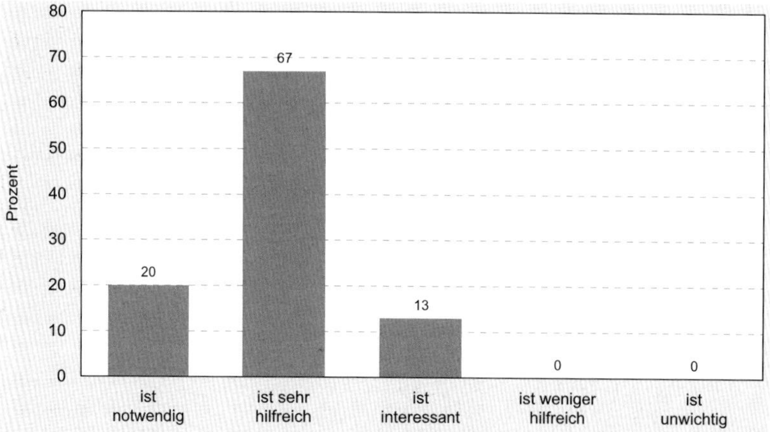

Bild 176: Nutzenseinschätzung der Realisierung des Produktivitätsvergleichs in der Branche

2. Evaluierungsfrage:

Die Ergebnisse des Produktivitätsbenchmarking und insbesondere die Einordnung des eigenen Unternehmens in das Spektrum der Branchenproduktivität haben für uns ...

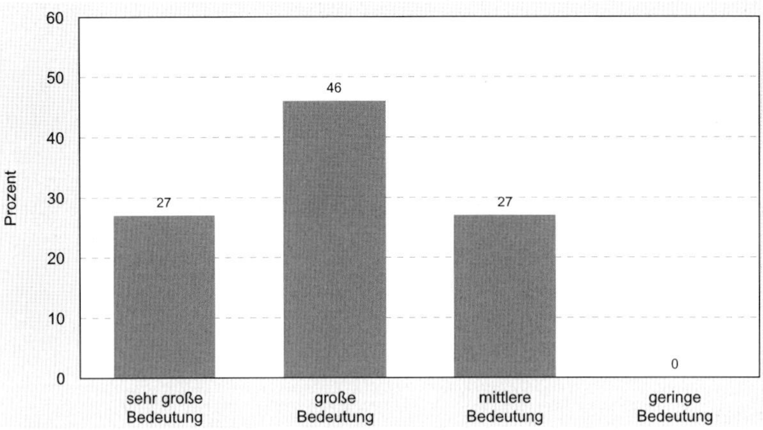

Bild 177: Bedeutung des Branchenproduktivitätsansatzes für das einzelne Unternehmen

3. Evaluierungsfrage:

Den Projektansatz, über einen Best Practice-Vergleich Stärken- und Schwächenprofile der beteiligten Unternehmen zu erarbeiten und potenzielle Maßnahmen zur Produktivitätssteigerung abzuleiten, halten wir für ...

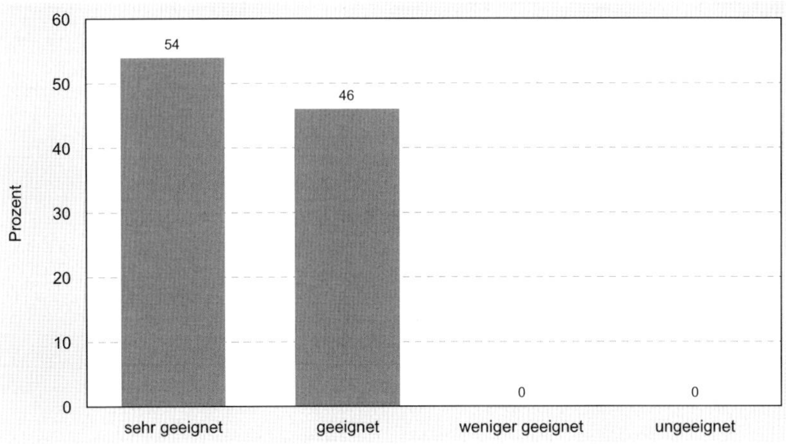

Bild 178: Eignung des Projektansatzes zur Produktivitätssteigerung

4. Evaluierungsfrage:

Die Ergebnisse der unternehmensbezogenen Stärken-/Schwächenanalyse über den realisierten Best Practice-Ansatz haben für unser Unternehmen eine ...

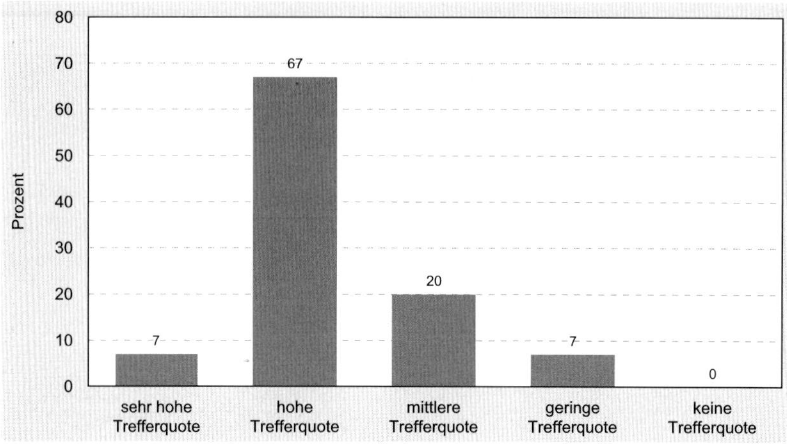

Bild 179 Trefferquote der Identifikation von Handlungsfeldern durch das Projekt

5. Evaluierungsfrage:

Die Umsetzung einzelner im Projekt definierter Maßnahmen zur Produktivitätssteigerung in unserem Unternehmen ...

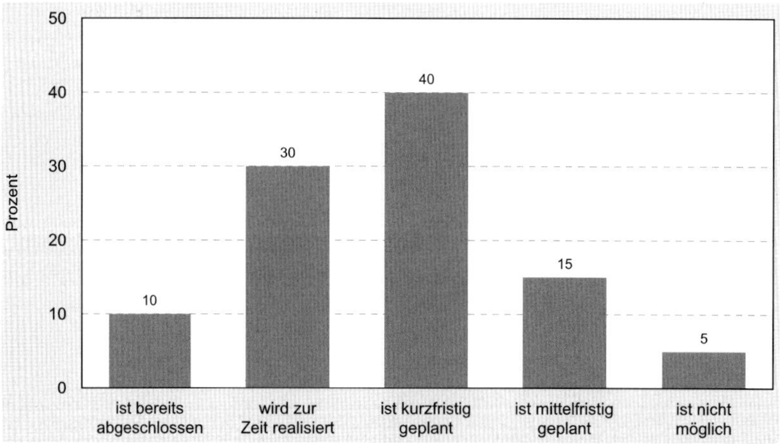

Bild 180: Stand der Umsetzung definierter Maßnahmen zur Produktivitätssteigerung

6. Evaluierungsfrage:

Unsere Erwartungen an das Projekt wurden bisher ...

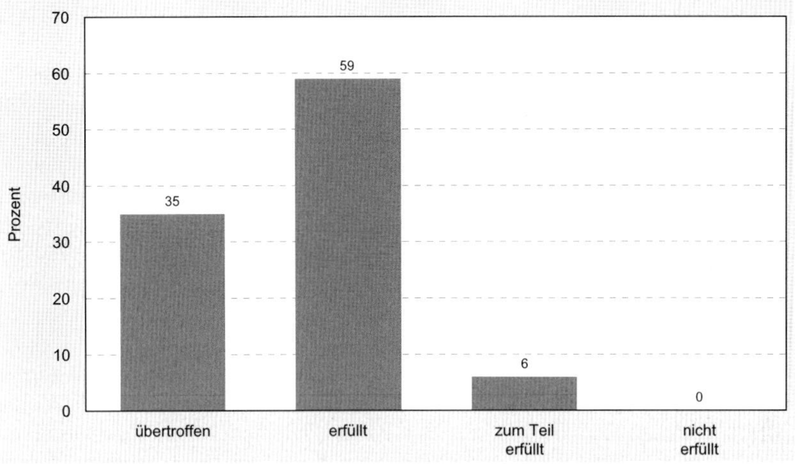

Bild 181: Erfüllung der mit dem Projekt verbundenen Erwartungen

7. Evaluierungsfrage:

Aus unserer Einschätzung ist ein vergleichbares Produktivitätsprojekt für andere Unternehmen/Branchen ...

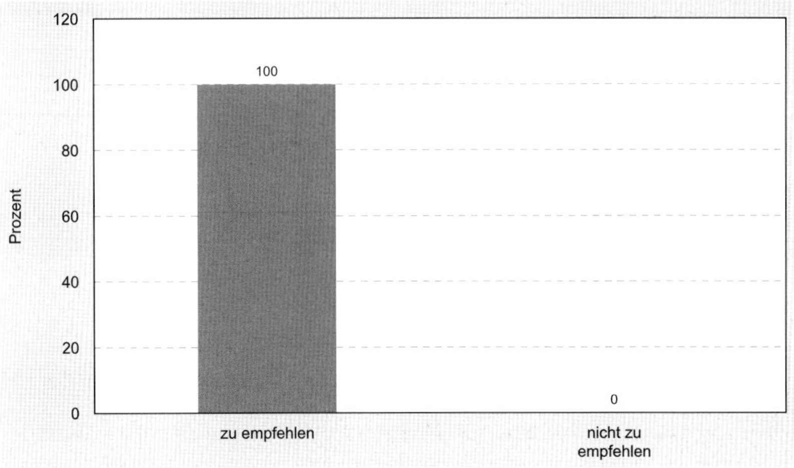

Bild 182: Empfehlung des Projektes für andere Branchen

Diese **große Zustimmung** zum methodischen Ansatz und zur entwickelten Systematik der Erschließung von Produktivitätspotenzialen ist wesentlich begründet in der **Praxisorientierung** des **methodischen Konzeptes** sowie in der **Umsetzungsbegleitung** und **Umsetzungsunterstützung** für identifizierte Handlungsfelder.

5.3 Projektergebnisse von Beispielunternehmen

5.3.1 Erschließung von Produktivitätssteigerungspotenzialen in der Webasto Thermosysteme GmbH Neubrandenburg

Die Webasto Thermosysteme GmbH in Neubrandenburg ist eine 100%-ige Tochter der weltweit tätigen Webasto AG mit Stammsitz in Stockdorf/München mit insgesamt 4.800 Mitarbeitern. Die Produktionsschwerpunkte umfassen Fahrzeugkarosseriesysteme, Fahrzeugdachsysteme, Klimaanlagen und Heizungssysteme. Die Webasto Thermosysteme GmbH Neubrandenburg ist ein führendes Unternehmen mit Entwicklungsschwerpunkten und Produktinnovationen im Bereich der motorenunabhängigen Fahrzeugheizungssysteme. Der erreichte hohe Weltmarktanteil zeugt von einer hohen Leistungskraft der Webasto Gesellschaft und ist nur mit einem überdurchschnittlich hohen Qualitätsstandard zu gewährleisten.
Dieser Qualitätsstandard wird durch zertifizierte Qualitätsmanagementsysteme nach den Normen der ISO-Familie, der QS-9000 und den VDA-Richtlinien sowie den kundenspezifischen Qualitätsforderungen gewährleistet und in regelmäßigen internen wie externen Audits nachgewiesen und weiterentwickelt. Unter der Leitidee der kontinuierlichen Verbesserung stellt sich die Webasto Gesellschaft auf Basis des erreichten hohen Qualitätsstandards der Produkte und Organisationsabläufe weiterreichende Ziele, die auf Kundenzufriedenheit und den langfristigen Geschäftserfolg ausgerichtet sind.

Auch im Produktivitätsvergleich erreicht die Webasto Thermosysteme GmbH Neubrandenburg in allen Kennzahlen Ergebnisse im Spitzenfeld der analysierten Unternehmen und liefert in wesentlichen Bereichen die Benchmarks.
Gerade auch im Bereich der Arbeitskräfteproduktivität hat die Webasto Thermosysteme GmbH beispielgebende Lösungen entwickelt und umgesetzt, wie z.B.

- systematische Personalplanung und -auswahl
- Mitarbeiterbeurteilung und -entwicklung
- Stärkung der Eigenverantwortung durch Team-/Gruppenarbeit
- Unterstützung und Förderung von Verbesserungsprozessen
- Anerkennung von Entwicklungserfolgen.

Identifikation der Produktivitätslücke

Beim Vergleich der Arbeitskräfteproduktivität auf der Basis Bruttowertschöpfung zu Personalaufwand erreichte die Webasto Thermosysteme GmbH mit dem Wert von 3,22 ein Ergebnis, welches weit über dem Mittelwert der Benchmarkinggruppe lag (1,77) und ein überdurchschnittlich hohes Niveau darstellt.
Im Vergleich zum Benchmark wurde für Webasto ein Produktivitätspotenzial aufgezeigt, zu dessen Erschließung geeignete Handlungsfelder aus den Best Productivity Practice-Erfahrungen abzuleiten waren.
Auf Basis der im Rahmen der Unternehmensbefragung erhobenen Daten erfolgte ein Vergleich der Einflussfaktorenausprägungen zwischen dem Benchmarkunternehmen (mit dem Maximalwert der Arbeitskräfteproduktivität) und Webasto.
Dabei wurde deutlich, dass beide Unternehmen exzellente Lösungen zur Förderung und Sicherung der Arbeitskräfteproduktivität realisieren. Ein wesentlicher Unterschied bestand allerdings in der Konsequenz der methodischen Anwendung von **Mitarbeiterzufriedenheitsanalysen** und in der **Einschätzung der Zufriedenheit der Mitarbeiter** (*vgl. Bild 183*).

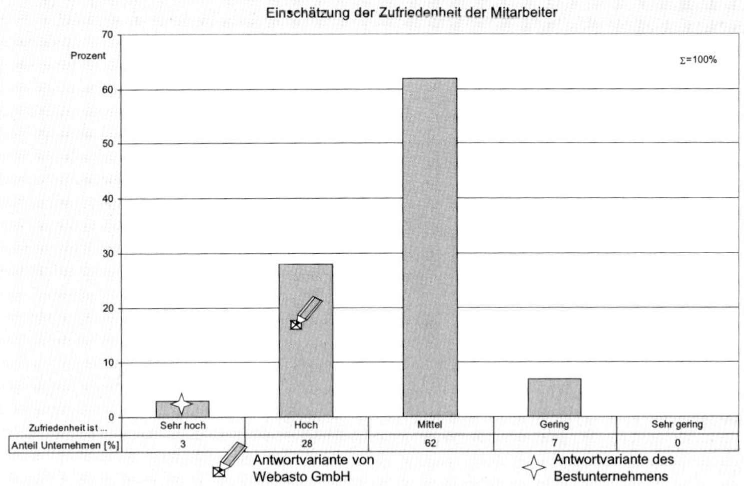

Bild 183: Best Practice Ansatz - Mitarbeitermotivation

Dabei könnte der relativ hohe Anteil (62 %) der Einschätzung einer eher „mittleren" Zufriedenheit der Mitarbeiter in den anderen beteiligten Unternehmen darauf hindeuten, dass insgesamt dem Instrument der Mitarbeiterzufriedenheitsanalyse bisher zu wenig Aufmerksamkeit beigemessen wurde.

Ziel und Methode der Analyse der Mitarbeiterzufriedenheit

Zur Erschließung des aufgezeigten Produktivitätssteigerungspotenzials wurde vom Webasto-Management in Neubrandenburg eine Aufgabenstellung zur „Entwicklung einer Konzeption für eine Webasto-Mitarbeiterzufriedenheitsanalyse" mit den Zielsetzungen:

- Motivationsförderung für die weitere Produktivitätssteigerung
- Einführung als personalpolitisches Entwicklungsinstrument und Einbindung in das Management kontinuierlicher Verbesserungsprozesse
- Umsetzung der Forderungen aus den Qualitätsmanagementsystemen und Einbindung von standardisierten Bewertungskriterien der Mitarbeiterorientierung, Mitarbeiterzufriedenheit und des Führungsverhaltens zur Bewertung der strategischen Qualitätsfähigkeit nach dem EFQM-Modell

abgeleitet.

Dem Grundgedanken folgend, dass eine Organisation nur dann erfolgreich sein kann, wenn die Mitarbeiter motiviert sind und dies auch langfristig bleiben, ist die systematische Mitarbeiterzufriedenheitsbewertung und -entwicklung als ein kontinuierlicher Prozess zu installieren (Nebl/Dikow [Mitarbeiterzufriedenheitsanalyse]).
Auf dieser Basis wurde ein spezielles Webasto-Modell zur Mitarbeiterzufriedenheitsbewertung entwickelt, das die vorhandenen methodischen Instrumente wie z.B.:

- Kennzahlenbewertung messbarer Indikatoren
- Mitarbeiter- und Vorgesetztenbeurteilung

und das zu entwickelnde Instrument der Mitarbeiterbefragung integriert (*vgl. Bild 184*).

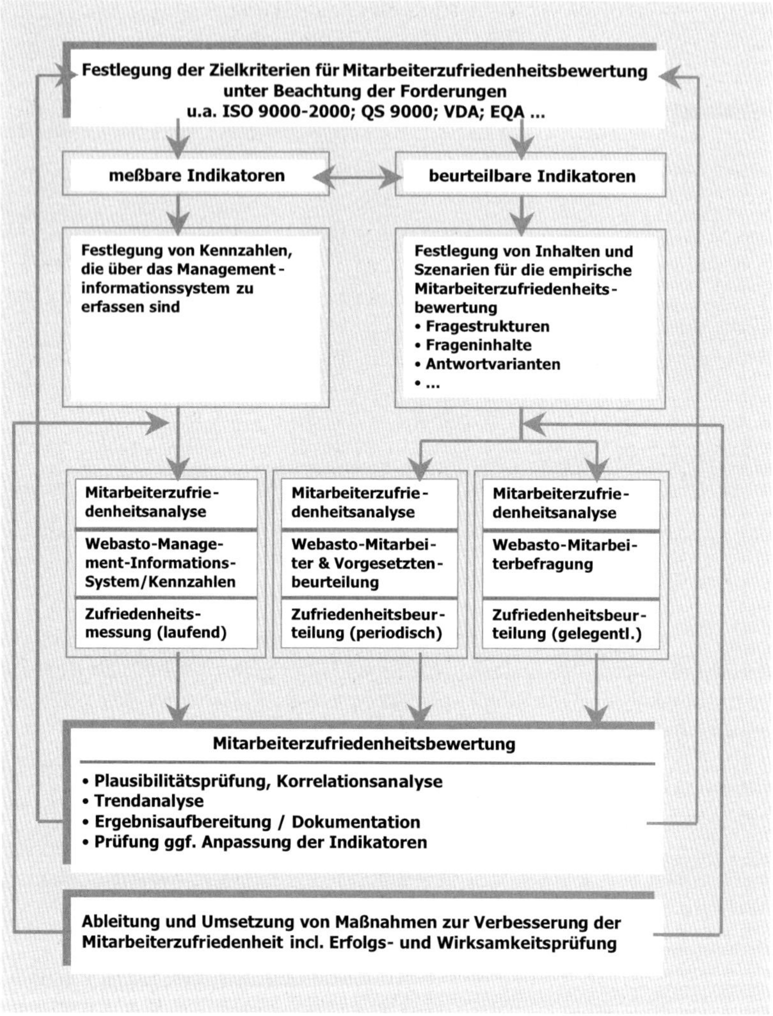

Bild 184: Modellansatz zur Webasto –Mitarbeiterzufriedenheitsbewertung

Die weiteren Ausführungen konzentrieren sich auf den ausgewählten Teilaspekt der Mitarbeiterbefragung, der im Mittelpunkt der Betrachtungen stand.
Die Mitarbeiterbefragung ist ein wichtiger Bestandteil von Veränderungsprozessen, der u.a. die Rückmeldung der Befragungsergebnisse und die Ableitung sowie Umsetzung von Veränderungsmaßnahmen einschließt.
Hierfür ist es von großer Bedeutung, dass alle Mitarbeiter die Befragungsergebnisse akzeptieren können. Dies wiederum setzt voraus, dass die Mitarbeiter frühzeitig in das Konzept und in die inhaltliche Gestaltung der Befragung eingebunden werden und dass alle Mitarbeiter die Chance haben, sich an der Befragung zu beteiligen.

Bei der Gestaltung des Fragebogens wurde davon ausgegangen, dass die Befragung mit Hilfe eines standardisierten Fragebogens mit geschlossenen Antwortvorgaben und einer fünfstufigen Bewertungsskala durchgeführt wird.

Die Vorteile der Mitarbeiterbefragung auf dieser Basis waren:

- die Fragebögen sind durch die Mitarbeiter einfach auszufüllen
- die Aufgabenstellung ist sehr klar
- der Befragte kann eine Frage beliebig oft lesen und den Zeitbedarf für die Beantwortung individuell steuern
- es sind kaum terminliche Vereinbarungen zum Bearbeiten des Fragebogens notwendig (flexibel handhabbar)
- Fragen mit geschlossenen Antworten sind einfacher auswertbar
- die Befragungsergebnisse sind in hohem Maße miteinander vergleichbar
- die Datenerfassung und die Datenanalyse erfolgt bei der Fragebogenmethode objektiv, d.h. unabhängig vom Untersucher
- die Fragebogenmethode sichert die Anonymität des Antwortenden.

Die Phase der Fragebogenentwicklung wurde durch die Geschäftsleitung, den Betriebsrat und das Personalwesen begleitet. Dabei wurden ausgehend von der Zielsetzung wesentliche Themenbereiche und Fragenkomplexe festgelegt (*vgl. Bild 185*).

	Fragenkomplexe
A	Wirkung der Arbeit allgemein
B	Ergonomische Arbeitsbedingungen
C	Organisatorische Arbeitsbedingungen
D	Arbeitsleistung
E	Leistungsbewertung
F	Zielvereinbarung
G	Beurteilungs-, Mitarbeiter-Gespräch
H	Entwicklungsmöglichkeiten
I	Informationsmanagement
J	Kundenorientierung
K	Verbesserungsvorschläge
L	Mitarbeiterorientierung
M	Zusammenarbeit
N	Zusammenfassende Bewertung
O	Bedeutung der Mitarbeiterbefragung
P	Statistische Angaben

Bild 185: Übersicht der Fragenkomplexe zur Mitarbeiterzufriedenheitsanalyse

Bild 186 zeigt beispielhaft die Struktur der Einzelfragen mit den in diesem Fall standardisierten Antwortalternativen für die Fragenkomplexe C und H.

Um neben der insbesondere auch vom Betriebsrat geforderten Zielstellung einer anonymen Datenerhebung eine differenzierte und handlungsorientierte Auswertung zu ermöglichen, wurden Fragen z.B. nach

- der beruflichen Stellung der Mitarbeiter im Unternehmen
- der Zuordnung der Mitarbeiter zu Organisationseinheiten und ihrer
- Zuordnung zu Entlohnungsstrukturen (Zeitlohn; Prämienlohn)

in den Fragebogen integriert.

C. Organisatorische Arbeitsbedingungen

		ja	eher ja	teils - teils	eher nein	nein
1.	Schafft die Arbeitszeitregelung Ihnen Freiräume für persönliche Belange?	❑	❑	❑	❑	❑
2.	Haben Sie Einfluss auf die Ihnen zugeteilten Arbeitsinhalte?	❑	❑	❑	❑	❑
3.	Können Sie die Reihenfolge der von Ihnen zu erledigenden Arbeitsschritte selbst festlegen?	❑	❑	❑	❑	❑
4.	Haben Sie den erforderlichen Entscheidungs - spielraum für die Erledigung Ihrer Aufgaben?	❑	❑	❑	❑	❑

H. Entwicklungsmöglichkeiten

		ja	eher ja	teils - teils	eher nein	nein
1.	Werden Ihnen durch das Unternehmen Möglichkeiten zur Weiterbildung geboten?	❑	❑	❑	❑	❑
2.	Nutzen Sie Weiterbildungsangebote für Ihre berufliche Entwicklung?	❑	❑	❑	❑	❑
3.	Sind Sie bereit für Ihre berufliche Weiterentwicklung einen persönlichen Anteil zu leisten (Freizeit, Geld ...)?	❑	❑	❑	❑	❑
4.	Können Sie sich über die Entwicklungsperspektiven für Webasto-Mitarbeiter ausreichend informieren?	❑	❑	❑	❑	❑
5.	Sehen Sie bei Webasto für sich Entwicklungs-perspektiven ?	❑	❑	❑	❑	❑

Bild 186: Struktur der Einzelfragen in den Fragenkomplexen C und H

Nach der Erstellung des Fragebogens unter breiter Mitwirkung der Webasto-Mitarbeiter und des Webasto-Betriebsrates erfolgte eine Testbefragung, um ggf. Schwierigkeiten beim Umgang mit dem Fragebogen herauszufinden und zu beseitigen. Für die Sicherung einer breiten Befragungsbeteiligung wurden die Mitarbeiter vom Management und vom Betriebsrat gemeinsam über die Ziele der Mitarbeiterbefragung in Workshops, Arbeitsberatungen, der Firmenzeitung und den Betriebsratsinformationen informiert.

Im Ergebnis haben sich rund 60 % der Mitarbeiter an der Befragung aktiv beteiligt, wobei über 90 % der Angestellten und 45 % der gewerblichen Mitarbeiter teilgenommen haben. Auch wenn insgesamt keine hohe Beteiligung beim erstmaligen Einsatz der Mitarbeiterbefragung erwartet wurde, hat die Beteiligung bei den gewerblichen Mitarbeitern die Erwartungen nicht erfüllt.

Aus den Befragungsergebnissen können einige Aspekte zur Erklärung der unterschiedlichen Mitwirkungsbereitschaft herangezogen werden:

- der Gesamteindruck der Mitarbeiterzufriedenheit ist bei den Angestellten höher als bei den gewerblichen Mitarbeitern
- die organisatorischen Arbeitsbedingungen (Komplex C) werden von den Angestellten im Durchschnitt deutlich positiver bewertet als von den gewerblichen Mitarbeitern.

Für die Beteiligung an der Befragung könnte dabei der Aspekt der „Beeinflussbarkeit der Tätigkeitsinhalte“, der von den gewerblichen Mitarbeitern geringer bewertet wurde als von den Angestellten, eine Bedeutung haben, wenn dies unter dem Blickwinkel der Chance der Einflussnahme betrachtet wird:

- Die Angestellten bewerten ihre Entwicklungsperspektiven (Komplex H) bei Webasto positiver als die gewerblichen Mitarbeiter.
- Die Mitarbeiterorientierung (Komplex L) wird von den gewerblichen Mitarbeitern als befriedigend und von den Angestellten eher noch als gut bewertet. Dabei vermittelt

das Befragungsergebnis den Eindruck, dass die gewerblichen Mitarbeiter überwiegend mit der Anerkennung guter Leistungen eher unzufrieden sind.

Neben diesen Einzelaspekten, die möglicherweise zur Erklärung der unterschiedlichen Beteiligung von Angestellten und gewerblichen Mitarbeitern beitragen können, ist insgesamt festzustellen, dass sowohl **von** den **Angestellten** als auch **von** den **gewerblichen Mitarbeitern gewünscht** wird, dass die **Mitarbeiterbefragungen** regelmäßig durchgeführt werden.

Auswertung der Mitarbeiterbefragung

Zur Wahrung der Anonymität der Befragung erfolgte die Auswertung der Befragungsbögen durch eine externe Institution. Die Auswertung erfolgte in unterschiedlichen Detaillierungsstufen und Datenzusammenfassungen (*vgl. Bild 187*).

Übersicht der Auswertungsalternativen

- Auswertung der Fragekomplexe
- Auswertung der Einzelfragen
- Auswertung des Gesamtunternehmens WTS
- Auswertung einzelner Fachbereiche
- Fachbereichsvergleich
- Auswertung angestellte Mitarbeiter
- Auswertung gewerbliche Mitarbeiter
- Auswertung Zeitlöhner
- Auswertung Prämienlöhner

Bild 187: Übersicht der Auswertungsalternativen zur Mitarbeiterbefragung

Bild 188 zeigt beispielhaft die Ergebnisdarstellung der Auswertung über alle Befragungskomplexe als höchste Verdichtungsstufe.

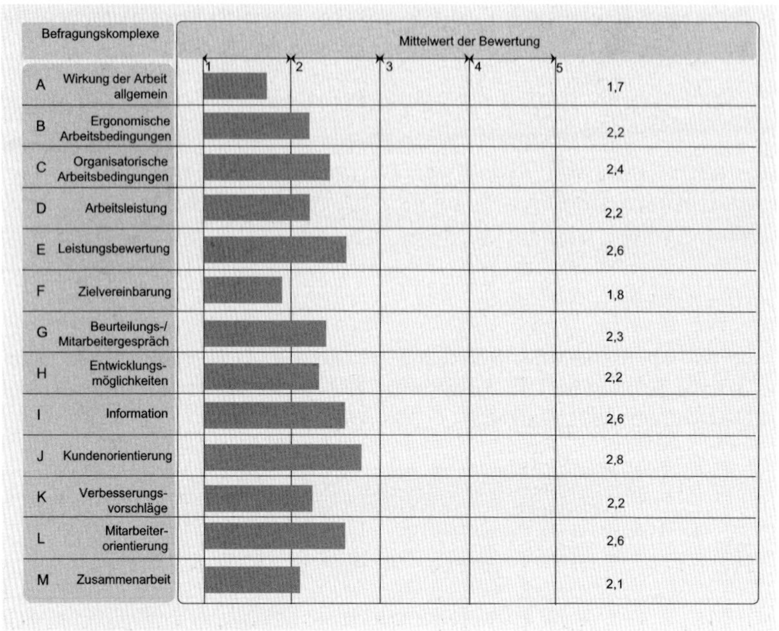

Bild 188: Bewertung der Befragungskomplexe über alle Unternehmensbereiche

Der Bereich von 1,0 – 1,9 („grüner Bereich“) verdeutlichte einen geringen Handlungsbedarf, da eine hohe Zufriedenheit erreicht war.
Der Bereich von 2,0 – 3,9 („gelber Bereich“) signalisierte Handlungspotenziale, wo durch geeignete Maßnahmen eine Verbesserung der Zufriedenheit mittelfristig anzustreben wären.
Der Bereich von 4,0 – 5,0 („roter Bereich“) signalisierte kurzfristigen Handlungsbedarf. Sofortige Maßnahmen zur Analyse und Umsetzung von Veränderungsprozessen schienen kurzfristig geboten.

Insgesamt vermittelte das Auswertungsergebnis einen überdurchschnittlich hohen Zufriedenheitsgrad der Mitarbeiter der Webasto Thermosysteme GmbH Neubrandenburg.
Zur Ableitung von Maßnahmen zur Verbesserung der Mitarbeiterzufriedenheit erfolgte eine differenzierte Betrachtung der Einzelfragen in den Fragenkomplexen (vgl. *Bild 189).*

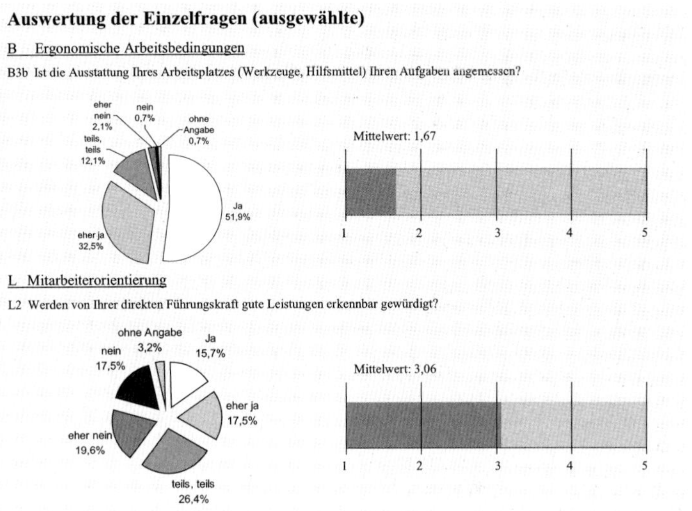

Bild 189: Darstellung von Ergebnissen der Auswertung von Einzelfragen

Für die Ableitung von Verbesserungsmaßnahmen mit Wirkung auf die Mitarbeiterzufriedenheit war eine vergleichende Betrachtung von besonderem Wert *(vgl. Bild 190)*. Daraus konnten spezifische Stärken und Potenziale einzelner Betrachtungsgruppen abgeleitet werden. Darüber hinaus wurde auch hier ein Best Practice-Konzept im innerbetrieblichen Vergleich zur Verbesserung der Mitarbeiterzufriedenheit umgesetzt.

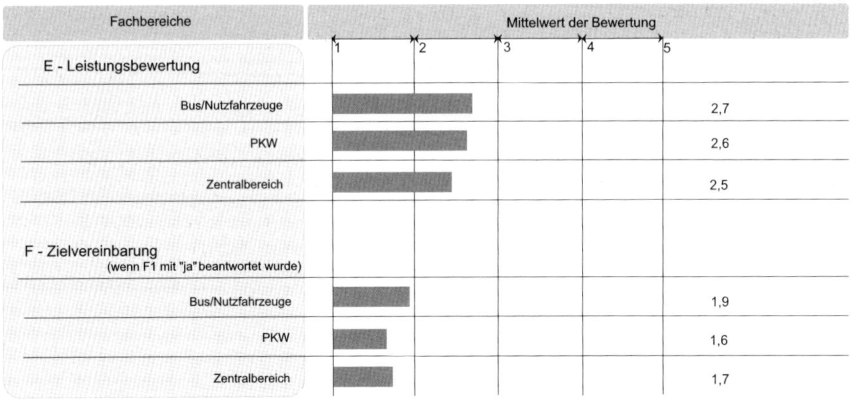

Bild 190: Fachbereichsvergleich für die Fragenkomplexe E und F

Wesentliche Voraussetzung für die Ableitung von Verbesserungspotenzialen war die kurzfristige Rückmeldung der Befragungsergebnisse an alle Mitarbeiter des Unternehmens. Dies erfolgte auf unterschiedlichen Wegen, z.B. über:

- Auswertungsworkshops zur Ergebnisbewertung im Management
- Detaillierte Ergebnisberichte zur Information der Führungskräfte
- Detaillierte Ergebnisberichte zur Information des Betriebsrates

- Information der Mitarbeiter (Betriebsversammlung, Auswertung in den Bereichen und Arbeitsgruppen)
- Darstellung der Ergebnisse im Webasto-Intranet.

Den **eigentlichen Nutzen** entfaltet das Instrument der Mitarbeiterzufriedenheitsanalyse jedoch erst dann, wenn mit konkreten Maßnahmen zur Erschließung der durch die Befragung aufgezeigten **Potenziale** reagiert wird und diese geplant und **umgesetzt werden**.

In Zusammenarbeit mit den Mitarbeitern hat das Webasto-Management einen umfassenden Maßnahmeplan zur Umsetzung von Aktivitäten für die Erreichung einer höheren Mitarbeiterzufriedenheit erarbeitet und diesen durch Realisierungstermine und Verantwortlichkeiten konkretisiert.

Dieser Maßnahmeplan umfasst u.a.:

- Gestaltungsaufgaben zur Verbesserung ergonomischer Arbeitsbedingungen
- Aktivitäten zur Verbesserung der internen Informationspolitik
- Maßnahmen zur Steigerung der Flexibilität und zum systematischen Arbeitsplatzwechsel
- Aktivierung von Zielvereinbarungsprozessen
- Ausbau des Mitarbeiterqualifizierungsprogramms mit den Schwerpunkten der internen und externen Kundenorientierung sowie der Leistungsbeurteilung

Wesentlich für den Erfolg und damit auch für eine hohe **Akzeptanz der Mitarbeiterbefragung** ist eine **zeitnahe** und **konsequente Realisierung** der **festgelegten Maßnahmen**. In diesem Fall erkennen die Mitarbeiter, dass ihre aktive Beteiligung an der Befragung zu konkreten Veränderungen der Prozesse führt.

Dies ist die Basis für eine zukünftig hohe Mitarbeiterbeteiligung an der Befragung. Die Umsetzung von motivationsfördernden Maßnahmekomplexen wirkt dabei positiv auf die Entwicklung der Produktivität im Unternehmen.

5.3.2 Erschließung von Produktivitätssteigerungspotenzialen in der FORUS GmbH

Die FORUS GmbH stellt Forst- und Spezialmaschinen her, die weltweit vermarktet werden. An dem Hauptstandort in Waren/Müritz sind 50 Mitarbeiter beschäftigt. Neben dem Hauptstandort existiert ein globales Händler- und Servicenetz, das eine hohe Verfügbarkeit gelieferter Produkte garantiert. Angefangen von der Konstruktion über die Fertigung von Bauteilen bis zur Endmontage erhält jeder Kunde entsprechend seinen Anforderungen leistungsstarke Technik für die Zerkleinerung von Alt- und Abbruchholz, Wurzelstöcken, Hausmüll, Sperrmüll, Bahnschwellen und Ersatzbrennstoffen für die thermische Verwertung. Ebenso vielfältig wie die Einsatzmöglichkeiten der Brecher sind die Optionen der Ausstattung. Ergänzend zu den Brechern bietet die FORUS GmbH Komponenten für Altholzaufbereitungsanlagen, wie Sortierkabinen oder Siebtechnik und die zweite Zerkleinerungsstufe zur Erzeugung eines feinen Spanes an. Das Programm der FORUS GmbH komplettiert die Forst-Spezialtechnik.

Ein bei der Produktivitätsanalyse erkanntes **Haupthandlungsfeld** stellte das **Informationsmanagement** des Unternehmens dar. Das Informationsmanagement ist die entscheidende Grundlage für einen hohen Ergiebigkeitsbeitrag des dispositiven Faktors (Planung, Organisation, Steuerung). Es übt Einflüsse sowohl auf den Zähler als auch auf den Nenner der Produktivitätsformel aus. Durch seine ausgeprägte Querschnittsfunktion besitzt das Informationsmanagement Beziehungen zu allen Handlungsfeldern der Produktivität. Damit beeinflusst es nicht nur die Einzelproduktivitäten sondern vor allem die Gesamtproduktivität eines Unternehmens.
Bei dem Vergleich der Gesamtproduktivität erreichte die FORUS GmbH einen Wert der dem Mittelwert der Benchmarkinggruppe entsprach. Im Vergleich zum Bestwert wurden Best Productivity Practice-Maßnahmen im Handlungsfeld des Informationsmanagements identifiziert.

Ein **produktives Informationsmanagement** zeichnet sich vor allem durch die optimale Gestaltung des innerbetrieblichen Informations- und Kommunikationsflusses und den ganzheitlich geplanten, anforderungsgerechten Einsatz von Informations- und Kommunikationssystemen sowie -techniken aus. Dabei ist auf eine Abstimmung mit den betrieblichen Bedingungen zu achten.

Die unzureichende Transparenz der Gestaltung der Fertigung wurde als Potenzial erfasst. Die in der FORUS GmbH umgesetzten Abläufe und Steuerungsmechanismen waren nur den Bereichsmeistern bekannt. Vor allem fehlte die Aufnahme und bildhafte Darstellung des Auftragsdurchlaufs und die damit zusammenhängende Dokumentation der Informationsbedarfe.

Vielfach werden Schwachstellen schon bei der Visualisierung der betrieblichen Abläufe deutlich. Ein Schwerpunkt in der Prozessvisualisierung liegt in der Erzielung einer erhöhten Strukturtransparenz (Nebl/Zopff u.a. [Informationsmanagement]). Die Produktionsplanung und -steuerung (PPS) wird bisher im untersuchten Unternehmen manuell durchgeführt. Die Analyse und Umsetzung sinnvoller Maßnahmen des Informationsmanagements mit dem Schwerpunkt Auftragsabwicklung bildet eine Grundlage bei der Entscheidungsfindung zur Einführung eines rechnergestützten PPS-Systems. Ausgehend von dem 3-Ebenen-Referenzmodell des Informationsmanagements (Wollnik [Referenzmodell]) *(vgl. Bild 191)*, wurde zunächst der Informationseinsatz in Aufbau- und Ablauforganisation untersucht.

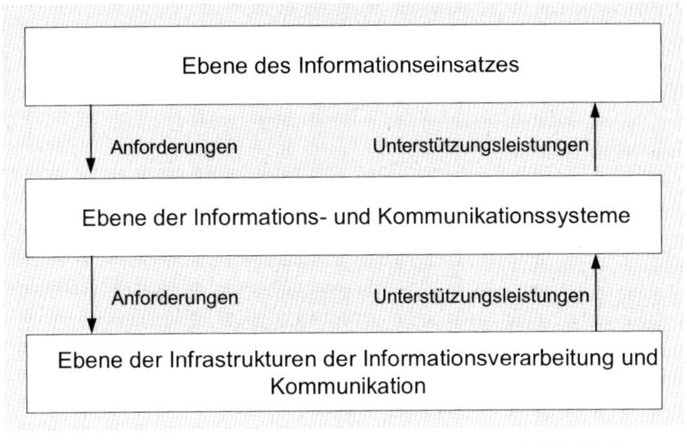

Bild 191: Referenzmodell des Informationsmanagements nach Wollnik

Dazu wurden die Hauptprozesse bei der Auftragsbearbeitung definiert und der organisatorische Aufbau der Firma untersucht. Im Anschluss an eine detaillierte Stellenbeschreibung konnte im folgenden Schritt der Ablauf der Prozesse durch den Aufbau der Organisation analysiert und dargestellt werden. Während des Ablaufs werden Informationen von einer Abteilung zur nächsten weitergegeben *(vgl. Bild 192).*
Dabei entstehen Zeitverluste beim Überschreiten von Schnittstellen und die Durchgängigkeit des Ablaufs wird unterbrochen. Bei einer Rationalisierung ist insbesondere darauf zu achten die Anzahl der Übergänge zu reduzieren, um einen durchgängigen Informationsfluss zu sichern. Es sollen logische, zusammenhängende Prozesse mit geringer Komplexität geschaffen werden.

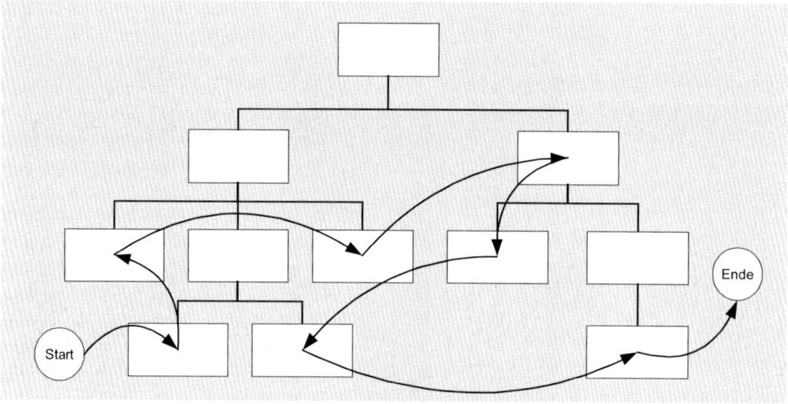

Bild 192: Abläufe und Prozessbeziehungen dargestellt im Organigramm

Die Abläufe konnten durch zahlreiche Interviews, Beobachtungen des Auftragsdurchlaufes und Checklisten detailliert aufgenommen werden. Dabei wurde die Art der Informationen ebenso wie ihre Erscheinungsform festgehalten, um mögliche Informations- bzw. Medienbrüche aufzudecken.
Zur Darstellung der Abläufe wurde die Matrixform (zweidimensionale Prozessdiagramme) gewählt. Die zu lösenden Aufgaben werden Funktionsbereichen zugeordnet, in denen die Lösung der Aufgaben erfolgt. Jede Abteilung erhält ein Funktionsband, in dem die Folge der Funktionen und Entscheidungen angeordnet wird.
Die für die Funktionserfüllung/Entscheidung benötigten Informationen werden in eigenen Ebenen, Funktionsbändern und den Informationsbändern, angeordnet *(vgl. Bild 193).* So kann bestimmt werden, zu welcher Zeit welche Informationen an welchem Ort benötigt werden und wo sie eventuell fehlen.

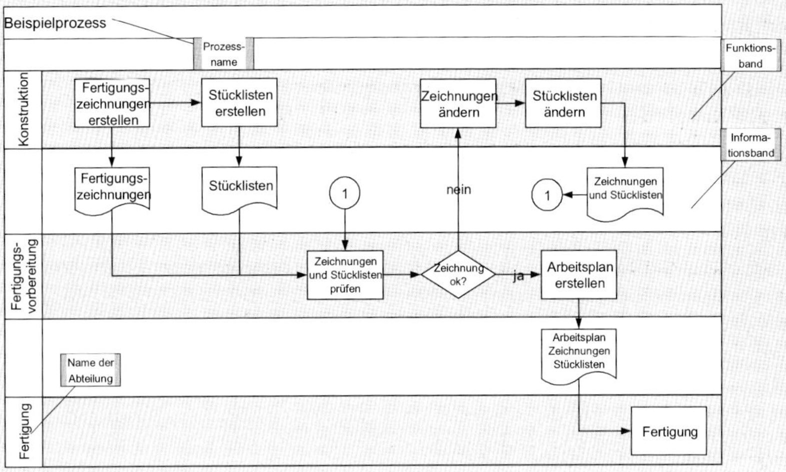

Bild 193: Beispielprozess

Die Darstellung erfolgt textlich, symbolisch oder auf gemischte Art und Weise. Durch ihre **hohe Aussagekraft** eignen sich besonders symbolische Darstellungen zur **Visualisierung komplexer Abläufe**. Ein weiterer Vorteil ist, dass für Mitarbeiter, die am Prozessablauf beteiligt sind, die dargestellten Diagramme leicht lesbar sind und die unmittelbaren Beziehungen zur Aufbauorganisation erkennbar werden (Schönsleben [Informationssysteme]).

Dies erleichtert Diskussionen zur Detaillierung der Abläufe. Durch diese Darstellungsform lassen sich z.B. unnötige Bereichswechsel, fehlende Informationsbereitstellungen, Informationsbrüche, fehlende Transparenz, Unübersichtlichkeiten der Abläufe und andere Schwachstellen aufdecken.
Die **Abläufe wurden rationalisiert** mit dem Ziel, möglichst kurze (horizontale Integration), flache (vertikale Integration) und transparente Abläufe zu erhalten. Möglichkeiten dies zu erreichen bestehen in Ablaufänderungen, in der Reduktion der Anzahl der Prozessschritte, in der Ganzheitlichkeit der Aufgabenübertragung und durch die Zusammenfassung mehrerer Prozessschritte in einer Organisationseinheit sowie die Bildung von Prozessklassen.
So kann eine Vielzahl produktivitätssteigernder Potenziale ausgeschöpft werden. Solche sind beispielsweise die Effizienzsteigerung und die Beschleunigung des Auftragsdurchlaufes durch Verbesserung der Abläufe und die Erhöhung der Mitarbeitermotivation durch Aufgabenzusammenlegung (Schwarze [Informationsmanagement]).

Nach der Rationalisierung der Prozessabläufe konnte die Passfähigkeit der Informations- und Kommunikationssysteme an die Anforderungsprofile des Informationseinsatzes überprüft werden. Hierbei stand vor allem die Untersuchung der betrieblichen Anwendungssysteme im Vordergrund. Der schnelle Einsatz hochmoderner Computer- und Softwaresysteme allein sichert den unternehmerischen Erfolg noch nicht.
Die Optimierung des Informationseinsatzes in Aufbau- und Ablauforganisation muss im Vordergrund stehen. Erst dann ist es sinnvoll, die verbesserten Abläufe durch zugeschnittene Systeme und Techniken zu unterstützen. Diese Vorgehensweise wurde in der Vergangenheit oftmals nicht beachtet, so dass häufig gerade in kleinen und mittleren Unternehmen vorhandene, teure Informationssysteme ungenutzt bleiben.

Im letzten Schritt wurde die installierte Infrastruktur der Informationsverarbeitung und Kommunikation auf ihre Fähigkeit, die benötigten Informations- und Kommunikationssysteme zu unterstützen, überprüft.
Auf der Basis des analysierten Informationsmanagements wurde die Produktionsplanung und -steuerung (PPS) untersucht.
Diese Funktion gehört zu den anspruchsvollsten dispositiven Aufgaben eines Unternehmens. Aus diesem Grund werden PPS-Anwendungssysteme schon seit langem genutzt und weiterentwickelt. Sie gehören zu den ausgereiftesten betrieblichen Informations- und Kommunikationssystemen.
Schon in der Projektanalyse wurden in der Einführung bzw. erweiterten Nutzung der PPS-Systeme Produktivitätspotenziale erkannt. Der **neu gestaltete Auftragsdurchlauf** einerseits und die mit der PPS-Einführung verfolgten Gestaltungsziele andererseits bildeten die Grundlage für die Definition eines objektiven Informationsbedarfs für eine anforderungsgerechte PPS-Lösung.
Dabei handelt es sich nur um die Informationen, die zur Aufgabenerfüllung notwendig sind (Nonnenmacher [Informationsmodellierung]).

Zur Rationalisierung des Auftragsdurchlaufes von der Anfrage des Kunden bis zum Versand des Produktes und der Rechnungslegung wurden die folgenden Hauptprozesse bzw. Geschäftsprozesse identifiziert *(vgl. Bild 194):*

- Angebotsbearbeitung (von Anfrage bis Erstellung der Auftragsbestätigung)
- Beschaffung (Bedarfsmeldung bis Lieferung)
- Fertigung (Auftragsfreigabe bis Fertigmeldung)
- Auftragsabschluss (von Fertigmeldung bis Zahlungseingang).

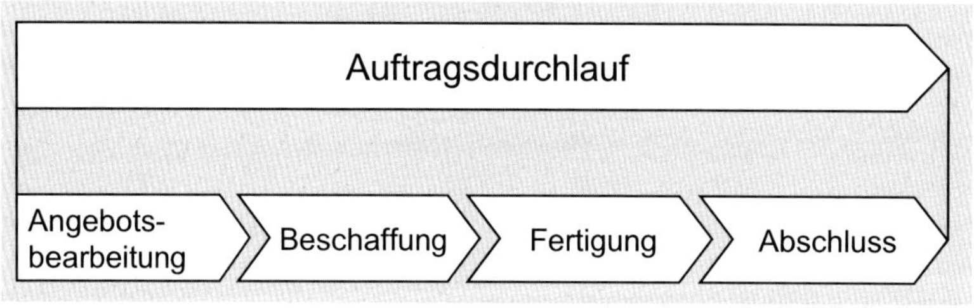

Bild 194 Unterteilung des Auftragsdurchlaufes

Dabei bilden die Prozesse Funktionsfolgen zur Erstellung einer Leistung. Sie sind weder an Abteilungs- noch an Funktionsgrenzen gebunden.

In *Bild 195* ist die **Funktionsfolge von der Anfrage durch den Kunden bis zur Übermittlung des Angebots an den Kunden dargestellt**. Dieser Prozessteil wird durch Rechentechnik sowohl in der Abteilung Verkauf als auch in der Konstruktion unterstützt.

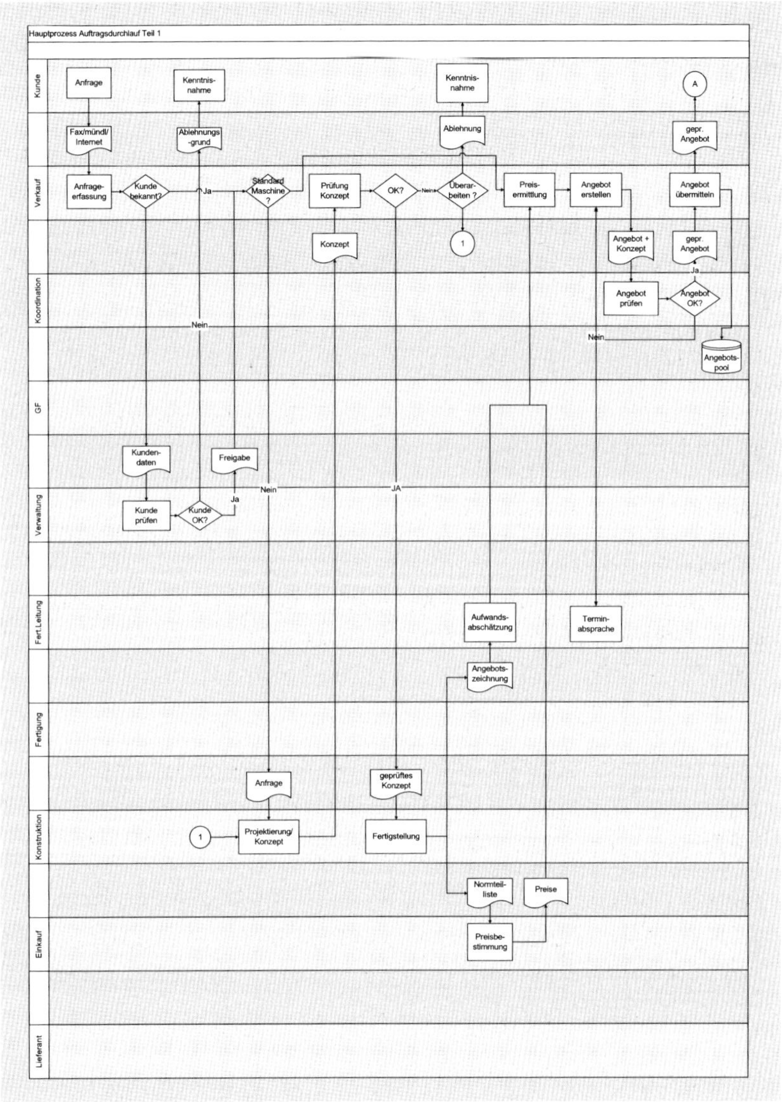

Bild 195: Hauptprozess - Angebotsbearbeitung

Die Anfragen der Kunden werden vom Verkauf entgegengenommen. Die Erstellung der Angebote erfolgt in Spezialfällen mit Hilfe der Konstruktion. Bei Annahme des Angebots durch den Kunden wird von der Verwaltung eine Auftragsbestätigung erstellt, die nach Eingang der Zahlungsbestätigung als Kopie an die Fertigungsleitung, die Konstruktion und den Einkauf weitergeleitet werden. Dieser Teil des Auftragsdurchlaufes ist im Unternehmen gut dokumentiert und für alle Beteiligten transparent. Allerdings kommt es bei der Verteilung zu Medienbrüchen, da die im System gespeicherten Auftragsbestätigungen in Papierform verteilt werden.

Es erscheint sinnvoll, die Bearbeitung von der Anfrage des Kunden bis zur Erstellung und Verteilung der Auftragsbestätigung durch nur eine Abteilung rechnerunterstützt zu realisieren. In vergleichbarer Weise wurden 108 Funktionen aufgenommen und analysiert. Vor allem in

den Bereichen der Fertigungsleitung und Fertigung, die über 40 % der analysierten Funktionen ausführen, wurden Potenziale erkannt.
In den Prozessanalysen wurde deutlich, dass gerade in dem wichtigen und großen Bereich der Fertigung kaum Informationen oder Dokumentationen über den Produktionsablauf entstehen *(vgl. Bild 196)*.

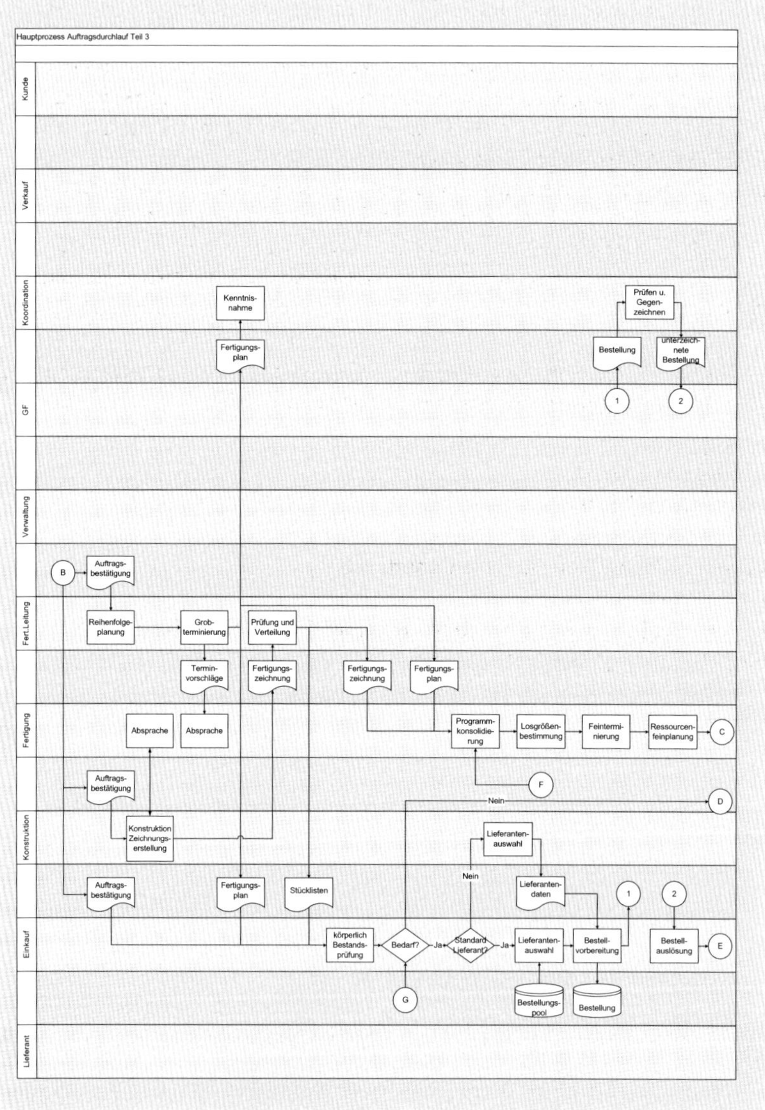

Bild 196: Hauptprozess – Fertigungsplanung

Dies ist besonders kritisch, da die Planung der Produktion nicht mit aktuellen Informationen erfolgt. Der Grund dafür ist darin zu sehen, dass die Konstruktion und Zeichnungserstellung parallel und ohne Abstimmung zur Grobplanung stattfinden. In der Praxis erfolgt die Grobterminierung der zu fertigenden Maschinen nicht auf der Basis aktueller Fertigungszeichnungen und -unterlagen, so dass die Ergebnisse oft nicht mehr der Realität entsprechen.

Die einzig dokumentierten Rückmeldungen über den Stand der Fertigung sind die von den Meistern angefertigten Stundenlisten. In diesen werden die für ein Endprodukt verbrauchten Stunden abgerechnet. Sie dienen der Kontrolle des Fertigungsfortschritts und der Personalabrechnung.
Die in *Bild 197* dargestellten Steuerungsmechanismen zum Ausgleich von Kapazitätsproblemen basieren hauptsächlich auf Erfahrungen der Meister, nicht aber auf dokumentierten Bedingungen wie z.B. abmeldefähigen Meilensteinen zu definierten Zeitpunkten.
Die Lagerführung obliegt dem Einkauf. Es werden Materialeingänge, aber keine Materialausgänge verbucht. Dadurch spiegelt das computergestützte System kein reales Bild der Bestände wider. Bestellpunkte, Mindestbestände oder andere Lagerkennzahlen sind nicht definiert. Somit sichert nur die große Erfahrung der zuständigen Personen die reibungslose Bereitstellung aller notwendigen Materialien.
Durch eine Zentralisierung der Entscheidungskompetenz kommt es zu Brüchen und Verzweigungen im Auftragsdurchlauf (siehe dazu die in *Bild 198* dargestellten Funktionen: *Prüfen und Gegenzeichnen der Bestellung* durch die Koordinationsstelle). Dies hemmt einen reibungslosen, schnellen Ablauf und könnte durch Kompetenzerweiterungen einzelner Abteilungen behoben werden.

Zusammenfassend konnten für den **Auftragsdurchlauf** folgende **Verbesserungspotenziale** durch die Analyse und bildhafte Darstellung aufgedeckt werden:

- Intransparenz,
- ungenaue Planwerte,
- Informationslücken,
- häufige Verzweigungen,
- Fertigungs-Know-How nur auf Expertenebene,
- keine Lagerübersicht,
- parallele, nicht abgestimmte Konstruktion und Fertigungsplanung,
- keine rückmeldefähigen Meilensteine definiert.

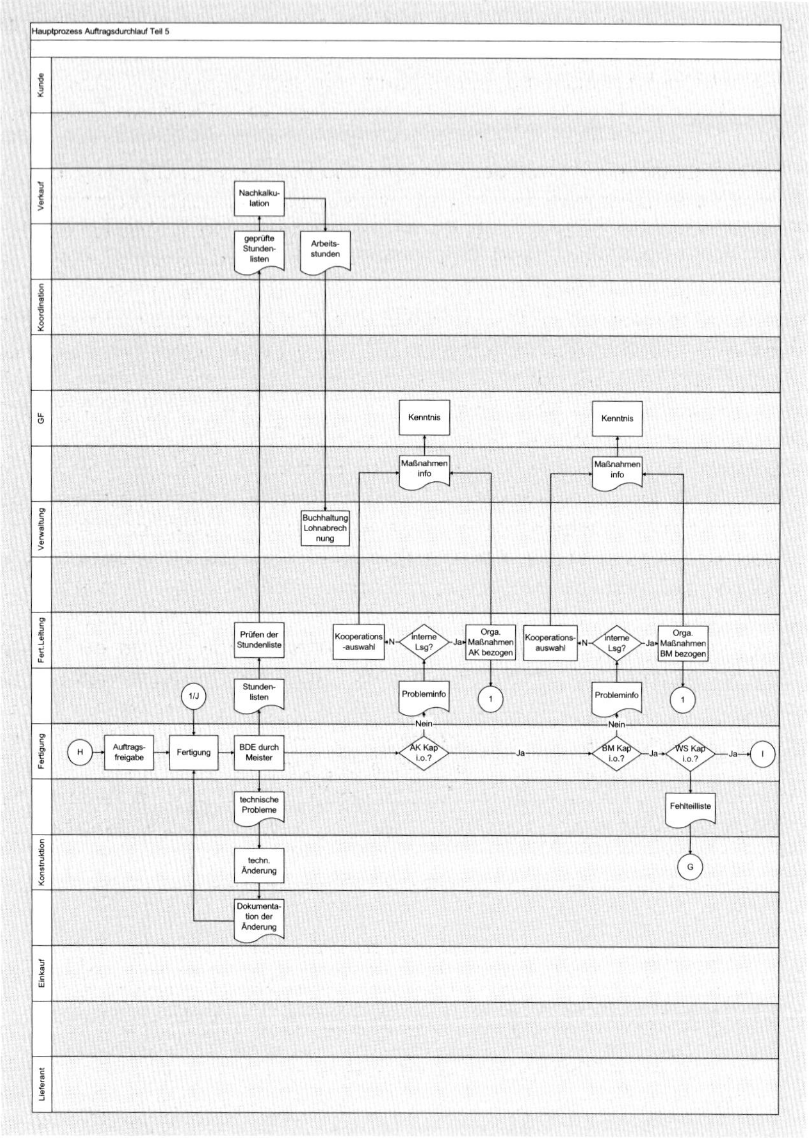

Bild 197: Hauptprozess - Fertigung

Die Produktionsplanung und -steuerung (PPS) wird nicht rechentechnisch unterstützt. Sie basiert auf Erfahrungswerten und ist vielfach nicht dokumentiert. Die Einführung und Nutzung eines PPS-Systems erfordert daher die Bereitstellung einer breiten Datenbasis.

Im Unternehmen ist eine auf Klein- und Mittelbetriebe zugeschnittene Standardsoftware zur integrierten Informationsverarbeitung installiert. Viele Möglichkeiten dieses Systems bleiben ungenutzt. Die umgesetzten Module des Systems werden jedoch als gut geeignet eingeschätzt. Hauptsächlich die Angebots- und Auftragsverwaltung, die Kunden-, Lieferanten- und Artikelstammdatenverwaltung werden eingesetzt. Die Konstruktion verwendet ein CAD-System. Stücklisten werden nicht generiert. Zur Entlohnungsrechnung und Buchhaltung nutzt die Verwaltung die Buchhaltungssoftware DATEV.

Die Untersuchung der dritten Ebene des Informationsmanagements *(vgl. Bild 198)* ergab, dass mit der klassischen, zweistufigen Client-Server-Struktur (ein Server und 10 Clients) eine moderne, flexible und erweiterbare Infrastruktur, die dem generellen Trend in Richtung kooperativer Datenverarbeitung entspricht, vorhanden ist (Waidlich [Informationsmanagement]).

Über 40 % der Prozesse werden von der Fertigung und Fertigungsleitung ausgeführt. Deshalb wurde das **Hauptaugenmerk** bei der Erarbeitung von **Rationalisierungsvorschlägen** auf den **Produktionsbereich** gelegt. Dies erschien auch sinnvoll, da der Hauptanteil der Wertschöpfung in diesem Bereich erbracht wird. Außerdem waren gerade dort die wenigsten Prozesse dokumentiert. Unterstützungsleistungen durch EDV waren weder in der Planung noch in der Steuerung vorhanden. Die einzige nach außen zugängige und damit transparente Informationsquelle über den Fertigungsprozess war der manuell erstellte Fertigungsplan.

Das **Re-Design der Abläufe** zielte vor allem darauf ab, einen sicheren, mit aktuellen Informationen arbeitenden Ablauf zu entwickeln. Die Angebots- und Auftragsbearbeitung sollte durchgängig von einer Abteilung vorgenommen werden, um einen schnelleren Prozessablauf zu erhalten. Dazu wurden sämtliche mit der Erstellung, Speicherung und Weitergabe der Auftragsbestätigung zusammenhängenden Funktionen neu strukturiert. Der Konstruktionsprozess wurde zeitlich vorgezogen, so dass er abgeschlossen ist, bevor der Einkauf und vor allem die Grobplanung beginnen. Außerdem wurde die Erstellung von Stücklisten für jedes Erzeugnis gefordert. Damit erhalten Einkauf und Planung die Möglichkeit, mit aktuellen, auf die jeweiligen Erzeugnisse zugeschnittenen Informationen zu arbeiten. Dies ist vor allem bei kundenindividuellen Produkten besonders wichtig. Neben der Grobplanung sollte auch die Feinplanung zentral durchgeführt und dokumentiert werden, um eine möglichst hohe Transparenz im Fertigungsablauf zu sichern. Unerlässlich ist dabei die Erstellung von Arbeitsplänen, die auf Fertigungszeichnungen und Stücklisten basieren. Für die Steuerung der Produktion wurde vorgeschlagen, abmeldefähige Meilensteine zu definieren. Dazu eignen sich beispielsweise die Fertigstellungsmeldungen bestimmter Baugruppen. Für diese können definierte Termine zur Überwachung des Fertigungsfortschrittes festgehalten werden.

Bild 198 zeigt die Grobstruktur des umgestalteten Prozessablaufes.

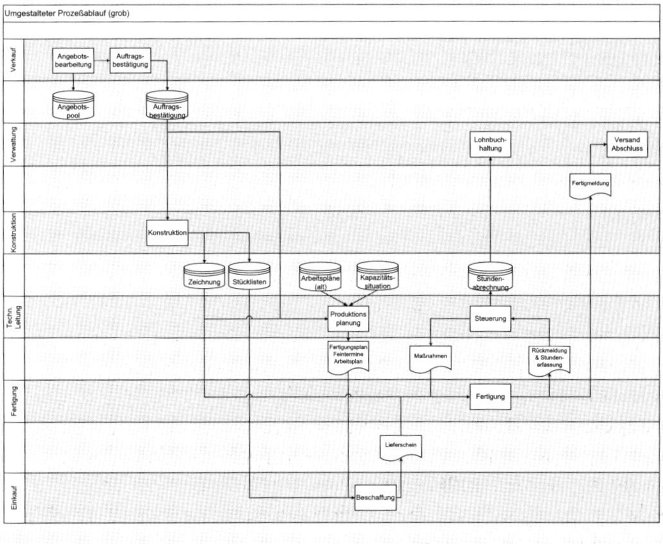

Bild 198: Umgestalteter Prozessablauf

Die Unterteilung der einzelnen Funktionen bleibt ähnlich der analysierten Ausgangssituation. Durch die Umgestaltung, vor allem durch das Vorziehen der Konstruktion und die Erstellung von Stücklisten, entsteht die Möglichkeit, die PPS-Funktionen rechentechnisch durch Informations- und Kommunikationssysteme zu unterstützen. Dabei eignet sich die Verwendung von Strukturstücklisten, da sie die gesamte Struktur des Erzeugnisses verdeutlichen und so auch einen Überblick über die Abfolge der Fertigung und Montage geben können. Dies ermöglicht eine genaue und aktuelle Planung der Fertigungs- und Montageprozesse. Durch die Ähnlichkeit der Erzeugnisse kann auf vorherige Daten zurückgegriffen werden. Es wird eine detaillierte Durchlaufplanung und Terminierung möglich. Die Unterteilung der Produktionsplanung in Einzelfunktionen sollte in der in *Bild 199* dargestellten Reihenfolge erfolgen.

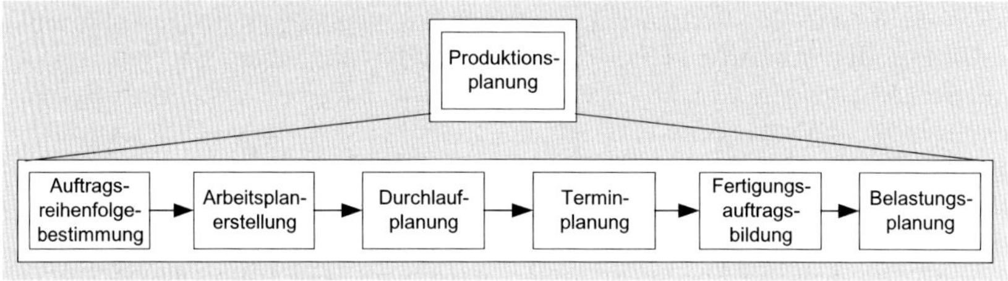

Bild 199: Produktionsplanungsprozess

Wenn ein PPS-System eingeführt oder genutzt werden soll, ist darauf zu achten, dass dies auf die im gesamten Unternehmen genutzten Daten zurückgreifen kann, um dem Gedanken des *Computer Integrated Manufacturing* (CIM) zu entsprechen. Mit der Einführung einer rechnergestützten PPS-Lösungen werden im Unternehmen verschiedene Ziele verfolgt, die in jedem Unternehmen unterschiedlich gewichtet werden. In dem untersuchten Unternehmen standen vor allem die Erhöhung der Termintreue, eine hohe Planungssicherheit und Auskunftsbereitschaft sowie die Erhöhung der Transparenz im Vordergrund. Die verschiedenen Teilfunktionen der PPS-Lösung *(vgl. Bild 200)* wirken unterschiedlich stark auf die Erreichung der einzelnen Ziele (Kautz [Auswahl von PPS-Systemen]).

Funktionen \ Ziele	Termin-treue	Planungs-sicherheit	Auskunft-bereit-schaft	Erhöhung der Transpa-renz der Fertigung	Reduktion der DLZ
Datenverwaltung		X			
Teilestammdatenverwaltung		X			
Erzeugnisstrukturdatenverwaltung		X		X	
Arbeitsplanverwaltung		X		X	
Werkzeugdatenverwaltung		X			
Grobplanungdatenverwaltung		X			
Produktionsprogrammplanung					
Prognose	X	X			
Grobplanung					
Lieferterminabstimmung	X	X	X	X	
Kundenauftragsverwaltung			X		
Vorlaufsteuerung	X				
Mengenplanung					
Teilebedarfsermittlung		X			
Bestandsführung			X	X	
Beschaffungsrechnung					
Termin- und Kapazitätsplanung					
Durchlaufterminierung	X	X		X	
Kapazitätsplanung	X	X		X	X
Reihenfolgeplanung	X			X	X
Auftragsveranlassung					
Fertigungsauftragsfreigabe		X	X	X	X
Fertigungsbelegerstellung					
Bestellauftragsfreigabe					
Auftragsüberwachung					
Fertigungsauftragsüberwachung	X		X	X	
Kapazitätsüberwachung			X		
Kundenauftragsüberwachung	X		X		
Bestellauftragsüberwachung	X		X		

Bild 200: Zusammenhang zwischen Funktionen und Zielen der PPS

Es wird deutlich, dass zur Erreichung der Zielstellungen vor allem die Funktionen der Lieferterminabstimmung, Durchlaufterminierung, Kapazitätsplanung, Reihenfolgeplanung, Fertigungsauftragsfreigabe und Fertigungsauftragsüberwachung beitragen.
Zur Durchführung der genannten Teilfunktionen der PPS-Systeme werden bestimmte Informationen benötigt. Dabei spielt es keine Rolle, wie die PPS-Lösung (manuell oder EDV-gestützt) umgesetzt wird. *Bild 201* gibt einen Überblick über zwingend benötigte Informationen (Zopff [Informationsmanagement]).

Teilfunktion	Benötigte Informationen / Daten
Lieferterminabstimmung	➢ Durchlaufzeit ➢ Ausstattung des Erzeugnisses ➢ Kapazitätsbedarf ➢ Kapazitätssituation
Durchlaufterminierung	➢ Erzeugnisdokumentation ➢ Erzeugnisstruktur ➢ Aufkommen von BG und ET ➢ Arbeitsplan ➢ Normative
Kapazitätsterminierung	➢ Kapazitätsplan ➢ Durchlaufplan ➢ Absatzprogramm ➢ Teilebedarf ➢ Arbeitszeitregime und Arbeitstage
Reihenfolgeplanung	➢ Ergebnisse der Terminplanung ➢ Bearbeitungszeiten
Fertigungsauftragsfreigabe	➢ Kapazitätsangebot ➢ Beschaffungsinformationen ➢ Kapazitätsbedarf
Fertigungsauftrags-überwachung	➢ Abmeldetermine der Meilensteine ➢ Kapazitätssituation ➢ Bearbeitungsstand

Bild 201: Informationsbedarf ausgewählter PPS-Teilfunktionen

6 Komplexes Produktivitätsmanagement

Das Konzept eines ganzheitlichen Produktivitätsmanagements beginnt mit dem **Erkennen der Bedeutung der Produktivitätsentwicklung** für die Ergiebigkeit eines Unternehmens. Das setzt voraus, dass eine abgestimmte **Definition des Produktivitätsbegriffes** vorliegt und die **Entwicklung** der Kennzahlen der **Produktivität** kontinuierlich erfasst und analysiert wird. Gerade **Benchmarking-Vergleiche** mit Unternehmen der gleichen Branche oder mit anderen externen Vergleichsgrößen sind wertvoll, weil sie zu einer Positionierung und Relativierung der eigenen Unternehmenssituation führen. Sie eröffnen auch die Chance, eigene **Produktivitätslücken** zu erkennen. Erst diese Erkenntnis führt dazu, **Gründe für die Lücke** zu suchen und zu identifizieren.
Solche Gründe liegen, wie gezeigt, z.B. als Handlungsfelder im Rahmen der definierten Arbeitspakete vor. Zu ihrer Verdeutlichung dient die entwickelte Methode des Zusammenspiels von Befragung und Benchmarking.
Häufig ist es aus materiellen oder finanziellen Gründen nicht sofort möglich, alle Handlungsfelder gleichzeitig zu bearbeiten.

Produktivitätsmanagement bedeutet auch, sinnvolle **Auswahl** der umgehend zu bearbeitenden Handlungsfelder und Umwandlung derselben in konkrete Maßnahmen sowie Definition der zeitlichen **Abfolge** der Arbeit zur Erschließung der Potenziale.

In jedem Unternehmen wird es zu einem ganz bestimmten Zeitpunkt eine – im Vergleich zu anderen Unternehmen – völlig andere **Mischung vorhandener Stärken und Schwächen** geben.
Daraus leitet sich die **Spezifik der Aufgaben des Produktivitätsmanagements je Unternehmen** ab. Sie bewegt sich aber vermutlich stets in Teilbereichen der definierten 17 Arbeitspakete.

Das Produktivitätsmanagement hat nun die Aufgabe, vorhandene Stärken des Unternehmens – also solche Aufgabenpakete, die positiv auf die Produktivität wirken – zu fördern und die Arbeitspakete, die sich als produktivitätshemmend erweisen, so zu gestalten, dass ihre Produktivitätswirkung nachhaltig verbessert wird.
Dazu sind **Tiefenanalysen** durchzuführen, um die genauen Gründe für die produktivitätshemmende Wirkung aufzuzeigen.
In diesen Analysen können die dargestellten **Einflussfaktoren** und das Wissen um ihre Produktivitätswirkung genutzt werden. So sind für jedes Unternehmen und jede konkrete Situation die wirkenden Einflussfaktoren identifizierbar.

Jedem Einflussfaktor wurden **methodische Gestaltungsansätze** zugeordnet. Sie münden ein in den strukturierten **Entscheidungsprozess je Handlungsfeld.**
Dieser führt zur Ableitung genau der Maßnahmen/Maßnahmekomplexe und der **konzeptionellen Vorgehensweise**, die unternehmensspezifisch und handlungsfeldspezifisch Wirkungen generiert, aus denen eine Steigerung der Produktivität resultiert.
Konzeptionelles Vorgehen erfordert **leitende, planende, steuernde, organisierende und kontrollierende Tätigkeiten**.

Daraus folgt, dass **Maßnahmen** zur **Produktivitätssteigerung nur** dann **wirksam** werden können, wenn sie **durch den dispositiven Faktor** umgesetzt werden.

Es ist schwierig, ein einheitliches **organisatorisches Konzept** für das Produktivitätsmanagement zu gestalten. Die Gründe dafür liegen in einer sehr **differenzierten Aufgabenvielfalt** (17 Arbeitspakete), in den gekennzeichneten **Interdependenzen der Handlungsfelder** und nicht zuletzt darin, dass umzusetzende Maßnahmen in den **unterschiedlichsten Funktionalbereichen** der Unternehmen wirken.

Es ist notwendig, den Unternehmen Hilfe zur Selbsthilfe anzubieten. Diesem Ziel ist das vorliegende Buch gewidmet.
Das bedeutet aber auch, dass im Rahmen des Produktivitätsmanagements Weiterbildung und Coaching unerlässliche Bestandteile darstellen, die einerseits über den Erfolg der Maßnahmenrealisierung mitbestimmen, andererseits handlungsfeldbezogen die Voraussetzungen dafür schaffen, dass die Logik der inhaltlich-methodischen Vorgehensweise zu bestmöglichen Produktivitätsgewinnen führt.
Die Bestandteile des komplexen Produktivitätsmanagements sind im *Bild 202* dargestellt.

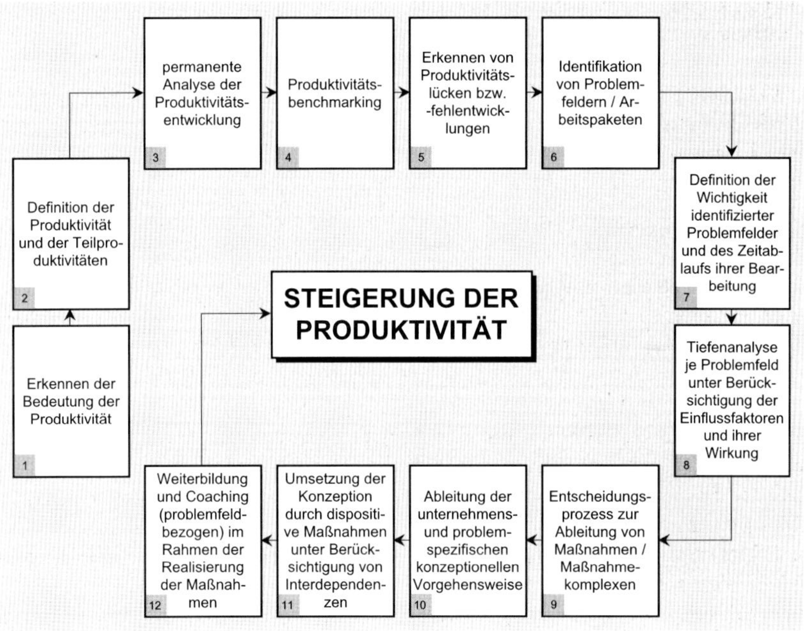

Bild 202: Komplexes Produktivitätsmanagement

Anlage:

Ausgewählte Vergleichsdaten der Befragungsergebnisse

-Vergleich der Ergebnisse der 1. und 2. Auflage des Buches Produktivitätsmanagement-

	2. Auflage: 60 Unternehmen	1. Auflage: 20 Unternehmen
1. Art der Produktionsauslösung in den Unternehmen		
Auftragsproduktion	98 %	100 %
Vorratsproduktion	24 %	25 %
Ausschließliche Auftragsproduktion	76 %	75 %
Ausschließliche Vorratsproduktion	2 %	0 %
75-99% Auftrags- und 1-25% Vorratsproduktion	14 %	15 %
50-75% Auftrags- und 25-50% Vorratsproduktion	2 %	5 %
25-50% Auftrags- und 50-75% Vorratsproduktion	2 %	5 %
1-25% Auftrags- und 75-99% Vorratsproduktion	2 %	0 %
2. Fertigungstiefe		
Teilefertigung	4 %	0 %
Vormontage	6 %	0 %
Endmontage	6 %	10 %
Teilefertigung und Vormontage	20 %	15 %
Vormontage und Endmontage	2 %	5 %
Teilefertigung, Vor- und Endmontage	62 %	70 %
3. Fertigungsart - Einzelfertigung		
Einzelfertigung	76 %	85 %
Einmalfertigung 80-100%; Wiederholfertigung 0-20%	35 %	20 %
Einmalfertigung 60-80%; Wiederholfertigung 20-40%	21 %	15 %
Einmalfertigung 40-60%; Wiederholfertigung 40-60%	18 %	10 %
Einmalfertigung 20-40%; Wiederholfertigung 60-80%	12 %	5 %
Einmalfertigung 0-20%; Wiederholfertigung 80-100%	15 %	50 %
4. Fertigungsart - Mehrfachfertigung		
Mehrfachfertigung	72 %	65 %
Kleinserienfertigung	89 %	46 %
Mittelserienfertigung	50 %	46 %
Großserienfertigung	22 %	8 %
Massenfertigung	8 %	0 %
5. Kompliziertheit der Erzeugnisse		
Mehrstufige komplexe Struktur	57 %	70 %
Mehrstufige einfache Struktur	59 %	40 %
Einteilige Produkte	16 %	20 %
6. Einsatzfelder der Angestellten		
F+E-Bereich	25 %	11 %
Arbeitsvorbereitung	18 %	21 %
Qualitätssicherung	7 %	8 %
Materialwirtschaft	13 %	16 %
Instandhaltung	7 %	8 %

	2. Auflage: 60 Unternehmen	1. Auflage: 20 Unternehmen
7. Fähigkeit zur Lösung der Aufgaben		
Sehr gut	6 %	15 %
Gut	72 %	65 %
Befriedigend	20 %	20 %
8. Flexibilität der Arbeiter		
Hochflexibel	12 %	15 %
Flexibel	62 %	65 %
Eingeschränkt flexibel	22 %	20 %
Wenig flexibel	4 %	0 %
Inflexibel	0 %	0 %
9. Flexibilität der Angestellten		
Hochflexibel	16 %	20 %
Flexibel	58 %	60 %
Eingeschränkt flexibel	26 %	20 %
10. Motivation der Arbeiter		
Sehr gut	16 %	20 %
Gut	62 %	65 %
Befriedigend	16 %	10 %
Schlecht	4 %	5 %
Sehr schlecht	2 %	0 %
11. Motivation der Angestellten		
Sehr gut	28 %	40 %
Gut	52 %	45 %
Befriedigend	16 %	15 %
Schlecht	4 %	0 %
Sehr schlecht	0 %	0 %
12. Altersstruktur der Betriebsmittel		
Unter 4 Jahre	40 %	50 %
4 bis 6 Jahre	20 %	14 %
7 bis 10 Jahre	34 %	29 %
11 bis 15 Jahre	3 %	0 %
Über 15 Jahre	3 %	7 %
13. Eignung der BM für zukünftige Aufgaben		
Sehr gut und gut	55 %	53 %
Mittel	35 %	37 %
Schlecht	10 %	11 %
14. Varianten technologischer Bearbeitungsfolgen		
Variierende technologische Bearbeitungsfolge	40 %	67 %
Gleiche technologische Bearbeitungsfolge ohne Überspringen	28 %	28 %
Gleiche technologische Bearbeitungsfolge mit Überspringen	28 %	6 %

	2. Auflage: 60 Unternehmen	1. Auflage: 20 Unternehmen
15.Datengrundlage für Durchlaufplanung		
Vorgabezeiten	58 %	63 %
Übergangszeiten als Zeitmatrix	18 %	25 %
Losgrößenermittlung	23 %	13 %
Andere Daten	28 %	38 %
16. Grundsätze der Gliederung		
Nach Kostenstellen	39 %	45 %
Nach Arbeitsplätzen	45 %	40 %
Nach Organisationsformen	29 %	30 %
Nach Fertigungssegmenten	22 %	25 %
17. Ziel organisatorischer Bearbeitungsfolgen		
Termineinhaltung	92 %	95 %
Verbesserung der Kapazitätsauslastung	45 %	53 %
Kostensenkungen	47 %	42 %
Durchlaufzeitverkürzungen	20 %	21 %
18. Organisationsstrukturen		
Einliniensystem	26 %	45 %
Mehrliniensystem	16 %	25 %
Stab - Liniensystem	8 %	15 %
19. Organisationsformen der Fertigung		
Werkstattfertigung	68 %	68 %
Fertigungsabschnitt	36 %	37 %
Fertigungsreihe	32 %	42 %
Fließfertigung	12 %	11 %
Einzelplatzfertigung	34 %	21 %
Flexibles Fertigungssystem	12 %	21 %
Flexible Fließfertigung	4 %	5 %
Starre Fließfertigung	0 %	0 %
Bearbeitungszentrum	14 %	5 %
Flexible Fertigungszelle	6 %	0 %
Andere Organisationsformen	4 %	0 %
20. Kombination der Elementarfaktoren		
AK, BM stationär; WS instationär	46 %	40 %
AK, BM instationär; WS stationär	21 %	50 %
AK, WS stationär; BM instationär	4 %	10 %
BM,WS stationär; AK instationär	4 %	20 %
21. Vorteile der Zertifizierung		
Bessere Kundenakzeptanz	77 %	76 %
Verbesserung der Transparenz des Produktionsablaufes	42 %	53 %
Effizientere Fehleranalysen	47 %	47 %
Steigerung Qualitätsbewusstsein AK	51 %	53 %
Kostensenkung durch geringeren Ausschuss	26 %	29 %

	2. Auflage: 60 Unternehmen	1. Auflage: 20 Unternehmen
22. Kostenanteile an den Qualitätskosten		
Interne Fehlerkosten	57 %	64 %
Externe Fehlerkosten	18 %	32 %
Prüfkosten	23 %	26 %
Fehlerverhütungskosten	16 %	13 %
Schrottkosten	13 %	14 %
23. Nutzungsschwerpunkte PPS-Systeme		
Stammdatenverwaltung	94 %	93 %
Materialwirtschaft	94 %	86 %
Auftragsveranlassung	74 %	71 %
Auftragsüberwachung	65 %	64 %
Betriebsdatenerfassung	39 %	50 %
24. Innovationsklima		
Sehr stark	6 %	5 %
Stark	40 %	40 %
Mittel	36 %	35 %
Schwach	18 %	20 %
25. Leistungsfähigkeit der Organisation		
Kostentransparenz	8 %	15 %
Umsetzungsfähigkeit	4 %	5 %
Entscheidungsfähigkeit	10 %	10 %
Kommunikation mit Informationsfluss	2 %	5 %
Lean Management	5 %	11 %

Literaturverzeichnis

A

Adam, Dietrich:
Investitionscontrolling.
München, Wien, 1997

Adam, Dietrich:
Produktions-Management.
Wiesbaden, 1998

Adams, Heinz W./Rademacher, Helmut (Hrsg.):
Qualitätsmanagement: Strategie, Struktur, Systeme.
Frankfurt am Main, in: Frankfurter Allgemeine Zeitung, Verlagsbereich Wirtschaftsbücher 1994

Albach, Horst:
Strategien zur Steigerung der Produktivität.
Business Process Reengineering: Strategien zur Produktivitätssteigerung.
Wiesbaden, in: ZfB Ergänzungsheft 2/1995

Anupindi, Ravi/Chopra, Sunil/Deshmurkh, Sudhaker D./von Mieghem, Jan A../Zemel, Eitan:
Managing Business Process Flow.
1. Edition, Prentice Hall, Upper Saddle
River 2001

Arbeitskreis Volkswirtschaftliche Gesamtrechnungen der Länder
Internetauftritt: www.vgrdl.de,
verschiedene Angaben zu Bruttowertschöpfung, Arbeitnehmerentgelt der Bundesländer

B

Banascheck, Jens/Albach, Horst (Hrsg.):
Die Zeit als treibende Kraft für die Steigerung der Produktivität. Business Process Reengineering: Strategien zur Produktivitätssteigerung.
Wiesbaden, in: ZfB Ergänzungsheft 2/1995

Bartels, H:
Indices der industriellen Produktivität.
Wirtschaft und Statistik Heft 6/1953

Baszenski, Norbert
Grundsätze, Durchführung und Ergebnisse des IfaA-Benchmarking.
IfaA Köln, 2003

Becker, Hubert:
Produktivitätssteigerung durch Workflow-Management
Reihe Wirtschaftsinformatik.
Köln, 1999

Becker, Jochen:
Marketing-Konzeption: Grundlagen des strategischen Marketing-Managements.
München, 1998

Benkenstein, Martin:
Strategisches Marketing: Ein wettbewerbsorientierter Ansatz.
Stuttgart, Berlin, Köln, 1997

Berens, Wolfgang/Delfmann, Werner:
Quantitative Planung: Konzeption, Methoden und Anwendungen.
Stuttgart, 1995

Bernemann, Stefan
Ergebnisbericht: Leitfaden und Phasenmodell des Prozesskettenmanagements (Forschungsvorhaben 10409)
Online im Internet: www.iml.fhg.de/Projekte/AIF 10409/Leitfaden.pdf
(Stand: 09.09.2001)

Betz, Gerd/Vogl, Horst:
Das umweltgerechte Produkt: praktischer Leitfaden für das umweltgerechte Entwickeln, Gestalten und Fertigen.
Neuwied, Kriftel, Berlin, 1996

Bleischwitz Raimund:
Ressorcenproduktivität. Innovation für Umwelt und Beschäftigung.
Berlin, 1988

Bönte, Werner:
Der Einfluss der industriellen Forschung und Entwicklung auf die Produktivitätsentwicklung in der deutschen Industrie.
Uni Hamburg 1999

Bodmer, Christian Eugen:
Erhöhung der Wettbewerbsfähigkeit schweizerischer Industrieunternehmen durch Produktivitätssteigerungen.
Uni St. Gallen 1996

Brockhoff, Klaus:
Die Produktivität der Forschung und Entwicklung eines Industrieunternehmens.
Wiesbaden, in: ZfB Ergänzungsheft 6/1986

Brockhoff, Klaus:
Forschung und Entwicklung: Planung und Kontrolle.
5. Auflage, München, Wien 1999

Bühner, Rolf:
Personalmanagement.
Landsberg / Lech, 1994

Busch, Ulrich:
Produktivitätsanalyse.
1991

Busse, A./Wildemann, Horst (Hrsg.):
Produktivitätsgewinne durch Umgestaltung von Fertigungsorganisation und -verfahren. Just-in-Time & Line Management & kontinuierliche Verbesserung.
München 1992

C

Chopra, Sunil/Meindl, Peter:
Supply Chain Management. Strategy, Planning and Operation.
Prentice Hall, Upper Saddle River, New Jersey 2001

Corsten, Hans:
Produktionswirtschaft. Einführung in das industrielle Produktionsmanagement.
München, Wien, 2000

D

Dikow, Andreas
Erschließung und Umsetzung von Produktivitätspotenzialen – Auswertung der Unternehmensbefragung
(unveröffentlichter Bericht; Auftraggeber Land Mecklenburg – Vorpommern endvertreten durch das Wirtschaftsministerium
Rostock, 1999

Dikow, Andreas
Erschließung und Umsetzung von Produktivitätspotenzialen – Auswertung der Unternehmensbefragung
(unveröffentlichter Bericht; Auftraggeber Land Mecklenburg – Vorpommern endvertreten durch das Wirtschaftsministerium
Rostock, 2001

Drumm, Hans-Jürgen:
Personalwirtschaftslehre. Personalplanung: Planungsmethoden und Methodenakzeptanz.
Berlin, Heidelberg, New York, 1989

E

Eichler, Christian:
Instandhaltungstechnik.
Berlin, 1990

Eilenberger, Guido:
Betriebliche Finanzwirtschaft. Einführung in Investition und Finanzierung, Finanzpolitik und Finanzmanagement von Unternehmungen.
München, Wien, 1997

Eversheim, Walter:
Organisation in der Produktionstechnik.
Band 4: Fertigung und Montage.
Düsseldorf, 1989

Eversheim, Walter/Schuh, Günther (Hrsg.):
Betriebshütte: Produktion und Management. Teil 3: Gestaltung von Produktionssystemen.
Berlin, Heidelberg, New York, Barcelona, Budapest, Hongkong, London, Mailand, Paris, Santa Clara, Singapur, Tokio, 1998

F

Fraunhofer Institut für Systemtechnik und Innovationsforschung (Hrsg.):
Der Leistungsstand der deutschen Investitionsgüterindustrie.
Ausgabe 11/1998

Freese, Erich:
Grundlagen der Organisation: Konzept-Prinzipien-Strukturen.
Wiesbaden, 1995

Führich, Ernst R.:
Wirtschaftsprivatrecht: Grundzüge des Zivil-, Handels-, Gesellschafts-, Wettbewerbs- und Verfahrensrechts für Wirtschaftswissenschaftler und Unternehmenspraxis.
München, 1992

Fürst, Gerhard:
Die amtliche Statistik im Dienste der Produktivitätsmessung.
in: Wirtschaft und Statistik Heft 6/1953

G

Grochla, Erwin:
Grundlagen der Materialwirtschaft. Das materialwirtschaftliche Optimum im Betrieb.
3. Auflage, Wiesbaden 1992

Gutenberg, Erich:
Grundlagen der Betriebswirtschaftslehre. Band I: Die Produktion.
24. Auflage, Berlin, Heidelberg, New York 1983

H

Häusler, Ludwig:
Die Protop-Methode. Der erfolgreiche Weg zu mehr Produktivität und Gewinn.
Landsberg / Lech, 1999

Hackstein Rolf:
Produktionsplanung und -steuerung (PPS). Ein Handbuch für die Betriebspraxis.
2. Auflage, Düsseldorf 1989

Hardenacke, Herbert/Peetz, Willi/Wichardt, Günter:
Arbeitswissenschaft.
München 1985

Hartmann, Horst:
Materialwirtschaft. Organisation, Planung, Durchführung, Kontrolle.
7. Auflage, Gernsbach 1997

Heinrich, Lutz J.:
Informationsmanagement: Planung, Überwachung und Steuerung der Informationsinfrastruktur.
München, Wien, 1999

Heizer, Jay/Render, Barry:
Operations Management.
6. Edition, Prentice Hall
International, Inc. News Jersey 2001

Hettinger, Theodor/Wobbe, Gerd (Hrsg.):
Kompendium der Arbeitswissenschaft. Optimierungsmöglichkeiten zur Arbeitsgestaltung und Arbeitsorganisation.
Ludwigshafen 1993

Hillier, Frederick S./Liebermann, Gerald J.:
Operations Research: Einführung.
München, Wien, 1997

Hoitsch, Hans-Jörg:
Produktionswirtschaft: Grundlagen einer industriellen Betriebswirtschaftslehre.
München, 1993

Hupfauer, Manfred:
Produktivitätsorientiertes Management von Anlagensystemen.
Wiesbaden, 1997

J

Jünemann, Reinhardt:
Materialfluss und Logistik: Systematische Grundlagen mit Praxisbeispielen.
Berlin, Heidelberg, New York, London, Paris, Tokio, Hongkong 1989

K

Karloef, Bengt:
Effizienz. Die Balance zwischen Kundennutzen und Produktivität.
REFA-Fachbuchreihe Unternehmensentwicklung.
München, 1999

Kautz, Wolf-Eckart
Entwicklung einer Methode zur technisch-begründeten Auswahl von Produktionsplanungs- und -steuerungssystemen
Rostock, 1993

Ken 'ichi Sekine:
Goldgrube Fertigung. Schnelle Steigerung der Produktivität.
Landsberg / Lech, 1995

Kern, Werner:
Industrielle Produktionswirtschaft.
Stuttgart, 1992

Kopsidis, Rallis M.:
Materialwirtschaft. Grundlagen, Methoden, Techniken, Politik.
3. Auflage, München, Wien 1997

Krajewski, Lee J./Ritzman, Larry P.:
Operations Management. Strategy and Analysis.
6. Edition, Prentice Hall
International, Inc. New Jersey 2001

Krengel, Rolf (Hrsg.):
Neuere Methoden der Produktivitätsmessung.
Göttingen, in: Sonderheft zum allgemeinen statistischen Archiv, Organ der deutschen statistischen Gesellschaft, 1973

Küpper, Hans-Ulrich/Helber, Stefan:
Ablauforganisation in Produktion und Logistik.
2. Auflage, Stuttgart 1995

Küpper, Hans-Ulrich/Schweitzer, Marcell (Hrsg.):
Industrielles Controlling. Das Wirtschaften in Industrieunternehmungen
in: Industriebetriebslehre
2. Auflage, München 1994

Kurbel, Karl:
Produktionsplanung und -steuerung. Methodische Grundlagen von PPS-Systemen und Erweiterungen.
4. Auflage, München, Wien 1999

L

Laurig, Wolfgang:
Grundzüge der Ergonomie. Erkenntnisse und Prinzipien.
REFA-Fachbuchreihe Betriebsorganisation
4. Auflage, Berlin, Köln 1992

Luczak, Holger:
Arbeitswissenschaft.
2. Auflage, Berlin, Heidelberg, New York 1998

Luczak, Holger/Eversheim, Walter:
Aachener PPS-Modell. Das Aufgabenmodell.
Forschungsinstitut für Rationalisierung an der RWTH Aachen.
Sonderdruck 6/94, 4. Auflage 1996

M

Männel, Wolfgang (Hrsg.):
Integrierte Anlagenwirtschaft.
Köln, 1988

Männel, Wolfgang (Hrsg.):
Perspektiven, Führungskonzepte und Instrumente der Anlagenwirtschaft.
Köln, 1989

Madauss, Bernd J.:
Handbuch Projektmanagement: mit Handlungsanleitungen für Industriebetriebe, Unternehmensberater und Behörden.
Stuttgart, 1994

Maier-Rothe, Chr./Arthur D. Little (Hrsg.):
Wettbewerbsvorteile durch höhere Produktivität und Flexibilität. Management im Zeitalter der strategischen Führung.
Wiesbaden, 1985

Matterne, Kurt/Tannhäuser, Siegfried:
Die Grundmittelwirtschaft in der sozialistischen Industrie der DDR.
Berlin 1978

Meffert, Heribert:
Marketing: Grundlagen der Absatzpolitik, mit Fallstudien: Einführung und Relaunch des VW-Golf.
Nachdruck, Wiesbaden, 1993

Meffert, Heribert:
Marketing-Management: Analyse-Strategie-Implementierung.
Wiesbaden, 1994

Mexis, Nikolaus D./Hennig, Joachim:
Handbuch Schwachstellenanalyse und -beseitigung.
Köln, 1994

Milberg, Joachim (Hrsg.):
Wettbewerbsfaktor Verfügbarkeit. Produktivitätssteigerung durch technische und organisatorische Ansätze.
Seminarberichte iwb 37, München, 1998

Müller, Volkmar/Nebl, Theodor (Hrsg.):
Konzeptionelle Gestaltung des operativen Produktionscontrolling unter Berücksichtigung von differenzierten Organisationsformen der Teilefertigung.
Schriftenreihe des Institutes für Produktionswirtschaft der Universität Rostock 2001

N

Nagel, Kurt:
Nutzen der Informationsverarbeitung. Methoden zur Bewertung von strategischen Wettbewerbsvorteilen, Produktivitätsverbesserungen und Kosteneinsparungen.
München, Wien, 1990

Nebl, Theodor:
Produktionswirtschaft.
4. Auflage, München, Wien, 2001

Nebl, Theodor:
Erschließung von Produktivitätspotenzialen in KMU in Mecklenburg-Vorpommern für die Branche Metall- und Elektroindustrie
(unveröffentlichte Studie, Auftraggeber Land Mecklenburg - Vorpommern endvertreten durch das Wirtschaftsministerium), Rostock 1998

Nebl, Theodor/Dikow, Andreas
Erschließung von Produktivitätspotenzialen – Produktivitätsbenchmarking und Best Practice Konzept
In: Angewandte Arbeitswissenschaften (2202) Nr. 171

Nebl, Theodor/Dikow, Andreas
Produktivitätsbenchmarking – Produktivitätsentwicklung der Metall- und Elektroindustrie in Mecklenburg – Vorpommern
In: FB/IE – Zeitschrift für Unternehmensentwicklung und Industrial Engineering, Heft 1/2003

Nebl, Theodor/Dikow, Andreas/Kort, Heinz
Mitarbeiterzufriedenheitsanalyse – Ergebnisse der Umsetzung von Einzelmaßnahmen zur Erschließung von Produktivitätspotenzialen in KMU
In: FB/IE – Zeitschrift für Unternehmensentwicklung und Industrial Engineering, Heft 3/2002

Nebl, Theodor/Dikow, Andreas/Schulze, Anne-Katrin:
Produktivitätspotenziale in KMUs erschließen – Ergebnisse einer Unternehmensbefragung und eines Produktivitäts - Benchmarking
in: FB/IE – Zeitschrift für Unternehmensentwicklung und Industrial Engineering, Heft 1/2001

Nebl, Theodor/Poenicke, Sven:
Produktivitätspotenziale in KMUs erschließen – eine Systematik zur Analyse von Problembereichen und Auswahl von geeigneten Maßnahmen
in: FB/IE – Zeitschrift für Unternehmensentwicklung und Industrial Engineering, Heft 3/1999

Nebl, Theodor/Prüß, Henning:
Produktivitätspotenziale in KMUs erschließen – Strukturierung der Problemfelder des Produktivitätsmanagements am Beispiel der Produktionsorganisation
in: FB/IE – Zeitschrift für Unternehmensentwicklung und Industrial Engineering, Heft 3/1999

Nebl, Theodor/Zopff, Claus/Grewatsch, Reinhold
Gestaltung des Informationsmanagements zur Rationalisierung des Auftragsdurchlaufs
In: FB/IE – Zeitschrift für Unternehmensentwicklung und Industrial Engineering, Heft 5/2002

Nonnenmacher, Martin Georg
Informationsmodellierung unter Nutzung von Referenzmodellen zur Implementierung industriebetrieblicher Informationssysteme
Frankfurt a.M., Berlin, 1994

O

Oechsler, Walter A.:
Personal und Arbeit: Einführung in die Personalwirtschaft unter Einbeziehung des Arbeitsrechts.
München, Wien, 1988

Oeldorf, Gerhard/Olfert, Klaus:
Materialwirtschaft.
8. Auflage, Ludwigshafen, 1998

Olfert Klaus/Steinbuch, Pitter A.:
Personalwirtschaft.
Ludwigshafen, 1998

Organisation for Economic Co-operation and Development (Hrsg.)
OECD Productivity Manual: A guide to the measurement of industry-level and aggregate productivity growth
Paris, 2001

P

Petrick, Klaus/Eggert, Renate:
Umwelt- und Qualitätsmanagementsysteme.
München, Wien, 1995

Pfeifer, Tilo:
Qualitätsmanagement: Strategien, Methoden, Techniken.
München, Wien, 1996

Pfohl, Hans-Christian:
Logistiksysteme: Betriebswirtschaftliche Grundlagen.
Berlin, Heidelberg, New York, 1996

Poenicke, Sven/Nebl, Theodor (Hrsg.):
Beurteilung und Auswahl alternativer Gestaltungsvarianten von Organisationsformen der Teilefertigung.
in: Schriftenreihe des Institutes für Produktionswirtschaft, Universität Rostock 2000

Poenicke, Sven/Rimane, Gerhard/Nebl, Theodor (Hrsg.):
Systematisierung von Kennzahlen zur Quantifizierung der räumlichen Strukturen von Fertigungsprozessen.
in: Schriftenreihe des Institutes für Produktionswirtschaft, Universität Rostock 2001

Porter, Michael E.:
Wettbewerbsstrategie.
Frankfurt am Main, 1992

Pritchard, Robert D./Kleinbeck, Uwe/Schmidt, Klaus-Helmut:
Das Managementsystem PPM. Durch Mitarbeiterbeteiligung zu höherer Produktivität.
München, 1993

Prüß, Henning/Nebl, Theodor (Hrsg.):
Strukturierung des methodischen Entscheidungsprozesses im Rahmen des Produktivitätsmanagements.
in: Schriftenreihe des Institutes für Produktionswirtschaft, Universität Rostock, 2001

R

REFA/IPM (Hrsg.):
Erschließung und Umsetzung von Produktivitätspotenzialen in Unternehmen der Metall- und Elektroindustrie in Mecklenburg-Vorpommern. 2000/2001
Auftraggeber: Land Mecklenburg-Vorpommern endvertreten durch das Wirtschaftsministerium und gefördert mit EU-Mitteln aus dem Programm Technische Hilfe auf Initiative der EU-Kommission (Projekt Nr. 4)
Auftragnehmer: Arbeitsgemeinschaft unter Federführung des REFA-Institutes für Produktivitätsmanagement Mecklenburg-Vorpommern
Abschlußbericht 2000/2001
Rostock, 2001

REFA/IPM (Hrsg.):
Produktivitätsoffensive Mecklenburg - Vorpommern 2001/2002 – Erschließung und Umsetzung von Produktivitätspotenzialen mittelständischer Industrieunternehmen in Mecklenburg-Vorpommern
Auftraggeber: Land Mecklenburg - Vorpommern endvertreten durch das Wirtschaftsministerium und gefördert mit Mitteln aus dem Europäischen Fonds für Regionale Entwicklung (EFRE)
Auftragnehmer: Arbeitsgemeinschaft unter Federführung des REFA – Institutes für Produktivitätsmanagement Mecklenburg - Vorpommern
Abschlussbericht 2001/2002
Rostock, 2002

REFA/IPM (Hrsg.):
Produktivitätsoffensive Mecklenburg - Vorpommern 2002/2003 – Erschließung und Umsetzung von Produktivitätspotenzialen mittelständischer Industrieunternehmen in Mecklenburg - Vorpommern
Auftraggeber: Land Mecklenburg - Vorpommern endvertreten durch das Wirtschaftsministerium und gefördert mit Mitteln aus dem Europäischen Fonds für Regionale Entwicklung (EFRE)
Auftragnehmer: Arbeitsgemeinschaft unter Federführung des REFA – Institutes für Produktivitätsmanagement Mecklenburg - Vorpommern
Abschlussbericht 2002/2003
Rostock, 2003

REFA-Verband für Arbeitsgestaltung Betriebsorganisation und Unternehmensentwicklung e. V. (Hrsg.):
REFA-Fachbuchreihe Betriebsorganisation: Ausgewählte Methoden des Arbeitsstudiums.
1. Auflage, München, 1993

REFA-Verband für Arbeitsgestaltung Betriebsorganisation und Unternehmensentwicklung e. V. (Hrsg.):
REFA-Lexikon Betriebsorganisation: Arbeitsstudium, Planung und Steuerung.
3. Auflage, Berlin, Köln 1977

REFA-Verband für Arbeitsgestaltung Betriebsorganisation und Unternehmensentwicklung e. V. (Hrsg.):
REFA-Methodenlehre der Betriebsorganisation: Arbeitsgestaltung in der Produktion.
2. Auflage, München, 1993

REFA-Verband für Arbeitsgestaltung Betriebsorganisation und Unternehmensentwicklung e. V. (Hrsg.):
REFA-Methodenlehre der Betriebsorganisation: Planung und Gestaltung komplexer Produktionssysteme.
München, 1990

Reuss, Gerhart Ernst:
Produktivitätsanalyse.
Basel, 1960

Rimane, Gerhard:
Produktionslogistik.
in *Nebl, Theodor*: Produktionswirtschaft.
4. Auflage, München, Wien, 2000

Rüttler, Martin:
Information als strategischer Erfolgsfaktor: Konzepte und Leitlinien für eine informationsorientierte Unternehmensführung.
Berlin, 1991

Runge, Peter/Nebl, Theodor (Hrsg.):
Die Gestaltung von Organisationsformen der Instandhaltung unter besonderer Beachtung ihrer Abhängigkeit von den Organisationsformen der Teilefertigung.
in: Schriftenreihe des Institutes für Produktionswirtschaft der Universität Rostock 2000

S

Scharper, M.:
Gesamtbetriebliche Produktivität.
Zürich, 1984

Scholz, Christian:
Personalmanagement: Informationsorientierte und verhaltensorientierte Grundlagen.
München, 1993

Schönsleben, P.
Integrales Informationsmanagement: Informationssysteme für Geschäftsprozesse
Berlin, Heidelberg, 2001

Schreiner, Manfred:
Umweltmanagement in 22 Lektionen: ein ökonomischer Weg in eine ökologische Wirtschaft.
Wiesbaden, 1996

Schwarze, Jochen:
Informationsmanagement: Planung, Steuerung, Koordination und Kontrolle der Informationsversorgung im Unternehmen.
Herne, 1998

Schweitzer, Marcell:
Industriebetriebslehre: Das Wirtschaften in Industrieunternehmen.
München, 1994

Silberbach, Karsten:
Der Einfluss organisatorischer und technischer Gestaltungskriterien auf die Bildung von Organisationsformen der Teilefertigung.
Aachen, 1997

Slaby, Dieter/Krasselt, Rene:
Industriebetriebslehre: Anlagenwirtschaft.
München, Wien, 1998

Statistisches Bundesamt (Hrsg.)
Bruttowertschöpfung und Bruttoinlandsprodukt,
Fachserie 18, Reihe 1.3,
Jahre 1999, 2000, 2001, 2002

Statistisches Bundesamt (Hrsg.)
Statistisches Jahrbuch der Bundesrepublik Deutschland
Ausgaben 2000, 2001, 29002, 2003

Statistisches Landesamt Mecklenburg-Vorpommern (Hrsg.):
Statistisches Jahrbuch Mecklenburg-Vorpommern
Ausgaben 1999, 2000, 2001, 2002, 2003

Statistisches Landesamt Mecklenburg-Vorpommern (Hrsg.):
Statistische Sonderhefte Mecklenburg-Vorpommern
Statistische Jahresberichte 2002, 2003

Statistisches Landesamt Mecklenburg-Vorpommern (Hrsg.)
Statistische Berichte P 123 2002 „Arbeitnehmerentgelt am Arbeitsort nach Wirtschaftsbereichen in Mecklenburg-Vorpommern"

Steinbeck, Hans H.:
Das neue Total Quality Management: Qualität aus Kundensicht.
Landsberg/Lech, 1995

Steinbuch, Pitter A./Olfert, Klaus:
Fertigungswirtschaft.
Ludwigshafen, 1989

U

Ulrich, Peter/Fluri, Edgar:
Management. Eine konzentrierte Führung.
Bern, Stuttgart, 1995

V

VDI (Hrsg.):
Maschinenbau Ost: Absturz beendet.
in: VDI-Nachrichten vom 20.04.2000

Verband Deutscher Maschinen- und Anlagenbau e.V. (Hrsg.):
Statistisches Handbuch für den Maschinenbau.
Ausgabe 1999

W

Waidlich, R.
Informationsmanagement in der Automobilindustrie
In: Scheer, August Wilhelm (Hrsg.): Handbuch Informationsmanagement
Wiesbaden 1993

Warnecke, Hans-Jürgen:
Der Produktionsbetrieb: 1. Organisation. Planung.
Berlin, Heidelberg, New York, 1995

Weber, Helmut Kurt:
Rentabilität, Produktivität und Liquidität.
Größen zur Beurteilung und Steuerung von Unternehmen.
2. Auflage, Wiesbaden, 1998

Wiendahl, Hans-Peter:
Belastungsorientierte Fertigungssteuerung.
Grundlagen, Verfahrensaufbau, Realisierung.
1. Auflage, München, Wien, 1987

Wiendahl, Hans-Peter:
Betriebsorganisation für Ingenieure.
4. Auflage, München, Wien 1997

Wiendahl, Hans-Peter:
Fertigungsregelung. Logistische Beherrschung von Fertigungsabläufen auf Basis des Trichtermodells.
2. Auflage, München, Wien, 1997

Wildemann, Horst:
Produktivitätsmanagement: Handbuch zur Einführung eines Produktivitätssteigerungsprogramms mit GENESIS
München, 1997

Wöhe, Günter:
Einführung in die Allgemeine Betriebswirtschaftslehre.
München, 1996

Wöhe, Günter/Döring, Ulrich:
Einführung in die Allgemeine Betriebswirtschaftslehre.
20. Auflage, München, 2000

Wollnik, K.
Ein Referenzmodell für das Informationsmanagement
Information Management IM – Praxis, Ausbildung und Forschung 3/1988, S. 34 – 43
München, 1988

Wright, C.D.:
Hand and Machine Labor.
13. Annual Report of the Commissionar of Labor
2. Band, Washington, 1998

Z

Zäpfel, Günther:
Produktionswirtschaft. Operatives Produktions-Management.
Berlin, New York, 1982

Zäpfel, Günther:
Strategisches Produktions-Management.
2. Auflage, München, Wien, 2000

Zäpfel, Günther:
Taktisches Produktions-Management.
2. Auflage, München, Wien, 2000

Zangemeister, Christoph:
Nutzwertanalyse in der Systemtheorie: Eine Methode zur multidimensionalen Bewertung und Auswahl von Projektalternativen.
München, 1970

Zitzewitz, Helmut:
Produktivitätssteigerung im Betrieb. Neue Erkenntnisse zum Wesen der Arbeitsproduktivität und ihrer Berechnung.
Berlin, 1996

Zopff, Claus
Analyse des Informationsmanagements in der FORUS GmbH Waren zur
Rationalisierung der Produktionsplanung und -steuerung
Rostock 2001